再制造技术与工艺

朱　胜　姚巨坤　编著

机 械 工 业 出 版 社

本书介绍了再制造技术与工艺的概念内涵、技术特点、工程应用及发展方向，系统地构建了再制造技术与工艺体系，阐述了再制造技术与工艺的典型工程应用方法。具体内容包括再制造性设计与评价技术、再制造拆装技术与工艺、再制造清洗技术及工艺与检测技术、表面再制造加工技术与工艺、再制造机械加工技术与工艺、再制造产品试验和涂装技术与工艺、先进再制造工程管理技术与方法、智能化再制造技术等，对生产实践具有较强的指导意义。

本书可供从事机械产品设计、制造、使用、维修、再制造、资源化的工程技术人员、管理人员、研究人员参考，也可作为机械维修、再制造、资源化等专业的教材。

图书在版编目（CIP）数据

再制造技术与工艺/朱胜，姚巨坤编著．—北京：机械工业出版社，2010.12（2026.1重印）

ISBN 978-7-111-32336-5

Ⅰ.①再… Ⅱ.①朱… ②姚… Ⅲ.①制造工业—再生资源—资源利用 Ⅳ.①X76

中国版本图书馆CIP数据核字（2010）第208013号

机械工业出版社（北京市百万庄大街22号 邮政编码100037）
策划编辑：吕德齐 责任编辑：吕德齐 高依楠
版式设计：张世琴 责任校对：陈延翔
封面设计：姚 毅 责任印制：郜 敏
河北虎彩印刷有限公司印刷
2026年1月第1版第5次印刷
184mm×260mm·16.5印张·359千字
标准书号：ISBN 978-7-111-32336-5
定价：69.00元

电话服务
客服电话：010-88361066
010-88379833
010-68326294

网络服务
机 工 官 网：www.cmpbook.com
机 工 官 博：weibo.com/cmp1952
金 书 网：www.golden-book.com
机工教育服务网：www.cmpedu.com

前　言

再制造工程是落实"循环经济"纲略的重要举措，是循环经济的高级形式，已经受到国家领导人及国家相关政府部门的大力支持与积极推动，被列为国家战略型新兴产业。为推动循环经济形成较大规模，培育新的经济增长点，国家发展和改革委员会将会同有关部门编制《再制造产业发展规划》，明确"十二五"时期我国促进再制造产业健康发展的目标、重点任务和保障措施；并将会同有关部门抓紧修订相关法规，消除再制造产业发展的法律障碍，推动工程机械、机床等产品的再制造，提高技术水平，扩大推广应用。这些政策措施的制定与执行，必将快速推进我国再制造产业的迅猛发展。

再制造技术与工艺是再制造工程的核心组成部分，对再制造的产业化发展具有重要推动作用。随着我国再制造的工程化应用及其产业的快速发展，需要对当前再制造技术与工艺的内容进行整理编写并出版，以期可以指导工程应用，并供技术人员参阅来了解和指导再制造生产过程的工程实践。在此背景下，作者充分利用本单位在再制造技术研究及应用方面的优势，结合作者及所在单位多年来的研究成果和工程实践，经过广泛调研和资料收集整理，总结吸收了成熟的技术经验，以实际再制造生产中的实际技术与工艺应用过程为纲目，编写了本书。

全书共分9章，介绍了再制造技术与工艺的概念内涵、技术特点、工程应用及发展方向，系统地构建了再制造技术与工艺体系，阐述了再制造技术与工艺的典型工程应用方法。具体内容包括再制造性设计与评价的技术方法、再制造拆装技术方法及应用、再制造清洗与检测技术及应用案例、表面再制造加工技术及应用工艺、再制造机械加工技术及应用、再制造产品试验与涂装技术、先进再制造工程管理技术与方法、智能化再制造技术等。全书由朱胜教授与姚巨坤副教授编写并统稿，崔培枝博士参与了部分章节的编写，研究生梁媛媛、王启伟、韩国峰等参与了文献收集整理及书稿校对工作，在此一并表示感谢。

本书在编写过程中，既考虑到再制造技术的理论性，编写了相关技术理论基础内容，也考虑到实用性，在各章节均安排了技术与工艺的具体应用；对生产实践具有较强的指导意义。本书可供从事机械产品设计、制造、使用、维修、再制造、资源化的工程技术人员、管理人员、研究人员参考，也可作为机械维修、再制造、资源化等专业的教材。

特别感谢国家自然科学基金委员会、装备再制造技术国防科技重点实验室、济南复强动力有限公司等单位给予的大力支持。本书还得到了材料加工工程北京市重点学科、军队"2110工程"重点建设学科的支持，在此表示衷心感谢。同时，衷心感谢机械工业出版社对本书出版所做的大量细致工作。本书部分内容参考了同行的著作及研究报告，在此谨向各位作者致以诚挚的谢意。

由于作者水平有限，且再制造技术与工艺涉及内容丰富，发展迅速，不足之处在所难免，我们衷心希望得到读者的指正。

作　者

目　录

第1章 绪 论

随着资源的日益枯竭和环境污染的加剧，人们逐渐认识到可持续发展的重要意义，并不断探索实现可持续发展的手段。再制造工程就是人类在资源日益匮乏和环境污染加剧的情况下形成的一门新的工程学科，且因其巨大的资源、环境、社会效益而受到世界各国的重视，成为发展循环经济、实现节能减排的重要支撑。再制造工程中的再制造技术与工艺是保证再制造产品质量、节约再制造费用、提高再制造效益的核心内容及重要途径，已经成为再制造领域研究及应用的热点，推动着再制造工程应用的发展。

1.1 基本概念

1. 产品

产品用来泛指任何元器件、零部件、组件、设备、分系统、系统或软件。产品因物理或技术原因退出服役后，即成为废旧产品。再制造通常以废旧机电产品作为加工对象，并称之为毛坯。再制造加工的废旧产品是广义的，既可以是设备、系统、设施，也可以是其零部件，既包括硬件，也包括软件。

废旧机电产品中含有高附加值。以汽车发动机为例，原材料的价值只占15%，而成品附加值却高达85%。在一台机器中，各部件的使用寿命不相等，每个零件的各工作表面的使用寿命也不相等，往往会因局部表面失效而造成整个机器报废。通过再制造工程对机器的局部损伤进行修复，可以最大限度地挖掘出废旧机电产品中蕴含的附加值，达到节省资金、节能、节材和保护环境的效果。

2. 再制造

再制造是指将废旧机电产品运用高科技手段进行专业化修复或升级改造，使其质量和性能恢复到新品的批量化制造过程。简而言之，再制造工程是废旧产品高技术修复、升级改造的产业化。再制造使产品全寿命周期由开环变为闭环，由单一寿命周期变为循环多寿命周期。再制造的重要特征是再制造产品的质量和性能能够达到甚至超过新品，而成本只为新品的50%，节能60%，节材70%，对环境的不良影响显著降低。再制造工程包括两个主要部分：

1）再制造加工，即达到物理寿命和经济寿命而报废的产品，在失效分析和寿命评估的基础上，把其中有剩余寿命的废旧零部件作为再制造毛坯，采用先进技术进行加工，使其性能迅速恢复，甚至超过新品。

2）过时产品的性能升级。性能过时的机电产品往往是几项关键指标落后，不等于所有的零部件都不能再使用，采用新技术镶嵌的方式对其进行局部改造，就可以使原产品满足时代的性能要求。信息技术、微纳米技术等高科技在提升、改造过时产品性能方面有重要作用。

3. 再制造技术

再制造技术是指将废旧产品及其零部件修复、升级成质量等同于或优于新品的各项技术的统称。简单地讲，再制造技术就是在废旧产品再制造过程中所用到的各种技术的统称。再制造技术是废旧产品再制造生产的重要支撑，是实现废旧产品再制造生产高效、经济、环保的保证，既是先进绿色制造技术，又是产品维修技术的创新发展。

4. 再制造工艺

再制造工艺就是运用再制造技术，将废旧产品进行加工，生成规定性能的再制造产品的方法和过程。其一般指再制造工厂内部的再制造工艺，包括拆解、清洗、检测、加工、零件测试、装配、磨合试验、喷涂包装等步骤。由于再制造的产品种类、生产目的、生产组织形式的不同，不同产品的再制造工艺也有所区别，但主要过程类似。图 1-1 就是通常情况下再制造工艺流程。

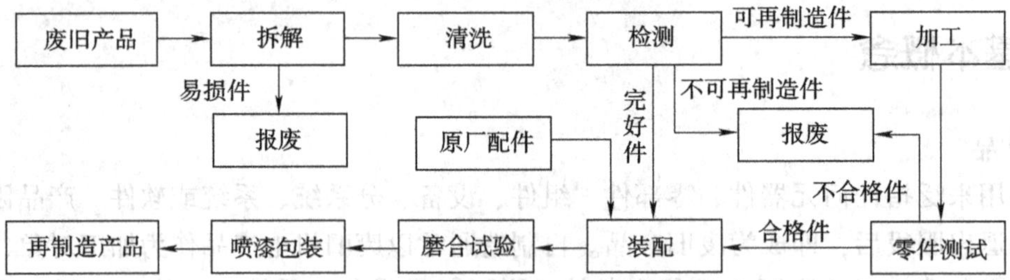

图 1-1　通常情况下再制造工艺流程

再制造工艺中还包括重要的信息流，例如对各步骤零件情况的统计，可以为掌握不同类别产品的再制造特点提供信息支撑。如果通过清洗后，检测统计到某类零件的损坏率较高，并且检测后发现该类零件恢复价值较小，低于检测及清洗费用，那么在再制造过程中可将该类零件直接丢弃，无需经过清洗等步骤，以提高生产效率；也可以在需要的情况下，对该类零件进行有损拆解，以保持其他零件的完好性。同时通过建立再制造产品整机的测试性能档案，可以为产品的售后服务提供保障。所以，再制造工艺的各个过程是相互联系的，不是孤立的。

1.2　再制造技术与工艺的分类

根据不同的目的、设备、手段等，对再制造技术进行分类。根据对废旧产品再制造工艺过程的分析以及再制造工程生产实践，可将再制造技术与工艺分为图 1-2 所示的几种。

1. 再制造拆解技术与工艺

再制造拆解技术与工艺是对废旧产品进行拆解的方法与技术工艺，是研究如何实现产品的最佳拆解路径及无损拆解方法，进而高质量地获取废旧产品零部件的技术工艺。它为废旧产品的再制造提供必要的基础和保证。

2. 再制造清洗技术与工艺

再制造清洗技术与工艺是采用机械、物理、化学和电化学等方法清除产品或零部件表面的各种污物（灰尘、油污、水垢、积炭、旧漆层和腐蚀层等）的技术和工艺过程。废旧产品及其零部件表面的清洗对零部件表面形状及性能鉴定的准确性、再制造产品质量和再制造产品使用寿命均具有重要影响。

3. 再制造检测技术

对拆解后的废旧零部件进行检测是为了准确地掌握零件的技术状况，根据技术标准分出可直接利用件、可再制造恢复件和报废件。零件检测包括对零件几何参数和软科学性能的鉴定以及零件缺陷和剩余寿命的无损检测与评估，它直接影响产品的再制造质量、再制造成本、再制造时间以及再制造后产品的使用寿命。

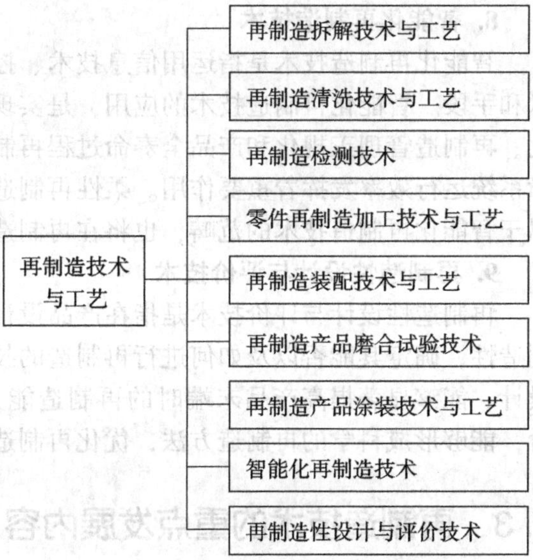

图1-2 再制造技术与工艺分类

4. 零件再制造加工技术与工艺

产品在使用过程中，一些零件因磨损、变形、破损、断裂、腐蚀和其他损伤而改变了零件原有的几何形状和尺寸，从而破坏了零件间的配合特性和工作能力，使部件、总成甚至整机的正常工作受到影响。零件再制造加工的任务是恢复有再制造价值的损伤失效零件的几何参数和力学性能，采用的方法包括表面工程技术和机械加工技术与方法。零件再制造加工是一门综合研究零件的损坏失效形式、再制造加工方法及再制造后性能的技术，是提高再制造产品质量、缩短再制造周期、降低再制造成本、延长产品使用寿命的重要措施，尤其对于贵重、大型零件及加工周期长、精度要求高的零件及需要特殊材料或特种加工的零件来说，其意义更为突出。

5. 再制造装配技术与工艺

再制造装配技术与工艺是在再制造装配过程中，为保证再制造装配质量和装配精度而采取的技术措施。再制造装配中要通过调整来保证零部件的传动精度，如间隙、行程、接触面积等工作关系，通过校正来保证零部件位置精度，如同轴度、垂直度、平行度、平面度、中心距等。再制造装配对废旧产品再制造质量和再制造后产品的使用寿命具有重要的直接影响。

6. 再制造产品磨合试验技术

重要机械产品经过再制造后，投入正常使用之前必须进行磨合试验，其主要目的是：发现再制造加工及装配中的缺陷，及时加以排除；改善配合零件的表面质量，使其能承受额定的载荷；减少初始阶段的磨损量，保证正常的配合关系，延长产品的使用寿命；在磨合和试验中调整各机构，使零部件之间相互协调工作。磨合与试验是提高再制造质量、避免早期故障、延长产品使用寿命的有效途径。例如，再制造发动机装配后，均要进行磨合试验。

7. 再制造产品涂装技术与工艺

再制造产品涂装技术与工艺是指对综合质量检测合格的再制造产品进行涂漆和包装的工艺技术和方法。其主要内容包括：①将涂料涂覆于再制造产品裸露零部件表面，形成具有防腐、装饰或其他特殊功能的涂层；②为在流通过程中保护产品、方便储运、促进销售，而按一定技术方法采用容器、材料及其他辅助物等对再制造产品进行的绿色包装；③印刷再制造产品的使用标志、使用说明书及质量保证单等产品附件，完善再制造产品的售后服务质量。

8. 智能化再制造技术

智能化再制造技术是指运用信息技术、控制技术来实施废旧产品再制造生产或管理的技术和手段。智能化再制造技术的应用，是实现废旧产品再制造效益最大化、再制造技术先进化、再制造管理正规化和产品全寿命过程再制造保障信息资源共享的基础，对提高再制造保障系统运行效率发挥着重要作用。柔性再制造技术、虚拟再制造技术、快速响应再制造等都属于智能化再制造技术的范畴，也将在再制造生产过程中发挥重要作用。

9. 再制造性设计与评价技术

再制造性设计与评价技术是指在产品设计过程中或废旧产品再制造前，设计并评价其再制造性，确定其能否以及如何进行再制造的技术或方法。在研制阶段就考虑产品的再制造性设计，能够显著提高产品末端时的再制造能力，增强再制造效益。产品末端的再制造性评价，能够形成科学的再制造方法，优化再制造工艺流程。

1.3 再制造技术的重点发展内容

根据再制造工业发展的趋势及要求，需要重点发展的再制造关键技术有以下几类：

1）再制造性设计与评估技术。再制造性设计与评价技术是再制造所要考虑的首要理论问题，但目前还缺乏系统的研究及技术方法构建。对再制造性的评估可以通过采集大量影响产品再制造的技术性、经济性、环境性和服役性等信息，构建包括非线性多影响因素的数据集，并通过定性和定量相结合、模糊评判、综合权衡等方法，建立较为完善的再制造性设计及评估模型，提供科学的再制造方案。

2）废旧件剩余再制造寿命评估技术。在产品再制造前，分析研究失效零部件磨损、断裂、变形、腐蚀和老化等失效现象的特征原因及规律，并利用涡流检测和磁记忆检测等无损检测手段完成废旧产品关键零部件的疲劳、裂纹、应力集中等缺陷的检测，并计算出剩余寿命。准确评估废旧产品或零部件的剩余寿命是科学合理地实施再制造加工的重要基础。

3）面向全过程的再制造设计技术，是指在废旧产品再制造前，根据废旧产品的失效形式及其再制造后产品的性能要求，面向再制造生产全过程，对所采用的再制造技术单元、保障资源、再制造要素等内容进行全面规划，并通过优化组合，最终形成最优化产品再制造方案的过程。

4）快速再制造成形技术，是指以损伤零部件为再制造毛坯，通过三维数据扫描及模型重建等数字化手段，采用基于机器人控制的金属零件快速成形方法，恢复零件原有几何形状及性能的技术。它是通过计算机、数控、高能束、新材料等高科技综合集成创新而发展起来的一项先进再制造技术，它将传统的减法加工（即去除加工）变为先进的加法加工（即堆积加工）。

5）再制造质量控制技术，是指为保证再制造产品达到规定的质量、性能要求，在生产过程中所采取的多种质量控制方法，通常包括再制造毛坯的质量检测、再制造过程的在线质量监控及再制造产品的质量检测与评价。

6）再制造升级技术，即利用先进的表面工程、电子信息、环境保护等新技术、新材料、新工艺，通过模块替换、结构改造、性能优化等手段，实现老旧设备在功能或技术性能上的提升，以满足更高使用需求的技术。

1.4 再制造技术的特点

再制造技术与工艺源于制造和维修技术与工艺，是某些制造和维修过程的延伸与扩展。但是，废旧产品再制造技术与工艺在应用目的、应用环境、应用方式等方面又不同于制造和维修技术与工艺，有着自身的特征。

1. 工程应用性

再制造技术直接服务于再制造生产保障活动，其主要任务是恢复或提升废旧产品的各项性能参数，实现对退役产品的再制造生产过程保障，是一门特征明显的工程应用技术，既要有技术成果的转化应用，又要有科学成果的工程开发，具有针对性很强的应用对象和特定的工作程序。同一再制造技术可由不同基础技术综合应用而成，同一基础技术在不同领域中的应用可形成多种再制造技术，工程应用性决定了再制造技术具有良好的实践特性。

2. 综合集成性

机电产品本身的制造及使用涉及多种学科，而对废旧产品的再制造技术也相应涉及产品总体和各类系统以及配套设备的专业知识，具有专业门类多、知识密集的特征。一方面，再制造技术应用的对象为各类退役产品，大到舰船、飞机、汽车，小到工业泵、家用小电器等多类产品；另一方面，它涉及机械、电子、电气、光学、控制、计算机等多种专业，既需要产品的技术性能、结构、原理等方面的知识，又需要检查、拆解、检测、清洗、加工、修理、储存、装配、延寿等方面的知识。因此，退役产品的再制造技术不仅包括各种工具、设备、手段，还包括相应的经验和知识，是一门综合性很强的复杂技术。

3. 先进适用性

再制造技术主要针对退役的废旧产品，要通过再制造技术来恢复、甚至提高废旧产品的技术性能，需要有特殊的约束条件，且技术难度很大，这就要求在再制造过程中必须采用比原产品制造更先进的高新技术。实际上，再制造技术的关键技术，如再制造毛坯快速成形技术、先进复合自动化表面技术、虚拟再制造技术、老旧产品的性能升级技术等，都属于高新技术范畴。再制造技术要与再制造生产对象相适应，但落后的再制造技术不可能对复杂结构的退役产品进行有效地再制造保障，针对复杂结构或材料损伤毛坯的再制造加工多采用先进的加法加工（如表面工程技术），使再制造技术具备先进性。同时，再制造产品的性能要求不低于新产品，因此采用的再制造技术既要适用，又要有很高的先进性，以保证再制造产品的使用性能。

4. 动态创新性

再制造技术应用的对象是各种不断退役的产品，不同产品随着使用时间的延长，其性能状态及各种指标也发生着相应变化。根据这些变化和产品不同的使用环境、不同的使用任务以及不同的失效模式，不同种类的废旧产品再制造技术保障应采取不同的措施，因此再制造技术也随之不断地弃旧纳新或梯次更新，呈现出动态性的特征。同时，这种变化也要求再制造技术在继承传统的基础上善于创新，不断采用新方法、新工艺、新设备，以解决产品因性能落后而被淘汰的问题。只有不断创新，再制造技术才能保持活力，适应变化。可见，创新性是再制造技术的又一显著特征。

5. 经济环保性

再制造过程实现了废旧产品的回收利用，生成的再制造产品在参与社会流通的过程中，能够在较低的消费支出下满足人们较高的产品功能需求，并且使再制造厂具有可观的经济效益。同时，再制造产品在与新产品同样性能的情况下，大量减少了材料及能源消耗，减少了产品生产过程中环境污染废弃物的排放，具有良好的环保效益。所以再制造技术的使用不但对生产者、消费者具有一定的经济性，还具有良好的综合环保效益。

1.5 再制造技术的作用

1. 先进制造技术的补充和发展

先进制造技术是制造业不断吸收信息、机械、电子、材料技术及现代系统管理的新成果，且将其综合应用于产品的全寿命周期过程，以实现优质、高效、低耗、清洁、灵活生产，并获得最佳的技术和经济效益的一系列通用的制造技术。再制造技术与先进制造技术具有同样的目的、手段、途径及效果，它已成为先进制造技术的组成部分。再者，一些重要的产品从论证设计到制造定型，直至投入使用，其周期往往需要十几年甚至几十年的时间，在这个过程中原有技术会不断改进，新材料、新技术和新工艺会不断出现。再制造产业能够在很短的周期内将这些新成果应用到再制造产品上，从而提高再制造产品质量、降低成本和能耗、减小环境污染，同时也可将这些新技术的应用信息及时地反馈到设计和制造中，大幅度提高产品的设计和制造水平。可见，再制造技术在应用最先进的设计和制造技术对报废产品进行恢复和升级的同时，还能够促进先进设计和制造技术的发展，为新产品的设计和制造提供新观念、新理论、新技术和新方法，缩短新产品的研制周期。再制造技术扩大了先进制造技术的内涵，是先进制造技术的重要补充和发展。

2. 全寿命周期管理内容的丰富和完善

目前，国内外越来越重视产品的全寿命周期管理。传统的产品寿命周期从设计开始，到报废结束。全寿命周期管理要求不仅要考虑产品的论证、设计、制造的前期阶段，而且还要考虑产品的使用、维修直至报废品处理的后期阶段。其目标是在产品的全寿命周期内，使资源的综合利用率最高，对环境的负影响最小，费用最低。再制造技术在综合考虑环境和资源效率问题的前提下，在产品报废后，能够高质量地提高产品或零部件的重新使用次数和重新使用率，从而使产品的寿命周期成倍延长，甚至形成产品的多寿命周期。因此，再制造技术是产品全寿命周期管理的延伸。其中的再制造性设计是产品全寿命周期设计的重要方面，要求设计人员在一开始就不仅考虑可靠性设计和维修性设计，还应该考虑再制造性设计以及产品的环保处理设计等，确保产品的可再制造的能力。产品的再制造性设计，使产品在设计阶段就为后期报废处理时的再制造加工或改造升级打下基础，以实现产品全寿命周期管理的目标。

3. 实现机电产品可持续发展的技术支撑

20世纪是人类物质文明飞速发展的时期，也是地球环境和自然资源遭受最严重破坏的时期。保护地球环境、实现可持续发展，已成为世界各国共同关心的问题。可持续发展包括发展的持续性、整体性和协调性。而我国目前部分企业的工业生产模式不符合可持续发展的方针，主要表现一是环境意识淡薄，回收、再利用意识差，大多是“先污染，后治理”，二是只注重降低成本，而不重视产品的耐用性和可再利用性，浪费严重。我国面临的资源能源短缺和环境污染严重的问题更为突出，发展生产和保护环境、节省资源已经成为日益激化的矛盾，解决这一矛盾的唯一途径就是从传统的制造模式向可持续发展的模式转变，即从高投入、高消耗、高污染的传统发展模式向提高生产效率、最高限度地利用资源和最低限度地产出废物的可持续发展模式转变。再制造技术就是实现这样的发展模式的重要技术途径之一。再制造技术在生态环境保护和可持续发展中的作用，主要体现在以下几个方面：①通过再制造性设计，在设计阶段就赋予产品减少环境污染和利于可持续发展的结构、性能特征；②再制造过程本身不产生或产生很少的环境污染；③再制造产品比制造同样的新产品消耗更少的资源和能源。

4. 促进新的产业发展

据发达国家统计，每年因腐蚀、磨损、疲劳等原因造成的损失约占国民经济总产值的3%~5%。我国有几万亿元的设备资产，每年因磨损和腐蚀而使设备停产、报废所造成的损失都逾千亿元。面对如此大量设备的维修和报废后的回收，如何尽量减少材料和能源浪费、减少环境污染，最大限度地重新利用资源，已经成为亟待解决的问题。再制造技术能够充分利用已有资源（报废产品或其零部件），不仅满足可持续发展战略的要求，而且可形成一个高科技的新兴再制造产业，能创造更大的经济效益、就业机会和社会效益。随着产品更新换代和企业重组发展，我国多年建设所积累的价值数万亿元的设备、设施，正在经历着或面临着改造更新的过程。再制造技术不仅能够延长现役设备的使用寿命，最大限度发挥设备的作用，也能够对老旧设备进行高技术改造，赋予旧设备更多的高新技术含量，满足新时期的需要；它是以最少的投入来获得最大效益的回收再利用方法。再制造技术在21世纪将为国民经济的发展带来巨大的效益，并有望成为新世纪里新的经济增长点。

1.6 再制造技术的发展趋势

（1）高效的表面工程技术应用将提高废旧产品再制造率。

产品零件的磨损与腐蚀失效是导致产品性能下降的重要因素，而采用高效的表面工程技术，将可以实现失效件的表面尺寸及性能的恢复或提升，从而改变当前以尺寸修复法和换件法为主的再制造产业生产模式，提高了废旧产品零部件的利用率，提升了再制造业的资源效益。

（2）自动化再制造技术将适应再制造的批量生产要求。

再制造相对维修的重要特点是生产对象的批量化和规模化，因此，再制造生产线需要对批量的产品进行生产操作，这需要进一步发展自动化再制造技术，促进再制造生产效益。例如，通过开发发动机连杆自动化纳米电刷镀技术及设备，可以有效提高连杆生产效率和效益。通过利用机器人和自动控制技术的发展，可以实现自动化等离子喷涂技术在再制造中的应用。

（3）再制造技术的柔性化将提高对再制造产品种类变化的适应性。

当前产品发展日益呈现出小批量、个性化的特点，传统的大批量产品的再制造生产方案将逐渐被小批量、多品种、个性化的产品再制造生产方案所代替，而且由于市场需求的迅速变化，将导致产生大量因技术原因而退役的产品，使得传统的性能恢复为主的再制造生产方式也逐渐过渡到以产品性能升级与恢复并重的再制造模式。因此，在再制造生产线上，大量采用柔性化设备及生产工艺，能够迅速使再制造生产适应产品毛坯及生产目标的变化，实现快速的柔性化生产。

(4) 再制造技术的绿色化将进一步减少再制造生产的污染排放。

再制造工程对节能、节材、环境保护有重大效能，但是对具体的再制造技术，如再制造过程中的产品清洗、涂装、表面刷镀等均有“三废”的排放问题，仍会造成一定程度的污染。因此，需要进一步发展物理清洗技术，减少化学清洗方法的使用，采用无氰电镀技术，研制开发一些有利于环保的镀液。当前，在再制造工程领域，需要进一步重视环境保护，采用清洁生产模式，大量采用绿色化再制造技术，实现“三废”综合利用的目标。例如不断减少在再制造清洗中对化学清洗液的采用，更多地采用物理法来进行清洗，减少对环境的污染。

第2章 再制造性设计与评价技术

2.1 再制造性基础

产品本身的属性除了包括可靠性、维修性、保障性以及安全性、可拆解性、装配性等之外，还包括再制造性。再制造性是与产品再制造最为密切的特性，是直接表征产品再制造能力大小的本质属性。再制造性由产品设计所赋予，可以进行定量和定性描述。产品的再制造性好，则再制造就会费用低，时间少，再制造产品性能好，对节能、节材、保护环境贡献大。因此，增强产品的再制造性设计，提高产品的再制造性，已经成为新产品设计的重要内容。

2.1.1 基本概念

1. 再制造性

废旧产品的再制造性是决定其能否进行再制造的前提，是再制造基础理论研究中的首要问题。再制造性是产品设计赋予的，表征其再制造的简便、经济和迅速程度的一个重要的产品特性。再制造性定义为废旧产品在规定的条件下和规定的费用内，按规定的程序和方法进行再制造时，恢复或升级到规定性能的能力。再制造性是通过设计过程赋予产品的一种固有的属性。

定义中“规定的条件”是指进行废旧产品再制造生产的条件，它主要包括再制造的机构与场所（如工厂或再制造生产线、专门的再制造车间、运输等）和再制造的保障资源（如所需的人员、工具、设备、设施、备件、技术资料等）。不同的再制造生产条件有不同的再制造效果。因此，产品自身再制造性的优劣，只能在规定的条件下加以度量。

定义中“规定的费用”是指废旧产品再制造生产所需要消耗的费用及其相关环保消耗费用。给定的再制造费用越高，则再制造产品能够完成的概率就越大。再制造最主要的表现在经济方面，再制造费用也是影响再制造生产的最主要因素，所以可以用再制造费用来表征废旧产品再制造能力的大小。同时，可以将环境相关负荷参量转化为经济指标来进行分析。

定义中“规定的程序和方法”是指按技术文件规定采用的再制造工作类型、步骤、方法。再制造的程序和方法不同，再制造所需的时间和再制造效果也不相同。例如一般情况下换件再制造要比原件再制造加工费用高，但时间快。

定义中“再制造”是指对废旧产品的恢复性再制造、升级性再制造、改造性再制造和应急再制造。

定义中“规定的性能”是指完成的再制造产品效果要恢复或升级达到规定的性能，即能够完成规定的功能和执行规定任务的技术状况，通常来说要不低于新品的性能。这是产品再制造的目标和再制造质量的标准，也是区别于产品维修的主要标志。

综合以上内容可知，再制造性是产品本身所具有的一种本质属性，无论在原始制造设计时是否考虑进去，都客观存在，且会随着产品的发展而变化。再制造性的量度是随机变量，只具统计上的意义，因此用概率来表示，并由概率的性质可知：$0<R(a)<1$。再制造性具有不确定性，在不同的环境条件、使用条件、再制造条件、工作方式、使用时间等情况下，同一产品的再制造性是不同的，离开具体条件谈论再制造性是无意义的。随着时间的推移，某些产品的再制造可能发生变化，以前不可能再制造的产品会随着关键技术的突破而增大其再制造性，而某些能够再制造的产品会随着环保指标的提高而变成不可再制造。评价产品的再制造性包括从废旧产品的回收至再制造产品的销售整个阶段，其具有地域性、时间性、环境性。

2. 固有再制造性与使用再制造性

与可靠性、维修性一样，产品再制造性也表现为产品的一种本质属性，因此，也可以分为固有再制造性和使用再制造性。

固有再制造性也称设计再制造性，是指产品设计中所赋予的静态再制造性，是用于定义、度量和评定产品设计、制造的再制造性水平。它只包含设计和制造的影响，用设计参数（如平均再制造费用）表示，其数值由具体再制造要求导出。固有再制造性是产品的固有属性，奠定了2/3的实际再制造性。固有再制造性不高，相当于“先天不足”。在产品寿命各阶段中，设计阶段对再制造影响最大。如果设计阶段不认真进行再制造性设计，则以后无论怎样精心制造，严格管理，技术进步，也难以保证其再制造性。制造只能尽可能保证实现设计的再制造性，使用则是维持再制造性，尽量减少再制造性降低；而技术进步虽往往能够提高产品的再制造性，但人们需求的提高，又会降低产品的再制造性。

使用再制造性是指废旧产品到达再制造地点后，在再制造过程中实际具有的再制造性。它是在再制造实际使用前所进行的再制造性综合评估，以固有再制造性为基础，并受再制造生产的人员技术水平、再制造策略、保障资源、管理水平、再制造产品性能目标、营销方式等的综合影响，因此同样的产品可能具有不同的使用再制造性。通常再制造企业主要关心产品的使用再制造性。一般来讲随着产品使用时间的增加，废旧产品本身性能劣化严重，会导致其使用再制造性降低。

再制造性对人员技术水平、再制造生产保障条件、再制造产品的性能目标，以及对规定的程序和方法有更大的依赖性。因此，在实际上严格区分固有再制造性与使用再制造性，难度较大。

2.1.2 再制造性函数

1. 再制造度函数

再制造度是再制造性的概率度量，记为$R(c)$。由于针对具体每个废旧产品进行的再制造或其零部件的费用C是一个随机变量，因此产品的再制造度$R(c)$可定义为实际再制造费用C不超过规定再制造费用c的概率，可表示为

$$R(c)=P(C\leqslant c) \tag{2-1}$$

式中 C——在规定的约束条件下完成再制造的实际费用；

c——规定的再制造费用。

当把规定费用c作为变量时，上述概率表达式就是再制造度函数。它是再制造费用的分布函数，可以根据理论分布求解再制造度函数，也可按照统计原理用试验或实际再制造数据

求得。

由于 $R(c)$ 是表示从 $c=0$ 开始到某一费用 c 以内完成再制造的概率，是对费用的累积概率，且为费用 c 的增值函数，$R(0)\rightarrow 0$，$R(\infty)\rightarrow 1$。根据再制造度定义，有

$$R(c)\equiv \operatorname{Lim}_{N\rightarrow\infty}\frac{n(c)}{N} \tag{2-2}$$

式中　N——用于再制造产品的总数；

$n(c)$——c 费用内产品完成再制造的产品数。

在工程实践中，当 N 为有限值时，$R(c)$ 的估计值为

$$\hat{R}(c)=\frac{n(c)}{N} \tag{2-3}$$

2. 再制造费用概率密度函数

再制造度函数 $R(c)$ 是再制造费用的概率分布函数。其概率密度函数 $r(c)$，即再制造费用概率密度函数（习惯上称再制造密度函数）为 $R(c)$ 的导数，可表示为

$$r(c)=\frac{\mathrm{d}R(c)}{\mathrm{d}c}=\operatorname{Lim}_{\Delta c\rightarrow 0}\frac{R(c+\Delta c)-R(c)}{\Delta c} \tag{2-4}$$

由式（2-2）可得

$$r(c)=\operatorname{Lim}_{\substack{\Delta c\rightarrow 0\\ N\rightarrow\infty}}\frac{n(c+\Delta c)-n(c)}{N\Delta c} \tag{2-5}$$

当 N 为有限值且 Δc 为一定费用间隔时，$r(c)$ 的估计值为

$$\hat{r}(c)=\frac{n(c+\Delta c)-n(c)}{N\Delta c}=\frac{\Delta n(c)}{N\Delta c} \tag{2-6}$$

式中　$\Delta n(c)$——Δc 费用内完成再制造的产品数。

可见，再制造费用概率密度函数的意义是单位费用内废旧产品预期完成再制造的概率，即单位费用内完成再制造产品数与待再制造的废旧产品总数之比。

3. 再制造速率函数

再制造速率函数 $\mu(c)$ 是单位费用内瞬态完成再制造的概率，即花费费用 c 时未能完成再制造的产品在费用 c 之后单位费用内完成再制造的概率。它的统计定义为

$$\mu(c)=\operatorname{Lim}_{\substack{\Delta c\rightarrow 0\\ N\rightarrow\infty}}\frac{n(c+\Delta c)-n(c)}{[N-n(c)]\Delta c}=\operatorname{Lim}_{\substack{\Delta c\rightarrow 0\\ N\rightarrow\infty}}\frac{\Delta n(c)}{N_S\Delta c} \tag{2-7}$$

当 N 为有限值，且 Δc 为一定费用间隔时，$\hat{\mu}(c)$ 的估计值为

$$\hat{\mu}(c)=\frac{n(c+\Delta c)-n(c)}{[N-n(c)]\Delta c} \tag{2-8}$$

4. 再制造率函数

再制造率函数 $R(f)$ 是指能够在规定费用内完成再制造的废旧产品或零部件数量与全部废旧产品数量或零部件数量的比率。设再制造产品中使用的废旧产品或零部件的数量为 N，在费用 c 内能完成再制造的产品或零部件的数量为 $n(c)$，则其再制造率为

$$R(f)=\frac{n(c)}{N} \tag{2-9}$$

2.1.3　再制造性参数

再制造性参数是度量再制造性的尺度。常用的再制造性参数有以下几种。

1. 再制造费用参数

再制造费用参数是最重要的再制造性参数。它直接影响废旧产品的再制造的经济性，决定了生产厂商的经济效益，又与再制造时间紧密相关，所以应用得最广。

（1）平均再制造费用 $\overline{R}_{\mathrm{mc}}$　平均再制造费用是产品再制造性的一种基本参数。其度量的方法：在规定的条件下和规定的费用内，废旧产品在任一规定的再制造级别上，再制造产品所需总费用与在该级别上被再制造的废旧产品的总数之比。简而言之，是废旧产品再制造所需实际消耗费用的平均值。当有 N 个废旧产品完成再制造时，有

$$\overline{R}_{\mathrm{mc}} = \frac{\sum_{i=1}^{n} C_i}{N} \tag{2-10}$$

$\overline{R}_{\mathrm{mc}}$ 只考虑实际的再制造费用，包括拆解、清洗、检测诊断、换件、再制造加工、安装、检验、包装等费用。对同一种产品，在不同的再制造条件，也会有不同的平均再制造费用。

（2）最大再制造费用 R_{maxc}　在许多场合，尤其是再制造部门更关心绝大多数废旧产品能在多少费用内完成再制造，这时，则可用最大再制造费用参数。最大再制造费用是按给定再制造度函数最大百分位值（$1-a$）所对应的再制造费用值，也即预期完成全部再制造工作的某个规定百分数所需的费用。最大再制造费用与再制造费用的分布规律及规定的百分位有关。通常可定（$1-a$）= 95%或 90%。

（3）再制造费用中值 $\widetilde{R}_{\mathrm{mc}}$　再制造费用中值是指再制造度函数 $R(c)$ = 50%时的再制造费用，又称中位再制造费用。

（4）再制造产品价值 V_{rp}　再制造产品价值指根据再制造产品所具有的性能确定的其实际价值，可以以市场价格作为衡量标准。由于新技术的应用，可能使得升级后的再制造产品价值要高于原来新品的价值。

（5）再制造环保价值 V_{re}　再制造环保价值指通过再制造而避免新品制造过程中所造成的环境污染处理费用，及废旧产品进行环保处理时所需要的费用总和。

2. 再制造时间参数

再制造时间参数反映再制造人力、机时消耗，直接关系到再制造人力配置和再制造费用。因而也是重要的再制造性参数。

（1）再制造时间 R_{t}　再制造时间指退役产品或其零部件自进入再制造程序后通过再制造过程恢复到合格状态的时间。一般来说，再制造时间要小于制造时间。

（2）平均再制造时间 $\overline{R}_{\mathrm{t}}$　平均再制造时间指某类废旧产品每次再制造所需时间的平均值。再制造可以指恢复性、升级性、应急性等方式的再制造。其度量方式为在规定的条件下和规定的费用内某类产品完成再制造的总时间与该类再制造产品总数量之比。

（3）最大再制造时间 R_{maxct}　最大再制造时间指达到规定再制造度所需的再制造时间，即预期完成全部再制造工作的某个规定百分数所需时间。

3. 再制造性环境参数

（1）材料质量回收率　材料质量回收率表示退役产品可用于再制造的零件材料质量与原产品总质量的比值。

$$R_{\mathrm{W}} = \frac{W_{\mathrm{R}}}{W_{\mathrm{P}}} \tag{2-11}$$

式中　R_W——材料质量回收率；

W_R——可用于再制造的零件材料质量；

W_P——产品总质量。

（2）零件价值回收率　产品价值回收率表示退役产品可用于再制造的零件价值与原产品总价值的比值。

$$R_V = \frac{V_R}{V_P} \tag{2-12}$$

式中　R_V——产品价值回收率；

V_R——可用于再制造的零件价值；

V_P——产品总价值。

（3）零件数量回收率　零件数量回收率表示退役产品可用于再制造的零件数量与原产品零件总数量的比值。

$$R_N = \frac{N_R}{N_P} \tag{2-13}$$

式中　R_N——产品零件数量回收率；

N_R——可用于再制造的零件数量；

N_P——产品零件总数量。

总之，产品再制造具有巨大的经济、社会和环境效益，虽然再制造是在产品退役后或使用过程中进行的活动，但再制造能否达到及时、有效、经济、环保的要求，却首先取决于产品设计中注入的再制造性，并同产品使用等过程密切相关。实现再制造及时、经济、有效，不仅是再制造阶段应当考虑的问题，而且必须从产品的全系统、全寿命周期进行考虑，在产品的研制阶段就进行产品的再制造性设计。

2.1.4　再制造技术性设计要求

再制造技术性是对产品再制造性设计的基本要求，要在明确该产品在再制造性方面使用需求的基础上，按照产品的专用规范和有关设计手册提出。参照再制造生产全过程中各技术工艺步骤的要求，再制造技术性设计一般应包括以下几个方面的内容。

1. 易于运输性

废旧产品由用户到再制造厂的逆向物流是再制造的主要环节，直接为再制造提供了不同品质的毛坯，而且产品逆向物流费用一般占再制造总体费用比率较大，对再制造具有至关重要的影响。产品设计过程必须考虑末端产品的运输性，使得产品更经济、安全地运输到再制造工厂。例如大的且在装卸时需要使用叉式升运机的产品，要设计出足够的底部支撑面；尽量减少产品突出部分，以避免在运输中碰坏，并可以节约储存时的空间。

2. 易于拆解性

拆解是再制造的必须步骤，也是再制造过程中劳动最为密集的生产过程，对再制造的经济性影响较大。再制造的拆解要求能够尽可能保证产品零件的完整性，并减少产品接头的数量和类型，减少产品的拆解深度，避免使用永固性的接头，考虑接头的拆解时间和效率等。在产品中使用卡式接头、模块化零件、插入式接头等均有利于拆解，减少装配和拆解的时间，但也容易造成拆解中对零件的损坏，增加再制造费用。因此，在进行易于拆解的产品设计时，对产品的再制造性影响要进行综合考虑。

3. 易于分类性

零件的易于分类可以明显降低再制造所需时间，并提高再制造产品的质量。为了使拆解后的零件易于分类，设计时要采用标准化的零件，尽量减少零件的种类，并对相似的零件设计时应该进行标记，增加零件的类别特征，以减少零件分类时间。

4. 易于清洗性

清洗是保证产品再制造质量和经济性的重要环节。目前存在的清洗方法包括超声波清洗法、水或溶剂清洗法、电解清洗法等。可达性是决定清洗难易程度的关键，设计时应该使外面的部件具有易清洗且适合清洗的表面特征，如采用平整表面，采用合适的表面材料和涂料，减少表面在清洗过程中的损伤概率等。

5. 易于修复（升级、改造）性

对原制造产品的修复和升级改造是再制造过程中的重要组成部分，可以提高产品质量，并能够使之具有更强的市场竞争力。因为再制造主要依赖于零部件的再利用，设计时要增加零部件的可靠性，尤其是附加值高的核心零部件，要减少材料和结构的不可恢复失效，防止零部件的过度磨损和腐蚀；要采用易于替换的标准化零部件和可以改造的结构，并预留模块接口，增加升级性；要采用模块化设计，通过模块替换或者增加来实现再制造产品性能升级。

6. 易于装配性

将再制造零部件装配成再制造产品是保证再制造产品质量的最后环节，对再制造周期也有明显影响。采用模块化设计和零部件的标准化设计对再制造装配具有显著影响。据估计，如果再制造设计中拆解时间能够减少 10%，通常装配时间可以减少 5%。另外，再制造的产品应该尽可能允许多次拆解和再装配，所以设计时应考虑产品具有较高的连接质量。

7. 提高标准化和互换性程度

产品的标准化、互换性、通用化和模块化，不仅有利于产品设计和生产，而且也使产品再制造简便，显著减少再制造备件的品种、数量，简化保障，降低对再制造人员技术水平的要求，大大缩短再制造工时。所以，它们也是再制造性的重要要求。

8. 提高可测试性

产品可测试性的提高可以有效地提高再制造零部件的质量检测及再制造产品的质量测试程度，增强再制造产品的质量标准，保证再制造的科学性。

2.2 再制造性设计技术与方法

2.2.1 再制造性分析

1. 再制造性分析目的与过程

再制造性分析的目的可概括为以下几方面：

1）确立再制造性设计准则。这些准则应是经过分析，结合具体产品所要求的设计特性。

2）为设计决策创造条件。通过对备选的设计方案分析、评定和权衡研究，以便做出设计决策。

3）为保障决策（确定再制造策略和关键性保障资源等）创造条件。显然，为了确定产品如何再制造、需要什么关键性的保障资源，就要求对产品有关再制造性的信息进行分析。

4）考察并证实产品设计是否符合再制造性设计要求，对产品设计再制造性的定性与定量分析，是在试验验证之前对产品设计进行考察的一种途径。

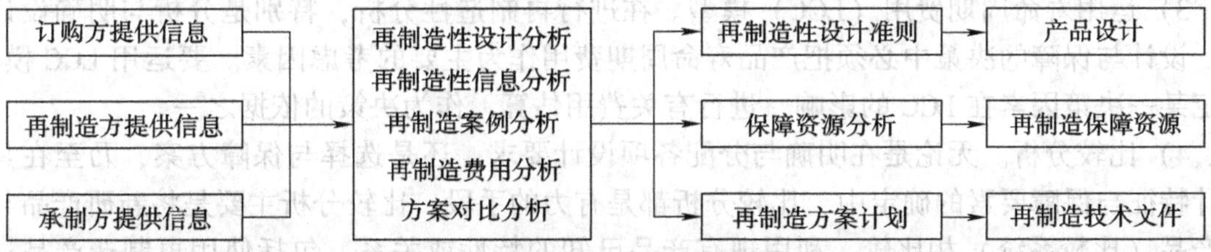

图 2-1　再制造性分析过程示意图

图 2-1 是再制造性分析过程示意图。整个再制造性分析工作的输入是来自订购方、再制造方、承制方三方面的信息，订购方的信息主要是通过各种合同文件、论证报告等提供的再制造性要求和各种使用与再制造、保障方案要求的约束；承制方自己的信息来自各项研究与工程活动的结果，特别是各项研究报告与工程报告，其中最为重要的是维修性、人素工程、系统安全性、费用分析、前阶段的保障性分析等的分析结果；再制造方主要提供类似的再制造性相关数据以及再制造案例。当然，产品的设计方案，特别是有关再制造性的设计特征，也是再制造性分析的重要输入。通过各种分析，将能选择、确定具体产品的设计准则，选择与确定设计方案，以便获得满足包含再制造性在内各项要求的协调产品设计，再制造性分析的输出，还将给再制造性分析和制订详细的再制造计划提供输入，以便确定关键性（新的或难以获得的）的再制造资源，包括检测诊断硬、软件和技术文件等。

由此可见，再制造性分析好比整个再制造性工作的"中央处理机"，它把来自各方的信息（订购方、再制造方、承制方、再制造性及其他工程）经过处理转化，提供给各方面（设计、保障），在整个研制过程中起着关键性作用。

2. 再制造性分析内容

再制造性分析的内容相当广泛，概括地说就是对各种再制造性定性与定量要求及其实现措施的分析、权衡。主要包括以下几方面：

1）再制造性定量要求，特别是再制造费用和再制造时间。

2）故障分析定量要求，如零件故障模式、故障率、修复率、更换率等。

3）采用的诊断技术及资源，例如，自动、半自动、人力检测测试的配合，软、硬件及现有检测设备的利用等。

4）升级性再制造的费用、频率及工作量。

5）战场或特殊情况下损伤的应急性再制造时间。

6）非工作状态的再制造性问题，例如，使用中的再制造与再制造间隔及工作量等。

3. 再制造性设计分析方法

再制造性设计分析可采用定性与定量分析相结合进行，主要有以下几种分析方法：

1）故障模式及影响分析（FMEA）——再制造性信息分析。要在一般产品故障或零件失效分析基础上着重进行"再制造性信息分析"和"损坏模式及影响分析（DMEA）"。前者可确定故障检测、再制造措施，为再制造性及保障设计提供依据；后者为意外突发损伤应急再制造措施及产品设计提供依据。

2）运用再制造性模型。根据前述的输入和分析内容，选取或建立再制造性模型，分析各种设计特征及保障因素对再制造性的影响和对产品完好性的影响，找出关键性因素或薄弱环节，提出最有利的再制造性设计和测试分系统设计。

3）运用寿命周期费用（LCC）模型。在进行再制造性分析，特别是分析与明确设计要求，设计与保障的决策中必须把产品寿命周期费用作为主要的考虑因素。要运用 LCC 模型，确定某一决策因素在 LCC 的影响，进行有关费用估算，作为决策的依据之一。

4）比较分析。无论是在明确与分配各项设计要求，还是选择与保障方案，乃至在具体设计特征与保障要素的确定中，比较分析都是有力的手段。比较分析主要是将新研产品与类似产品（比较系统）相比较，利用现有产品已知的特性或关系，包括使用再制造产品过程中的经验教训，分析产品的再制造性及有关保障问题。分析可以是定性的，也可是定量的。

5）风险分析。无论在考虑再制造性设计要求还是保障要求与约束时，都要注意评价其风险，不能满足这些要求与约束的可能性与危害性，并采取措施预防和减少其风险。

6）权衡技术。各种权衡是再制造性分析中的重要内容，要运用各种各样的综合权衡技术，如利用数学模型和综合评分、模糊综合评判等方法都是可行的。

以上 1)~6) 各项，属于一般系统分析技术，在再制造性分析时要针对分析的目的和内容灵活应用。例如，在 LCC 模型中，可以不计算与再制造性无关的费用要素。

2.2.2 再制造性建模

2.2.2.1 概述

建立再制造性模型的目的，是要用模型来表达系统与各单元再制造性的关系、再制造性的参数与各种设计及保障要素参数之间的关系，供再制造性分配、预计及评定使用。在产品的研制过程中，建立再制造性模型可用于以下几个方面：

1）进行再制造性分配，把系统级的再制造性要求，分配给系统级以下各个层次，以便进行产品设计。

2）进行再制造性预计和评定，估计或确定设计方案可达到的再制造性水平，为再制造性设计与保障决策提供依据。

3）当设计变更时，进行灵敏度分析，确定系统内的某个参数发生变化时，对系统可用性、费用和再制造性的影响。

按建模目的的不同，再制造性模型可分为以下几种：

1）设计评价模型。通过对影响产品再制造性的各个因素进行综合分析，评价有关的设计方案，为设计决策提供依据。

2）分配、预计模型。建立再制造性分配预计模型是再制造性工作项目的主要内容。

3）统计与验证试验模型。

按模型的形式不同，再制造性模型可分为以下几种：

1）物理模型。主要是采用再制造职能流程图、系统功能层次框图等形式，标出各项再制造活动间的顺序或产品层次、部位，判明其相互影响，以便于分配、评估产品的再制造性并及时采取纠正措施。在再制造性试验、评定中，还将用到各种实体模型。

2）数学模型。通过建立各单元的再制造作业与系统再制造性之间的数学关系式，进行再制造性分析、评估。

2.2.2.2　再制造性建模的程序

建立再制造性模型可参照图 2-2 所示程序进行：首先明确分析的目的和要求，对分析的对象描述建立再制造性物理模型，指出对待分析参数有影响的因素，并确定其参数；然后建立数学模型，通过收集数据和参数估计，不断对模型进行修改完善，最终使模型固定下来并运用模型进行分析。

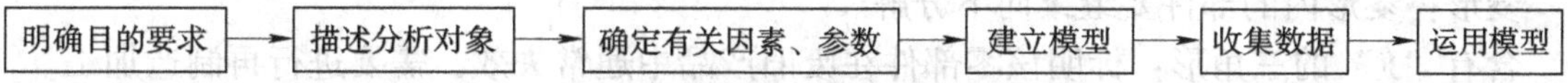

图 2-2　建立再制造性模型的一般程序

再制造性模型是再制造性分析和评定的重要手段，模型的准确与否直接影响到分析与评定的结果，对系统研制具有重要的影响。建立再制造性模型应遵循以下原则：

准确性：模型应准确地反映分析的目的和系统的特点。

可行性：模型必须是可实现的，所需要的数据是可以收集到的。

灵活性：模型能够根据产品结构及保障的实际情况不同，通过局部变化后使用。

稳定性：通常情况下，运用模型计算出的结果只有在相互比较时才有意义，所以模型一旦建立，就应保持相对的稳定性，除非结构、保障等变化，不得随意更改。

2.2.2.3　再制造性物理模型

1. 再制造职能流程图

再制造职能是一个统称，它可以指实施废旧产品再制造的部门，也可以指在某一个具体的部门实施的再制造各项活动，这些活动是按时间先后顺序排列出来的。再制造职能流程图是对四类再制造形式（恢复性、升级性、改造性、应急性）提出要点并指出各项职能之间相互联系的一种流程图。对某一再制造性部门来说，再制造职能流程图应包括从产品进入再制造厂时起，直到完成最后一项再制造职能，使产品达到规定状态为止的全过程。

再制造职能流程图随产品的层次、再制造的部门不同而不同。图 2-3 是某产品系统最高层次的再制造职能流程图，它表明该产品系统在退役或失效后进入再制造系统，可选择采用四种形式的再制造方法，以生成不同的再制造产品，然后投入到新的服役周期。

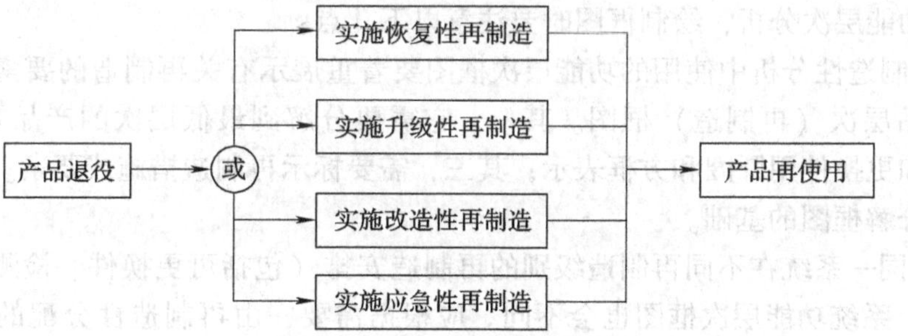

图 2-3　再制造职能流程图

2. 系统功能层次框图

系统功能层次框图是表示从系统到零件的各个层次所需的再制造特点和再制造措施的系

统框图。它进一步说明了再制造职能流程图中有关产品和再制造职能的细节。

系统功能层次的分解是按其结构自上而下进行的，如图 2-4 所示，一般从系统级开始，根据需要分解到零件级或子部件级，更换、修复、改造相关部件或零件为止。分解时应结合再制造方案，在各个产品上标明与该层次有关的重要再制造措施（如替换、修复、改造、调整等）。这些再制造措施可用符号表示，各种符号意义如下：

圆圈：在该圈内的零部件再制造时通常可以直接利用。

方框：框内的零部件再制造时常采用换件，即替换单元。

菱形：菱形内的部件要继续向下分解。

含有“F”的三角形：标明该零部件在废旧产品中通常失效，需要进行再制造加工。

含有“M”的三角形：需要进行机械加工法进行再制造的零件。

含有“S”的三角形：需要进行升级法进行再制造的零件。

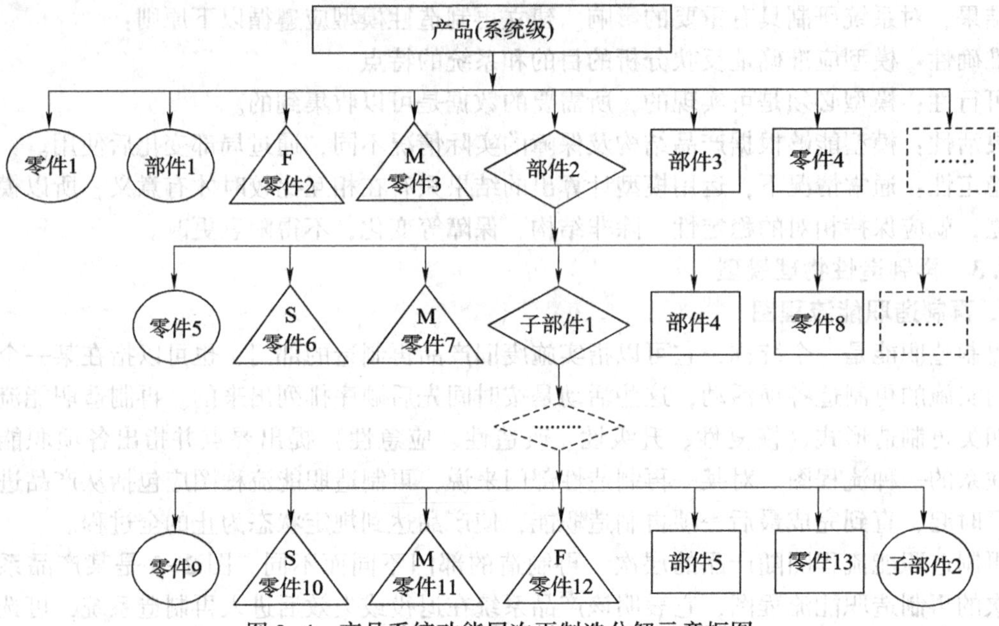

图 2-4 产品系统功能层次再制造分解示意框图

在进行功能层次分析，绘制框图时要注意以下几点：

1）在再制造性分析中使用的功能层次框图要着重展示有关再制造的要素，因此它不同于一般的产品层次（再制造）框图。其一，它需要分解到最低层次的产品零部件；其二，可直接利用和更换件用圆圈和方框表示；其三，需要标示再制造措施或要素。产品层次框图是此再制造分解框图的基础。

2）由于同一系统在不同再制造级别的再制造安排（包括可更换件、检测点及校正点设置等）不同，系统功能层次框图也会不同。应根据需要，由再制造性分配的部门进行再制造性分析和绘制框图。

3）产品层次划分和再制造措施或要素的确定，是随着研制的发展而细化并不断修正的。因而，包含再制造的功能层次框图也要随研制过程细化和修正。它的细化和修正，也将影响再制造性分配的细化和修正。

2.2.2.4　再制造性数学模型

1. 再制造性函数

再制造性函数表达了规定条件下产品再制造概率与费用的关系，是最基本的再制造性数学模型。各种再制造性函数的定义及表达式如前所述。

2. 系统再制造费用计算模型

再制造费用是为完成某产品再制造活动所需的费用。不同的再制造产品或工艺需要不同的费用，同一再制造事件由于再制造人员技能差异，工具、设备不同，环境条件的不同，费用也会变化。所以产品或某一部件的再制造费用不是一个确定值，而是一个随机变量。这里的再制造费用是一个统称，它可以是恢复性再制造费用，也可以是升级性再制造费用，还可以是改造性再制造费用。

再制造费用的计算是再制造性分配、预计及验证数据分析等活动的基础。根据分析的对象不同，再制造费用统计计算模型可分为串行再制造作业费用计算模型、并行再制造作业费用计算模型、网络再制造作业费用计算模型、系统再制造费用计算模型。

（1）串行再制造作业模型　串行再制造作业是由若干项再制造作业组成的再制造，其特点是前项再制造作业完成后，才能进行下一项再制造作业。如拆解、清洗、检测、加工、装配、包装等再制造活动就可以看作串行再制造作业，因为各项作业必须一环扣一环，不能交叉进行。串行再制造作业的表示方法如同系统可靠性计算中串联框图一样，如图2-5所示。

图2-5　串行再制造作业职能流程图示例

假设某次再制造的费用为C，完成该次再制造需要n项基本的串行再制造作业，每项基本的再制造作业费用为c_i（$i=1, 2, \cdots, n$），它们相互独立，则

$$C = c_1 + c_2 + \cdots + c_n = \sum_{i=1}^{n} c_i \tag{2-14}$$

（2）并行再制造作业模型　某次再制造由若干项再制造作业组成，其若各项再制造作业是同时展开的，则称这种再制造是并行再制造作业。假设并行再制造作业活动的费用为C，各基本再制造作业费用为c_i，如图2-6所示，则

$$C = c_1 + c_2 + \cdots + c_n = \sum_{i=1}^{n} c_i \tag{2-15}$$

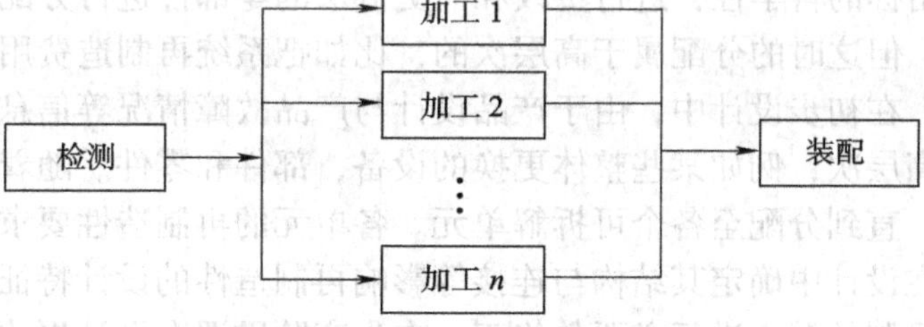

图2-6　并行再制造作业职能流程图示例

（3）网络再制造作业模型　网络再制造作业模型的基本思想是采用网络计划技术的基

本原理，把每一再制造作业看做是网络图中的一道工序，按再制造作业的组成方式，建立起完成再制造的网络图，然后找出关键路线。完成关键路线上的所有工序的费用之和构成了该次再制造的费用。关于网络图的画法及关键路线的确定请参阅有关运筹学的参考书。

网络再制造作业模型适于有交叉作业的废旧产品恢复性再制造费用分析等。

(4) 系统平均再制造费用计算模型　若系统由 n 个可再制造项目组成，每个可再制造加工恢复项目的平均故障率和相应的平均再制造费用为已知，则系统的平均再制造费用为

$$\overline{R}_{cc}=\sum_{i=1}^{n}\lambda_i\overline{R}_{cci} \tag{2-16}$$

式中　λ_i——第 i 个项目的平均故障率；

R_{cci}——第 i 个项目出故障的平均再制造费用。

2.2.3　再制造性分配

2.2.3.1　概述

再制造性分配是把产品的再制造性指标分配或配置到产品各个功能层次的每个部分，以确定它们应达到的再制造性定量要求，以此作为设计各部分结构的依据。再制造性分配是产品再制造性设计的重要环节，合理的再制造性分配方案，可以使产品经济而有效地达到规定的再制造性目标。

在产品研制设计中，要根据系统总的再制造性指标要求，将它分配到各功能层次的每个部分，以便明确产品各部分的再制造性指标。其具体目的就是为系统或产品的各部分研制者提供再制造性设计指标，使系统或产品最终达到规定的再制造性要求。再制造性分配是产品研制或改进时为保证产品的再制造性所必须进行的一项工作，也只有合理分配再制造性的各项指标，才能够避免设计的盲目性，才可以使产品系统达到规定的再制造性指标，满足末端产品易于再制造的要求。同时，再制造性指标分配主要是研制早期的分析、论证性工作，所需要的人力和费用消耗都有限，但却在很大程度上决定着产品设计，决定着产品末端时的再制造能力。合理的指标分配方案，可使产品研制经济而有效地达到规定的再制造性目标。

再制造性分配的指标一般是指关系产品再制造全局的系统再制造性的主要指标，常用的指标有平均再制造费用和平均再制造时间。再制造性指标还可以包括再制造产品的性能及环境指标等内容。

2.2.3.2　再制造性分配的程序

再制造性分配要尽早开始，逐步深入，适时修正。只有尽早开始分配，才能充分地权衡各子部件再制造性指标的科学性，进行更改和向更低层的零部件进行分配。在产品论证中就需要进行指标分配，但这时的分配属于高层次的，比如把系统再制造费用性指标分配到各分系统和重要的设备。在初步设计中，由于产品设计与产品故障情况等信息仍有限，再制造费用性指标仍限于较高层次，例如某些整体更换的设备、部件和零件。随着设计的深入，指标分配也要不断深入，直到分配至各个可拆解单元。各单元的再制造性要求必须在详细设计之前确定下来，以便在设计中确定其结构与连接等影响再制造性的设计特征。再制造性指标分配的结果还要随着研制的深入进行必要的修正。在生产阶段遇有设计更改，或者在产品改进中都需要进行再制造性指标分配（局部分配）。

在进行再制造性分配之前，首先要明确分配的再制造性指标，对产品进行功能分析，明

确再制造方案。其主要步骤如下：

1）进行系统再制造职能分析，确定各再制造级别的再制造职能及再制造工作流程。

2）进行系统功能层次分析，确定系统各组成部分的再制造措施和要素，并用包含再制造的系统功能层次框图表示。

3）确定系统各组成部分的再制造频率，包括恢复性、升级性和改造性再制造的频率。

4）将系统再制造性指标分配到各部分。

5）研究分配方案的可行性，进行综合权衡，必要时局部调整分配方案。

2.2.3.3　再制造性分配的方法

产品及其零部件的再制造性分配可采用表 2-1 所示的方法。

表 2-1　产品及其零部件再制造性分配方法

方　法	适 用 范 围	简 要 说 明
等值分配法	产品各零部件复杂程度、失效率相近的单元，缺少再制造性信息时做初步分配	取产品各零部件的再制造性指标相等（例如相同或相近的零部件）
按失效率分配法	产品零部件已有较确定的故障模式及再制造统计	按失效率高的再制造费用应当尽量小的原则分配
按失效率和设计特性的综合加权分配法	已知产品零部件单元的再制造性值及有关设计方案	按失效率及预计的再制造加工难易程度加权分配
利用相似产品再制造数据分配法	有相似产品再制造性数据的情况	利用相似产品数据，通过比例关系分配
价值率分配法	产品失效零部件价值率区分比较明显的情况	按价值率的高低进行相应的再制造性分配

除每次再制造所需平均费用外，必要时还应分配再制造活动的费用，如拆解费用、检测费用、清洗费用和原件再制造费用等。

1. 等值分配法

等值分配法是一种最简单的分配方法，其适于产品各零部件的结构相似、失效率和失效模式相似及预测的再制造难易程度大致相同的情况。也可用在缺少相关再制造性信息时，做初步的分配。分配的准则是取产品各零部件单元的费用指标相等，即

$$\overline{R}_{mc1}=\overline{R}_{mc2}=\overline{R}_{mc3}=\cdots=\overline{R}_{mcn}=\frac{\overline{R}_{mc}}{n} \tag{2-17}$$

2. 按零部件失效率分配法

为了降低再制造费用，原则上对再制造失效率高的单元要降低其再制造费用，以保证最终再制造费用较低。因此，设计中可取各单元的平均再制造费用 $\overline{C}_{mr}$ 与其失效率 λ 成反比，即

$$\lambda_1\overline{R}_{mc1}=\lambda_2\overline{R}_{mc2}=\cdots=\lambda_n\overline{R}_{mcn} \tag{2-18}$$

将式（2-18）代入式（2-17）得

$$\overline{R}_{mc}=\frac{n\lambda_i\overline{R}_{mci}}{\sum_{i=1}^{n}\lambda_i} \tag{2-19}$$

由式（2-19）可得到各零部件的指标为

$$\overline{R}_{mci}=\frac{\overline{R}_{mc}\sum_{i=1}^{n}\lambda_i}{n\lambda_i} \tag{2-20}$$

当各单元失效率已知时，即可求得各零部件的指标 $\overline{R}_{cci}$。零部件的失效率越高，分配的再制造费用就越少；反之则越多。这样，可以比较有效地达到规定的再制造费用指标。

3. 按相对复杂性分配

在分配指标时，要考虑其实现的可能性，通常就要考虑各单元的复杂性。一般产品结构越简单，其失效率越低，再制造也越简便迅速，再制造性好；反之，结构越复杂，再制造性越差。因此，可按相对复杂程度分配各单元的再制造费用。取一个复杂性因子 K_i，定义为预计第 i 单元的组件数与系统（上层次）的组件总数的比值，则第 i 单元的再制造费用指标分配值为

$$A_i=A_S K_i \tag{2-21}$$

式中 A_S——系统（上层次）的再制造费用值。

4. 按相似零部件分配法

借用已有的相似产品再制造状况提供的信息，作为新研制或改进产品再制造性分配的依据。这种方式适于有继承性的产品的设计，因此，需要找到适宜的相似产品数据。

已知相似产品零部件的再制造性数据，计算新产品零部件的再制造性指标，可用下式：

$$\overline{R}_{mri}=\frac{\overline{R'}_{mri}}{\overline{R'}_{mr}}\overline{R}_{mr} \tag{2-22}$$

式中 $\overline{R'}_{mr}$、$\overline{R'}_{mri}$——相似产品和它的第 i 个单元的平均再制造费用。

5. 按价值率分配法

产品再制造的一个基本条件是要实现核心件的再利用，一般核心件是指产品中价值比较大的零部件。高附加值核心件的应用能够显著地降低再制造总费用，所以在再制造费用指标分配时，可以适当对有故障的高价值率的核心件分配较多的再制造费用。即取一个价值率因子 P_i，定义为第 i 个零部件的价值与产品总价值的比值，则第 i 个零部件的再制造费用指标分配值为

$$C_i=CP_i \tag{2-23}$$

式中 C_i——第 i 个零部件的再制造费用；

C——再制造的总费用。

2.2.4 再制造性预计

2.2.4.1 概述

再制造性预计是用作再制造性设计评审的一种工具或依据，其目的是预先估计产品的再制造性参数，即根据历史经验和类似产品的再制造数据等估计、测算新产品在给定工作条件下的再制造性参数，了解其是否满足规定的再制造性指标，以便对再制造性工作实施监控。再制造性预计是分析性工作，投入较少，是研制与改进产品过程中针对产品末端再制造的费用效益较好的再制造性工作，利用它避免频繁的试验摸底，其效益是很大的。可以在试验之前或产品制造之前及至详细设计完成之前，对产品可能达到的再制造性水平做出估计，以便

早日做出决策，避免设计的盲目性，以免完成设计、制成样品试验时才发现不能满足再制造要求，难以纠正甚至无法纠正。

产品研制过程的再制造性预计要尽早开始、逐步深入、适时修正。在方案论证及确认阶段，就要对满足使用要求的系统方案进行再制造性预计，评估这些方案满足再制造性要求的程度，作为选择方案的重要依据。在工程研制阶段，需要针对已做出的设计进行再制造性预计，确定系统的固有再制造性参数值，并做出是否符合要求的估计。在研制过程中，当设计改动时，要做出预计，以评估其是否会对再制造性产生不利影响及影响的程度。

再制造性预计的参数应同规定的指标相一致。最经常预计的参数是再制造费用及再制造时间指标，包括平均再制造费用、最大再制造费用及平均再制造时间等。再制造性预计的参数通常是系统或设备级的，而要预计出系统或设备的再制造性参数，必须先求得其组成单元的再制造费用及再制造频率。在此基础上，运用累加或加权和等模型，求得系统或设备的再制造费用，所以，根据产品设计特征估计各单元的再制造费用及故障频率是预计工作的基础。

2.2.4.2　再制造性预计的条件及步骤

不同时机、不同再制造性预计方法需要的条件不尽相同。但预计一般应具有以下条件：

1）现有相似产品的数据，包含产品的结构和再制造性参数值。这些数据用作预计的参照基准。

2）再制造方案、再制造资源（包括人员、物质资源）等约束条件。只有明确再制造保障条件，才能确定具体产品的再制造费用等参数值。

3）系统各单元的故障率数据，可以是预计值或实际值。

4）再制造工作的流程、时间元素及顺序等。

研制过程各阶段的再制造性预计，适宜用不同的预计方法，其工作程序也有所区别。但一般地说，再制造性预计要遵循以下程序：

1）收集资料。预计是以产品设计或方案设计为依据的。因此，再制造性预计首先要收集并熟悉所预计产品设计或方案设计的资料，包括各种原理、方框图、可更换或可拆装单元清单，乃至线路图、草图直至产品图，以及产品及零部件的可能故障模式等。再制造性预计又要以再制造方案、故障分析为基础，因此还要收集有关再制造与故障模式及其尽可能细化的资料。这些数据可能是预计值、试验值或参考值，所要收集的第二类资料是类似产品的再制造性数据，包括相似零部件的故障模式、故障率、再制造度及再制造费用等信息。

2）再制造职能与功能分析。与再制造性分配相似，在预计前要在分析上述资料基础上，进行系统再制造职能与功能层次分析。

3）确定设计特征与再制造性参数的关系。再制造性预计归根结底是要由产品设计或方案设计估计其参数。这种估计必须建立在确定出影响再制造性参数的设计特征的基础上，例如对一个可更换件，其更换费用主要取决于它的固定方式、紧固件的形式与数量等。对一台设备来说，其再制造费用则主要取决于设备的复杂程度（可更换件的多少）、故障检测隔离方式、可更换件拆装难易等等。因此，要从现有类似产品中找出设计特征与再制造性参数值的关系，为预计做好准备。

4）预计再制造性参数量值。预计再制造性参数量值具有不同的方法，主要可应用推断法、单元对比法、累计图表法、专家预计法等来完成。

2.2.4.3 再制造性预计的方法

再制造性预计建立在一个相似工作条件下，类似系统及其组成部分原有的再制造性数据可用来预计新设计系统的再制造性参数值。再制造性预计方法有多种，各种不同的预计方法所依据的经验、数据来源、详细程度及精确度不同，应根据不同产品和时机的具体情况来选用。常用的再制造预计方法有推断法、单元对比法、专家预计法、累计图表法、抽样评分法和抽样预测法等。

1. 推断法

推断法作为最常用的现代预测方法，其在再制造性预计中的应用，就是根据新产品的设计特点、现有类似产品的设计特点及再制造性参数值，预计新产品的再制造性参数值。采用推断法进行再制造性预计的基础是掌握某种类型产品的结构特点与再制造性参数的关系，且能用近似公式、图表等表达出来。推断法是一种产品设计早期的再制造性预计技术，不需要多少具体的产品信息，在产品研制早期有一定的应用价值。

推断法最常采用的是回归预测，即对已有数据进行回归分析，建立模型进行预测。把它用在再制造性预计中，就是利用现有类似产品改变设计特征（结构类型、设计参量等）进行充分试验或模拟；或者利用现场统计数据，找出设备特征与再制造性参量的关系；用回归分析建立模型，作为推断新产品或改进产品再制造性参数值的依据。不同类型的产品，影响再制造性参数的因素不同，其模型有很大差别。以平均再制造费用为例，可建立

$$\overline{R}_{mc} = \varphi(u_1,\ u_2,\ \cdots,\ u_n) \tag{2-24}$$

式中 $\overline{R}_{mc}$——平均再制造费用；

u——各种单元结构参量。

2. 累计图表法

累计图表法是一种再制造性的预测方法，它通过对各单元的再制造费用或时间的综合而获得系统再制造费用或时间分布。它包括考虑完成每一项再制造职能所需要的全部再制造工作步骤，根据成功完成再制造的概率、完成时所需费用、对单元个体差异的敏感性、有关的频数等内容分析再制造工作，将各项再制造工作的综合再制造量累加起来获得在每个再制造模式下预期的再制造量。在累加综合中必须使用的可再制造性工程基本手段有职能流程方块图，系统功能层次分解细目图表，单元的故障方式、影响、危害性以及再制造能力等的分析，再制造方案与再制造计划的再制造职能分析等。基本单元要素的再制造费用累加表达为

$$\overline{R}_{smc} = \sum_{i=1}^{n} \overline{R}_{smci} f_i \Big/ \sum_{i=1}^{n} f_i \tag{2-25}$$

式中 $\overline{R}_{smc}$——某一较高分解层次的平均再制造费用；

$\overline{R}_{smci}$——该层次下某一单元的平均再制造费用；

f_i——该单元的再制造频数。

3. 单元对比法

在组成新设计的产品或其单元中，总会有些是成熟的使用过的部件，因此可以从研制的产品中找到一个可知其再制造费用的单元，以此做基准，通过与基准单元对比，估计各单元的再制造时间，进而确定产品或其零部件的再制造费用，这就是单元对比法。单元对比法不需要更多的具体设计信息，适于各类产品方案阶段的早期预计，同时可预计预防性、恢复性再制造的参数值，预计的参数可以是平均再制造费用、平均再制造时间等。预计的资料需要

有在规定条件下可再制造单元的清单，可再制造单元的相对复杂程度，可再制造单元各项再制造作业时间的相对量值等。再制造费用的预计模型如下：

$$\overline{R}_{mc} = \overline{R}_{mco}\sum_{i=1}^{n} h_{ci}k_i \Big/ \sum_{i=1}^{n} k_i \tag{2-26}$$

式中　$\overline{R}_{mco}$——基准可再制造单元的平均再制造费用；

h_{ci}——第 i 个可再制造单元相对再制造费用系数，即第 i 个可再制造单元平均再制造费用与基准可再制造单元平均再制造费用之比；

k_i——第 i 个可再制造单元相对故障率系数，即 $k_i = \lambda_i / \lambda_0$，其中 λ_i，λ_0 分别是第 i 单元和基准单元的故障率。

4. 专家预计法

专家预计法是指在产品再制造设计中，邀请若干专家各自对产品及其各部分的再制造性参数分别进行估计，然后进行数据处理，求得所需的再制造性参数预计值。参加预计者应包括熟悉产品设计和再制造保障的专家，其中一部分是参与本产品的研制、再制造的人员，另一部分是未参加本产品的研制及再制造的人员。预计的主要依据是经验数据，即类似产品的再制造性数据及使用部门的意见和反映，新产品的结构（图样、模型或样机实物），再制造保障方案，包含再制造方式、周期、再制造保障条件等因素。依据以上各项，由专家们对与新产品再制造性参数有关的各个方面进行研究，并在此基础上估算、推断再制造性参数值（如再制造费用及时间等），提出再制造性方面的缺陷和改进措施。专家预计法对再制造性预计的深度决定于研制的进程，当进至详细设计后，则可分开各部分，分别进行预计，确定各自的再制造性参数，然后再进行逐项累加或求平均值，从而得到产品的再制造性参数预测值。

专家预测的具体方法可以多样化，是一种经济而简便的常用方法，特别是在新产品的样品还未研制出而进行试验评定之前更为适用。为减少预计的主观性影响，应根据实际情况对不同产品、不同时机具体研究实施方法。

2.2.5　再制造性试验与评定方法

2.2.5.1　概述

再制造性试验与评定是产品研制、生产乃至使用阶段再制造性工程的重要活动。其总的目的是考核产品的再制造性，确定其是否满足规定要求，以及发现和鉴别有关再制造性的设计缺陷，以便采取纠正措施，实现再制造性增长。此外，在再制造性试验与评定的同时，还可对有关再制造的各种保障要素（如再制造计划、备件、工具、设备、技术资料等资源）进行评价。

产品研制过程中，进行了再制造性设计与分析，采取了各种监控措施，以保证把再制造性设计到产品中去。同时，还用再制造性预计、评审等手段来了解设计中的产品的再制造性状况。但产品的再制造性到底怎样，是否满足使用要求，只有通过再制造实践才能真正检验。试验与评定，正是用较短时间、较少费用及时检验产品再制造性的良好途径。

2.2.5.2　试验与评定的时机与区分

为了提高试验费用效益，再制造性试验与评定一般应与功能试验、可靠性试验及维修性试验结合进行，必要时也可单独进行。根据试验与评定的时机、目的，再制造性试验与评定可区分为核查、验证与评价。

1. 再制造性核查

再制造性核查是指承制方为实现产品的再制造性要求，从签订研制合同起，贯穿于从零部件、元器件直到分系统、系统的整个研制过程中，不断进行的再制造性试验与评定工作。核查常常在订购方和再制造方监督下进行。

核查的目的是通过试验与评定，检查修正再制造性分析与验证所用的模型和数据；发现并鉴别设计缺陷，以便采取纠正措施，改进设计保障条件使再制造性得到增长，保证达到规定的再制造性。可见，核查主要是承制方的一种研制活动与手段。

核查的方法灵活多样，可以采取在产品实体模型、样机上进行再制造作业演示，排除模拟（人为制造）的故障或实际故障，测定再制造费用等试验方法。其试验样本量可以少一些，置信度低一些，着重于发现缺陷，探寻改进再制造性的途径。若要求将正式的再制造性验证与后期的核查结合进行，则应按再制造性验证的要求实施。

2. 再制造性验证

再制造性验证是指为确定产品是否达到规定的再制造性要求，由指定的试验机构进行或由订购方、再制造方与承制方联合进行的试验与评定工作。再制造性验证通常在产品定型阶段进行。

验证的目的是全面考核产品是否达到规定要求，其结果作为批准定型的依据之一。因此，再制造性验证试验的各种条件应当与实际使用再制造的条件相一致，包括试验中进行再制造作业的人员，所用的工具、设备、备件和技术文件等均应符合再制造与保障计划的规定。试验要有足够的样本量，在严格的监控下进行实际再制造作业，按规定方法进行数据处理和判决，并应有详细记录。

3. 再制造性评价

再制造性评价是指订购方在承制方配合下，为确定产品在实际再制造条件下的再制造性所进行的试验与评定工作。评价通常在试用或使用阶段进行。

再制造性评价的对象是已退役或需要升级的产品，需要评价的再制造作业重点是在实际使用中经常遇到的再制造工作。主要依靠收集使用再制造产品过程中的数据，必要时可补充一些再制造作业试验，以便对实际条件下的再制造性做出估价。

2.2.5.3 一般程序

再制造性试验与评定的一般程序可分为准备阶段和实施阶段。目前尚未对其实施的要求、方法、管理做出详细规定。此处仅根据其他的方法做简单介绍。

1. 试验与评定的准备

准备阶段的工作，通常包括制订试验计划，选择试验方法，确定受试品，培训试验再制造人员，准备试验环境、设备条件等。试验之前，要根据相关的规定，结合产品的实际情况、试验时机及目的等，制订详细的计划。

选择试验方法与制订试验计划必须同时进行。应根据合同中规定要验证的再制造性指标、再制造率、再制造经费、时间及试验经费、进度等约束，综合考虑选择适当的方法。

再制造性试验的受试品，对核查来说可取研制中的样机，而对验证来说，应直接利用定型样机或在提交的等效产品中随机制取。

参试再制造人员要经过训练，达到相应再制造部门的再制造人员的中等技术水平。试验的环境条件、工具、设备、资料、备件等保障资源，都要按实际使用再制造情况准备。

2. 试验与评定的实施

（1）确定再制造作业样本量　因再制造性定量要求是通过参试再制造人员完成再制造作业来考核的，所以为了保证其结果有一定的置信度，减少决策风险，必须进行足够数量的再制造作业，即要达到一定的样本量。但样本量过大，会使试验工作量、费用及时间消耗过大。可以结合维修性验证来进行，一般地说，再制造性一次性抽样检验的样本要求在30以上。

（2）选择与分配再制造作业样本　为保证试验具有代表性，所选择的再制造作业样本最好与实际使用中进行的再制造作业一致。所以，对恢复性再制造来说，优先选用对物理寿命退役产品进行的再制造作业。试验中把对产品在功能试验、可靠性试验、环境试验或其他试验所使用的样本量，作为再制造性试验的作业样本。当达到自然寿命时间太长时，或者再制造条件不充分时，可用专门的模拟系统来加速寿命试验，快速达到其物理寿命，供再制造人员试验使用。为缩短试验延续时间，也可全部采用虚拟再制造方法。

在虚拟再制造过程中，再制造作业样本量还要合理地分配到产品各部分、各种故障模式。其原则是按与故障率成正比分配，即用样本量乘某部分、某模式故障率与故障率总和之比作为该部分、该模式故障数。

（3）虚拟与现实再制造　虚拟或现实的试验中末端产品，可由参试再制造人员进行虚拟再制造或现实再制造，按照技术文件规定程序和方法，使用规定设备器材等进行再制造试验，同时记录其相关费用、时间等信息。

（4）收集、分析与处理试验数据　试验过程要详细记录各种原始数据，对各种数据要加以分析，区分有效与无效数据，特别是要分清哪些费用应计入再制造费用中。然后，按照规定方法计算再制造性参数或统计量。

（5）评定　根据试验过程及其产生的数据，对产品的再制造性做出定性与定量评定。

定性评定，主要是针对试验、演示中再制造操作情况，着重检查再制造的要求等，并评价各项再制造保障资源是否满足要求。

定量评定，是按试验方法中规定的判决规则，计算确定所测定的再制造作业时间或工时等是否满足规定指标要求。

（6）编写试验与评定报告　对再制造性试验与评定报告的内容与格式要求应制定详细的规定。

2.3 面向再制造的产品材料设计与评价

2.3.1 概述

末端产品再制造能力的大小是通过再制造性来表达的。产品零部件是由各种材料组成的，产品零部件的寿命及性能也直接由材料来表征。因此，产品零部件能否再制造，也在很大程度上由组成零部件的材料来决定。传统的产品设计中对材料的要求主要考虑其性能、质量、成本，但面向再制造的材料设计除了要考虑这些因素外，还具有许多不同于常规产品设计的材料选择要求，以使产品在末端时具备较大的可再制造性。

面向再制造的产品材料设计是指，在产品设计中，对材料的设计及选择，以利于末端产品再制造作为目标，综合考虑质量、功能、经济及环保等综合因素，使产品零部件在末端时便于重新使用或性能恢复。通过面向再制造的材料设计可以显著提高产品零部件的直接利用率和再制造恢复率，提高再制造的费效比。通过面向再制造的材料设计，可以显著提高产品在末端再制造时的拆解、分类、检测、性能恢复或升级、无污染等加工性，提高产品的再制造性。

2.3.2 面向再制造的材料设计因素

产品使用的材料非常广泛，在面向再制造的产品材料设计时，主要应考虑材料的服役寿命、可恢复性、经济性、环保性及可分离性等，并以此作为材料设计选择评价的重要影响因素。

1. 材料服役寿命

材料服役寿命是指材料在产品使用过程中，能够保持原有性能在某一合格水平上所达到的最长时间。产品再制造的基础是产品核心零部件能够实现重新利用，因此，材料服役寿命是面向再制造的产品设计中对材料设计的最根本要求。面向再制造的产品材料要求具有长寿命，即能够保持产品零部件（尤其是核心件）具备足够长的服役性能，可以经过多次再制造周期使用。由于产品及其零部件的失效机理各不相同，因此应根据具体的失效形式，选择不同的材料来适当延长产品零部件的服役寿命。尤其对于附加值比较高的再制造核心件来说，必须采用长寿命设计使其可以直接或通过再制造后实现重新利用，以降低再制造费用。例如：在面向再制造的材料设计中，减少核心件中易老化材料（塑料、橡胶等）的使用；避免相互影响的材料组合，避免零件的污损及减寿；加强材料的强度设计，用多寿命周期的费效比来考虑材料的选用等。

2. 材料可恢复性

末端产品再制造时核心件的再利用包括直接利用和修复后利用，因此在产品设计时，必须注意产品零部件材料性能的可恢复性。材料性能可恢复性的好坏，直接关系着零件使用寿命长短以及其他资源消耗，影响乃至决定着产品再制造费用。为了通过再制造来延长产品的使用寿命，就必须对产品零部件的材料进行易恢复性设计。例如零部件的材料设计应在满足功能和性能要求的前提下，尽量采用简单结构和外形，易于再制造时的性能恢复。过分复杂的材料结构势必增加了再制造恢复难度，导致再制造费用增加。产品零部件材料实现标准化、通用化、可重置化，磨损后的零部件易于在表面采用电刷镀、热喷涂等技术进行表面几何和理化性能的恢复。

3. 材料经济性

再制造设计是从基于产品多寿命周期可持续发展的观点出发，考虑产品在多寿命周期内对生态环境和社会所带来的环境效益和社会效益，也就是说要使面向再制造设计的产品生产者不仅能取得良好的环境效益，而且能取得良好的经济效益，即最佳的生态经济效益。材料的经济性是制约设计选材的一个重要因素，但在面向再制造的产品材料设计中不能单纯以一次寿命周期来考虑材料的经济性，再制造实现了产品的多寿命周期使用，相应的直接使用或再制造后使用的零部件都具备了多个寿命周期，因此应该以多寿命周期的模式来全面分析材料的经济效益。例如即使在原设计中投入的资金相对一次生命周期为高，但如果以再制造产品的多寿命周期来计算，其经济性还是比较合理的。

4. 材料环保性

再制造工程在保证再制造产品使用性能和新产品相同的情况下，所消耗的材料和能量远远小于新产品制造所需资源，是实现环境保护和可持续发展的重要技术手段。因此在面向再制造的材料设计中，要求设计人员改变传统的选材程序和步骤，不仅要考虑产品的使用要求和性能，同时要考虑产品的再制造性能，符合再制造绿色产业的标志。尤其是直接废弃的易损件，更要科学选择符合环保要求的材料。例如：在面向再制造的材料选择中，要少用短缺或稀有的原材料，尽量使用代用材料；减少所用材料种类，尽量采用相容性好的材料，以利于废弃后材料的分类回收；尽量少用或不用有毒害的原材料；优先采用可再利用、再循环或易于降解、具有良好环境协调性的绿色材料；努力减少产品再制造过程中材料使用的能量消耗。

5. 材料可分离性

在产品再制造过程中，需要产品的材料易于分解、易于清洗、易于分类、易于检测等，因此，在材料设计中，对材料的选用提倡“简而美”的模块化可分离设计原则。材料的模块化可分离设计包括材料模块的独立性、材料模块的兼容性和材料模块的可置换性。例如：使用易于分类的材料模块体系可以增强零件材料的检测分类；使用易于再循环回收的材料模块可以实现再制造时的材料循环利用；使用易于置换的材料模块可以实现再制造时的材料性能置换恢复；使用易于兼容的材料模块可以通过表面材料的处理实现模块材料的性能升级或替换；采用模块化材料结构设计和易于拆解的零部件联接方式，便于再制造过程中的拆解、置换、分类、回收及性能恢复或升级。模块化设计还包括材料的开放性，指材料在功能和性能上应具有可扩展性和升级性，也就是说可在再制造过程中，通过对模块材料的强化和表面处理实现材料性能的升级，并保证新材料系统和旧材料系统的协调工作。

针对材料的产品设计，在面向再制造的产品设计中，材料的选择和产品的再制造性是一种互动关系。当材料性能难以满足产品再制造要求时，必须参照面向再制造的材料影响因素进行优化。此外，产品再制造时允许常用磨损或老化件等非核心件进行更换，此时就要考虑该类直接弃用件的材料再循环性或环保处理的安全性，减少对环境的污染。总之，产品再制造设计中材料的选择往往是各向异性的，因此结合产品使用材料时的功能性和产品再制造时材料的重新利用性分析，使材料性能得以最优发挥，也是产品再制造设计选材的重要因素。

2.3.3　专家分析评估法及应用

2.3.3.1　专家分析法评估面向再制造材料设计方案重要度模型

针对产品设计初期面向再制造的材料不同设计选择方案的特点，可以采用专家分析法来进行评估，以确定不同方案的重要程度。专家分析法虽然带有一定的主观性，但专家的意见往往能代表人们对某一客观存在的认识，特别是通过对本领域不同专家的意见进行综合后的结果，更能全面地反映出某一事物的客观状态。面向再制造的材料设计方案重要度评估的专家分析结果的线性加权求和、指数加权求和模型如下：

$$T_{M} = \sum_{i=1}^{n} W_i P_i,\quad T'_{M} = \sum_{i=1}^{n} P_i^{W_i} \tag{2-27}$$

式中　T_{M}、T'_{M}——材料方案的重要度；

W_i——第 i 个指标的权重；

P_i——第 i 个指标的得分；

n——评价指标数。

2.3.3.2 应用实例

某一产品设计中核心件材料设计有三种可选择方案，分别为材料 1、材料 2、材料 3，通过对多名专家打分的结果进行综合分析，可得到各个方案的不同因素得分，如表 2-2 所列。又经过调研和分析，可以确定各个因素指标的权重：材料服役寿命系数 0.30，材料可恢复性系数 0.22，材料经济性系数 0.29，材料环保性系数 0.07，材料可分离性系数 0.12。试计算 3 种材料选择方案的不同重要度。

表 2-2 专家评价打分数据表

	材料服役寿命系数	材料可恢复性系数	材料经济性系数	材料环保性系数	材料可分离性系数
材料 1	0.65	0.78	0.69	0.58	0.76
材料 2	0.59	0.85	0.92	0.76	0.55
材料 3	1.00	0.66	0.63	0.92	0.96

1）采用线性加权求和法计算各材料的重要度，则有

$$T_{M_1} = \sum_{i=1}^{5} W_i P_i = 0.65\times0.30+0.78\times0.22+0.69\times0.29+0.58\times0.07+0.76\times0.12=0.6985$$

$$T_{M_2} = \sum_{i=1}^{5} W_i P_i = 0.59\times0.30+0.85\times0.22+0.92\times0.29+0.76\times0.07+0.55\times0.12=0.7450$$

$$T_{M_3} = \sum_{i=1}^{5} W_i P_i = 1.00\times0.30+0.66\times0.22+0.63\times0.29+0.92\times0.07+0.96\times0.12=0.8075$$

2）采用指数加权求和法计算各材料方案的重要度

$$T'_{M_1} = \sum_{i=1}^{5} P_i^{W_i} = 0.65^{0.30}+0.78^{0.22}+0.69^{0.29}+0.58^{0.07}+0.76^{0.12}=4.6536$$

$$T'_{M_2} = \sum_{i=1}^{5} P_i^{W_i} = 0.59^{0.30}+0.85^{0.22}+0.92^{0.29}+0.76^{0.07}+0.55^{0.12}=4.7064$$

$$T'_{M_3} = \sum_{i=1}^{5} P_i^{W_i} = 1.00^{0.30}+0.66^{0.22}+0.63^{0.29}+0.92^{0.07}+0.96^{0.12}=4.7765$$

综上计算结果可知：$T_{M_3}>T_{M_2}>T_{M_1}$ 或 $T'_{M_3}>T'_{M_2}>T'_{M_1}$，因此，可根据材料方案的重要度进行面向再制造的材料设计，3 种材料的选择顺序是：材料 3、材料 2、材料 1。

2.4 废旧产品再制造性评价方法

2.4.1 再制造性影响因素分析

由于再制造性设计还没有在产品设计过程中进行普遍的开展，所以目前对退役产品的评价还主要是根据技术、经济及环境等因素进行综合评价，以确定其再制造性量值，定量确定退役产品的再制造能力。再制造性评价的对象包括废旧产品及其零部件。

废旧产品是指退出服役阶段的产品。退出服役原因主要包括产品产生不能进行修复的故障（故障报废）、产品使用中费效比过高（经济报废）、产品性能落后（功能报废）、产品的污染不符合环保标准（环境报废）、产品款式等不符合人们的爱好（偏好报废）。

再制造全周期指产品退出服役后所经历的回收、再制造加工及再制造产品的使用直至再制造产品再次退出服役阶段的时间。再制造加工周期指废旧产品进入再制造工厂至加工成再制造产品进入市场前的时间。

由于再制造属于新兴学科，再制造设计是近年来新提出的概念，而且处于新产品的尝试阶段，以往生产的产品大多没有考虑再制造特性。当该类废旧产品送至再制造工厂后，首先要对产品的再制造性进行评价，判断其能否进行再制造。国外已经开展了对产品再制造特性评价的研究。影响再制造性的因素错综复杂，可归纳如图2-7所示的几个方面。

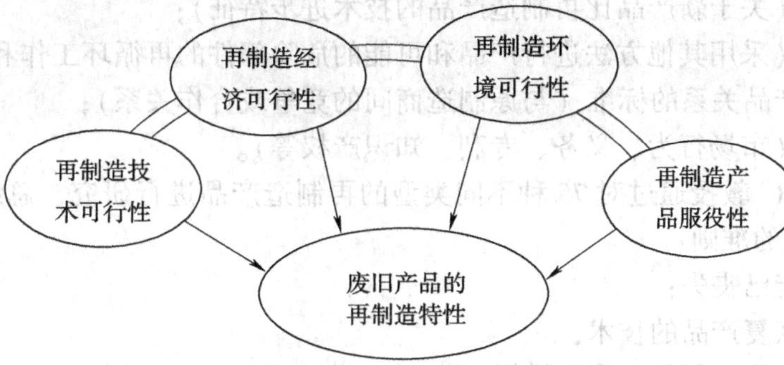

图2-7　废旧产品的再制造特性影响因素

由图2-7可知，产品再制造的技术可行性、经济可行性、环境可行性、产品服役性等影响因素的综合作用决定了废旧产品的再制造特性，而且四者之间也相互产生影响。

再制造特性的技术可行性要求废旧产品进行再制造加工在技术及工艺上可行，可以通过原产品恢复或者升级，来达到恢复或提高原产品性能的目的，而不同的技术工艺路线又对再制造的经济性、环境性和产品的服役性产生影响。

再制造特性的经济可行性是指进行废旧产品再制造所投入的资金小于其综合产出效益（包括经济效益、社会效益和环保效益），即确定该类产品进行再制造是否“有利可图”，这是推动某种类废旧产品进行再制造的主要动力。

再制造特性的环境可行性，是指对废旧产品再制造加工过程本身及生成后的再制造产品在社会上利用后所产生的环境影响，小于原产品生产及使用所造成的环境影响。

再制造产品的服役性主要指再制造加工生成的再制造产品，其本身具有一定的使用性，能够满足相应市场需要，即再制造产品是具有一定时间效用的产品。

通过以上几方面对废旧零件再制造特性的评价后，可为再制造加工提供技术、经济和环境综合考虑后的最优方案，并为在产品设计阶段进行面向再制造的产品设计提供技术及数据参考，指导新产品设计阶段的再制造考虑。正确的再制造性评价还可为进行再制造产品决策、增加投资者信心提供科学的依据。

2.4.2　再制造性的定性评价

产品的再制造性评估主要有两种方式：①对已经使用报废和损坏的产品在再制造前对其

进行再制造合理性评估，这些产品一般在设计时没有按再制造要求进行设计；②当进行新产品的设计时对其进行再制造性评估，并用评估结果来改进设计，增加产品再制造性。

对已经报废或使用过的旧产品进行再制造，必须符合一定的条件。部分学者从定性的角度进行了分析，德国的 Rolf Steinhilper 教授从评价以下 8 个不同方面的标准来进行对照考虑：

① 技术标准（废旧产品材料和零件种类以及拆解、清洗、检验和再制造加工的适宜性）；

② 数量标准（回收废旧产品的数量、及时性和地区的可用性）；

③ 价值标准（材料、生产和装配所增加的附加值）；

④ 时间标准（最大产品使用寿命、一次性使用循环时间等）；

⑤ 更新标准（关于新产品比再制造产品的技术进步特征）；

⑥ 处理标准（采用其他方法进行产品和可能的危险部件的再循环工作和费用）；

⑦ 与新制造产品关系的标准（与原制造商间的竞争或合作关系）；

⑧ 其他标准（市场行为、义务、专利、知识产权等）。

美国的 Lund R. 教授通过对 75 种不同类型的再制造产品进行研究，总结出以下 7 条判断产品可再制造性的准则：

① 产品的功能已丧失；

② 有成熟的恢复产品的技术；

③ 产品已标准化、零件具有互换性；

④ 附加值比较高；

⑤ 相对于其附加值，获得“原料”的费用比较低；

⑥ 产品的技术相对稳定；

⑦ 顾客知道在哪里可以购买再制造产品。

以上的定性评价主要针对已经大量生产、已损坏或报废产品的再制造性。这些产品在设计时一般没有考虑再制造的要求，在退役后主要依靠评估者的再制造经验以定性评价的方式进行。

2.4.3 再制造性的定量评价

废旧产品的再制造特性定量评价是一个综合的系统工程，研究其评价体系及方法，建立再制造性评价模型，是科学开展再制造工程的前提。不同种类的废旧产品其再制造性一般不同，即使同类型的废旧产品，因为产品的工作环境及用户不同，其导致废旧产品的方式也多种多样，如部分产品是自然损耗达到了使用寿命而报废，部分产品是因为特殊原因（如火灾、地震及偶然原因）而导致报废，部分产品是因为技术、环境或者拥有者的经济原因而导致报废，不同的报废原因导致了同类产品具有不同的再制造性值。

目前废旧产品再制造性定量评估通常可采用以下几种方法来进行：

1）费用-环境-性能评价法：是从费用、环境和再制造产品性能三个方面综合评价各个方案的过程。

2）模糊综合评价法：是通过运用模糊集理论对某一废旧产品再制造性进行综合评价的一种方法。模糊综合评价法是用定量的数学方法处理那些对立或有差异、没有绝对界限的定性概念的较好方法。

3）层次分析法：是一种将再制造性的定性和定量分析相结合的系统方法。层次分析法是分析多目标、多准则的复杂系统的有力工具。

2.4.3.1　费用-环境-性能评价法

费用-环境-性能评价法就是把不同技术方案的费用、技术及环境效能进行比较分析的方法。费用可以反映再制造的主要耗费，环境可以反映再制造过程的主要环境影响，而性能则可以反映再制造产品属性的主要指标。在产品退役后再制造前，可能存在多种再制造方案，且每种方案的选择需要考虑费用-环境-性能时，都要进行三者影响的分析，以便为再制造方案决策提供依据，并在实施方案过程中，对分析评价的结果反复地进行验证和反馈。

1. 准则

权衡备选方案有以下几类评定准则：

1）定费用准则：在满足给定费用的约束条件下，使方案的环境效益和产品性能效益最大。

2）定性能准则：在确定产品性能的情况下，使方案的环境效益最大，再制造费用最低。

3）环境效益最大准则：在环境效益最大情况下，使方案的费用最低，性能最高。

4）环境-性能与费用比准则：使方案的产品性能、环境效益与所需费用之比最大。

5）多准则评定：退役产品再制造具有多种目标和多重任务而没有一个单一的效能度量时，可根据具体产品的实际背景，选择一个合适的多准则评定方法，该方法应当是公认合理的。

2. 分析的程序

分析的一般程序由分析准备和实施分析所组成，其基本流程如图 2-8 所示。

在进行分析和评价时，要注意以下几点：

(1) 明确任务、收集信息　明确分析的对象、时机、目的和有关要求，作为分析人员进行分析工作的依据。收集一切与分析有关的信息，特别是与分析对象、分析目的有关的信息，以及现有类似产品的费用、效能信息，指令性和指导性文件的要求等。收集信息的一般要求如下：

1）准确性。费用、效能信息数据必须准确可靠。

2）系统性。费用信息数据要连续、系统和全面，应按费用分析结构、影响效能要素进行分类收集，不交叉、无遗漏。

3）时效性。要有历史数据，更要有近期和最新的费用数据。

4）可比性。要注意所有费用数据的时间和条件，使之具有可比性，对不可比的数据使其具有间接的可比性。

(2) 确定目标　目标是指使用产品所要达到的目的。应根据产品主管部门的要求，确定进行费用敏感性分析所需要的可接受的目标。目标不宜定得太宽，应把分析工作限制在所提出问题的范围。目标范围不应限制过多，以免将若干有价值的方案排除在外。在目标说明中，既要描述具体的产品系统特性，又要描述产品的任务需求和任务剖面。

(3) 建立假定和约束条件　建立假定和约束条件，以限制分析研究的范围。应说明建立这些假定和约束条件的理由。在进行分析的过程中，还可能需要再建立一些必要的假定和

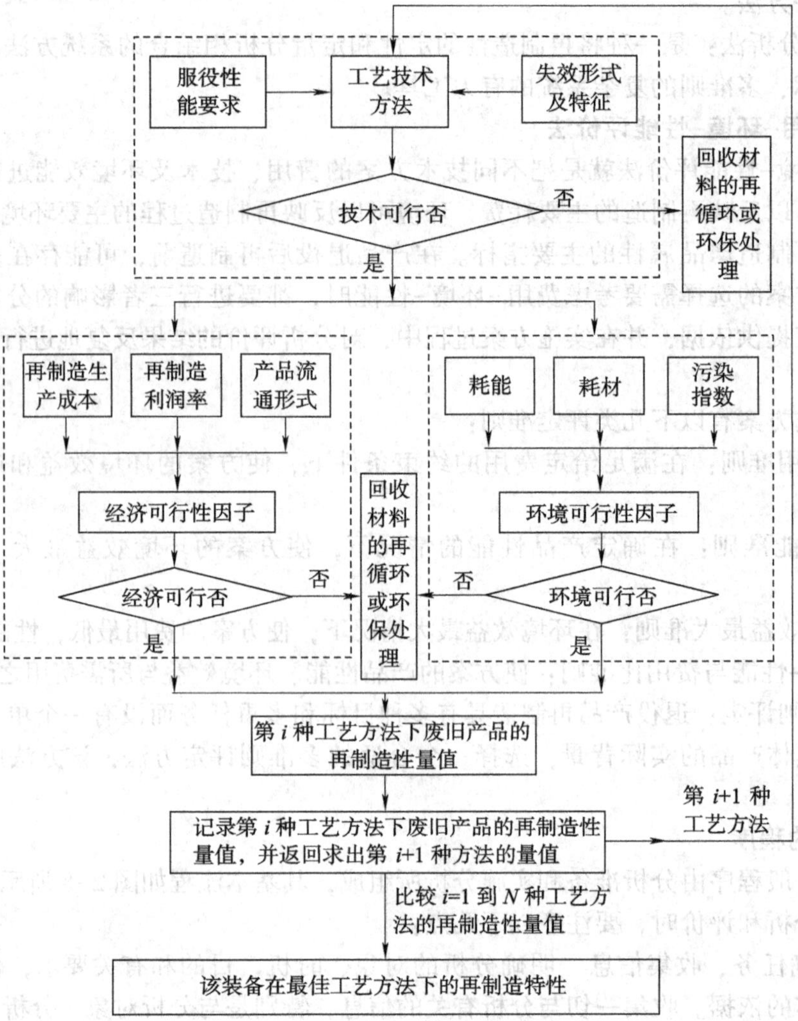

图 2-8 废旧装备再制造特性评价流程

约束条件。

假定一般包括废旧产品的服役时间、废弃数量、再制造技术水平等。随着分析的深入可适当修改原有假定或建立的新假定。

约束条件是有关各种决策因素的一组允许范围，如再制造费用预算、进度要求、现有设备情况及环境要求等，而问题的解必须在约定的条件内去求。

（4）分析费用-环境-性能因子

1）确定各因子的评价指标。根据再制造的全周期，将评价体系分为技术、经济、环境三个方面，并建立相关的评价因子体系结构模型（见图 2-9）。

不同的技术工艺（包括产品的回收、运输、拆解、检测、加工、使用、再制造等技术工艺）可以产生不同的再制造产品性能（包括产品的功能指标、可靠性、维修性、安全性、用户友好性等方面），并且对产品的经济、环境产生直接的影响。该模型中所获得的产品的再制造性是指在某种技术工艺下的再制造性，并不一定为最佳的再制造性，而通过进行对比不同技术工艺下的再制造性量值，可以根据目标，确定废旧产品最适合的再制造工艺方法。

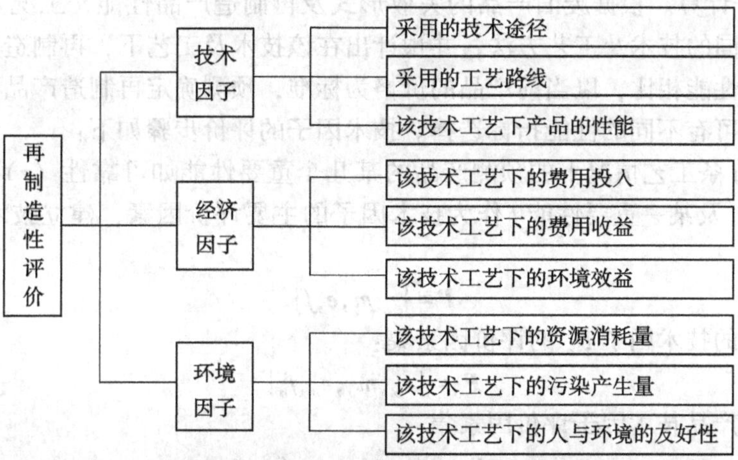

图 2-9　再制造性评价指标体系结构模型

2）费用-环境-性能评价。对再制造过程中各因子的评定方法可以采用如下理想化的方法，通过建立数据库，输入相关的要求而获得不同技术工艺条件下的性能、经济、环境因子，如图 2-10 所示。

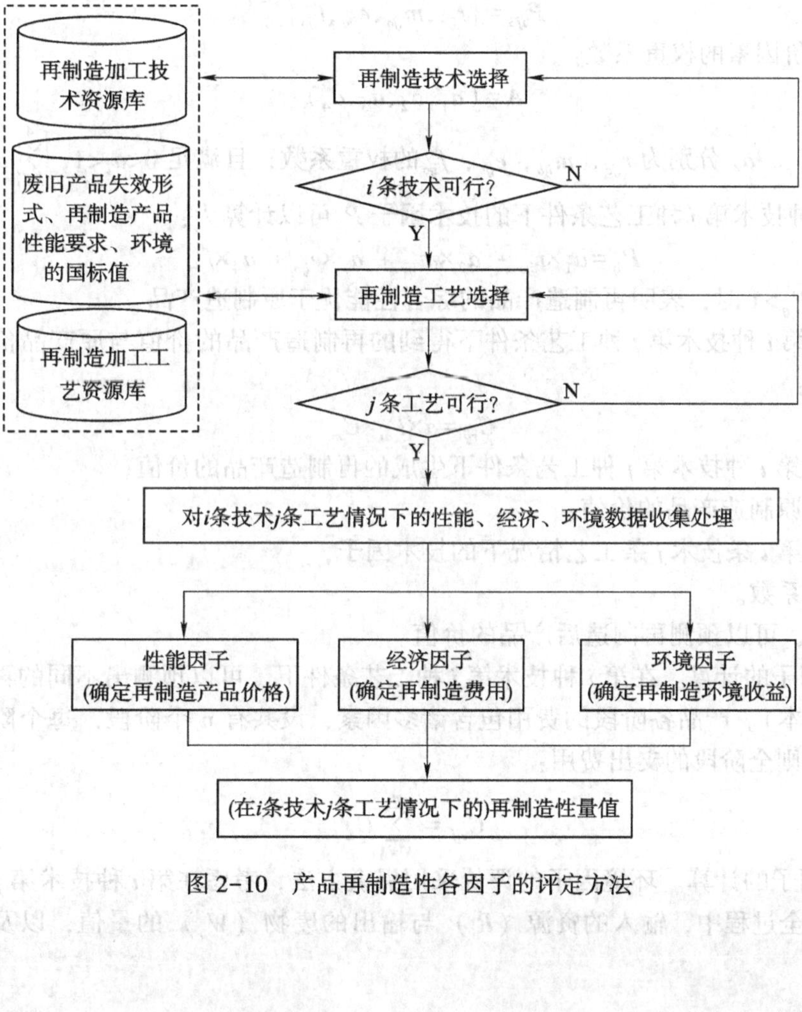

图 2-10　产品再制造性各因子的评定方法

① 技术因子计算。根据废旧产品的失效形式及再制造产品性能、工况及环境标准限值等要求，选定不同的技术及工艺方法，并预计出在该技术及工艺下，再制造后产品的性能指标，与当前产品性能相比，以当前产品的价格为标准，预测确定再制造产品的价格。根据不同的产品要求，可有不同的性能指标选择。技术因子的评价步骤如下：

对 i 条技术 j 条工艺情况下的预测产品的某几个重要性能如可靠性（r）、维修性（m）、用户友好性（e）及某一重要性能 f 作为技术因子的主要评价因素，建立技术因子 $\boldsymbol{P}$ 的一般评价因素集：

$$\boldsymbol{P}=\{r,m,e,f\} \tag{2-28}$$

建立原产品的技术因子 $\boldsymbol{P}_o$ 的评价因素集：

$$\boldsymbol{P}_o=\{r_o,m_o,e_o,f_o\} \tag{2-29}$$

建立再制造产品技术因子评价因素集：

$$\boldsymbol{P}_{ij1}=\{r_{ij},m_{ij},e_{ij},f_{ij}\} \tag{2-30}$$

将 $\boldsymbol{P}_{ij1}$ 和 $\boldsymbol{P}_o$ 中各对应的评价因素相比，可以无量纲化评价指标：

$$\boldsymbol{P}_{ij2}=\left\{\frac{r_{ij}}{r_o},\ \frac{m_{ij}}{m_o},\ \frac{e_{ij}}{e_o},\ \frac{f_{ij}}{f_o}\right\} \tag{2-31}$$

化简得：

$$\boldsymbol{P}_{ij3}=\{r_{ijo},m_{ijo},e_{ijo},f_{ijo}\} \tag{2-32}$$

建立各评价因素的权重系数：

$$\boldsymbol{A}=(a_1,a_2,a_3,a_4) \tag{2-33}$$

其中 a_1，a_2，a_3，a_4 分别为 r_{ijo}，m_{ijo}，e_{ijo}，f_{ijo} 的权重系数，且满足 $0<a_i<1$，$\sum_{i=1}^{4} a_i=1$。

则其第 i 种技术第 j 种工艺条件下的技术因子 P_{ij} 可以计算为：

$$P_{ij}=a_1\times r_{ijo}+a_2\times m_{ijo}+a_3\times e_{ijo}+a_4\times f_{ijo} \tag{2-34}$$

上式中，$P_{ij}>1$ 时，表明再制造产品的综合性能优于原制造产品。

同时预测第 i 种技术第 j 种工艺条件下得到的再制造产品的价值与原产品价值的关系可以用下式表示：

$$C_{rij}=a\times P_{ij}\times C_m \tag{2-35}$$

式中　C_{rij}——第 i 种技术第 j 种工艺条件下生成的再制造产品的价值；

C_m——原制造产品的价值；

P_{ij}——第 i 条技术 j 条工艺情况下的技术因子；

a——系数。

根据该式，可以预测再制造后产品的价值。

② 经济因子的计算。在第 i 种技术第 j 种工艺条件下，可以预测出不同的再制造阶段的投入费用（成本）。产品各阶段的费用包含诸多因素，设共有 n 个阶段，每个阶段的支出费用分别为 C_i，则全阶段的支出费用：

$$C_{cij}=\sum_{K=1}^{n} C_K \tag{2-36}$$

③ 环境因子的计算。环境因子的评价采用黑盒方法，考虑在第 i 种技术第 j 种工艺条件下的再制造的全过程中，输入的资源（R_i）与输出的废物（W_o）的量值，以及在再制造过

程中对人体健康的影响程度（H_e）。根据再制造的工艺方法不同，输入的资源也不同，具体的评价指标也不同，设主要考虑输入的能量值（R_e）、材料值（R_m），输出的污染指标主要考虑三废排放量（W_w）、噪声值（W_s），对人体健康的影响程度（H_e）。技术性的评价方法，可以对比建立环境因子 E_{ij}，由对比关系可知，E_{ij}的值越小，则说明再制造的环境性越好。

同时参照相关环境因素的评价，可以将第 i 种技术第 j 种工艺条件下的再制造在各方面减少的污染量转化为再制造所得到的环境收益为 C_{eij}。

④ 确定再制造性量值。可以用所获得的利润值与产品总价值的比值来表示产品的再制造性能力的大小。通过对技术、经济、环境因子的求解，最后可获得在第 i 种技术第 j 种工艺情况下的再制造性量值 $R_{(nij)}$：

$$R_{(nij)} = \frac{C_{rij} + C_{eij} - C_{cij}}{C_{ijr} + C_{eij}} = 1 - \frac{C_{cij}}{C_{rij} + C_{eij}} \tag{2-37}$$

显然，若 $R_{(nij)}$ 的值介于 0 与 1 之间，值越大，则说明再制造性越好，其经济利润越好。

⑤ 确定最佳再制造量值。通过反复循环求解，可求出在有效技术工艺下的再制造性量值集合：

$$R_{nb} = \mathrm{Max}\{R_{n11}, R_{n12}, \cdots, R_{nij}, \cdots, R_{nnm}\} \tag{2-38}$$

式中　n——最大技术数量；

m——最大工艺数量；

R_n——再制造性量值；

R_{nb}——最佳再制造性量值。由式中可知共有（$n\times m$）种再制造方案，求解出（$n\times m$）个再制造性量值。其中选择最大值的再制造工艺作为再制造方案。通过上述再制造性的评价方法，可以确定不同的再制造技术工艺路线，提供不同的再制造方案。并通过确定最佳再制造量值，可以同时确定再制造方案。

（5）风险和不确定性分析　对建立的假定和约束条件以及关键性变量的风险与不确定性进行分析。

风险是指结果的出现具有偶然性，但每一结果出现的概率是已知的，对种类风险应进行概率分析。可采用解析方法和随机仿真方法。

不确定性是指结果的出现具有偶然性，且不知道每一结果出现的概率。对各类重要的不确定性应进行灵敏度分析。灵敏度分析一般是指确定一个给定变量的对输出影响的重要性，以确定不确定性因素的变化的分析结果的影响。

2.4.3.2　模糊综合评判法

产品再制造性的好与坏，是一个含义不确切、边界不分明的模糊概念。这种模糊性不是人的主观认识达不到客观实际所造成的，而是事物的一种客观属性，是事物的差异之间存在着中介过渡过程的结果。在这种情况下，可以运用模糊数学知识来解决难以用精确数学描述的问题。再制造性评价也可以采用模糊综合评判法进行，其基本步骤如下文所述。

1. 建立因素集

产品的再制造性影响因素非常复杂，然而在评价时，不可能对每个影响产品再制造性的因素逐个进行评价，为了不影响评价结果的合理性和准确性，必须把主要影响因素确定为论域 U 中的元素，构成因素集，假设有 n 个因素，若依次用 u_1，u_2，…，u_n 表示，则论域 $U=\{u_1, u_2, \cdots, u_n\}$，即因素集。显然论域中的各元素对产品再制造性有不同的影响。

2. 建立权重集

由于论域中的每个元素的功能不同，应根据各元素功能的重要程度不同，分别赋予不同权重，即权重分配系数。上述各元素所对应的权重系数分配为：$u_1 \to b_1$，$u_2 \to b_2$，…，$u_n \to b_n$，即权重集：

$$\boldsymbol{B}=\{b_1,b_2,\cdots,b_n\} \tag{2-39}$$

各权重系数应满足：$b_i \geqslant 0$，且 $\sum_{i=1}^{n} b_i = 1$。

3. 建立评价集

即对评价对象可能下的评语。$\boldsymbol{V}=\{V_1,V_2,\cdots,V_m\}$，如四级评分制，评判集 $\boldsymbol{V}$=｛优秀、良好、及格、不及格）。

4. 模糊评价矩阵 $\widetilde{\boldsymbol{R}}$

这是一个由因素集 $\boldsymbol{u}$ 到评判集 $\boldsymbol{V}$ 的模糊映射（也可看做是模糊变换），其中元素 r_{ij} 表示从第 i 个因素着眼对某一对象做出第 j 种评语的可能程度。固定 i（r_{i1}，r_{i2}，…）就是 $\boldsymbol{V}$ 上的一个模糊集，表示从第 i 个因素着眼，对某对象所做出的单因素评价。模糊评价矩阵为

$$\widetilde{\boldsymbol{R}}=\begin{bmatrix} r_{11} & r_{12} & \cdots & r_{1m} \\ r_{21} & r_{22} & \cdots & r_{2m} \\ \cdots & \cdots & \cdots & \cdots \\ r_{n1} & r_{n2} & \cdots & r_{nm} \end{bmatrix} \tag{2-40}$$

5. 整体综合评价

对权重集 $\boldsymbol{B}$ 和模糊评价矩阵 $\widetilde{\boldsymbol{R}}$ 进行模糊合成，得到模糊评价集的隶属函数：

$$\boldsymbol{C}=\boldsymbol{B}\cdot\widetilde{\boldsymbol{R}} \tag{2-41}$$

所得数值 C 就是产品的再制造性评价值，与评价集 $\boldsymbol{V}$ 中的评价范围对照，得到产品再制造性的评价等级。

2.4.3.3 层次分析法

产品再制造性评估也可采用层次分析法进行。层次分析法（Analytic Hierarchy Process，简称 AHP）是美国匹兹堡大学教授 T. L. Satty 提出的一种系统分析方法。它是一种定量与定性相结合，将人的主观判断用数量形式表达和处理的方法。其基本思想是把复杂问题分解成多个组成因素，又将这些因素按支配关系分组形成递阶层次结构，按照一定的比例标度，通过两两比较的方式确定各个因素的相对重要性，构造上层因素对下层相关因素的判断矩阵，然后综合决策者的判断，确定决策方案相对重要性的总的排序。

在实际运用中，层次分析法一般可划分为四个步骤。

1. 建立系统的层次结构模型

在充分掌握资料和广泛听取意见的基础上，往往可将工程问题分解为目标、准则、指标、方案、措施等层次，并且可以用框图形式说明层次的内容、阶梯结构和因素之间的从属关系。

2. 构造判断矩阵及层次单排序计算

判断矩阵元素的取值，反映了人们对各因素相对重要性的认识，一般采用 1~9 及其倒

数的标度方法。当相互比较具有实际意义时，判断矩阵的相应元素也可取比值形式。其取值规则如表2-3所示。

表2-3　判断矩阵的标度及含义

标　度	含　义
1	两因数相比，具有同样重要度
3	两因数相比，前者比后者稍重要
5	两因数相比，前者比后者明显重要
7	两因数相比，前者比后者强烈重要
9	两因数相比，前者比后者极端重要

注：2、4、6、8为上述相邻判断的中间值

3. 进行层次的总排序

计算同一层次所有因素相对最高层次（总目标）重要性的排序权值计算排序。这一过程是由最高层次到最低层次逐层进行的。

4. 一致性检验及调整

应用层次分析法，保持判断思维的一致性是非常重要的。为了评价单排序和总排序的计算结果是否具有满意的一致性，还应进行一定形式的检验。必要时，还应对判断矩阵做出调整。

第3章　再制造拆装技术与工艺

3.1　再制造拆装基础

3.1.1　再制造拆装基本概念

再制造拆装技术与工艺是指对废旧产品的拆解和再制造产品装配工艺过程中所用到的全部技术工艺与方法的统称。科学的再制造拆装能够有效地保证再制造产品质量，减少再制造生产时间和费用，提高再制造的环保效益。再制造拆装包括拆解与装配两个阶段的工作内容。

1. 再制造拆解

再制造拆解是指将废旧产品及其部件有规律地按顺序分解成零部件，并保证在执行过程中最大化预防零部件性能进一步损坏的过程。再制造拆解是实现高效回收策略的重要手段，是再制造过程中的重要工序，也是保证再制造产品质量及其实现资源再制造利用最大化的关键步骤。废旧产品只有拆解后才能实现完全的材料回收，并且有可能实现零部件的再利用和再制造。拆解主要应用领域包括产品维修、材料回收、零部件的重新利用和再制造。科学的再制造拆解工艺能够有效保证再制造零件质量性能、几何精度，并显著减少再制造周期，降低再制造费用，提高再制造产品质量。再制造拆解作为实现有效再制造的重要手段，不仅有助于零部件的重新利用和再制造，而且有助于材料再生利用，实现废旧产品的高品质回收策略。

废旧产品经再制造拆解后的零部件，对其进行清洗检测后，一般可分为3类：①可直接利用的零件（经过清洗检测后不需要再制造加工可直接在再制造装配中应用）；②可再制造的零件（可通过再制造加工后达到再制造装配质量标准）；③报废件（无法直接再利用和进行再制造，需要进行材料再循环处理或者其他无害化处理）。

2. 再制造装配

再制造装配就是按再制造产品规定的技术要求和精度，将再制造拆解和加工后性能合格的零件，可直接利用的零件以及其他报废后更换的新零件组装成组件，由组件组装成部件，由部件组装成总成，最后组装成产品，并达到再制造产品所规定的精度和使用性能的整个工艺过程。由于产品的复杂程度不同，零件的组合情况不同，在再制造装配时要像产品制造装配一样，根据零件组合的特点，把机械的组成单元加以区分。

零件是再制造装配的基本单元，它是由一块材料制成的，不能再进行结构上的分解。在再制造拆解时，一般都要求将产品拆解成零件；反之，在再制造装配中，一般先将零件装成套件、组件和部件，然后再装成产品。有的零件是装配的基础，它具有配合基准面，可以保证装配在它上面的零件具有正确的相对位置，这种零件称为基础零件。对于一台机床来说，机座或机架就是它的基础零件。

组件由若干个零件组成，但不具有独立功能。如活塞连杆组成一个组件，它由连杆、活塞、活塞销等零件组成，但它不能独立发生作用，必须与缸体、缸盖和曲轴等协调起来才能进行工作。组件是再制造拆装的一个中间过程。

部件和总成由若干组件或零件组成，具有结构上和作用上的独立性，部件在产品中能完成一定的完整的功用。部件中唯一的基准零件用来连接各个组件、套件和零件，并决定它们之间的相对位置。习惯上是把直接组成产品的单元称作总成，组成总成的单元称作部件。例如发动机是一个总成，而燃油泵、滤清器是安装在发动机这个总成上的，因此可称作部件。

3.1.2 再制造拆装特点

拆解作为实现有效回收策略的重要手段，不仅有助于实现材料的回收，而且有助于零部件的重新利用和再制造。最初，面向拆解回收的设计是借鉴面向装配设计的思想，将拆解作为装配的逆过程来处理的。但是随着研究的深入，逐渐发现两者之间存在许多不同之处，如表3-1所示。

表3-1 拆解与装配的比较

比较方面	拆解	装配
分析目标	不唯一	唯一
分析中考虑其他问题	很多	多
敛散性	发散的	收敛的
生产环境	动态受限的	动态受限的
应用的阶段范围	维修、回收阶段	生产制造阶段
设计准则	面向拆解的设计	面向装配的设计
物流流向	逆向	正向
现有的分析工具	基本没有	较多
分析前产品状况	不确定	确定
生产方式	手工拆解为主	自动化流水线
工艺描述方法	缺乏合适的描述方法	基本成熟
复杂性	非常复杂	复杂

3.1.3 常用再制造拆装工具

机械产品大多采用螺纹连接，因此对废旧机械产品的拆装常用的通用工具有梅花扳手、开口扳手、开口梅花扳手、冲击梅花扳手、内六角扳手、六角螺钉旋具、扭力扳手等。

图3-1所示的是各种用来拆装螺栓、螺母的扳手，图3-1a~e用于外六方的螺栓、螺母，图3-1f用于内六角的螺栓。

一些有力矩要求的连接件，在紧固时需要用力矩扳手，图3-2所示的即为力矩扳手。图中扭力扳手、接杆、套筒组合起来使用，通过使用不同型号的套筒可适应不同螺栓、螺母拆装的需要，而开口扭力扳手则只能适应某一种型号的螺栓或螺母。

在选择拆装用的工具时，应尽可能使用梅花扳手或套筒，因为它们的刚性较好，不易造

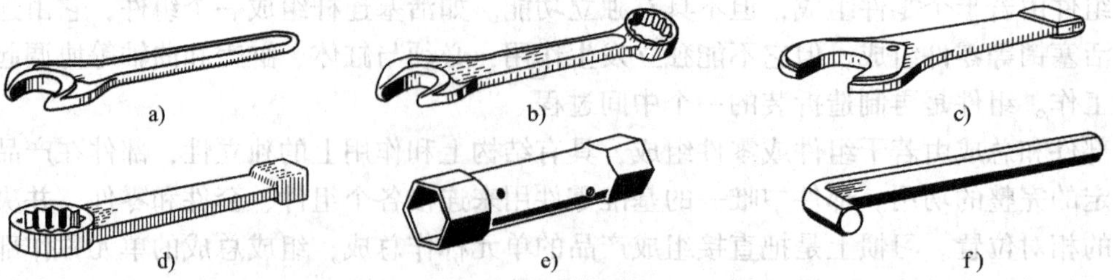

图 3-1 各种扳手

a）开口扳手 b）开口梅花扳手 c）开口冲击扳手

d）冲击梅花扳手 e）双头管形六角扳手 f）内六角扳手

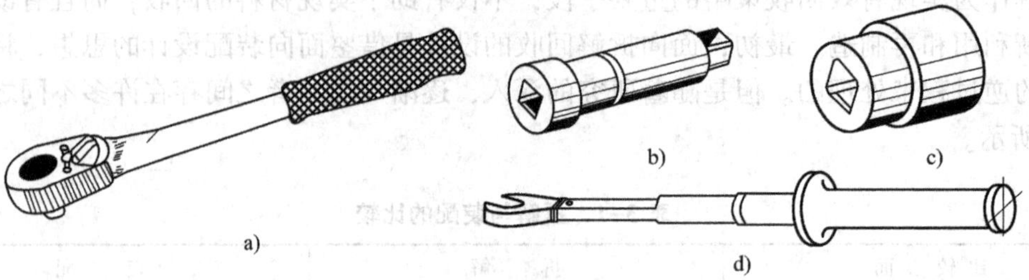

图 3-2 力矩扳手

a）扭力扳手 b）接杆 c）套筒 d）开口扭力扳手

成六方的损伤，而开口扳手的刚度相对就差一些，应尽可能少使用。一些开槽的螺钉，拆装时通常使用螺钉旋具来紧固。

再制造拆装工具除了常用的扳手、螺钉旋具等普通机械拆装工具外，针对不同的再制造产品还需设计或购置部分专用设备。例如在发动机再制造拆装时，可采用台式液压机来快速压入或压出缸体里的销子（尤其是过盈配合活塞销的拆装），采用连杆加热器进行连杆的拆装，采用专用发动机支座固定被拆装发动机。

图 3-3 所示是一个活塞组件吊装工具，它有四个孔，可通过螺栓与活塞顶部的螺纹孔相连，用于活塞组件的拆装。图 3-4 所示为十字头组件吊装工具，它安装在十字头与活塞杆连接的平面上，用于十字头组件的组装时的起吊，也可用于十字头连杆组件在总装时的起吊。

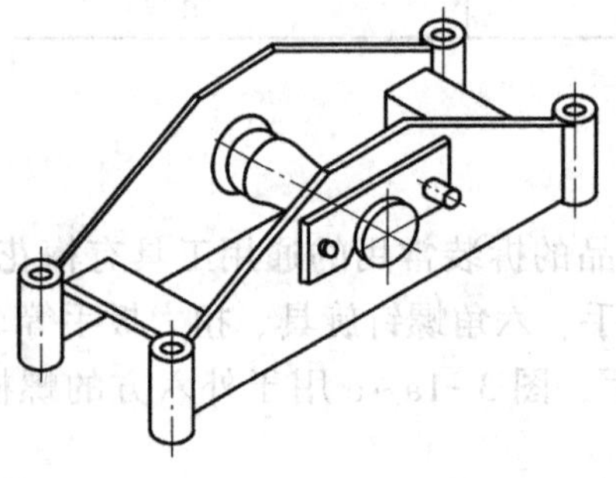

图 3-3 活塞组件吊装工具

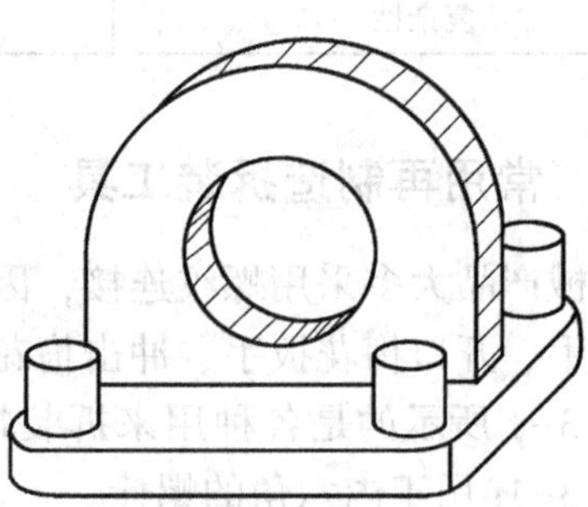

图 3-4 十字头组件吊装工具

图 3-5 所示为一组活塞组件的安装工具，图 3-5a 是活塞环扩张器，专用于活塞环的安装和拆解，当摇动摇把，使丝杆转动时，丝杆上一正一反的螺纹，就会带动杠杆及杠杆上的

卡爪移动，使两卡爪之间的距离增大，从而将活塞环张开，将活塞环装入活塞环槽后，再反向转动丝杆，即可将活塞环安装好。图 3-5b 是活塞环导入套，用于在活塞组件装入气缸套时，将活塞环导入气缸套。图 3-5c 是活塞杆填料函的刮环安装规，活塞杆填料函安装时首先将各道刮环用弹簧箍紧在活塞杆上，然后用几个安装规将各道刮环的轴向位置定好，即可方便地将活塞杆填料函本体装好。

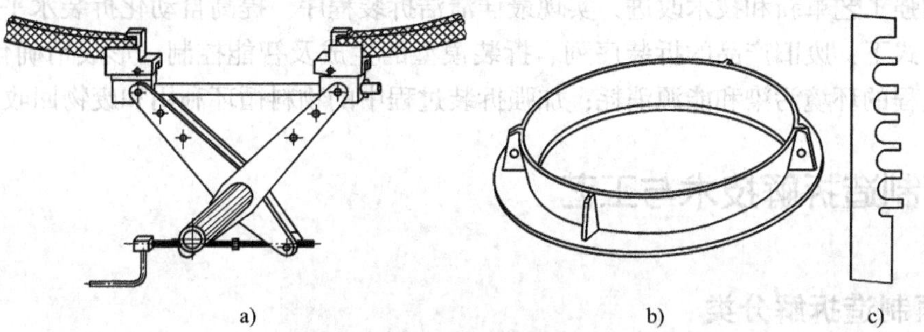

图 3-5　活塞组件安装工具
a）活塞环扩张器　b）活塞环导入套　c）活塞杆填料函的刮环安装规

3.1.4　再制造拆装技术发展趋势

1. 自动化拆装技术

目前再制造拆解还主要是借助工具及设备进行的手工拆解作业，是再制造过程中劳动密集型工序，存在拆解效率低、费用高、周期长、零部件质量对工人技术要求高等问题，影响了再制造的自动化生产程度。国外已经开发了部分自动拆解设备，如德国的 FAPS 一直在研究废线路板的自动拆解方法，采用与线路板自动装配方式相反的原则进行拆解，先将废线路板放入加热的液体中融化焊剂，再用一种机械装置，根据构件的形状，分检出可用的构件。因此，需要根据不同的对象，利用机器人等自动化技术，开发高效的再制造自动化拆解技术及设备，建立比较完善的废旧产品自动化再制造拆解工作站。

2. 再制造拆装设计技术

在产品设计过程中加强可再制造拆装性设计，能够显著提高废旧产品再制造时的拆装能力，提高其可再制造性。因此，要加强产品设计过程中的可再制造拆装性设计技术研究，提高废旧产品的可拆装性。例如，再制造的拆解要求能够尽可能保证产品零件的完整性，并要求减少产品接头的数量和类型，减少产品的拆解深度，避免使用永固性的接头，考虑接头的拆解时间和效率等。但在产品中使用卡式接头、模块化零件、插入式接头等虽有利于拆装，但也容易造成拆装中对零件的损坏，增加再制造费用。因此在进行易于拆装的产品设计时，要对产品的再制造性影响进行综合考虑。

3. 虚拟再制造拆装技术

虚拟拆装技术是虚拟再制造的重要内容，是实际再制造拆装过程在计算机上的本质实现，指采用计算机仿真与虚拟现实技术，实现再制造产品的虚拟拆装，为现实的再制造拆装提供可靠的拆装序列指导。需要研究建立虚拟环境及虚拟再制造拆装中的人机协同求解模型，建立基于真实动感的典型再制造产品的虚拟拆装仿真。研究数学方法和物理方法相互融合的虚拟拆装技术，实现对再制造拆装中的几何参量、机械参量和物理参量的动态模型拆装。

4. 清洁再制造拆装技术

传统的拆装过程中，拆解过程的不精确，导致拆装工作效率低、能耗高、费用高、污染大。因此，需要研究选用清洁生产技术及理念，制订清洁拆装生产方案，实现清洁拆装过程中的“节能、降耗、减污、增效”的目标。清洁拆装方案的制订需要：研究拆装管理与生产过程控制，加强工艺革新和技术改进，实现最佳清洁拆装程序，提高自动化拆装水平；研究在不同再制造方式下，废旧产品的拆装序列、拆装模型的生成及智能控制，形成精确化拆装方案，减少拆装过程的环境污染和能源消耗；加强拆装过程中的物料循环利用和废物回收利用。

3.2 再制造拆解技术与工艺

3.2.1 再制造拆解分类

传统废旧产品再制造需要对其零部件进行完全拆解，但如果产品再制造由多个部门承担时，也可以根据不同部门承担的零部件再制造内容不同，可以采取部分拆解或目标拆解，例如对不承担某一部件再制造的企业，可以不对该部件进行完全拆解。

1. 按拆解的目的分类

按拆解目的，可将再制造拆解方法可分为破坏性拆解和非破坏性拆解。再制造拆解的基本要求是尽量采用非破坏性拆解，以便最大化回收废旧产品附加值。

破坏性拆解是指在产品进行拆解时，对拆解的一个或多个零件，产生了损伤，导致零件不能自动恢复原状。破坏性拆解过程是不可逆的。实施破坏性拆解，要根据再制造决策，以及零部件的具体状况来选用，比如螺钉产生锈蚀，必须使用破坏性方式才可以拆解，或者对一些焊接件，在必要时也只能采用破坏性拆解。

非破坏性拆解是指在产品进行拆解时，所有零件都没有被损伤。实施非破坏性拆解方式，其过程是可逆的。一般情况下，拆解使用较多的是非破坏性拆解。非破坏性拆解可以使零部件在再制造过程中重新利用，降低再制造生产成本。

2. 按拆解程度分类

按拆解程度，可将再制造拆解方法分为部分拆解、完全拆解和目标拆解。

完全拆解就是将整个产品拆解成一个单独的零件为止。在再制造拆解时，对所有能够重新利用的零件都要求实现完全拆解，对不可用或不在本级进行再制造的部件，则可不进行拆解。

部分拆解是根据经济、技术等因素的考虑，在拆解产品到某个零件时，其余零部件所具有的回收价值已经小于这些零部件的拆解和清洗费用，或者该部件不在本单位进行再制造，则对该零件或部件就没有进一步拆解的必要，此时终止拆解。这种只将废旧产品中的部分零部件进行拆解的方式，称为部分拆解，在实际应用中比较广泛。

目标拆解是在对产品进行拆解时，一般先根据回收决策，确定产品中各个零件的回收级别和策略，进行直接再制造重新利用、材料再循环、环保处理等，就可以确定需要拆解的零部件，再对他们进行拆解，此种拆解方式称为目标拆解。目标拆解方式由于考虑到经济、环境、技术等因素，是再制造过程中主要采用的方式。

3. 按再制造拆解方式分类

按拆解方式来分，可将再制造拆解方法分为顺序拆解和并行拆解。顺序拆解是指产品拆解时，每次只拆解一个零件。并行拆解是指产品拆解时，每次可以拆解几个零件，这可以提高拆解效率，降低拆解成本。

3.2.2 再制造拆解的要求及规则

1. 再制造拆解要求

再制造拆解是按照一定步骤进行的，而且通常要在不同的再制造生产职能部门将废旧产品完全解体，拆解出所有的零部件。但废旧产品拆解并不是一定要拆解到完全程度，要根据经济性评估来确定，即拆解费用要少于获得零部件再利用价值。如果拆解费用高于获得的零部件再利用的价值，则可以采取整件更换的方式再制造，或者采用破坏性拆解，只保留相对高附加值的核心件。因此，再制造拆解过程牵涉到拆解的经济性评估问题。再制造拆解的经济性是由诸多因素决定的，比如随着拆解步骤的增加，获得的零部件数在提高，可再制造的零部件在增多，由此而带来的拆解回收利润在增加。然而难以分离的零部件拆解的难度较高，回收的利润也相应较低，这时拆解的经济性就较差。因而，要对拆解所带来的回收利润与拆解成本相比较，当拆解的经济性逐渐降低的时候就应当停止拆解过程。

2. 再制造拆解规则

再制造拆解的目的是为便于零件清洗、检查、再制造。由于废旧产品的构造各有其特点，零部件在重量、结构、精度等各方面存在差异，因此若拆解不当，将使零部件受损，造成不必要的浪费，甚至无法再制造利用。为保证再制造质量，在再制造拆解前必须周密计划，对可能遇到的问题有所估计，做到有步骤地进行拆解。一般应遵循下列原则和要求：

1）拆解前必须先弄清楚废旧产品的构造和工作原理。产品种类繁多，构造各异，应研究设备和部件的装配图，掌握各零件及其之间的结构特点、装配关系、连接和固定方法以及定位销、弹簧垫圈、锁紧螺母与锁紧螺钉的位置及退出方向，对拆解程序及程度要科学设计，并制订详细的工艺路线，切忌粗心大意、盲目乱拆。对不清楚的结构，应查阅有关图样资料，弄清装配关系、配合性质。无法获取图样分析的，要由有经验人员来完成拆解，并且边分析判断，边试拆，同时还需设计合适的拆解夹具和工具。

2）拆解前做好准备工作。包括：拆解场地的选择，对零件的分类及存放方案，及拆解过程中的初步检测方案；易锈蚀零件的保护措施；被拆零件间的配合性质和装配间隙，测量出它与有关部件的相对位置，并做出标记和记录；准备好必要的通用和专用工、量具，特别是自制的特殊工、量具；再制造拆解班组作必要的分工，使拆解工作按计划进行。

3）从实际出发，确信性能完好的部件内部可不拆的尽量不拆，需要拆的一定要拆。再制造拆解程序与制造装配程序基本相反。在切断电源后，要先拆外部附件，再将整机拆成部件，部件拆成组件，最后拆成零件。为减少拆解工作量和避免破坏配合性质，尚能确保再制造产品使用性能的部件可不全部拆解，但需进行必要的试验或诊断，确信无隐蔽缺陷。若不能肯定内部技术状态如何，必须拆解检查，确保再制造质量。

4）使用正确的拆解方法，保证人身和机械设备安全。根据零部件连接形式和规格尺寸，选用合适的拆解工具和拆解方法。例如用手锤敲击零件，应该在零件上垫好衬垫并选择适当位置。在不影响零件完整和损伤的前提下，在拆解前应做好打印、记号工作。精密、稀有及关键设备，拆解时应特别谨慎。对不可拆连接或拆后精度降低的结合件在必须拆解时要注意保护。有的拆解需采取必要的支承和起重措施。拆下的零部件必须有秩序、有规则地放置，不准就地乱扔乱放，特别是还可以继续使用的零件更应该保管好，以防受潮生锈。零件不要一个个地堆积起来，以免互相碰撞、划伤和变形。大型零件（如床身、箱体等）可放在地上或低的平台上；较小的零件（如螺钉、螺母、垫圈、销等）可放在专用箱子内。

5）拆解应为装配创造条件。要坚持再制造拆解服务于再制造装配的原则。如被拆解设备的技术资料不全，拆解中必须对拆解过程进行记载，以便在安装时遵照“先拆后装”的原则重新装配。拆解精密或结构复杂的部件，应画出再制造装配草图或拆解时做好标记，避免误装。零件拆解后要彻底清洗，涂油防锈、保护加工面，避免丢失和破坏。细长零件要悬挂，注意防止弯曲变形。精密零件要单独存放，以免损坏。细小零件要注意防止丢失。

6）对轴孔装配件应坚持拆与装所用的力相同原则。在拆解轴孔装配件时，通常应坚持用多大的力装配，用多大的力拆解。若出现异常情况，要查找原因，防止在拆解中将零件碰伤、拉毛、甚至损坏。热装零件需利用加热来拆解，一般情况下不允许进行破坏性拆解。

7）尽量避免破坏性拆解。再制造拆解要能够保证废旧零件的残余价值，尽量避免破坏性拆解，不对失效零件产生损伤，减少再制造加工的工作量。在必须进行破坏性拆解时，要采取保护核心件的原则，即可以破坏拆解掉价值小的零件，从而保全价值量比较大的贵重零件，降低再制造费用。

3.2.3　再制造拆解技术方法

再制造过程中的零件拆解过程直接关系到产品的再制造质量，是再制造过程非常重要的工艺步骤。再制造拆解按拆解的方式可分为击卸法、拉卸法、压卸法、热拆法及破坏性拆解法。在拆解中应根据实际情况选用。

1. 击卸法

击卸法利用锤子或其他重物在敲击或撞击零件时产生的冲击能量把零件拆解分离。它是拆解工作中最常用的一种方法，具有使用工具简单、操作灵活方便、不需特殊工具与设备、适用范围广等优点，但击卸法使用不正确时常会造成零件损伤或破坏。击卸大致分为三类：一是用锤子击卸，在拆解中，由于拆解件是各种各样的，一般都是就地拆解为多，故使用锤子击卸十分普遍；二是利用零件自重冲击拆解，在某些场合可利用零件自重冲击能量来拆解零件，例如锻压设备锤头与锤杆的拆解往往采用这种办法；三是利用其他重物冲击拆解，在拆解结合牢固的大、中型轴类零件时，往往采用重型撞锤。

以锤子击卸为例，拆解时必须注意以下事项：

1）要根据拆解件尺寸大小、重量及结合的牢固程度，选择大小适当的锤子和用力的轻重。如果击卸件重量大、配合紧，而选择的锤子太轻，则零件不易击动，且容易将零件打毛。

2）要对击卸件采取保护措施，通常使用铜棒、胶木棒、木棒及木板等，保护被击的轴端、套端及轮缘等。

3）要先对击卸件进行试击，目的是考察配合件的结合牢固程度，试探被拆零件的走向。如听到坚实的声音，要立即停止击卸，检查是否是由于走向相反或紧固件漏拆而引起的。发现零件严重锈蚀时，可用煤油加以润滑。

4）要注意安全。击卸前应检查锤柄是否松动，以防猛击时锤头飞出伤人损物。要观察锤子所划过的空间是否有人或其他障碍物。为了保证安全，如垫块不宜用手直接扶持时可用抱钳等夹持。

2. 拉卸法

拉卸法是使用专用顶拔器把零件拆解下来的一种静力拆解方法。它具有拆解件不受冲击力、拆解较安全、零件不易损坏等优点，但需要制作专用拉具。该方法适于拆解精度要求较高、不许敲击或无法敲击的零件。拉卸常用于下列五种场合：

1）轴端零件的拉卸。它是利用各种顶拔器拉卸装于轴端的带轮、齿轮以及轴承等零件。拉卸时，首先将顶拔器拉钩扣紧被拆解件端面，顶拔器螺杆顶在轴端，然后手柄旋转带动螺杆旋转而使带内螺纹的支臂移动，从而带动拉钩移动而将轴端的带轮、齿轮以及轴承等零件拉卸。拉拔时，顶拔器拉钩与拉卸件接触要平整，各拉钩之间应保持平行，不然容易打滑；为了防止打滑，可用具有防滑装置的顶拔器，如图 3-6b 所示。这种顶拔器的螺纹套 3 内孔与螺杆 4 空套。使用时，将螺纹套 3 退出几转，旋转螺杆 4 带动螺母 6 外移，通过防滑板 7 使拉钩 8 将轴承 2 扣紧后，再将螺纹套 3 旋转抵住螺母 6 端面，转动螺杆 4 便可将轴承拉出。

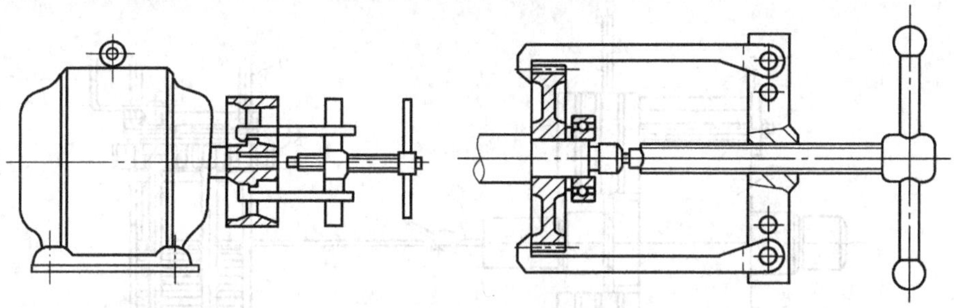

a)

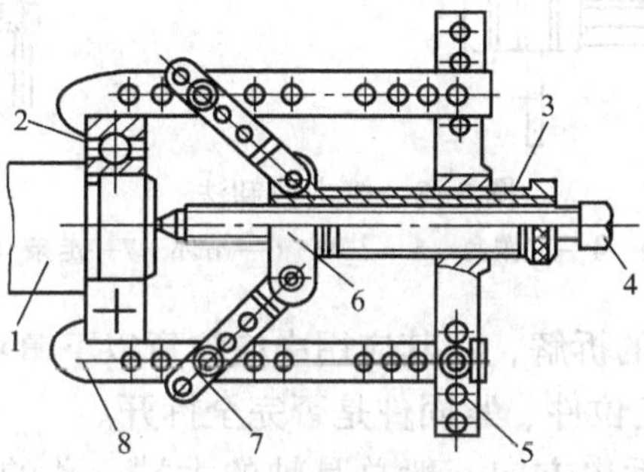

b)

图 3-6　轴端零件的拉卸

a）顶拔器　b）具有防滑装置的顶拔器

1—轴　2—轴承　3—螺纹套　4—螺杆　5—支臂　6—螺母　7—防滑板　8—拉钩

2）轴的拉卸应使用专用顶拔器，如图 3-7 所示。使用时，将有外螺纹的拉杆 7 穿过主轴内孔，旋紧螺母 1，转动手把 6，其上的内螺纹与拉杆 7 外螺纹相对转动，就可将主轴拉出。也常用拔销器拉卸有中心螺孔的传动轴，使用中应将连接螺栓拧紧。

3）套的拉卸需用一种特殊的拉具，可以拉卸一般套，也可拉卸两端孔径不相等的套。

4）钩头键在拉卸时常用锤子、錾子将键挤出，但容易损坏零件，若用专用拉具，拆解较为可靠，不易损坏零件。

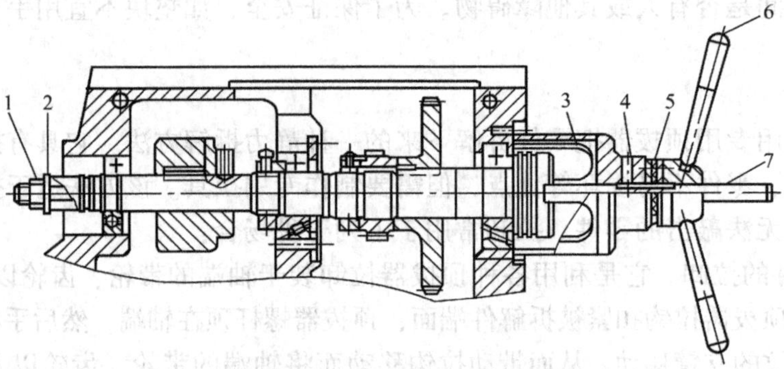

图 3-7　轴的拉卸专用顶拔器

1—螺母　2—垫圈　3—支撑体　4—螺钉销　5—推力球轴承　6—手把　7—拉杆

5）绞击拉卸法，适于某些大型零件的拆解，必要时可以利用吊车、绞车等结合锤击进行拉卸。如图 3-8 所示为利用绞车 8 将主轴 5 从叶轮绞车上拆下的情形。

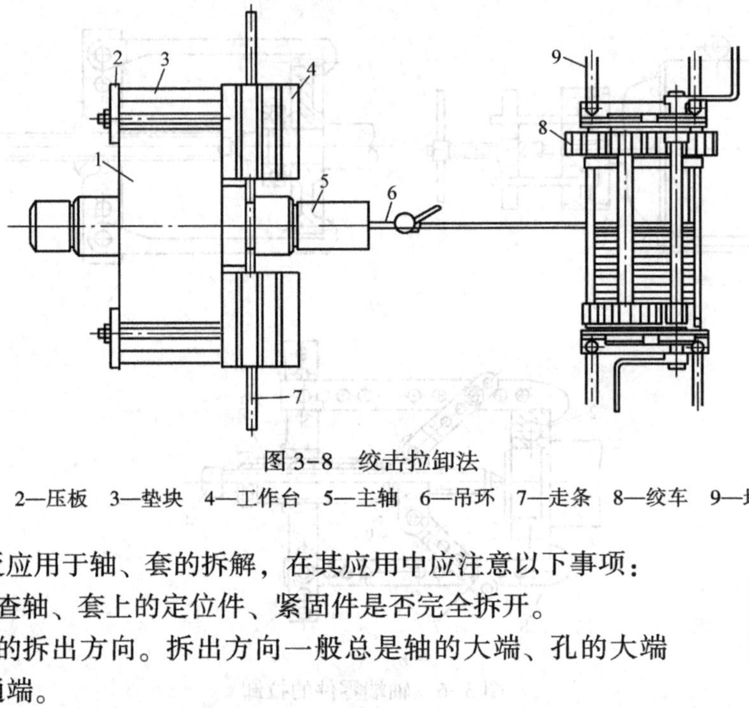

图 3-8　绞击拉卸法

1—叶轮　2—压板　3—垫块　4—工作台　5—主轴　6—吊环　7—走条　8—绞车　9—地面走条

拉卸法广泛应用于轴、套的拆解，在其应用中应注意以下事项：

1）仔细检查轴、套上的定位件、紧固件是否完全拆开。

2）查清轴的拆出方向。拆出方向一般总是轴的大端、孔的大端及花键轴的不通端。

3）防止毛刺、污物落入配合孔内卡死零件。

4）不需要更换的套一般不拆解，这样做可避免拆解的零件变形。

5）需要更换的套，拆解时不能任意冲击，防止套端打毛后破坏配合表面。

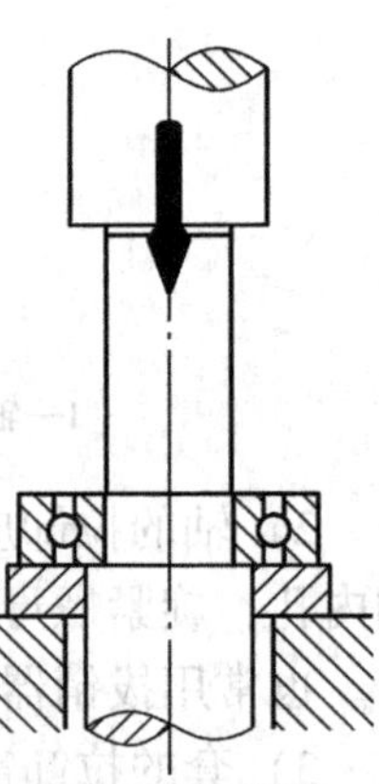

图 3-9　压力机拆解轴承

3. 压卸法

压卸法是利用手压机、液压机进行拆卸的一种静力拆解方法，适于拆解形状简单的过盈配合件。压卸常使用压力机拆解零件，图 3-9 所示为用压力机拆解轴承。一般来说这种方法可比较顺利和容易地将零件拆解下来。只要加压的方向、着力点位置选择合适，再加以必要的润滑就可以了。

4. 温差法

温差法是利用材料热胀冷缩的性能，加热包容件，使配合件在温差条件下失去过盈量，实现拆解，常用于拆解尺寸较大的零件和热装的零件。例如液压压力机或千斤顶等设备中尺寸较大、配合过盈量较大、精度较高的配合件或无法用击卸、顶压等方法拆解的情况，可用温差法拆解。

在实际应用中，加热或冷却一般不宜超过100~120℃，以防止零件变形或影响原有的精度。有时，也利用加热和拉卸方法组合进行拆解。图3-10所示为在拆解尺寸较大的轴承与轴时，对轴承内圈用热油加热后拆解。在加热前把靠近轴承部分的轴颈用石棉隔离开来，防止轴颈受热膨胀，用顶拔器拉钩扣紧轴承内圈，给轴承施加一定拉力，然后迅速将100℃左右的热油浇注在轴承内圈上，待轴承内圈受热膨胀后，即可用顶拔器将轴承拉出。

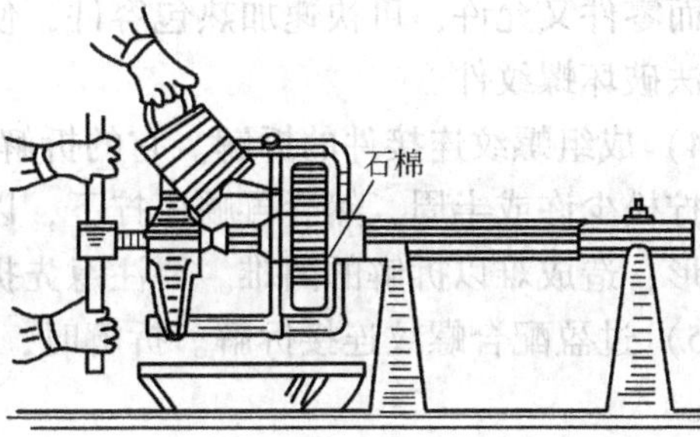

图3-10　用热油加热轴承内环拉卸法

5. 破坏法

在拆解焊接、铆接等固定连接件时，或轴与套已互相咬死时，或为保存核心价值件而必须破坏低价值件时，可采用车、锯、錾、钻、割等方法进行破坏性拆解。这种拆解往往需要注意保证核心价值件或主体部位不受损坏，而对其附件则可采用破坏方法拆离。

3.2.4　典型连接件的拆解

1. 螺纹连接件的拆解

螺纹连接应用广泛，它具有简单、便于调节和可多次拆解装配等优点。虽然它拆解较容易，但有时因重视不够或工具选用不当、拆解方法不正确而造成损坏，应特别引起注意。一般情况下拆解时，首先要认清螺纹旋向，然后尽量选用合适的扳手或螺钉旋具、双头螺栓专用扳手等，少用活扳手。拆解时用力要均匀，只有受力大的特殊螺纹才允许用加长杆。在特殊情况下，可采用下面的拆解方法：

1）断头螺钉的拆解。机械设备中的螺钉头有时会被打断，断头螺钉在机体表面以上时，可在螺钉上钻孔，打入多角淬火钢杆，再把螺钉拧出，如图3-11a所示。断头螺钉在机体表面以下时，可在断头端的中心钻孔，攻反向螺纹，拧入反向螺钉旋出，如图3-11b所示。也可在断头上锯出沟槽，用一字螺钉旋具拧出；或用工具在断头上加工出扁头或方头，用扳手拧出；或在断头上加焊弯杆拧出。也可在断头上加焊螺母拧出，如图3-11c所示。当螺钉较粗时，可用扁錾沿圆周剔出。

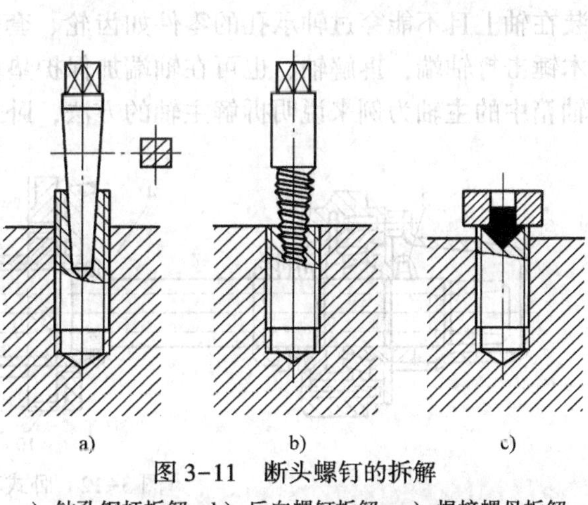

a)　b)　c)

图3-11　断头螺钉的拆解

a）钻孔钢杆拆解　b）反向螺钉拆解　c）焊接螺母拆解

2）打滑内六角螺钉的拆解。当内六角磨圆后出现打滑现象时，可用一个孔径比螺钉头外径稍小一点的六方螺母，放在内六角螺钉头上，将螺母和螺钉焊接成一体，用扳手拧螺母即可将螺钉拧出。

3）锈死螺纹的拆解。用煤油浸润，或者用布头浸上煤油包在螺钉或螺母上，浸泡20min左右，使煤油渗入连接处，一方面可以浸润铁锈，使它松软，另一方面可以起润滑作用，便于拆解。或用锤子敲击螺钉头或螺母，使连接受到振动而自动松开少许，以便于拆解。或试着把螺钉向拧紧方向拧动一下，再旋松，如此反复，逐步拧出。若上述方法均不可行，而零件又允许，可快速加热包容件，使其膨胀，软化锈层也能拧出。还可用錾、锯、钻等方法破坏螺纹件。

4）成组螺纹连接件的拆解。它的拆解顺序一般为先四周后中间，对角线方向轮换。先将其拧松少许或半周，然后再顺序拧下，以免应力集中到最后的螺钉上，损坏零件或使结合件变形，造成难以拆解的困难。要注意先拆难以拆解部位的螺纹件。

5）过盈配合螺纹连接拆解。拆解时，可将带内螺纹的零件加热，使其直径增大后再旋出来。

2. 键连接的拆解

1）平键连接的拆解。轴与轮毂的配合常采用过渡配合或间隙配合。拆去轮毂后，键一般保留在轴上，如果键的工作面良好且不需更换时，可不必拆解；如果键已经损坏，可用扁錾将键錾出，当键松动时，可用尖嘴钳拔出。滑键上一般都有专门供拆解用的螺纹孔，可用适合的螺钉旋入孔中，顶住键槽底面，把键顶出来。当键在槽中配合很紧而又必须拆出且需要保存完好时，可在键上钻孔、攻螺纹，然后用螺钉把它顶出来。

2）斜键连接的拆解。斜键的上下面均为工作面，装入后会使轴产生偏心，因此在精密装配中很少采用。拆解斜键时，必须注意拆解方向，用冲子从键较薄的一端向外冲出。如果斜键带有钩头，可用钩子拉出来；如果没有钩头，可在端面加工螺纹孔，拧上螺钉将键拉出来。

3. 轴类零件的拆解

拆解轴类零件时，首先应了解轴的阶梯方向，再根据轴的阶梯方向决定轴拆解时的移出方向。拆出轴两端轴承盖和轴上的定位零件，如紧定螺钉、弹性挡圈及保险弹簧等零件。松开装在轴上且不能穿过轴承孔的零件如齿轮、套等，并注意轴上的键是否能随轴通过各孔。用木锤击打轴端，拆解轴，也可在轴端加保护垫块后再将轴击卸下来。下面以拆解卧式车床主轴箱中的主轴为例来说明拆解主轴的方法，卧式车床主轴如图3-12所示。

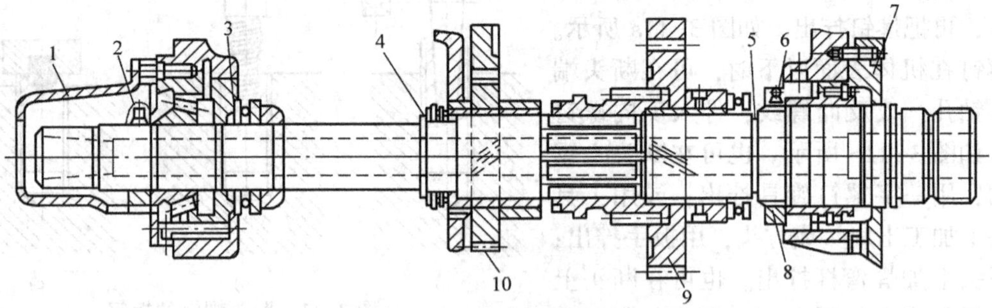

图3-12　卧式车床主轴

1—后端盖　2、8—圆螺母　3—法兰　4—轴端挡圈　5—垫圈　6—锁紧螺钉　7—前端盖　9、10—齿轮

1）由于主轴上各直径向右成阶梯状，因此主轴的拆解方向应向右。

2）将连接端盖1、7与主轴箱的螺钉松开，拆解前端盖7及后端盖1。

3）松开主轴上的圆螺母2及8，由于推力轴承的关系，圆螺母8只能松至碰到垫圈5处，当主轴向右移动一段距离后，再将螺母8旋至全部松卸为止（松卸主轴上的螺母前，必须将螺母上的锁紧螺钉6先旋松）。齿轮9及10应滑移至左面，轴向定位的轴端挡圈4用相应尺寸的钳子将其撑开取出。

4）当主轴向右移动至完全没有阻碍时，才能用击卸法敲击主轴（敲击时应加防护垫块），待其松动后，即能从主轴箱右端把它抽出，然后从主轴箱中拿出齿轮、垫圈及推力轴承等。法兰3在松卸其锁紧螺钉后，可垫铜棒向左敲出；主轴上的双列圆柱滚子轴承的外圈垫上铜套后向右敲出，也可用专用拉具将其拉卸出。

4. 静止连接件的拆解

拆解静止连接件常用的办法是拉卸，利用拉出器将被拆解件拉卸出来，在某些情况下，也可用局部加热或局部冷却的办法将被拆解件拆解出来。图3-13所示为应用拉出器拆解的情况。图3-13a是利用较大尺寸的零件一起进行拆解；图3-13b是拉出圆锥滚动轴承外圈用的拆解工具；图3-13c是利用相邻零件的端面来拆解轴承，由于轴承与相邻零件间的间隙很小，不易被抓住，就需要用这种能放置局部浅槽的拆解工具。拆解尺寸较大的轴承或过盈配合件时，为使轴和轴承免遭破坏，可利用加热来拆解。

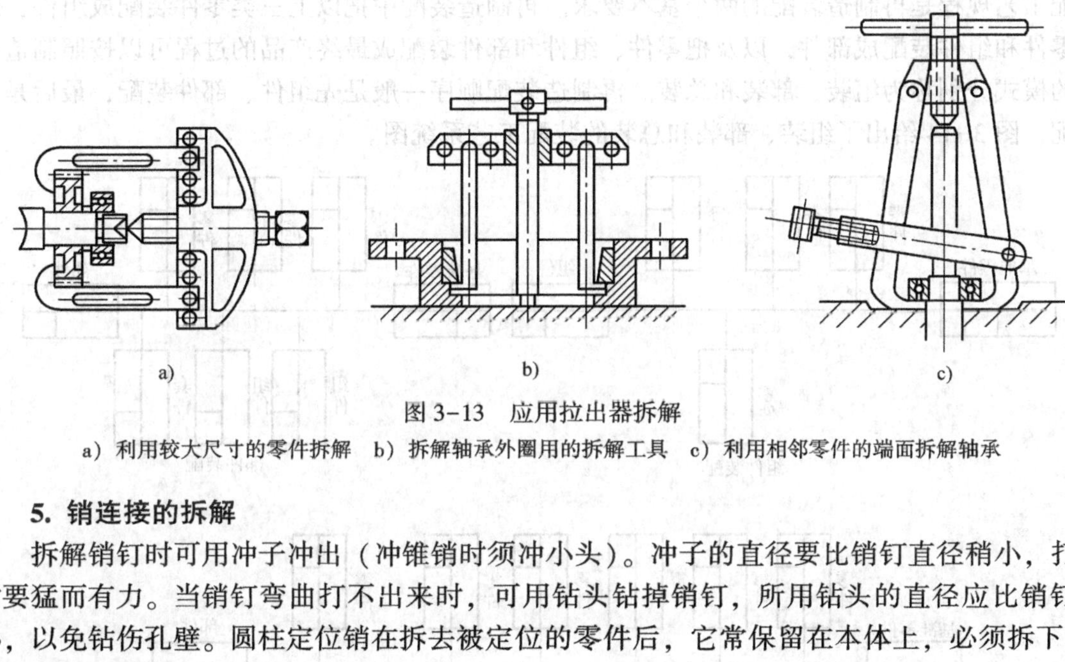

图3-13　应用拉出器拆解

a）利用较大尺寸的零件拆解　b）拆解轴承外圈用的拆解工具　c）利用相邻零件的端面拆解轴承

5. 销连接的拆解

拆解销钉时可用冲子冲出（冲锥销时须冲小头）。冲子的直径要比销钉直径稍小，打冲时要猛而有力。当销钉弯曲打不出来时，可用钻头钻掉销钉，所用钻头的直径应比销钉稍小，以免钻伤孔壁。圆柱定位销在拆去被定位的零件后，它常保留在本体上，必须拆下时，可用尖嘴钳拔出。

6. 过盈连接件

拆解过盈件，应按零件配合尺寸和过盈量大小，选择合适的拆解工具和方法。视松紧程度由松至紧，依次用木锤、铜棒、手锤或大锤、拉出器、机械式压力机、液压压力机、水压机等进行拆解。过盈量过大或保护配合面时，可加热包容件或冷却被包容件后再迅速压出。

无论使用何种方法拆解，都要检查有无定位销、螺钉等附加固定或定位装置，若有必须先拆下。施力部位要正确，受力要均匀且方向正确。

7. 滚动轴承的拆解

拆解滚动轴承时，除按过盈连接件的拆解要点进行外，还应注意尽量不用滚动体传递力；拆解轴末端的轴承时，可用小于轴承内径的铜棒或软金属、木棒抵住轴端，在轴承下面放置垫铁，再用手锤敲击。

8. 不可拆连接的拆解

不可拆连接主要指通过焊接、铆接等方式进行的连接。焊接件的拆解可用锯割、扁錾切割、用小钻头钻一排孔后再錾或锯以及气割等。铆接件的拆解可錾掉、锯掉、气割铆钉头，或用钻头钻掉铆钉等。

3.3 再制造装配技术与工艺

3.3.1 再制造装配的特点及类型

再制造装配是产品再制造的重要环节，其工作的好坏，对再制造产品的性能、再制造工期和再制造成本等起着非常重要的影响作用。做好充分周密的准备工作以及正确选择与遵守装配工艺规程是再制造装配的两个基本要求。再制造装配中把以上三类零件装配成组件，或把零件和组件装配成部件，以及把零件、组件和部件装配成最终产品的过程可以按照制造过程的模式分别称为组装、部装和总装。再制造装配顺序一般是先组件、部件装配，最后是总装配，图 3-14 给出了组装、部装和总装的装配工艺系统图。

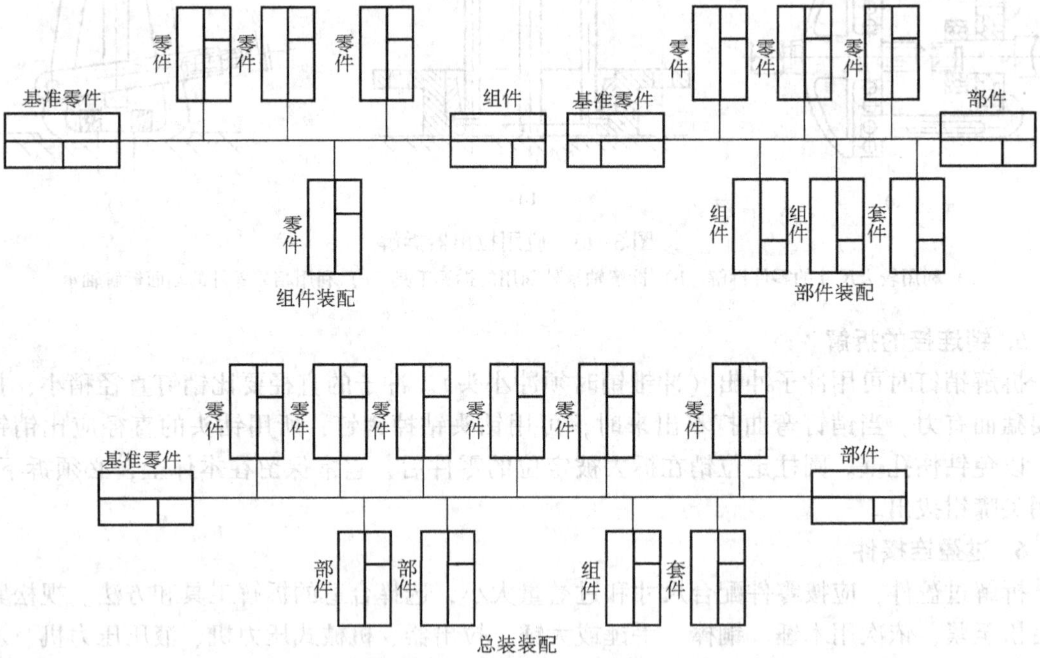

图 3-14 组装、部装和总装的装配工艺系统图

再制造企业的生产纲领决定了再制造生产类型，并对应不同的再制造装配组织形式、技术方法、工艺装备等。由对比分析可知，不同再制造生产类型的装配特点如表3-2所示。

表3-2 不同再制造生产类型的装配特点

再制造装配特点	再制造生产类型		
	大批量生产	成批生产	单件小批生产
组织形式	多采用流水线装配	批量小时采用固定式流水装配，批量较大时采用流水装配	多采用固定装配或固定式流水装配进行总装
装配方法	多互换法装配，允许少量调整	主要采用互换法，部分采用调整法、修配法装配	以修配法及调整法为主
工艺过程	装配工艺过程划分很细	划分依批量大小而定	一般不制订详细工艺文件，工序可适当调整
工艺装备	专业化程度高，采用专用装备，易实现自动化	通用设备较多，也有部分专用设备	一般为通用设备及工、夹、量具
手工操作要求	手工操作少，熟练程度易提高	手工操作较多，技术要求较高	手工操作多，要求工人技术熟练

3.3.2 再制造装配的工作内容

再制造装配不但是决定再制造产品质量的重要环节，而且还可以发现废旧零部件再制造加工等再制造过程中存在的问题，为改进和提高再制造产品质量提供依据。再制造装配的工作包括零部件清洗、尺寸和重量分选等，以及再制造装配过程中的零件装入、连接、部装、总装以及检验、调整、试验和装配后的试运转、涂装和包装等，从宏观上来讲都是再制造装配工作的主要内容。而再制造装配前的准备工作包括：研究和熟悉产品装配图、工艺文件及技术要求，了解产品的结构、零件的作用以及相互的连接关系，并对装配零部件配套的品种及其数量加以检查；确定装配的方法、顺序和准备所需的工具；对装配零件进行清洗和清理，去掉零件上的毛刺、锈蚀、油污及其他赃物，以获得所需的清洁度；对有些零部件还需进行刮削等修配工作，有的要进行平衡试验、渗漏试验和气密性试验等。

装配工作量在产品再制造过程中占有较大的比重，尤其对于因无法大量获得废旧毛坯而采用小批量再制造产品的生产来说，再制造装配工时往往占再制造加工工时的一半左右；在大批量生产中，再制造装配工时也占有较大的比例。因再制造企业尚属我国新兴的发展企业，而且其毛坯的获取往往还会受到相应法规的限制，所以相对制造企业来讲，再制造企业普遍存在生产规模小，再制造装配工作大部分靠手工劳动完成的缺点。研究再制造装配工艺，不断提高装配效率就尤为重要。选择合适的装配方法、制订合理的装配工艺规程，不仅是保证产品质量的重要手段，也是提高劳动生产率、降低制造成本的有力措施。

3.3.3 再制造装配精度要求

再制造产品是在原废旧产品的基础上进行的性能恢复或提升工作，所以其质量保证主要取决于再制造工艺中废旧零件再制造加工后的质量和再制造装配的精度，即再制造产品性能最终由再制造装配精度给予直接保证。

再制造产品的装配精度是指装配后再制造产品质量与技术规格的符合程度，即装配后几何参数实际达到的精度，一般包括距离精度、相互位置精度、相对运动精度、配合表面的配合精度和接触精度等。距离精度是指为保证一定的间隙、配合质量、尺寸要求等，相关零件、部件间距离尺寸的准确程度；相互位置精度是指相关零件间的平行度、垂直度和同轴度等；相对运动精度是指产品中相对运动的零部件间在运动方向上的平行度和垂直度，以及相对速度上传动的准确程度；配合表面的配合精度是指两个配合零件间的间隙或过盈的程度；接触精度是指配合表面或连接表面间接触面积的大小和接触点的分布状况，如齿轮啮合、锥体配合以及导轨之间的接触精度等。

再制造装配精度的要求都是通过再制造装配工艺保证的。影响再制造装配精度的主要因素是零件本身加工或再制造后质量的好坏，装配过程中的选配和加工质量，装配后的调整与质量检验。一般说来，各相关零件的误差的累积将反映于装配精度，零件的精度高，装配精度也会相应的高。因此，产品的装配精度首先受到零件（特别是关键零件）的加工精度的影响。零件间的配合与接触质量影响到整个产品的精度，尤其是刚度及抗振性，因此，提高零件间配合面的接触刚度也有利于提高产品装配精度。但生产实际表明，即使零件精度较高，若装配工艺不合理，也达不到较高的装配精度。所以，在再制造产品的装配工作中，零件精度是影响产品装配精度的首要因素，而产品装配中装配方法的选用对装配精度也有很大的影响，产品的再制造装配精度依靠相关零件的加工精度和合理的装配方法共同保证。

3.3.4 再制造装配工艺方法

根据再制造生产特点和具体生产情况，并借鉴产品制造过程中的装配方法，再制造的装配方法可以分为互换法、选配法、修配法和调整法四类。

1. 互换法

互换法再制造装配是采用控制再制造零件的加工误差或购置零件的误差来保证装配精度的装配方法。按互换的程度不同，可分为完全互换与部分互换。

完全互换法指再制造产品在装配过程中每个待装配零件不需挑选、修配和调整，直接抽取装配后就能达到装配精度要求。此类装配工作较为简单，生产率高，有利于组织生产协作和流水作业，对工人技术要求较低。

部分互换法是指将各相关需要装配的再制造零件、新制备或购买的零件公差适当放大，使装配件具有经济性且容易制造，又能保证装配后的绝大多数再制造产品达到装配要求。部分互换法是以概率论为基础的，可以将再制造装配中可能出现的废品控制在一个极小的比例之内。

2. 选配法

选配法再制造装配就是当再制造产品的装配精度要求极高，零件公差限制很严时，将再制造中零件的加工公差放大到经济可行的程度，然后在批量再制造产品装配中选配合适的零件进行装配，以保证再制造装配精度。根据选配方式不同，又可分为直接选配法、分组装配法和复合选配法。

直接选配法是指废旧零件按经济精度再制造加工，凭工人经验直接从待装的再制造零件中选配合适的零件进行装配。这种方法简单，装配质量与装配工时在很大程度上取决于工人的技术水平，装配工时不稳定。一般用于装配精度要求相对不高，装配节奏要求不严的小批量生产的装配中。例如，发动机再制造中的活塞与活塞环的装配。装配时需注意检查装配质量，不能达到要求时应重新选配。该方法适于零件多，生产周期较长的中小批生产。

分组选配法是指对公差要求很严的互配零件，将其公差放大到经济再制造精度，然后进行测量并按互配零件的原配合公差分组，再按同组零件分别装配。分组选配法配合精度高，零件加工公差较大，经济性好，但增大了对零件的测量分组工作，并需加强零件的储存和管理。而且各组的配合零件数不可能相同，为避免库存积压，加工中应注意采取适当的调整措施。分组选配时，分组数目不宜过大，一般为2~4组。分组装配法适于成批大量生产中装配精度较高，零件数很少、又不便于采用调整装置的情况。

复合选配法是上述两种方法的复合。先将零件测量分组，装配时再在各对应组内凭工人的经验直接选择装配。这种装配方法的特点是配合公差可以不等，其装配质量高，速度较快，能满足一定生产节拍的要求。

3. 修配法

修配法再制造装配是指预先选定某个零件为修配对象，并预留修配量，在装配过程中，根据实测结果，用锉、刮、研等方法，修去多余的金属，使装配精度达到要求。修配法能利用较低的零件加工精度来获得很高的装配精度，但增加了一道修配工序，工作量大，费工费时，且大多需要技术熟练的工人，不适合流水线生产。此法主要适于小批量的再制造生产中装配精度要求高且组成环数较多的情况。实际再制造生产中，利用修配法原理来达到装配精度的具体方法有按件修配法、合并加工修配法等。按件修配法是指进行再制造装配时，对预定的修配零件采用去除金属材料的办法改变其尺寸，以达到装配要求的方法。合并加工修配法是将两个或多个零件装配在一起后，进行合并加工修配，以减少累积误差，减少修配工作量。

修配环选择时应注意：要便于装卸；形状简单，修配面积小，有足够的且尽可能小的修配余量；一般不选公共环为修配环，以免保证了一个尺寸链的精度而同时又破坏了另一尺寸链的精度。采用修配法时，包括修配环在内的各组成环公差可按零件加工的经济精度确定。各组成环累积误差相对封闭环公差的超出部分，可通过对修配环的修配来消除。

4. 调整法

调整法再制造装配是指用一个可调整零件，装配时或者调整它在机器中的位置，或者增加一个定尺寸零件（如垫片、套筒等），以达到装配精度的方法。用来起调整作用的零件，都起到补偿装配累积误差的作用，称为补偿件。

常用的调整法有两种：①可动调整法，即采用移动调整件位置来保证装配精度，调整过程中不需拆解调整件，比较方便；②固定调整法，即选定某一零件为调整件，根据装配要求来确定该调整件的尺寸，以达到装配精度。无论采用哪种方法，一定要保证装配后产品的质量，满足寿命周期的使用要求，否则就要采用尺寸恢复法来恢复零件尺寸公差要求。

5. 温差法

如拆解一样，再制造的温差法装配也是利用材料热胀冷缩的性能，加热包容件，或冷却被包容件，使配合件在温差条件下失去过盈量，实现拆解，常用于装配尺寸较大的零件。薄壁套筒类零件的连接，在条件具备时常采用冷却轴的方法进行装配。常用冷却剂有干冰，液态空气、氮、氨等。温差法装配中常用的加热方法：油中加热，可达90℃左右；水中加热，可达近100℃；电与电器加热，主要方法有电炉加热、电阻法加热以及感应电流法加热等，温度可控制在75~200℃之间。

3.3.5 再制造装配工艺的制订

再制造装配工艺是指将合理的装配工艺过程按一定的格式编写成的书面文件，是再制造过程中组织装配工作、指导装配作业、设计或改建装配车间的基本依据之一。

3.3.5.1 装配工艺规程的制订原则

1）确保再制造产品的装配质量。再制造装配是产品再制造过程的最后一个环节，不准确的装配，即使是高质量的零件，也会装出质量不高的产品。所以准确细致地完成清洗、去毛刺等辅助工作，并按规范进行再制造装配，就能达到预定的质量要求，并且还可以争取得到较大的精度储备，以延长再制造产品的使用寿命。

2）尽量降低手工劳动的比重。例如，做到合理安排再制造作业计划与装配顺序，采用机械化、自动化手段进行再制造装配等。

3）尽可能缩短装配周期。再制造装配周期缩短对加快再制造企业资金周转、再制造产品服务市场十分重要。

4）提高再制造装配的工作面积利用率。例如大量生产的再制造发动机企业，可以组织部件、组件平行装配，总装在有一定移动的流水线上按严格的工序进行，可以提高装配效率，节约面积。

3.3.5.2 制订装配工艺规程的步骤

制订再制造装配工艺规程可参照产品制造过程的装配工艺，按以下步骤进行：

1）再制造产品分析。再制造产品是原产品的再创造，应根据再制造方式的不同对再制造产品进行分析，必要时会同设计人员共同进行。

2）产品图样分析。通过分析图样，熟悉再制造装配的技术要求和验收标准。

3）对产品的结构进行尺寸分析和工艺分析。尺寸分析指进行再制造装配尺寸链的分析和计算，确定保证装配精度的装配工艺方法；工艺分析指对产品装配结构的工艺性进行分析，确定产品结构是否便于装配。在审图中，如发现属于设计结构上的问题或有更好的改进设计意见，应及时会同再制造设计人员加以解决。

4）“装配单元”分解方案。一般情况下再制造装配单元可划分五个等级：零件、合件、组件、部件和产品，以便组织平行、流水作业。表示装配单元划分的方案，称为装配单元系统示意图。同一级的装配单元在进入总装前互相独立，可以同时平行装配。各级单元之间可以流水作业。这对组织装配、安排计划、提高效率和保证质量十分有利。

5）确定装配的组织形式。装配的组织形式根据产品的批量、尺寸和重量的大小分为固定式和移动式两种。单件小批，尺寸大，质量大的再制造产品用固定装配的组织形式，其余用移动式装配。再制造产品的装配方式、工作点分布、工序的分散与集中以及每道工序的具体内容都要根据装配的组织形式而确定。

6）拟定装配工艺过程。装配单元划分后，各装配单元的装配顺序应当以理想的顺序进行。这一步中需要考虑确定装配工作的具体内容，装配工艺方法及设备，装配顺序，工时定额及工人的技术等级。

7）编写工艺文件。指装配工艺规程设计完成后，将其内容固定下来的工艺文件，主要包括装配图（产品设计的装配总图）、装配工艺系统图、装配工艺过程卡片或装配工序卡片、装配工艺设计说明书等。其编写要求可以参考制造过程中的装配工艺规程编写要求进行。

3.3.6 典型件的再制造装配

3.3.6.1 齿轮和轴的装配

1. 圆柱齿轮机构装配的技术要求

齿轮孔与轴配合要适当，不得产生偏心和歪斜现象。齿轮副应有准确的安装中心距和适当的齿侧间隙。齿侧间隙过小，使齿轮转动不灵活，甚至卡齿，且会加剧齿面的磨损；如果侧隙过大，则齿轮换向时会产生冲击。保证齿轮啮合时，齿面有足够的接触面积和正确的接触部位。如果是滑移齿轮，则当其在轴上滑移时，不得发生卡住和阻滞现象，且变换机构应能保证齿轮的准确定位，使两啮合齿轮的错位量不超过规定值。对于转速高的大齿轮来说，装配在轴上后应作平衡试验，以保证工作时转动平稳。

2. 圆柱齿轮传动机构的装配

圆柱齿轮传动机构的装配过程，一般是先把齿轮装在轴上，再把齿轮轴组件装入齿轮箱。

（1）齿轮和轴的装配　齿轮与轴的连接形式，有空套连接、滑移连接和固定连接三种。

空套连接的齿轮与轴的配合性质为间隙配合，其装配精度主要取决于零件本身的加工精度，因此在装配前应仔细检查轴、孔的尺寸是否符合要求，以保证装配后的间隙适当；装配中还可将齿轮内孔与轴进行配研，通过对齿轮内孔的修刮使空套表面的研点均匀，从而保证齿轮与轴接触的均匀度。

滑移齿轮与轴之间仍为间隙配合，在机床中多采用花键连接，其装配精度也取决于零件本身的加工精度。装配前应检查轴和齿轮相关表面和尺寸是否合乎要求；对于内孔有花键的齿轮来说，其花键孔会因热处理而使直径缩小，可在装配前用花键推刀修整花键孔，也可用涂色法修整其配合面，以达到技术要求；装配完成后应注意检查滑移齿轮的移动灵活程度，不允许有阻滞，同时用手扳动齿轮时，应无歪斜、晃动等现象发生。

固定连接的齿轮与轴的配合多为过渡配合（有少量的过盈）。过盈量不大的齿轮和轴，在装配时可用锤子敲击装入；当过盈量较大时可用机械或专用工具进行压装；过盈量很大的齿轮，则可采用液压套合法等装配方法将齿轮装在轴上。在进行装配时，要尽量避免齿轮出现图3-15a所示的齿轮偏心、图3-15b所示的齿轮歪斜和图3-15c所示的齿轮端面未贴紧轴肩等情况。

精度要求较高的齿轮传动机构，在齿轮装到轴上后，应进行径向圆跳动和端面圆跳动的检查。检查方法如图3-16所示，将齿轮轴架在V形铁或两顶尖上，使轴与平板平行，测量齿轮径向圆跳动量时，在齿轮齿间放一圆柱检验棒，将百分表测头触及圆柱检验棒上母线得出一个读数，然后转动齿轮，每隔3~4个轮齿测出一个读数，在齿轮旋转一周范围内，百分表读数的最大代数差即为齿轮的径向圆跳动误差；检查端面圆跳动量时，将百分表的测头触及齿轮端面上，在齿轮旋转一周的范围内，百分表读数的最大代数差即为齿轮的端面圆跳动误差（测量时注意保证轴不发生轴向窜动）。

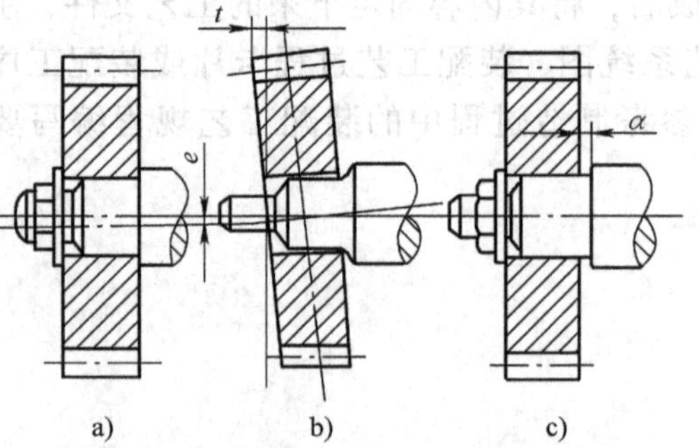

图 3-15 齿轮在轴上的安装误差
a) 齿轮偏心 b) 齿轮歪斜 c) 齿轮端面未贴紧轴肩

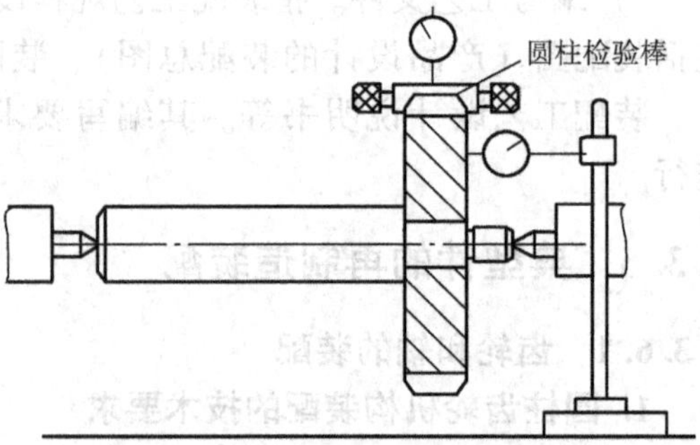

图 3-16 齿轮跳动量的检查

（2）齿轮轴组件装入箱体 齿轮轴组件装入箱体中是保证齿轮啮合质量的关键工序。因此在装配前，除对齿轮、轴及其他零件的精度进行认真检查外，对箱体的相关表面和尺寸也必须进行检查，检查的内容一般包括孔中心距、各孔轴线的平行度、轴线与基面的平行度、孔轴线与端面的垂直度以及孔轴线间的同轴度等。检查无误后，再将齿轮轴组件按图样要求装入齿轮箱内。

3. 齿轮传动机构装配质量的检查

齿轮轴组件装入箱体后其啮合质量主要通过齿轮副侧隙和齿轮副接触精度进行检查。

（1）齿轮副侧隙的检查

1）压铅丝法。如图 3-17 所示，在齿面沿齿宽两端平行放置两根铅丝，宽齿放 3~4 根，铅丝直径不大于最小间隙的 4 倍，转动齿轮对铅丝进行挤压，测量被挤压后铅丝最薄处的厚度，即为齿轮副法向侧隙。

2）百分表法。如图 3-18 所示，将百分表测头与一齿轮的分度圆处齿面接触，另一齿轮固定。将接触百分表的齿轮从一侧啮合转到另一侧啮合，百分表读数的差值即为齿轮副周向侧隙。

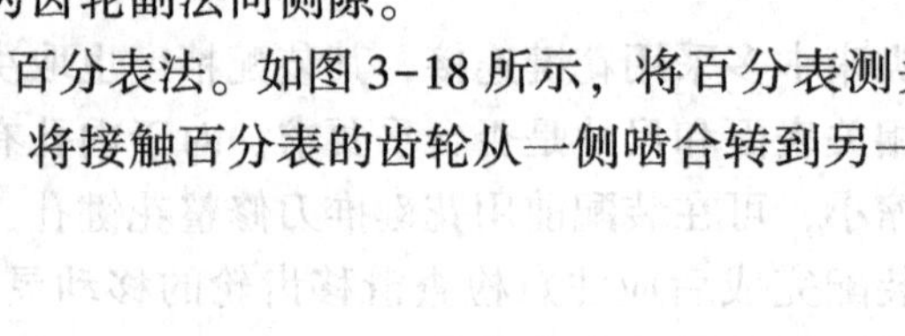

图 3-17 压铅丝法检查侧隙

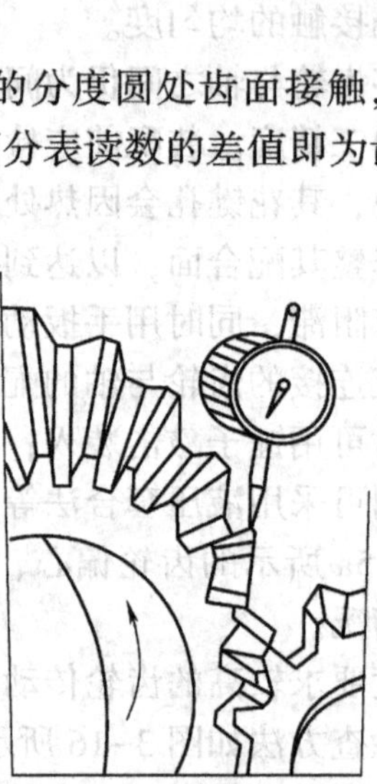
图 3-18 百分表法检查侧隙

（2）接触精度的检查 齿轮副接触精度的检验指标是接触斑点，检验接触斑点一般采用涂色法。在安装好的齿轮副的大齿轮齿面上均匀涂上一层红丹粉，在轻微制动下运转后，齿面上分布的接触擦亮痕迹为接触斑点，通过接触斑点可检查齿轮副的载荷分布均匀性是否满足要求。对双向工作的齿轮传动，正反两个方向都应进行检验。

3.3.6.2 固定连接件的装配

固定连接包括螺纹连接、销连接、键连接、过盈连接。螺纹连接是一种可拆解的固定连接，它可以把零件紧固地连接在一起。销连接除起连接作用外，还可作为定位和安全装置中的过载保护元件。键是连接传动件传递转矩的一种标准件。过盈连接是依靠孔和轴配合后产生的过盈量来达到紧固连接的目的。

1. 螺纹连接的装配要点

螺栓、螺钉或螺母与被连接件的贴合表面要平整光滑，保证其接触紧密，否则容易使连接件松动或使螺杆弯曲，在载荷较大时尤为重要。

应注意控制预紧力的大小。一般要求的螺纹连接，通常凭经验来控制其拧紧力矩的大小，但在拧紧时应注意选用相应规格的工具，不要使用太大的扳手或随意用套管加长扳手，以免使拧紧力矩过大而损坏螺纹（公称直径小于M20的螺纹连接更要注意这一点）。需要严格控制预紧力大小的重要连接，可以借助于指针式扭力扳手或是测量螺栓在拧紧后的伸长等控制拧紧力矩的方法来控制预紧力的大小。

1）拧紧成组的螺纹连接时，应根据被连接件的形状与螺栓的分布情况，按照一定的顺序分次逐步拧紧（一般分2~3次），拧紧时应注意施力均匀，以防止螺栓受力不一致，甚至造成变形。如图3-19所示，长方形布置的成组螺栓，拧紧的顺序是先从中央开始，逐步向两边对称地扩展进行；方形布置的成组螺栓必须对称地拧紧；圆形布置的成组螺栓，应按一字交叉方向拧紧。

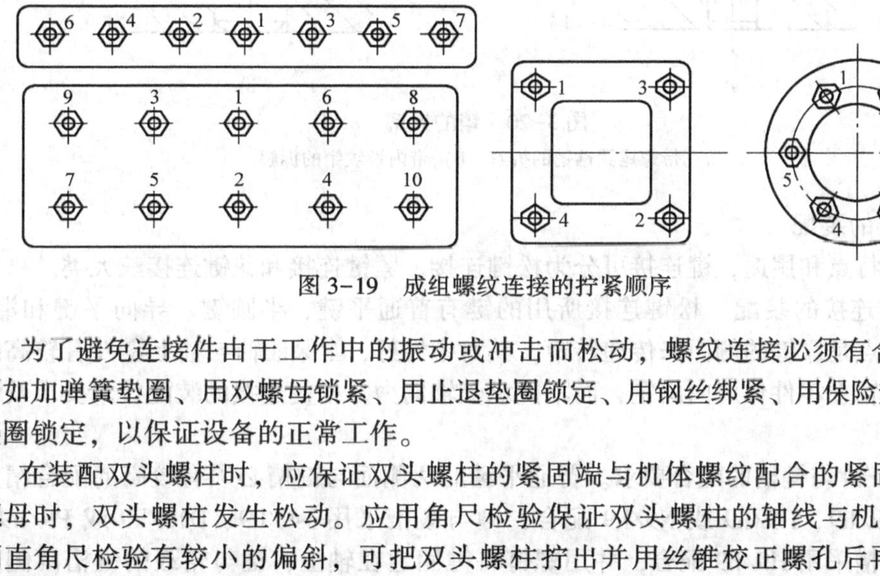

图3-19 成组螺纹连接的拧紧顺序

2）为了避免连接件由于工作中的振动或冲击而松动，螺纹连接必须有合适的防松措施，例如加弹簧垫圈、用双螺母锁紧、用止退垫圈锁定、用钢丝绑紧、用保险垫圈锁定或用保险垫圈锁定，以保证设备的正常工作。

3）在装配双头螺柱时，应保证双头螺柱的紧固端与机体螺纹配合的紧固性，以免在装拆螺母时，双头螺柱发生松动。应用角尺检验保证双头螺柱的轴线与机体表面垂直，如果用直角尺检验有较小的偏斜，可把双头螺柱拧出并用丝锥校正螺孔后再装配；装入双头螺柱时，应加些润滑油，使拧入时不会产生咬住现象，同时可防锈，有利于以后的拆装。

2. 销连接的装配

1）圆柱销的装配。圆柱销主要用于定位，也可用于连接，它依靠过盈量固定在被连接零件的孔中，因此对销孔尺寸、形状、表面粗糙度值要求都较高，所以在装配之前销孔必须进行铰制。通常是将两个被连接件进行配钻、铰，并使孔壁表面粗糙度值 $Ra \leqslant 1.6\mu m$；装配时应在销的表面涂以机油，然后用铜棒将销子轻轻打入孔中。拆解时，可用一个直径小于销孔的金属棒将销子用锤子击出。圆柱销装入后尽量不要拆，以防影响定位精度和连接的可靠性。

2）圆锥销的装配。圆锥销的定位精度高，并且可以多次拆装，可用于定位、固定零件和传递动力。它与被连接件的配合处有 1 :50 的锥度，在装配时，两个被连接件的销孔应进行配钻、铰，钻孔时按圆锥销小头直径选择钻头，钻孔后用 1 :50 锥度的铰刀铰孔。为了保证销与销孔有足够的配合过盈量，可在铰孔时用试装法控制孔径，以销子能自由地插入其全长的 80%~90%为宜。用锤子敲入后，销子的大小端可稍露出被连接件的表面。

拆解圆锥销时，可从小头向外敲出；有螺尾的圆锥销可用图 3-20a 所示方法拆出；有内螺纹的销子，可用与内螺纹规格相同的螺钉将销子旋出（见图 3-20b），或是用拔销器拔出。

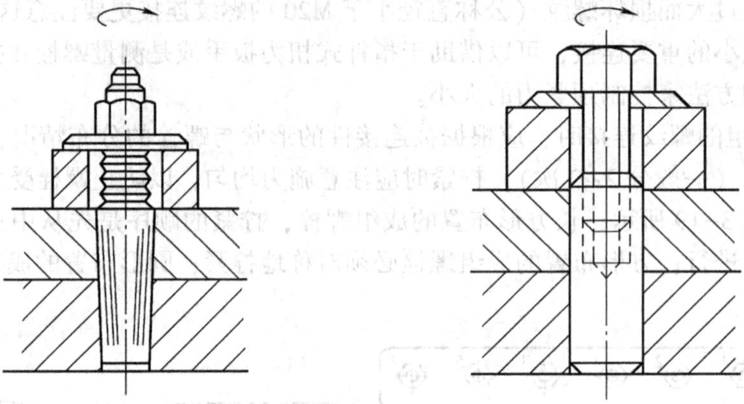

a)　　　　　　b)

图 3-20　销的拆解

a）带螺尾圆锥销的拆解　b）带内螺纹销的拆解

3. 键连接的装配

根据结构特点和用途，键连接可分为松键连接、紧键连接和花键连接三大类。

（1）松键连接的装配　松键连接所用的键有普通平键、半圆键、导向平键和滑键等。它们的共同特点是靠键的侧面来传递转矩，其对中性好，能保证轴与轴上零件有较高的同轴度，但只能对轴上零件作周向固定，而不能承受轴向力。松键连接的装配技术要求及装配要点如下：

1）应保证键与键槽的配合要求。普通平键的两侧面与键槽必须有较高的配合精度，键与轴槽采用 P9/h9、H9/h9 或 N9/h9 配合，键与毂槽采用 Js9/h9、D10/h9 或 P9/h9 配合。导向平键与轴槽采用 H9/h9 配合，并用螺钉将键固定在轴上，键与轮毂的键槽两侧面则应形成间隙配合 D10/h9，以使轴上零件能在轴上灵活移动。滑键连接的键固定在轮毂槽中（过渡配合），而键与轴槽两侧面须达到精确的间隙配合，使轴上零件能带键在轴上移动。

2）键与键槽应具有较小的表面粗糙度值，装配时还应注意清理键及键槽上的毛刺。

3）键装入轴槽中应与槽底贴紧，键在长度方向与轴槽之间应有 0.01mm 的间隙，同时键的顶面和轮毂槽之间有 0.3~0.5mm 的间隙。

4）对于普通平键和导向平键来说，可以用键的头部与轴槽试配，键头应能较紧地嵌在轴槽中，装配时在配合面上应涂上机油，然后用铜棒将键压在轴槽中，并与槽底接触良好。

（2）花键连接的装配　固定连接的花键装配：由于被连接件应在花键轴上固定，所以有少量的过盈。在装配时可用铜棒轻轻敲入，但不得过紧，以免拉伤配合表面。若过盈量较大，可将被连接件加热到80~120℃后进行装配。

滑动连接的花键装配：装配前应进行试装，装配后要求被连接件在花键轴上能灵活移动，没有卡涩、阻滞现象，但也不应过松，用手扳动被连接件，不应感觉有明显的周向间隙。

花键的修整：拉削后进行热处理的内花键，内孔因热处理会产生微量的缩小变形，此时可用花键推刀修整，或用涂色法显示阻滞位置，用锉刀或刮刀修整，以达到技术要求。

4. 过盈配合的装配

过盈配合主要适于受冲击载荷零件的连接，以及拆解较少的零件连接。装配方法主要是采用压力机压入装配和温差法装配。

1）根据零件的配合性质选择过盈配合的装配方法。以优先常用配合为例，按照配合关系装配的零件，可以用压力机压入。按照H7/n6、N7/h6、H7/p6、P7/h6配合关系装配的零件，可以用压力机压入。按照H7/s6、S7/h6配合关系装配的零件，既可用压力机压入，也可用温差法进行装配。按照H7/u6、U7/h6配合关系装配的零件，通常都是用温差法进行装配。

2）压入装配的压力大小，与零件的尺寸变化、刚性强弱、过盈量多少有关。一般在批量产品的再制造装配过程中，可以根据制造的装配方法进行，或者根据再制造生产的实际情况通过计算后采用试验法进行。例如可用液压千斤顶借助钢轨框架进行压入。在试验压入时，可根据零件压入所需压力，选择液压千斤顶的大小。压入时要保持零件干净，并在配合面上涂一层机油。安放零件要端正，以免压入时发生偏斜、拉毛、卡住等现象。

3）温差法装配，通常主要是加热包容件进行装配。加热的方法：油中加热，可达90℃左右；水中加热，可达近100℃；电与电器加热，主要方法有电炉加热、电阻法加热以及感应电流法加热等，温度可控制在75~200℃之间。薄壁套筒类零件的连接，在条件具备时常采用冷却轴的方法进行装配。常用冷却剂有干冰，液态空气、氮、氨等。

4）过盈量较小的小直径零件，可用手锤借助铜棒或衬垫敲击压入件进行装配。

3.3.6.3　车床主轴的装配与调整

车床主轴部件的再制造装配调整过程最好分成两步进行，即预装调整和试车调整。

1. 主轴的预装调整

主轴的预装调整通常是在主轴箱中其他零件未装配之前进行。其目的是检查主轴部件各单项零件在再制造之后，能否达到组装要求；便于主轴箱翻转修刮底面，保证主轴箱与床身的接触面积和主轴轴线对床身导轨的平行度误差。

预装的顺序（见图3-21）是先将主轴箱内的卡环13、双列圆柱滚子轴承14外套圈、后轴承壳体5及圆锥滚子轴承4的外套圈装配到位，然后将主轴小直径端从主轴箱右端轴承穿入并依次套入双列圆柱滚子轴承14内套圈→衬套12→圆螺母11→平键→大齿轮8、圆螺母→垫圈1→对开垫圈7→推力球轴承6→圆锥滚子轴承4内衬套→衬套3和圆螺母2。

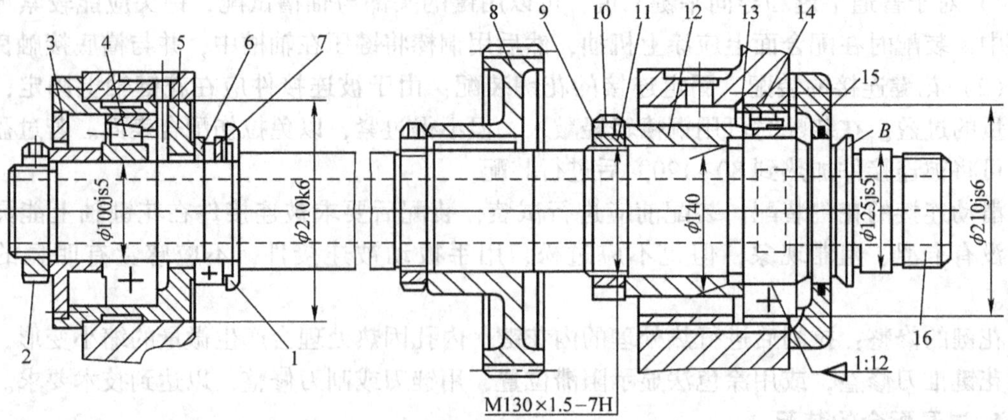

图 3-21　C630 卧式车床的主轴结构

1—垫圈　2、11—圆螺母　3、12—衬套　4—圆锥滚子轴承　5—后轴承壳体　6—推力球轴承　7—对开垫圈　8—大齿轮　9—锁紧螺母　10—螺钉　13—卡环　14—双列圆柱滚子轴承　15—前法兰盘　16—主轴

装配时，一边穿入主轴，一边安装零件。安装到位后，拧紧螺钉和锁紧螺母，然后进行轴承间隙调整。调整轴承时，先调整后轴承，然后再调整前轴承，因为后轴承在未调整好之前，主轴的定位性较差，可能会影响前轴承的调整准确性。

1）后轴承的调整。先将圆螺母 11 松开，旋转圆螺母 2，逐渐收紧圆锥滚子轴承 4 和推力球轴承 6，用百分表测头触及主轴前台肩 *B* 面，用适当的力前后推动主轴，保证轴向间隙在 0.01mm 之内。同时，用手转动大齿轮 8，若感觉不灵活，可用铜棒（或木锤）在主轴的前后振击一下，直至手感觉主轴旋转灵活自如无阻滞即可。最后锁紧圆螺母 2。

2）前轴承的调整。前轴承的内孔具有 1 :12 的锥度，轴承的内外滚道之间具有原始的径向间隙。调整时，逐渐旋紧圆螺母 11，通过衬套 12 使轴承内圈在主轴锥面上作轴向移动，迫使内圈胀开，使轴承内外滚道之间的间隙在 0~0.005mm 范围内。

2. 主轴的试车调整

试车调整是将主轴部件空运转，使温度升到最高值并稳定后，对主轴进行的迅速、准确的调整。通过试车调整，可以提高主轴的旋转精度和刚度，从而提高加工工件的精度并减小加工表面粗糙度值。试车调整的方法如下：

1）打开主轴箱盖，在主轴箱内按要求加好润滑油。

2）适当旋松圆螺母 11 和圆螺母 2，用木锤在主轴前端适当敲击，使轴承回松，保持间隙在 0.025~0.05mm 之间。

3）在主轴锥孔内紧密地插入检验棒，在中滑板上固定好百分表。

4）用手试转主轴灵活无阻滞现象后，盖上箱盖，从低速到高速空运转，并在高速下空运转不少于 1h，使主轴箱温升至最高值并保持稳定。

5）停车后，将百分表测头触及检验棒母线，然后用杠杆撬主轴前端，从百分表上可测量出主轴的径向间隙大小。

6）打开箱盖，松开圆螺母的锁紧块，先调后轴承圆螺母 2，再调前轴承圆螺母 11，根据撬动主轴显示的径向间隙，逐渐旋紧圆螺母 2 和 11，使主轴的径向间隙调至 0~0.02mm 之间，然后锁紧圆螺母的锁紧块，并盖好主轴箱盖。

3.3.6.4 联轴器装配工艺

固定式联轴器再制造装配时要求严格的同轴度，并保证各连接件连接可靠，受力均匀，不允许有回松脱落现象。可移式联轴器的同轴度也必须达到规定的技术要求，如十字槽联轴器一般情况下轴向摆动量可为1～2.5mm，径向摆动量可在$0.01d+0.25$mm左右（d为轴径）。具体装配工艺过程如下：

1）检查、测量。首先检查要组装的零部件是否齐全，要求其清洗干净，表面无污染；检查各弹性连接板是否平整，测出两被连接轴各自轴心线到各自安装平面间距离。测量角度调整板中心孔，检查螺纹孔螺纹是否损坏，用螺纹塞规进行检测，通端应顺畅，止端进入不得超过两扣。检测法兰组件的通孔，明显研伤变形的报废。用游标卡尺从两通孔处测两法兰间的距离，超差的报废。

2）法兰组件与弹性连接板的装配。将法兰组件固定于虎口钳上，将弹性连接板分成两组并塞入衬套，垫上平垫圈。用六角头螺栓垫上平垫圈，螺纹处涂胶，将法兰两端分别与弹性连接板连接起来，在连接片的另外两个孔穿上检验棒与另一端的边接片孔对正后，再用扭力扳手紧固螺栓。通过调整垫铁，使两联轴器、盘轴心线高低一致。

3）安装角度调整板。在法兰组件一侧的弹性连接板处内侧塞入衬套，外侧垫上垫圈。用六角头螺栓，在螺纹处涂胶，螺母处垫上垫圈，将弹性连接片与角度调整板连接起来。

4）安装调节板紧固螺栓。用开口扳手将六角头螺栓扭进调节板的螺纹孔内，依次均匀旋紧连接螺钉。用塞尺检查两联轴器盘连接平面是否有间隙，要求四周塞尺塞不进去。

5）逐步均匀旋紧轴组件安装螺钉，旋紧螺钉的同时检查两轴转动松紧是否一致，如有松紧现象出现，需重新调整。

3.4 再制造拆装工艺应用

3.4.1 废旧发动机再制造拆解工艺

进行发动机再制造拆解前，拆解人员需要熟悉该款发动机的相关资料，了解发动机的零件安装关系及构造特点，明确拆解要求，掌握拆解注意事项。

废旧发动机到达再制造拆解生产线后，首先要观察发动机的外部构造，进行外部清洗，清除发动机外部的油污，以保证拆解场地的清洁，避免拆解过程中零件受沾污、杂物落入机器内部。其次把发动机提升起来并使发动机靠近拆装翻转架，用螺栓把发动机固定在上面，拆解提升机吊链。然后慢慢地分解发动机，目测每个零部件是否有损坏迹象，检查运动件是否发生过量磨损，检查所有零部件是否有过热、不正常磨损和碎裂的迹象，检查衬垫和密封件是否有泄漏的迹象。主要拆解步骤如下：

（1）拆下进排气歧管、气缸盖及衬垫　拆解时可用手锤木柄在气缸盖周围轻轻敲击，使其松动。也可以在气缸盖两端留两枚螺栓，将其余的缸盖螺栓全部取下，此时，扶住发动机转动曲轴，由于气缸内的空气压力作用，可以使气缸垫很容易地离开缸体。然后拆下气缸盖和气缸垫。

（2）检查离合器与飞轮的记号　将发动机放倒在台架上，检查离合器盖与飞轮上有无记号，如无记号应做记号，然后对称均匀地拆下离合器固定螺栓，取下离合器总成。

（3）拆下油底壳　拆下油底壳、衬垫，以及机油滤清器和油管，同时拆下机油泵。

（4）拆下活塞连杆组

1）将所要拆下的连杆转到下止点，并检查活塞顶、连杆大端处有无记号，如无记号应按顺序在活塞顶、连杆大端做上记号。

2）拆连杆螺母，取下连杆端盖、衬垫和轴承，并按顺序分开放好，以免混乱。

3）用手推连杆，使连杆与轴颈分离。用手锤木柄推出活塞连杆组。

4）取出活塞连杆组后，应将连杆端盖、衬垫、螺栓和螺母按原样装上，以防错乱。

（5）拆下气门组

1）拆下气门室边盖及衬垫，检查气门顶有无记号，如无记号应按顺序在气门顶部用钢字号码或尖铳做上记号。

2）在气门关闭时，用气门弹簧钳将气门弹簧压缩。用起子拔下锁片或用尖嘴钳取下锁销，然后放松气门弹簧钳，取出气门、气门弹簧及弹簧座。

（6）拆下起动爪、皮带轮　拆下起动爪、扭转减振器和曲轴皮带轮，然后用拉拔器拉出曲轴皮带轮，不允许用手锤敲击皮带轮的边缘，以免皮带轮发生变形或碎裂。

（7）拆下正时齿轮盖　拆下正时齿轮盖及衬垫。

（8）拆凸轮轴及气门挺杆　检查正时齿轮上有无记号，如无记号应在两个齿轮上做出相应的记号。再拆去凸轮轴前、中、后轴颈衬套固定螺栓及衬套，然后平衡地抽出凸轮轴；取出气门挺杆及挺杆架。

（9）将发动机在台架上倒放，拆下曲轴　首先撬开曲轴轴承座固定螺栓上的锁片或拆下锁丝。拆下固定螺栓，取下轴承盖及衬垫并按顺序放好，抬下曲轴，再将轴承盖及衬垫装回，并将固定螺栓拧紧少许。

（10）拆下飞轮　旋出飞轮固定螺栓，从曲轴凸缘上拆下飞轮。

（11）拆曲轴后端　拆下曲轴后端油封及飞轮壳。

（12）分解活塞连杆组

1）用活塞环装卸钳拆下活塞环。

2）拆下活塞销。首先在活塞顶部检查记号，再将卡环拆下，用活塞销铳子将活塞销铳出，并按顺序放好。

发动机拆解成全部的零件后，可以进行初步的检测，将明显不能再制造的零件报废并登记。将可以利用或可以再制造后利用的零件分类加以清洗，并进入下一道再制造工序。

3.4.2　再制造发动机装配工艺

再制造发动机装配工艺过程的安排必须根据发动机自身的构造、特点、工具设备、技术条件和劳动组合等来安排，但也不是千篇一律的。发动机中每一个零件都属于一定的装配级别，低级别零件一般都是在流水线外进行分装，把低级别零件组合成为总成零件，总成零件再组成为高一级别的零件，如进气管总成、活塞总成、缸盖总成，高级别零件和总成零件在流水线上进行装配。在开始装配发动机前，应细致地检查和彻底地清洗气缸体和各油道，然后按照顺序将零件清洗擦拭干净，检查后进行装配。一般可按下列顺序进行再制造发动机的总装配。

1. 安装曲轴

将气缸体倒置在工作台上，把主油道堵头螺塞涂漆拧紧，装上飞轮壳。将主轴承各上片放入轴承座内，涂上清洁机油。将装好飞轮的曲轴放在轴承内。将原有垫片和各轴承盖装在各轴颈上，并涂上清洁机油，按规定扭矩依次旋紧主轴承螺栓，每上紧一道轴承时，转动曲轴几圈，可及时察觉有何变化。当全部轴承拧紧后，用手扳动飞轮或曲轴臂时，应能转动，曲轴轴向间隙应符合要求，然后用铁丝将螺栓锁住。

2. 安装活塞连杆组

将气缸体侧放，使凸轮轴轴承孔的一端向上，将不带活塞环的活塞连杆组气缸装合，检查活塞偏缸情况，并注意装好轴承、按规定扭力拧紧连杆螺母。检查活塞头部前后两方在上、下止点中部与缸壁的配合间隙，允许相差不大于 0.1mm，否则应校正连杆。检查后，将活塞连杆抽出，安装活塞环，有内切角的气环为第一环，切角面向上。第二环和第三环有外切角的一面向下。装入气缸前，在活塞外圆、销孔、活塞环槽、气缸壁和轴承表面，均涂以清洁机油。然后将环的开口在圆周上按 120° 均匀错开。用活塞环箍压紧活塞环，用手锤木柄推入气缸。按规定扭矩拧紧连杆螺母，扭矩为 118~128N·m。装好防松装置，装好后，用手锤沿曲轴轴线前后轻敲轴承盖时连杆能轻微移动，全部装合后转动曲轴，应松紧适度。

3. 安装凸轮轴

先将隔圈、止推凸缘及正时齿轮装配在凸轮轴上。安装凸轮轴时，将凸轮轴各道轴颈涂上机油，装入凸轮轴轴承。装上凸轮轴后，应与轴上的正时齿轮记号对正，然后拧紧凸轮止推凸缘紧固螺栓，并检查正时齿轮啮合间隙。

4. 安装正时齿轮盖

先将主油道减压阀装好，出油门应朝向正时齿轮。再装上正时齿轮旁盖。将正时齿轮衬垫和已装好油封的正时齿轮盖装上。再装上发动机支架（平面朝前），装好皮带轮和起动爪，然后均匀对称地将正时齿轮盖拧紧。

5. 安装机油泵和油底壳

将发动机倒置，装好机油泵（泵内灌满机油）和集滤器。装好分电器传动轴，凹槽应与曲轴平行。清洁曲轴箱下平面，在衬垫上涂以凡士林或胶粘剂，扣上油底壳（机油盘），均匀对称地拧紧全部螺栓。放油塞应重紧一次。

6. 安装气缸盖

顶置式气门的发动机装气缸盖之前，先将气门、气门弹簧等装好。然后装上气缸垫和气缸盖，按规定顺序和扭矩拧紧螺栓。然后将气门摇臂和摇臂轴装入摇臂轴座，并一起装在气缸盖上。装上气门挺杆和推杆，调整气门间隙，装上气门室盖。在装配气门、摇臂及摇臂轴时，均应涂上清洁机油。安装侧置式气门发动机缸盖时，气缸垫光滑的一面向着气缸体平面，转动曲轴，检查确认活塞不碰气缸垫后，再装上气缸盖。最后按规定顺序分两步以规定扭矩拧紧气缸盖螺栓（螺母）。

7. 安装进、排气歧管和离合器

装上衬垫（光滑面向进、排气歧管）和进、排气歧管。将飞轮、离合器压盘、中间压盘工作面和摩擦片擦拭干净。用变速器第一轴作导杆，套上离合器总成（两个被动盘的短毂相对），然后均匀拧紧螺栓，将离合器固定在飞轮上。

8. 安装电气设备及附件

1）安装水泵、发电机、空气压缩机、风扇皮带并调整其松紧度；安装节温器及气缸盖出水管；安装水温表传感。

2）安装机油滤清器（粗、细）；安装机油压力表传感器。

3）安装起动机。

4）安装分电器、火花塞和高压线，并按发动机工作顺序，校正点火正时，接好点火系线路（如冷磨可暂时不接）。

5）安装汽油泵、化油器、空气滤清器及其连接管。

6）安装曲轴箱加油管，插入检查油尺。

7）安装并固定在试验台架上，加注机油、冷却水，并进行检查，准备冷磨和热试。

3.4.3 柴油机燃油供给系统的拆装

柴油机燃油系统包括喷油泵、喷油器和调速器等主要部件及柴油箱、输油泵、油水分离器、柴油滤清器、喷油提前器和高低压油管等辅助装置。对A型柱塞式喷油泵总成的拆装可按照下面顺序进行。

3.4.3.1 A型柱塞式喷油泵总成的拆解

首先拆下喷油泵总成，将油泵总成固定在专用拆装架上，旋下放油螺塞润滑油，拆下输油泵、油量标尺和出油阀紧帽夹板。

1. 调速器的拆解

RFD型调速器的分解如图3-22所示。

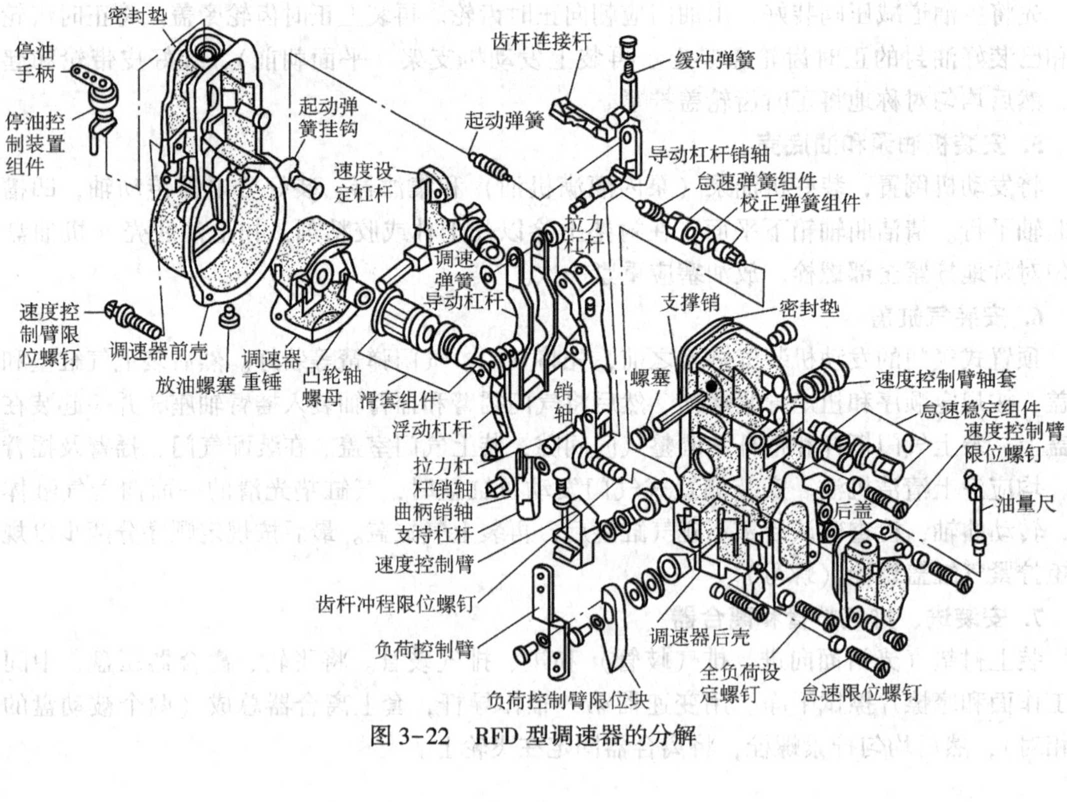

图3-22 RFD型调速器的分解

1）拆下调速器后盖及密封垫。

2）拆下怠速限位螺钉和全负荷设定螺钉。

3）用专用工具拆下怠速弹簧组件和校正弹簧组件，拆下怠速稳定组件。

4）将调速器后壳稍向后移，拨开齿杆连接杆上的弹性锁片，并使油量调节齿杆与连接杆脱离。

5）用尖嘴钳从弹簧挂钩上取下启动弹簧，然后取下后壳总成及密封垫。

6）用专用工具拆下凸轮轴螺母后，用顶拔器取出调速器重锤支座总成。

7）从调速器前壳上拆下停油控制装置组件。

8）用扳手将速度控制臂限位螺钉完全松出。

9）拆下拉力杠杆支撑销两侧的螺塞后，取出支撑销。

10）从调速器后壳内取出导动杠杆、浮动杠杆和滑套组件。

11）拆下调速弹簧后，将拉力杠杆从后壳上方取出。

12）拆下负荷操纵臂和支持杠杆。

13）拆下速度控制臂及其轴套上的卡环，拆出两端轴套，取出速度设定杠杆。

2. 喷油泵的拆解

A 型喷油泵分解如图 3-23 所示。

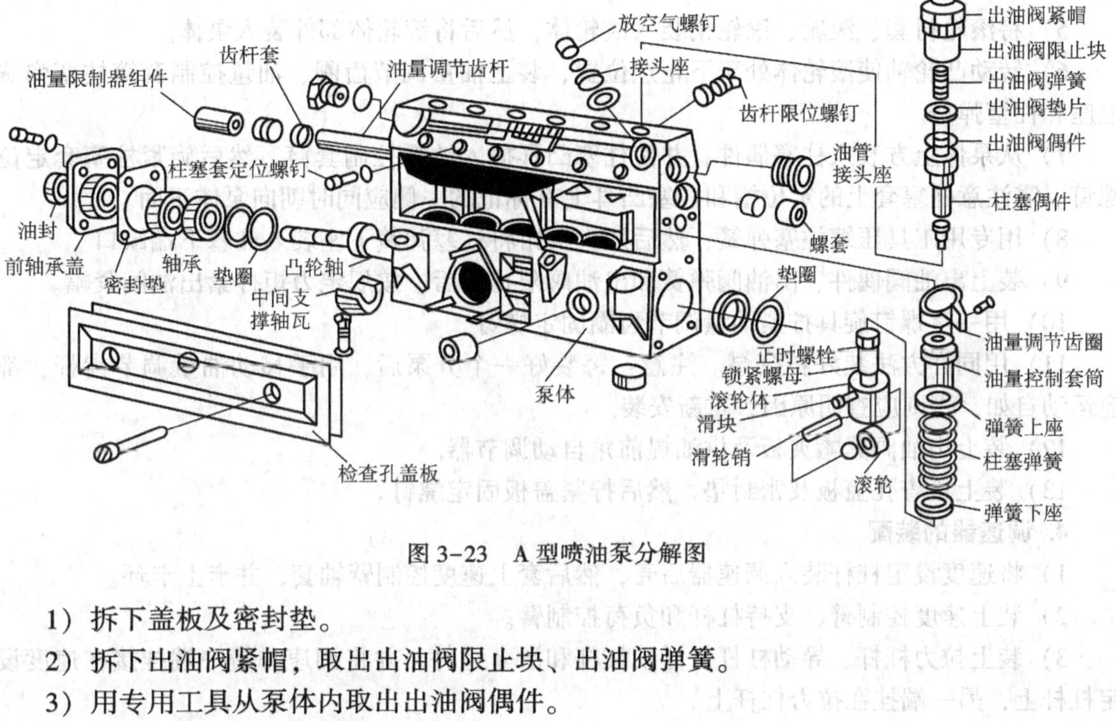

图 3-23　A 型喷油泵分解图

1）拆下盖板及密封垫。

2）拆下出油阀紧帽，取出出油阀限止块、出油阀弹簧。

3）用专用工具从泵体内取出出油阀偶件。

4）用螺钉旋具旋松油量调节齿圈。

5）转动油泵凸轮轴，使滚轮体部件处于最低位置，再用专用工具压缩柱塞弹簧，用尖嘴钳取出弹簧下座。

6）松出柱塞套定位螺钉后，用螺钉旋具托起柱塞，从泵体上部取出柱塞偶件。

7）依次从泵体检查孔中取出柱塞弹簧、柱塞弹簧上座、油量控制套筒和油量调节齿圈。

8）从泵体中取出滚轮体部件。

9）从滚轮体上拔出滚轮销，取出滚轮衬套和滚轮。

10）用同样的方法拆出其他各分泵组件。注意：出油阀偶件和柱塞偶件应成对摆放，不能互换。

11）从凸轮轴前端拆下喷油提前角自动调节器。

12）拆下前轴承盖和密封垫。

13）拆下调速器前壳和密封垫。

14）从泵体底部拆下凸轮轴中间支撑轴瓦固定螺栓后，取出凸轮轴和支撑轴瓦。

15）从泵体背面拆下油量调节齿杆限位螺钉后，取出油量调节齿杆。

3. 喷油泵的装配

1）固定油泵在专用夹具上，将中间支撑轴瓦放在凸轮轴中间轴颈上后，将凸轮轴与轴瓦一起装入泵体，拧紧轴瓦固定螺栓。注意：凸轮轴前后方向不能装反。

2）装上油泵前轴承盖及密封垫，拧紧前轴承盖固定螺栓。

3）装上调速器前壳及密封垫，拧紧调速器前壳固定螺栓。

4）将油量调节齿杆装入泵体，并使齿杆上的定位槽对准泵体上的定位螺孔，装上限位螺钉。

5）将滚轮衬套、滚轮、滚轮销装入滚轮体，然后将滚轮体部件装入泵体。

6）转动凸轮轴使滚轮体处于下止点位置，装上油量调节齿圈、油量控制套筒柱塞弹簧上座和柱塞弹簧。

7）从泵体上方装入柱塞偶件，并使柱塞凸耳插入油量控制套筒，然后旋紧柱塞套定位螺钉。需注意柱塞套上的定位槽和柱塞凸耳上有标记的一侧应同时朝向泵体正面。

8）用专用工具压缩柱塞弹簧，然后用尖嘴钳将柱塞弹簧下座装入柱塞下端缺口。

9）装上出油阀偶件、出油阀弹簧和出油阀限止块后，按规定力矩拧紧出油阀紧帽。

10）用一字螺钉旋具拧紧油量调节齿圈固定螺钉。

11）用同样方法装好各分泵。注意：每装好一个分泵后，用手移动油量调节齿杆，都应运动自如，否则应查明原因，重新安装。

12）装上出油阀紧帽夹板及供油提前角自动调节器。

13）装上检查孔盖板及密封垫，然后拧紧盖板固定螺钉。

4. 调速器的装配

1）将速度设定杠杆装入调速器后壳，然后套上速度控制臂轴套，并卡上卡环。

2）装上速度控制臂、支持杠杆和负荷控制臂。

3）装上拉力杠杆、导动杠杆、浮动杠杆和滑套组件，并将调速弹簧一端挂接在速度设定杠杆上，另一端挂在拉力杠杆上。

4）装上拉力杠杆支撑销后，装上支撑销两侧的螺塞。

5）调节速度控制臂限位螺钉，初步设定速度控制臂的位置。

6）安装停油控制装置组件。

7）装上调速器重锤支座总成，用专用工具旋紧凸轮轴螺母。

8）装上密封垫后，将调速器后壳总成靠近调速器前壳，用尖嘴钳装上启动弹簧。

9）将齿杆连接杆前端的连接销钉插入油量调节齿杆后端连杆内，然后拨上弹簧锁片。

10）用扳手拧紧调速器后壳固定螺钉。

11）用专用工具装上怠速弹簧组件和校正弹簧组件。

12）装上后盖及密封垫，并装上怠速稳定组件。

13）装上怠速限位螺钉和全负荷设定螺钉。

14）装上输油泵总成。

5. 喷油泵总成的装配

1）顺时针摇转曲轴，使发动机第一缸处于压缩冲程，并使供油提前角记号对齐。

2）转动喷油泵凸轮轴，使联轴器上的正时记号刻线与前轴承盖上的记号刻线（第一缸供油记号）对齐。

3）向前推动喷油泵，使喷油泵从动凸缘盘与联轴器结合，并拧紧固定螺栓。

4）装上高压油管、回油管和低压输油管。

5）装上负荷控制拉杆、连接销和回位弹簧。

6）装上停油控制拉线。

3.4.3.2 喷油器的拆装

喷油器的拆装如图3-24所示。

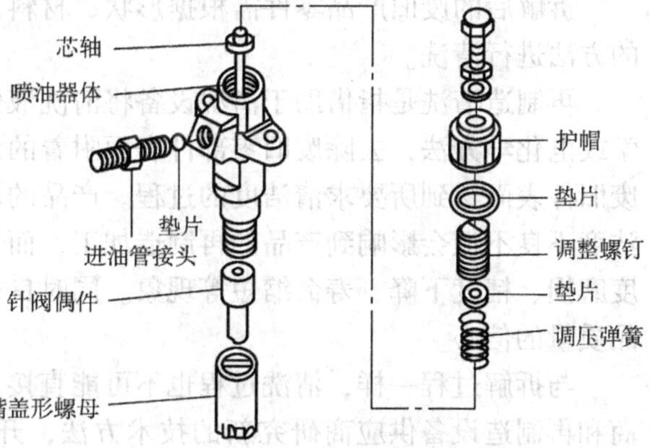

图3-24 喷油器拆装图

1. 喷油器的拆解

1）拧松高压油管的接头螺母，拆下高压油管及固定夹。

2）拆下回油管。

3）拆下喷油器固定螺母后，用专用工具拆下喷油器总成。

4）将喷油器固定在台虎钳上，用扳手拆下护帽。

5）用一字形螺钉旋具旋出调整螺钉。

6）取出垫片、调压弹簧和芯轴。

7）使喷油器喷嘴朝上，用套筒扳手拆下喷嘴盖形螺母。

8）取出针阀偶件。

2. 喷油器的装配

1）装上针阀偶件，并使阀体上的定位销与喷油器体上的定位孔对齐。

2）按规定力矩拧紧喷嘴盖形螺母。

3）装上芯轴、调压弹簧。

4）用一字形螺钉旋具旋入调整螺钉。

5）装上垫圈及护帽。

6）将喷油器装在气缸盖上，并按规定的力矩拧紧喷油器固定螺母。

7）装上高压油管和夹板。

8）装上喷油器回油管。

第 4 章　再制造清洗技术及工艺与检测技术

4.1　再制造清洗基础

产品零部件表面清洗是零件再制造过程中的重要工序，是检测零件表面尺寸精度、形状精度、位置精度、表面粗糙度值、表面性能、磨蚀磨损及粘着情况等失效形式的前提，是零件进行再制造的基础。零件表面清洗的质量，直接影响零件性能分析、表面检测、再制造加工及装配，对再制造产品的质量具有全面影响。

4.1.1　基本概念

拆解后的废旧产品零件需根据形状、材料、类别、损坏情况等进行分类，然后采用相应的方法进行清洗。

再制造清洗是指借助于清洗设备将清洗液作用于废旧零部件表面，采用机械、物理、化学或电化学方法，去除废旧零部件表面附着的油脂、锈蚀、泥垢、水垢、积炭等污物，并使废旧件表面达到所要求清洁度的过程。产品的清洁度是再制造产品的一项主要质量指标，清洁度不良不但会影响到产品的再制造加工，而且往往能够造成产品的性能下降，容易出现过度磨损、精度下降、寿命缩短等现象。同时良好的产品清洁度也能够提高消费者对再制造产品质量的信心。

与拆解过程一样，清洗过程也不可能直接从普通的制造过程借鉴经验，这就需要再制造商和再制造设备供应商研究新的技术方法，开发新的再制造清洗设备。根据零件清洗的位置、复杂程度和零件材料等不同，在清洗过程中，所使用的清洗技术和方法也会不同，常常需要连续或者同时应用多种清洗方法。

常用的清洗用具有油枪，油壶，油桶，油盘，毛刷，刮具，铜棒，软金属锤，防尘罩，防尘垫，空气压缩机，压缩空气喷头，清洗喷头及擦洗用的棉纱、砂布等。此外，为了完成各道清洗工序，可使用一整套各种专用的清洗设备，包括：喷淋清洗机、浸浴清洗机、喷枪机、综合清洗机、环流清洗机、专用清洗机等，对设备的选用需要根据再制造的标准、要求、环保、费用以及再制造场所等具体情况来确定。

4.1.2　再制造清洗影响因素

1）零件的材料性能。如清洗物体是金属材料，则应考虑到钢铁、不锈钢、铝材、铜材制成的物体在强度、耐化学腐蚀性能上都有很大差别。由木材、皮草、玻璃、塑料、橡胶等非金属材料制成的物体在性能上也有很大差别。因此在清洗中要充分了解这些材料的性能，有针对性地选用合适的清洗剂与清洗方法。

2）零件的表面状况。光滑平整的物体表面与粗糙不平的物体表面用同样方法清洗，取得的效果是大不相同的。在选择清洗方法时要充分考虑到物体的表面状况。

3）污垢的情况。对不同的污垢要采用不同的清洗剂，金属表面以油脂为主的污垢与以水垢、氧化物为主的污垢，所选用的清洗剂及清洗方法大不相同。

4）清洁度要求。对于普通金属零件和高精度电子元件来说，由于对表面加工精度要求不同，洗净去污的要求不同，因此选用的方法也不同。随着清洁度要求的提高，生产成本也迅速提高。因此必须兼顾清洁度要求与经济性两方面，选择合适的清洗剂与方法。

5）清洗设备的选择。使用高级的清洗设备可以取得较好的清洗效果，但也要考虑到实际需要和经济性。

6）使用洗涤剂的安全性。在选择洗涤剂时要充分了解洗涤剂的性能，如是否易燃易爆，对皮肤、人体有无毒性，以及废水如何处理等，以免在清洗过程中造成不必要的意外事故。

7）清洗的效率。提高清洗效率是提高再制造生产率的重要方面，如用单纯浸泡的方法去除金属表面的油污耗时较多，而采用循环流动，伴有搅拌、超声波处理或水蒸气清洗时去污时间就可大大缩短。大批量工业零件的清洗采用流水线可以大大提高生产效率。因此要根据实际需要，选择不同的清洗方法，从而提高生产效率。

8）经济性。在选择清洗方法时，必须考虑生产成本。在保证清洁度的前提下，可选择使用费用最低的清洁方法。

9）环保性。在选择清洗方法时，也必须考虑清洗的环保性，要求清洗过程产生的环境污染最小，尽量采用物理清洗方法，减少化学清洗剂的使用，增强再制造过程的环境效益。

因此，在考虑清洗方法时，必须对上述有关问题做出全面的综合了解，才能优化组合，得到最合理的再制造清洗方案。

4.1.3　再制造清洗的基本要素

待清洗的废旧零部件都存在于特定的介质环境中，需要考虑四个要素：清洗对象、零件污垢、清洗介质及清洗力。

1）清洗对象。指待清洗的物体，如组成机器及各种设备的零件、电子元件等。而制造这些零件和电子元件等的材料主要有金属材料、陶瓷（含硅化合物）、塑料等，针对不同清洗对象要采取不同的清洗方法。

2）零件污垢。污垢是指物体受到外界物理、化学或生物作用，在表面上形成的污染层或覆盖层。所谓清洗就是指从物体表面上清除污垢的过程，通常都是指把污垢从固体表面去除掉。

3）清洗介质。清洗过程中，提供清洗环境的物质称为清洗介质，又称为清洗媒液。清洗介质在清洗过程中起着重要的作用，一是对清洗力起传输作用，二是防止解离下来的污垢再吸附。

4）清洗力。清洗对象、污垢及清洗介质三者间必须存在一种作用力，才能使污垢从清洗对象的表面清除，并将它们稳定地分散在清洗介质中，从而完成清洗过程，这个作用力即是清洗力。在不同的清洗过程中，起作用的清洗力也有不同，大致可分为以下6种：溶解分散力，表面活性力，化学反应力，吸附力，物理力，酶力。

4.1.4 再制造清洗阶段及要求

再制造清洗一般包括废旧产品整体外观清洗、拆解后清洗、再制造加工前清洗、装配前清洗、喷漆前清洗等几个阶段。

1. 拆解前的整体清洗

拆解前的清洗主要是指拆解前对回收的废旧产品的外部清洗，其主要目的是除去废旧产品外部积存的大量尘土、油污、泥沙等脏物，以便于拆解和初步的鉴定，并避免将尘土、油污等脏物带入厂房工序内部。外部清洗一般采用自来水或高压水冲洗，即用水管将自来水或1~10MPa压力的高压水流接到清洗部位冲洗油污，并用刮刀、刷子配合进行。对于密度较大的厚层污物来说，可在水中加入适量的化学清洗剂并提高喷射压力和水的温度。常用的外部清洗设备主要有单枪射流清洗机和多喷嘴射流清洗机，前者是靠高压连续射流或汽水射流的冲刷作用或射流与清洗剂的化学作用相配合来清除污物，后者有门框移动式和隧道固定式两种，其喷嘴的安装位置和数量根据设备的用途不同而异。

2. 拆解后零部件的清洗

拆解后零部件的清洗主要是对拆解后零部件表面的油污、锈垢、积炭等脏物进行清洁、整理和用清洗剂洗涤的过程，便于对零件进行质量性能检测和再制造加工。废旧产品拆解后，由于零件表面油污、锈蚀、水垢等脏物的存在，看不清零件表面磨损的痕迹和其他缺陷，无法对零件的各部分尺寸精度、形位精度作出正确判断，从而无法制订正确的零部件再制造方案。因此，必须在产品拆解后对零件进行清理和洗涤。

3. 装配前零部件的清洗

装配前零部件的清洗是指再制造装配前，对装配零件表面的灰尘、油污和杂物等进行的清洁、整理过程。装配前零部件的清洗是直接保证再制造产品装配质量的重要环节。

4. 喷涂前再制造产品的清洗

喷漆前产品的清洗是指对装配后需喷漆的再制造产品表面的油污、杂物等进行的清洗、干燥过程，是保证再制造产品具备一定的漆层防护能力及外形美观的重要影响因素。

无论哪个阶段的清洗，都需要注意以下事项：

1）熟悉产品及其零部件图样和说明书，了解产品的性能及结构。

2）保持再制造清洗场地的清洁。

3）洗涤及转运过程中，注意不要碰伤零件的已加工表面。

4）洗涤后要注意使油路、通道等畅通无阻，不要掉入污物或沉积污物。

5）准备好所需的清洗液及辅助用具。

6）必须重视再用零件或新换件的清理，要清除零件在使用中或者加工中产生的毛刺，例如滑移齿轮的圆倒角、孔轴滑动配合件的孔口，都必须清理掉零件上的毛刺、毛边。

7）零件清洗并且干燥后，必须涂上机油储存，防止零件生锈。

8）清洗设备的各类箱体时，必须清除箱内残存磨屑、漆片、灰沙、油污等。

9）准备好防火用具，时刻注意安全。

4.1.5 再制造清洗内容

拆解后对废旧零部件的清洗主要包括清除油污、锈蚀、水垢、积炭、油漆等内容。

4.1.5.1　清除油污

凡是和各种油料接触的零件在解体后都要进行清除油污的工作，即除油。油可以分为两类：①可皂化的油，就是能与强碱起作用生成肥皂的油，如动物油、植物油；②不可皂化的油，它不能与强碱起作用，如各种矿物油、润滑油、凡士林和石蜡等。这两类油都不溶于水，但根据“物质结构相似者相溶”，即物质在与其结构相似的溶剂中容易溶解的规则，这两类油都可溶于有机溶剂。去除这些油类，主要用化学方法和电化学方法。使用煤油、汽油、柴油等有机溶剂可以溶解各种油、脂，既不损坏零件，又没有特殊要求，也不需要特殊设备，清洗成本低，操作简易。对有特殊要求的贵重仪表、光学零件还可用酒精、丙酮、乙醚、苯等其他有机溶剂清洗。用合成洗涤剂代替传统的洗涤剂，通过浸洗或喷洗对零件进行脱脂。还可以在单一的碱溶液中加入乳化剂后，对零件进行浸洗或喷洗。清洗方式有人工方式和机械方式，包括擦洗、煮洗、喷洗、振动清洗、超声清洗等。

4.1.5.2　清除水垢

机械产品的冷却系统经过长期使用硬水或含杂质较多的水后，在冷却器及管道内壁上会沉积一层黄白色的水垢，主要成分是碳酸盐、硫酸盐、硅酸盐等。水垢的形成主要是因天然水中含有矿物盐，在使用中，当其达到饱和后便会结晶析出，水中的矿物盐受热分解，形成了难溶性的沉淀物——水垢。水垢使水管截面缩小，热导率降低，严重影响冷却效果，影响冷却系统的正常工作，因此在再制造过程中必须予以清除。目前水垢清除方法有手工、机械和化学除垢三种，手工除垢效率低，机械除垢容易损伤金属表面，而化学除垢则比较理想。根据水垢在酸中或碱中的溶解情况，化学除垢又分为碱法除垢和酸法除垢，但清除水垢用的化学清除液要根据水垢成分与零件材料慎重选用。碱法除垢常用纯碱法和磷酸钠法，纯碱法对硫酸盐水垢和硅酸盐水垢起作用，而磷酸钠法对碳酸盐水垢起作用。酸法除垢速度较快，适于碳酸盐和混合型水垢的清洗。对铝合金零件表面的水垢可用 5% 质量分数的硝酸溶液，或 10%～15% 质量分数的醋酸溶液。

4.1.5.3　清除锈蚀

锈蚀是因为金属表面与空气中氧、水分子以及酸类物质接触而生成的氧化物，如 FeO、Fe_3O_4、Fe_2O_3 等。除锈的方法有机械法、化学法和电解法三类。机械法除锈主要是用钢丝刷、刮刀、砂布或电动砂轮等工具，利用机械摩擦、切削等作用清除零件表面锈蚀，常用的方法有刷、磨、抛光、喷砂等。化学法除锈是用酸或碱溶液对金属制品进行强浸蚀处理，使制品表面的锈层通过化学作用和浸蚀过程所产生氢气泡的机械剥离作用而被除去，常用的酸包括盐酸、硫酸、磷酸等。电解法除锈是在酸或碱溶液中对金属制品进行阴极或阳极处理除去锈层。阳极除锈是利用化学溶解、电化学溶解和电极反应析出的氢气泡的机械剥落作用。阴极除锈是利用化学溶解和阴极析出氢气的机械剥离作用。在化学除锈的溶液内通以电流，可加快除锈速度，减少基本金属腐蚀及酸消耗量。

4.1.5.4　清除积炭

积炭是燃料和润滑油在燃烧过程中不充分燃烧，并在高温作用下形成的一种由胶质、沥青质、润滑油和炭质等组成的复杂混合物。如发动机中的积炭大部分积聚在气门、活塞、气缸盖等上，这些积炭会影响发动机某些零件散热效果，恶化传热条件，影响其燃烧性，甚至会导致零件过热，形成裂纹。因此，在此类零件再制造过程中，必须将其表面积炭清除干净。积炭的成分与发动机结构、零件部位、燃油、润滑油种类、工作条件以及工作时间长短等有关。清除积炭目前常使用机械法、化学法和电解法等。机械法用金属丝刷与刮刀去除积炭，方法简单，但效率较低，不易清除干净，并易损伤表面；用压缩空气喷射核屑清除积炭能够明显提高效率。化学法指将零件浸入苛性钠、碳酸钠等清洗液中，温度80~95℃，使油脂溶解或乳化，积炭变软后再用毛刷刷去积炭并清洗干净。电化学法指将碱溶液作为电解液，工件接于阴极，使其在化学反应和氢气的共同剥离作用力下去除积炭，其去除效率高，但要掌握好清除积炭的规范。

4.1.5.5 清除油漆

拆解后零件表面的原保护漆层都需要全部清除，并经冲洗干净后重新喷漆。对油漆的清除可先借助已配制好的有机溶剂、碱性溶液等作为退漆剂涂刷在零件的漆层上，使之溶解软化，再用手工工具去除漆层。粗加工面的旧漆层可用铲刮的方法来清除。精加工表面的旧漆层可采用布头沾汽油或香蕉水用力摩擦来清除。对高低不平的加工面上的旧漆层（如齿轮加工面），可采用钢丝刷或钢丝绳头刷清除。

4.2 再制造清洗技术

4.2.1 物理法再制造清洗技术

4.2.1.1 热能清洗技术

热能对清洗有较好的促进作用。由于水和有机溶剂对污垢的溶解速度和溶解量随温度升高而提高，所以提高温度有利于溶剂发挥其溶解作用，而且还可以节约水和有机溶剂的用量。同样，清洗后用水冲洗时，较高的水温更有利于去除吸附在清洗对象表面的碱和表面活性剂。

1）热能可使污垢的物理状态发生变化。温度的变化会引起污垢的物理状态变化，使它变得容易去除。例如，附着在汽车底盘下的污垢，常被沥青和矿物油粘接在一起，牢固地粘在车体上，单独靠使用表面活性剂和溶剂的力量难以清除。使用加压水蒸气喷射到污垢上时，利用水蒸气冷凝时放出的热量，使油垢等粘性固体物质软化，粘接力降低，然后再用水压冲洗，这些粘附的污垢就很容易清除了。

另外，油脂和石蜡等固体油污很难被表面活性剂水溶液乳化。但当它们加热液化（60~70℃）后，就比较容易被表面活性剂水溶液乳化分散了。固态油脂的乳化见图4-1。

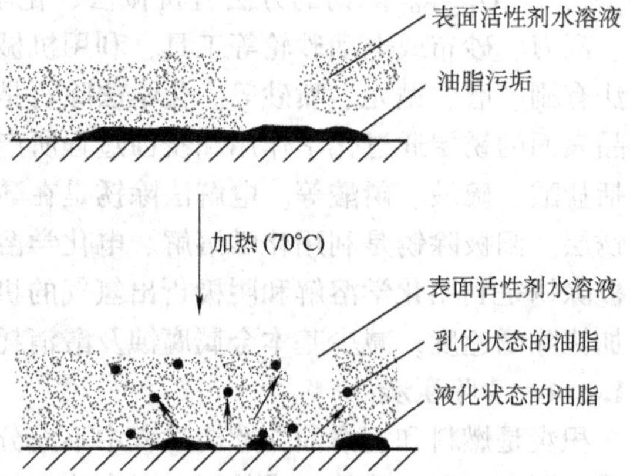

图4-1 固态油脂的乳化

2）热能可使清洗对象的物理性质发生变化。温度变化时，清洗对象的物理性质也变化，有利于清洗。当清洗对象与附着的污垢两者热膨胀率存在差别时，常可以利用加热的方法使污垢与清洗对象间的吸附力降低而使污垢易于解离去除。

3）热能可使污垢受热分解。耐热材料表面附着的有机污垢，加热到一定温度后，可能发生热分解变成CO_2等气体而去除。

利用热能进行清洗时还经常采用有机溶剂蒸气清洗。溶剂蒸气清洗适于小型物品的精密清洗。图4-2是一个有机溶剂蒸气清洗装置的简图。在装置中清洗槽的上部沿槽壁装有冷却水管。把有机溶剂加到清洗槽的下部，并使用热源对它进行加热。当槽内溶剂温度达到它的沸点时，溶剂开始沸腾蒸发，槽的上半部充满溶剂蒸气，形成溶剂蒸气相。由于在槽的上部装有冷却水管，蒸气遇冷而凝结液化，从而防止蒸气向槽外逸散损失，使蒸气始终保持在槽内，当把温度低于溶剂蒸气温度的清洗对象安放在蒸气相中时，由于清洗对象与蒸气之间存在温度差，蒸气就在清洗对象表面凝结放热，使清洗对象表面上的污垢溶解并分散到溶剂液体中，在重力的作用下，含有污垢的溶剂从清洗对象的下方落入液相溶剂中，这种方法叫溶剂蒸气清洗。

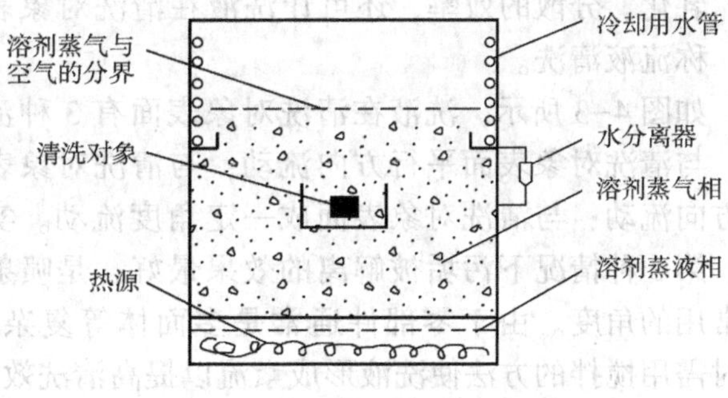

图4-2　有机溶剂蒸气清洗装置

这种有机溶剂蒸气清洗方法包括以下几个过程：溶剂蒸发、蒸气液化、溶剂溶解污垢。即溶剂蒸发形成其纯净的溶剂蒸气并作气相运动，利用蒸气液化时放出的热量提高溶剂的溶解能力。虽然蒸气也有直接的清洗作用，但主要还是利用液态溶剂的浸泡溶解作用。

4.2.1.2　浸液清洗技术

1. 浸泡清洗技术

将清洗对象放在洗液中浸泡、湿润而洗净的湿式清洗叫浸泡清洗。在浸泡清洗系统中，清洗和冲洗分别在不同洗槽中进行，分多次进行的浸泡清洗可以得到洁净度很高的表面。因此，浸泡清洗具有清洗效果好的特点，特别适于对数量多的小型清洗对象进行清洗。

浸泡清洗系统基本上有两种方式：①清洗槽用溶剂、冲洗槽用清水的方式，即一种在清洗槽中使用表面活性剂水溶液或有机溶剂作洗液，而在后面的冲洗槽中用水作冲洗剂的浸泡清洗系统。②清洗槽、冲洗槽都使用同一种溶剂的方式，这是适合使用合成有机溶剂和石油类溶剂去除油性污垢为主要目的的清洗方式。浸泡清洗系统是由清洗工艺、冲洗工艺、干燥工艺三个部分组成的。

1）清洗工艺指把污垢从清洗对象表面解离下来并分散到媒液中的工艺。这一工艺中使用的媒液，不仅需要对污垢的溶解、分散能力大，同时还要能使解离下来的污垢在它中间稳定分散。当清洗对象表面存在多种类型污垢时，清洗工艺应分阶段进行。

2）冲洗工艺是指清洗工艺完成之后，清洗对象表面上附着了一层含有污垢的洗液，用清洁的媒液把含垢洗液从清洗对象表面置换出来的过程。冲洗工艺包括用清洁媒液反复浸泡的方法以及使媒液流动的喷射或淋洗方法。

3）干燥工艺是指在冲洗工艺结束之后，洗净的对象表面仍附着一部分媒液，干燥工艺是通过汽化的方法使媒液去除，使湿式清洗最终得以完成。干燥工艺要求媒液沸点低，汽化热小，比热容小，易于挥发去除；表面张力低，易于在物体表面铺展开，即易于蒸发；闪点及燃点高，不易燃易爆，安全性好；毒性小，对工人健康危害小，对环境破坏作用小。

2. 流液清洗技术

零部件清洗时，除了可以把零部件置于洗涤剂中的静态处理外，有时为提高污垢被解离、乳化、分散的效率，还可让洗液在清洗对象表面流动，称流液清洗。

如图 4-3 所示，洗液在清洗对象表面有 3 种流动方向：与清洗对象表面平行方向流动；与清洗对象表面垂直方向流动；与清洗对象表面成一定角度流动。实践表明，第 3 种情况下污垢被解离的效果最好，是喷射清洗中常用的角度。由于零部件通常是多面体等复杂形状，这时需用搅拌的方法使洗液形成紊流以提高清洗效果。

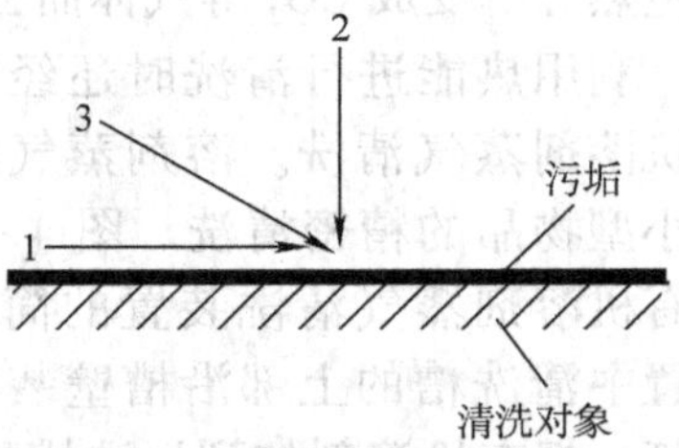

图 4-3 清洗液在界面上的流动方向
1—与表面平行 2—与表面垂直
3—与表面成一定角度

搅拌容易得到使洗液均匀有效地流动的效果，通常有以下 3 种方法。

1）洗液流动。有轴搅拌方式如图 4-4 所示，是用搅拌轴带动旋转叶片搅拌的模型。图 4-4a 中搅拌轴与液槽底面垂直，搅拌使洗液沿垂直方向、平行方向和旋转叶片圆周切线方向流动，这种方式很难在洗槽各个表面形成均匀紊流效果；图 4-4b 中在洗槽槽壁放置挡板，使搅拌的液体发生折流运动，提高其紊流效果；图 4-4c 中让搅拌轴与洗槽底面成倾斜角度，利用搅拌在槽壁形成的反射流获得紊流效果。把搅拌轴伸入洗槽内部，有时会造成清洗操作不便，现多采用无轴搅拌方式，如图 4-5 所示。图 4-5a 中把旋转叶片装在洗槽侧壁；图 4-5b 中不使用旋转叶片，用外接泵组成循环流动装置；图 4-5c 中利用鼓入气泡的方式推动洗液流动。

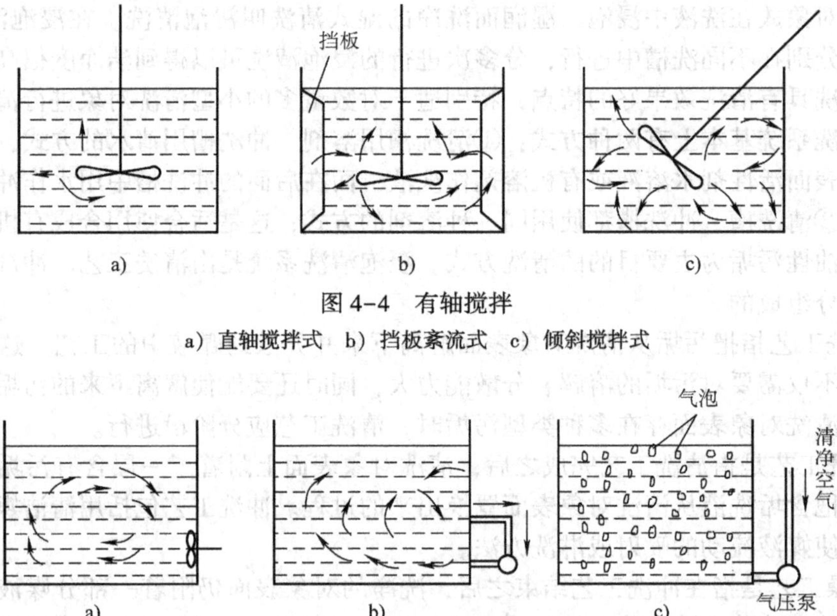

图 4-4 有轴搅拌
a）直轴搅拌式 b）挡板紊流式 c）倾斜搅拌式

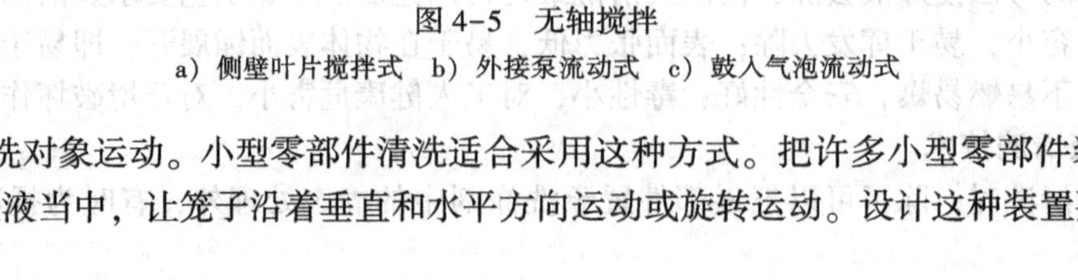

图 4-5 无轴搅拌
a）侧壁叶片搅拌式 b）外接泵流动式 c）鼓入气泡流动式

2）清洗对象运动。小型零部件清洗适合采用这种方式。把许多小型零部件装在一个笼子里放在洗液当中，让笼子沿着垂直和水平方向运动或旋转运动。设计这种装置要考虑到清洗对象的差别以及放置安排的方法不同，才能产生良好的界面流动效果。

3）清洗对象和洗液都运动。密度和洗液相近的小型零件适合用这种方法。当洗液激烈流动时，清洗对象在洗液中漂浮运动而被洗净。

4.2.1.3 压力清洗技术

使用压力是清洗中常用的手段，应用各种方式的压力，如高压、中压以至负压、真空等，都能产生很好的清洗力。

1. 喷射清洗原理

通过喷嘴把加压的清洗液喷射出来冲击清洗物表面的清洗方法叫喷射清洗。它包括喷射清洗的作用力、喷射所用喷嘴和喷射清洗液3部分内容。

1）喷射清洗作用力

湿式喷射清洗过程中的清洗作用力包括清洗液本身的清洗力、喷嘴喷出清洗液的压力、流体速度动能的冲击力及流体在清洗对象表面流动等几种作用力的总和。

当清洗液种类、温度、液体密度固定时，流体流量越大，喷射流体的速度越高，形成的喷射压力也越大。清洗力与上述各因素及喷射距离等都有关系，喷嘴喷出具有一定动能的清洗液，在运动中受到空气阻力，动能逐渐降低，水平方向的运动速度逐渐减少，最后因重力而下落。斜向喷射和垂直喷射都存在最佳清洗效果的位置。清洗力随着喷嘴到清洗对象之间距离的增加呈现先增加，达到最大值后又急剧下降的过程。

2）喷射用清洗液

一般喷射用的清洗液包括常温的水、热水、酸或碱的水溶液、表面活性剂水溶液。在使用表面活性剂水溶液作喷射洗液时，要注意选用低起泡性的表面活性剂。若用含有水蒸气的高压热水作洗液时叫做水蒸气喷射清洗。水蒸气的压力和水蒸气液化时放出的大量热能对清洗效果有很大的影响。

用电解得到的含有臭氧的水作清洗液时，它的氧化分解能力和清洗液中的细微臭氧气泡对微粒状污垢有很强的作用。喷射清洗时，清洗液在清洗对象表面停留时间短，清洗能力不能百分之百发生效用。另外还有废液处理问题。为了提高清洗液利用率，宜采用循环系统。图4-6是一种喷射清洗的循环系统。

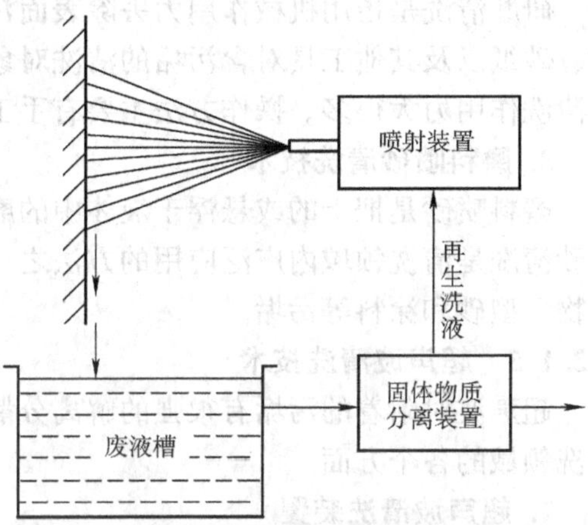

图4-6 一种喷射清洗的循环系统

2. 利用持续性泡沫的喷射清洗

在清洗垂直壁面时，有时为充分发挥清洗能力，减少清洗液浪费，可使用发泡性强的清洗液进行喷射。在清洗壁的表面形成有一定厚度的稳定性泡沫，延长泡沫与壁面接触时间，使污垢充分分解，然后用清水喷射，提高污垢的清除效果。清除各种产品表面的油污时都适合用这种方法。

3. 高压水射流清洗

高压水射流技术近年来发展很快，应用日益广泛。用120MPa以内压力的高压水射流进行清洗，效率高，节能省时。用喷射的液体射流进行清洗时，根据射流压力的大小分为低压、中压和高压3种。

低压和中压射流清洗借助清洗液的洗涤与水流冲刷的双重去污作用达到清洗的目的。高压射流清洗是以水力冲击的清洗作用为主，清洗液所起溶解去污的作用很小。高压水射流清洗不污染环境、不腐蚀清洗物体基质，高效节能，在很多场合可用来代替传统人工机械清洗和化学清洗。图4-7是采用高压水射流清洗废旧零件。

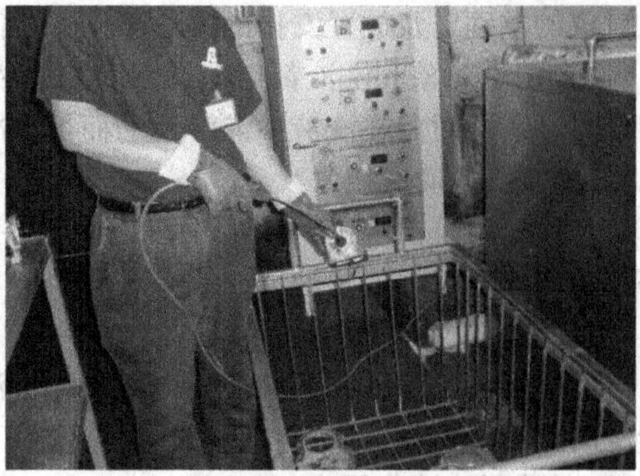

图4-7 高压水射流清洗废旧零件

4.2.1.4 摩擦与研磨清洗技术

1. 摩擦清洗技术

对于一些不易去除的污垢来说，使用摩擦力的方法往往能取得较好的效果。如在废旧产品自动清洗装置中，向表面喷射清洗液的同时，可以使用合成纤维材料做成的旋转刷子帮助擦拭产品的表面。用喷射清洗液清洗各类产品、大型设备或机器的表面时，配合用刷子擦洗往往取得更好的清洗效果。当用各种洗液浸泡清洗金属或玻璃材料之后，有些洗液不易去除的污垢顽渍，可配合用刷子擦洗去除干净。但需要保持工具（如刷子）的清洁，防止对清洗对象的再污染。另外，当清洗对象是不良导体时，应注意消除因摩擦力使清洗对象表面带上的静电，防止吸附污垢和静电火灾。

2. 研磨清洗技术

研磨清洗是指用机械作用力去除表面污垢的方法。研磨使用的方法包括使用研磨粉、砂轮、砂纸以及其他工具对含污垢的清洗对象表面进行研磨、抛光等。研磨清洗的作用力比摩擦清洗作用力大得多。操作方法主要有手工研磨和机械研磨。

3. 磨料喷砂清洗技术

磨料喷砂是把干的或悬浮于液体中的磨料定向喷射到零件或产品表面的清洗方法。磨料喷砂清洗是清洗领域内广泛应用的方法之一，可应用于清除金属表面的锈层、氧化皮、干燥污物、型砂和涂料等污垢。

4.2.1.5 超声波清洗技术

超声波对附着的污垢有很强的解离分散能力，因此超声波清洗技术越来越多地被应用到清洗领域的各个方面。

1. 超声波清洗装置

超声波清洗装置如图4-8所示。超声波清洗机由超声波发生器和清洗箱两部分组成。电磁振荡器产生的单频率简谐电信号（电磁波）通过超声波发生器转化为同频超声波，通过媒液传递到清洗对象。超声波发生器通常装在清洗槽下部，也可以装在清洗槽侧面，或采用移动式超声波发生器装置。

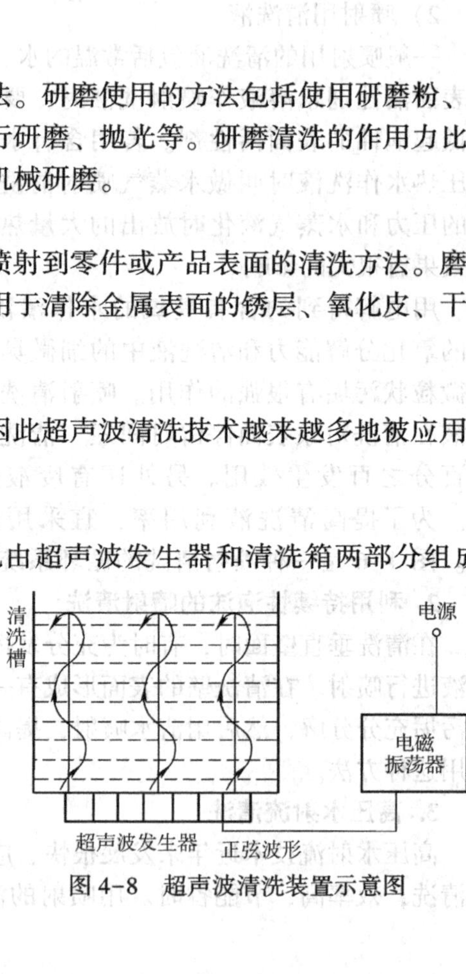

图4-8 超声波清洗装置示意图

超声波清洗系统中的关键设备是超声波部分，它分为两大部件，即超声波换能器（或称超声波振头）和超声波发生器。超声波换能器将超声波发生器提供的电信号转换为机械振动。超声波发生器的种类很多，一般分为机械型和电声型两种类型。机械型超声波发生器直接用机械方法使物体振动而产生超声波，常见的机械型超声波发生器都是流体动力式的，即利用高压流体为动力来产生超声波，如旋笛、空腔哨、簧片哨等。电声型超声波发生器是通过压电式电声换能器，将电磁能量转换成机械波能量，它应用得更为广泛。

2. 超声波清洗作用原理

超声波作用包括超声波本身具有的能量作用，空穴破坏时放出的能量作用以及超声波对媒液的搅拌流动作用等。

1）超声波的能量作用。超声波具有很高的能量，它在媒液中传播时，把能量传递给媒液质点，再传递给清洗对象表面，使污垢解离分散。超声波是纵波，会沿传播方向形成不断变化的疏密区，形成交替变化的正、负声压，使媒液质点获得动能，产生加速度。

2）空穴破坏时释放的能量作用。空穴又称气穴、空洞。超声波清洗的机理是基于在清洗液中引入超声振动，向清洗液辐射声波，产生超声空化效应，利用这种空化效应清洗零件表面上的各种污物。超声空化效应是指在超声场作用下，达到一定声强和频率时，液体分子时而受拉，时而受压，形成一个个微小真空洞穴，溶解在清洗液中的气体进入空穴形成气泡，即所谓“空化气泡”。这些空化气泡将随超声波振动反复地作生成和闭合运动，即于超声负压时生成，随之在超声正压时闭合。由于空化气泡的内外压力差悬殊，当空化气泡处于完全闭合状态时，会产生自中心向外的微激波，这种微激波的压强可以达到几百个 MPa 的程度，能把物体表面的污垢薄膜击破，从而达到去污的目的。

3）超声波的搅拌作用。超声波的搅拌作用可使媒液发生运动，新鲜媒液不断作用于污垢，加速污垢的溶解。由于超声波对清洗对象有作用力，当清洗对象很脆弱时，不宜用超声波清洗。

3. 超声波清洗工艺

超声波清洗工艺参数主要包括振动频率、功率密度、清洗时间和清洗液温度，其具体工艺参数选择可参考表 4-1 所示。

表 4-1　超声波清洗工艺参数选择

参数名称	选用范围	说　明
振动频率	常用 20kHz 高频 300~800kHz	工件表面粗糙度值较高或有小孔、狭深凹槽时，建议采用高频。但高频振动衰减较快，作用范围较小，空化作用弱，清洗效率较低
功率密度	0.1~1.0W/cm^2	工件形状复杂或具有深孔、不通孔，或油垢较多，清洗液粘度较大，或选用高频振动时，功率密度可较大。对铝及其合金或用乙醇、水为清洗液时，则可取小值
清洗时间	2~6min	工件形状复杂时取上限，表面粗糙度值低则取下限，还应根据污垢严重程度而变化
清洗液温度	水基清洗液：32~50℃ 三氯乙烯：70℃ 汽油或乙醚：室温	一般通过试验确定合适的温度

超声波清洗工艺要点如下：

1）工件在清洗槽内须正确放置。换能器一般在槽底，槽底面即是超声振动的辐射面，工件应挂于清洗槽内，并将重点清洗部位对准辐射面。如零件上有不通孔，则应在不通孔内灌满清洗液，并对准辐射面，而且应注意清洗过程中保持清洗液充满。许多微型件和小件常装入盛筐一起清洗，但不得使用小直径网眼盛筐，小直径网眼引起超声波衰减十分明显，应改用薄板栅条作为盛具。

2）清洗过程中应调节超声波发生器频率与换能器频率一致。此时超声波振动最大，空化效应最充分，在清洗液中可见许多白色聚流，以手伸入清洗液试探，有针刺感觉。

3）经超声波清洗的工件表面一般应色泽均匀。如有明显白点，则表明工艺不当，原因如下：清洗时间过长；上次清洗工件过多；清洗液使用太久，污染严重；电源电压波动太大。

4. 超声波清洗应注意的问题

1）充分了解温度、压力、洗液流速、洗液中气体含量、清洗对象声学特性等因素对清洗效果的影响。

2）空穴的产生并不均匀，需采取移动清洗对象、改变清洗液深度、使用合成超声波、抑制驻波生成、使用调频超声波等措施加以改善。

3）防止因超声波被反射造成的清洗效果不均匀性。

4）防止空穴对清洗对象的损伤破坏作用。

5. 超声波清洗的应用

各类废旧零部件使用超声波清洗最主要是去除物体表面的油污，此时多使用有机溶剂或表面活性剂洗涤剂水溶液。对几何形状复杂或清洗质量要求严的中小型精密工件，尤其工件上带有各类孔、槽等结构时，用超声波清洗往往能取得较好效果，图 4-9 是采用超声波设备清洗发动机缸盖的示意。超声波清洗也常作为多步清洗中的一个工序，协同其他清洗作用达到清洗目的，超声波清洗在其中起提高清洗效率和质量的关键作用。超声波清洗应用的主要领域见表 4-2。

图 4-9 超声波清洗发动机缸盖

表 4-2 超声波清洗应用的主要领域

对　　象	清洗对象
汽车、摩托车	发动机零件，变速箱，减振器，轴瓦，油嘴，缸体，阀体
机械工业	精密机械部件，压缩机零件，照相机零件，轴承，五金零件，模具等
电子、电气	各类印刷线路板，电子元器件，液晶玻璃，电视机零部件等
电镀、喷涂	不锈钢抛光制品，不锈钢刀具，餐具，刀具的喷涂前处理，电镀前清洗
光学、钟表业	透镜，眼镜框，贵重金属，装饰品，表带，表壳，表针，数字盘
医疗器械	注射器，手术器械，牙科用具，食道镜，气管支镜，直肠镜，显微镜
化纤纺织	喷丝板，橡胶制品，橡胶成形模具，商标，玩具
食品、酿造	瓶，盖，标签去除，酿造
其他	印章，号牌，硬币，高级陶器，银制品，金制品，银行磁卡

4.2.1.6　电解清洗技术

电解是在电流作用下，物质发生化学分解的过程。电解清洗是利用电解作用将金属表面的污垢去除的清洗方法。根据去除污垢种类不同，分电解脱脂和电解研磨去锈。

1. 电解脱脂

用电解方法把金属表面的各类油脂污垢加以去除叫电解脱脂。电解脱脂使用的电解槽模型如图 4-10 所示，主要工作原理：要清洗的金属部件与电解池的电极相连放入电解槽后电解时，金属表面会有细小的氢气或氧气产生，这些小气泡促使污垢从被清洗金属表面剥离下来。

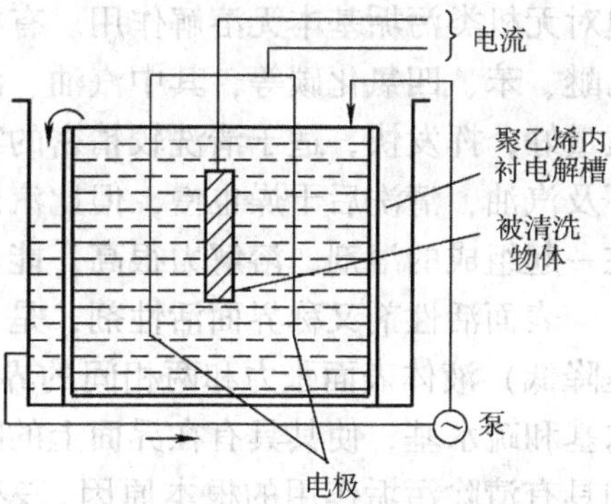

图 4-10　电解槽清洗模型

电解脱脂分为阴极脱脂和阳极脱脂。把被脱脂金属放在阴极叫阴极脱脂，相反叫阳极脱脂。电解过程中，阴极产生的氢气是阳极产生的氧气的两倍，效果更好。但铁进行阴极电解脱脂时产生的氢气会被铁吸收造成氢脆，因此钢铁宜采用阳极脱脂。

电解脱脂时常使用氢氧化钠、碳酸钠等碱性水溶液来增强去污作用，碱液对脂类油性污垢有乳化分散作用。有时要加入偏硅酸钠和少量表面活性剂，以利矿物油污垢的分散去除。偏硅酸钠还可明显改善金属铝的耐碱蚀性，当铝进行阳极电解脱脂时，在阳极金属铝表面析出无水硅胶覆盖膜，保护铝不被碱腐蚀。钢铁材料电解脱脂时常用氢氧化钠等强碱作电解质，并在高浓度高温下电解，而铜和它的合金一般采用低浓度的碱液，锌和铝等有色金属耐碱腐蚀性差，多用硅酸钠等弱碱作电解质。

2. 电解研磨去锈

使用电解的方法对金属表面进行腐蚀，并将表面的氧化层及污染层去除的方法叫电解研磨去锈（简称电解研磨）。电解研磨是向电解质溶液中通入电流，使得浸渍在电解液中的金属表面上的微小突起部位优先溶解去除，从而获得平滑光泽的金属表面的方法。电解研磨通常把处理的金属置于阳极，使用酸性或碱性电解液均可。为抑制腐蚀和增加粘度，常在电解液中加入添加剂。电解研磨可以得到与机械研磨不同的加工特性，适于多种金属单质和合金材料。

4.2.2　化学法再制造清洗技术

4.2.2.1　基本概念

1. 化学清洗定义

利用化学药剂与污垢发生化学反应，使污垢从清洗物体表面解离并溶解分散到水中的清洗方法叫化学清洗。它是借助清洗剂对物体表面污染物或覆盖层进行化学转化、溶解、剥离以达到清洗的目的。化学清洗过程一般分为水冲洗、碱煮、酸洗、水冲洗、钝化等几个步骤，根据污垢的不同可以适当调整，其中酸洗是化学清洗的核心过程。

2. 化学清洗液

化学清洗的关键是化学清洗液，包括溶剂、表面活性剂和化学清洗剂。

溶剂包括水、有机溶剂和混合溶剂。水是清洗过程中使用最广泛，用量最大的溶剂或介质。有机溶剂的特点是对油污的溶解速度快，除油效率高，对高聚物的溶解、溶胀作用强，但对无机类污垢基本无溶解作用。有机溶剂常用的有煤油、柴油、工业汽油、酒精、丙酮、乙醚、苯、四氯化碳等，其中汽油、酒精、乙醚、苯、四氯化碳去污、脱脂能力很强，清洗质量好，挥发快，适于清洗较精密的零件，如光学零件、仪表部件等。煤油、柴油清洗能力不及汽油，清洗后干燥也慢，但比汽油使用安全。混合溶剂是把两种或两种以上的溶剂混合在一起组成的溶剂，溶解力很高，能够使溶剂的优点得到充分发挥。

表面活性剂又称界面活性剂，是具有在两种物质的界面上聚集，且能显著改变（通常是降低）液体表面张力和两相间的界面性质的一类物质。表面活性剂的分子中同时存在亲水基和疏水基，使其具有在界面上的吸附作用，以及在溶液中的胶团化作用，这是表面活性剂具有清除污垢作用的根本原因。表面活性剂除去污能力外，还有吸附、润湿、渗透、乳化、分散、起泡、增溶等性能。

化学清洗剂是指化学清洗中所使用的化学药剂。常用的化学清洗剂有酸、碱、氧化剂、金属离子螯合剂、杀生剂等。为防止化学药剂与清洗对象发生反应，有时还要在化学清洗剂里加入金属缓蚀剂及钝化剂等。

4.2.2.2 酸清洗方法

酸是处理金属表面污垢最常用的化学药剂。清洗中常用的酸包括无机酸、有机酸两类。前者包括硫酸、盐酸、硝酸、磷酸等，后者常用的有氨基磺酸、羟基乙酸、柠檬酸、乙二胺四乙酸等。

1. 无机酸清洗

1）硫酸（H_2SO_4）。化学清洗用的硫酸质量分数一般小于15%。硫酸对不锈钢和铝合金设备无腐蚀性，适合清洗这些特殊金属设备。硫酸不易挥发，可以通过加热来加快清洗速度。用质量分数5%～15%的硫酸作清洗液时，可以加热到50～60℃以加快清洗速度。但硫酸腐蚀性很强，使用时要注意安全。硫酸清洗金属易发生氢脆，氢脆是酸与金属反应产生的氢气被金属吸收后引起金属发脆、性能变坏的现象。工业上用硫酸进行清洗时通常加入非离子表面活性剂以提高除锈能力。为了降低硫酸对金属物体的腐蚀性，要在清洗剂中加入适量缓蚀剂。

2）盐酸（HCl）。盐酸是氯化氢气体盐酸与金属反应生成的氯化物，水溶性很好，但盐酸与卤化物对金属有腐蚀作用。使用盐酸作清洗液时，一般使用10%以下的质量分数并在常温下使用。因大多数氯化物溶于水，所以盐酸常用于清除碳酸盐水垢、铁锈、铜锈、铝锈等。盐酸清洗液适于碳钢、黄铜、紫铜及其他铜合金材料的设备清洗，不宜用于不锈钢和铝材表面污垢的清洗，对钢铁等不少金属材料有强烈腐蚀性，清洗时需加缓蚀剂。

3）硝酸（HNO_3）。硝酸对贵金属（如金、铂）之外的许多金属有广泛的溶解能力。因此，在清除金属表面污垢时，它既可以把有机污垢氧化分解去除，又可在某些金属表面形成致密的氧化膜，保护金属不被腐蚀。用于酸洗的硝酸质量分数一般在5%左右，在浓度较低的情况下，硝酸比较稳定，不易分解，氧化性减弱，主要发挥酸性作用。硝酸可用于清除盐酸无法清除的金属氧化物和污垢，清洗不锈钢为基体的设备时不会导致孔蚀，而且硝酸清洗铜锈效果好。硝酸可以去除水垢和铁锈，对碳酸盐水垢、Fe_2O_3 和 Fe_3O_4 锈垢溶解能力强，去除氧化皮、铁垢的速度快，时间短，并对碳钢、不锈钢、铜的腐蚀性低。低浓度硝酸对大多数金属有强腐蚀性，用硝酸作酸洗剂时，应使用缓蚀剂。

4）磷酸（H_3PO_4）。在去除钢铁表面锈污时，通常用质量分数 15%～20%以上的磷酸溶液，温度控制在 40～80℃范围。酸洗时采用的磷酸分数为 10%～15%，温度 40～60℃。高浓度磷酸使用成本高，废液处理困难，只在特定范围内使用。用磷酸清洗生锈的金属表面，在去锈的同时形成磷化保护膜，对金属起保护作用。磷酸不宜用于清除水垢，其铁盐在低浓度磷酸中溶解度低，所以只在特殊情况下才用磷酸作酸洗剂。

2. 有机酸清洗

为了保证再制造零件的表面质量不受损伤，减少再制造过程中的环境污染，还可以采用有机酸来进行再制造清洗。用于酸洗的有机酸很多，常用的有氨基磺酸、羟基乙酸、柠檬酸、乙二胺四乙酸等。与无机酸酸洗相比，有机酸酸洗对金属腐蚀性小、无毒、污染小、无三废排放，清洗时较安全，清洗效果好，但成本较高，需要在较高温度下操作，清洗耗费时间长。

1）氨基磺酸。其酸性与盐酸、硫酸相似，水溶液不挥发，无味，对人体毒性极小。相对湿度大于 70%时，氨基磺酸潮解，在高温下会生成硫酸铵和硫酸氢铵。清洗温度要控制在 60℃以下以防止水解。氨基磺酸对金属腐蚀性小，常被用来清洗钢铁、铜、不锈钢、铝以及陶瓷等材料制造的设备表面上的铁锈和水垢。氨基磺酸是唯一可用做镀锌金属表面清洗的酸。表 4-3 列出 3%（质量分数）酸的水溶液的腐蚀数据相对比较值。

表 4-3　3%（质量分数）酸的水溶液的腐蚀数据相对比较值（温度为 22℃±2℃时）

金　属	氨基磺酸	H_2SO_4	HCl	金　属	氨基磺酸	H_2SO_4	HCl
1010 钢	1	2.6	4.2	锌	1	2.2	很快腐蚀
铸铁	1	3.2	3.2	铜	1	1.5	6.7
镀锌铁皮	1	63.0	很快腐蚀	青铜	1	1.5	2.8
锡	1	81.0	23.0	黄铜	1	4.0	7.0
30 不锈钢	1	10.0	很快腐蚀	铅	1	0.6	5.3

2）乙酸。俗称醋酸，是一元有机弱酸，熔点为 16.7℃。纯醋酸在低温下结晶成固体，又称冰醋酸。常温下为无色有刺激性醋味的液体，与水、乙醇、乙醚可以混溶。醋酸对金属腐蚀性低，对人体毒害作用小，它的盐易溶于水，适合清洗水垢和铁锈等，特别是对黄铜和晶间腐蚀敏感的材料适合用乙酸清洗。

3）羟基乙酸。羟基乙酸在水中的溶解性比乙酸好，酸性比乙酸稍强，对锈垢的溶解能力也较大，对钢铁等金属基体的腐蚀性比盐酸、硫酸小得多。国外通常用 2%羟基乙酸和 1%甲酸的混合液作清洗剂，在 82～104℃温度下循环流动清洗，对铁锈和氧化皮有较好的清洗效果。

4）草酸（乙二酸）。草酸是有机酸中较强的酸，无色结晶状固体，其水溶液遇强酸分解，有还原性。草酸的盐难溶于水，不宜软化硬水，草酸对铁锈有较好的溶解力，可用于去除锈垢，但不能用它去除碳酸钙水垢。草酸对金属有腐蚀作用，如钢铁在常温下能被草酸慢慢腐蚀，但在加热情况下会生成草酸铁保护膜，能阻止腐蚀的进行；铝、镍、铜、不锈钢等材料对草酸的耐蚀性较好，而锡、锌等金属对草酸稀溶液的耐蚀性较好。

4.2.2.3 碱清洗方法

1. 基本概念

碱性清洗法是一种以碱性物质为主剂的化学清洗方法，比较古老，清洗成本低，被广泛应用。碱性清洗剂可以单独使用，也可以和其他清洗剂交替或混合使用。主要用于清除油脂垢，也可清除无机盐、金属氧化物、有机涂层和蛋白质等污垢。

用碱洗除锈、除垢等，比采用酸洗的清洗成本高，除锈、除垢的速度慢。但是，除对两性金属的设备外，不会造成金属的严重腐蚀，不会引起工件尺寸的明显改变，不存在因清洗过程中析氢而造成对金属的损伤，金属表面在清洗后与钝化前，也不会快速返锈。

碱清洗的对象及机理主要如下：

1）动植物油脂垢，通过与动植物油脂垢中的酸性污垢进行皂化反应，生成皂和盐，溶解或分散于水溶液中。

2）矿物油垢，应与能产生胶粒的聚磷酸盐、硅酸盐等复合使用，其中强碱使矿物油解离，胶粒则吸附油污，使之稳定地分散在溶液中。

3）无机盐垢，如硫酸钙、硅酸钙等难溶于酸和水的无机盐，可用于酸清洗的预清洗。

4）有机涂层，利用强碱的作用，使待清除的旧涂膜膨胀、松软，进而清除。

洗涤过程使用的碱性物质包括碱类物质和碱性盐类，常用的盐有碳酸钠、磷酸钠和硅酸钠，有时也用它的钾盐，在要求碱性比这些钠盐弱时使用它们的铵盐。

2. 各种碱的性质

1）氢氧化物。常用在清洗过程的有氢氧化钠和氢氧化铵（氨水）。

氢氧化钠（NaOH），即火碱，是吸湿性强的白色固体。其水溶液常用作低价强碱使用，腐蚀性很强，对皮肤有强烈腐蚀性，会引起皮肤炎症，使用时要十分小心。因氢氧化钠对玻璃有腐蚀性，固体氢氧化钠用塑料瓶或铁皮棉储存。常用的碱洗液是质量分数5%的氢氧化钠溶液，有皂化除油润湿清洗表面和转化溶解硫酸盐垢两种作用。

氨水（$NH_3 \cdot H_2O$），氨水不稳定易挥发，常温下会游离出有强烈刺激臭味的氨气，对人体有刺激性，但氨水反应性能较温和。

2）碳酸盐。碳酸盐的水解产物中含有大量碱性离子，根据其盐中的氢原子数的多少，碱性强弱有所不同，由于碳酸盐的碱蚀性较弱，对人较安全，在清洗领域用途广泛。常用的有碳酸钠、碳酸氢钠、碳酸氢三钠等，主要用于碱洗、碱煮、中和、钝化工艺中。

3）简单磷酸盐。磷酸三钠（Na_3PO_4）是磷酸的正盐，水溶液pH值较高，适合作强碱性洗涤剂的助洗剂。磷酸氢二钠（Na_2HPO_4）是磷酸的酸式盐，水溶液pH值比磷酸钠低，适合作弱碱性洗涤剂的助洗剂。磷酸钠作助洗剂还可以起软化硬水的作用。

4）聚合磷酸盐。焦磷酸钠（$Na_4P_2O_7$）由两分子磷酸氢盐聚合而成，水溶液pH值较高，适合作强碱性洗涤剂助剂；三聚磷酸钠（$Na_5P_3O_{10}$）由三分子磷酸盐聚合而成，适合作中性洗涤剂助剂。聚合磷酸盐能起碱剂作用，也能与水中钙、镁离子结合成在水中稳定分散的螯合物。因此常用于软化硬水和洗涤剂助剂，但因含磷，易造成环境污染。

5）硅酸盐。常用的有正硅酸钠和偏硅酸钠。正硅酸钠是透明粘稠半流动物质，偏硅酸钠是白色吸湿性强的粉末。它们是低价格的助剂，在水溶液中水解形成硅酸盐胶体，胶体表面对亲油性污垢有强烈吸引力，使其解离分散下来，而胶体状态的硅酸盐沉积在被清洗金属表面形成保护薄膜，使金属免受溶液中碱性离子腐蚀。另外，硅酸盐有缓冲作用，与水中的钙、镁离子可以形成沉淀悬浮在水中，而不沉积在清洗对象表面，易清除，常用于软化水质。

3. 碱对清洗对象的腐蚀性

在通常情况下，钢铁和铸铁对各种浓度的碱溶液都耐蚀，只在煮沸状态下的高浓度氢氧化钠水溶液中才缓慢腐蚀；18-8铬镍不锈钢的耐碱蚀性比普通钢稍差；硅铁会被碱液慢慢腐蚀；有色金属对碱的耐蚀性较差。表4-4列有各种金属耐碱腐蚀的极限pH值。

表4-4　各种金属耐碱腐蚀的极限pH值

金属	锌	铝	锡	黄铜	硅铁	钢铁
pH值极限	10.0	10.0	11.0	11.5	13.0	无限

4. 碱对污垢的去除作用

动植物油的主要化学成分是高碳脂肪酸甘油三酯，通常油脂中含有30%（质量分数）左右的游离脂肪酸，脂肪酸与碱反应时生成有一定水溶性的肥皂（脂肪酸盐），而脂肪酸甘油三酯在强碱性高温情况下发生皂化生成甘油和肥皂。生成的肥皂有表面活性作用，可将剩余的脂肪酸甘油三酯乳化分散而使油脂污垢从清洗对象表面去除。

矿物油是饱和链烃，无极性，不与碱发生反应，单纯用碱难以使其解离、分散。但硅酸盐碱性物质在水溶液中能形成胶体并对油性污垢有乳化、分散和吸附作用，所以硅酸盐对矿物油有去除作用。

5. 用碱洗涤应注意的问题

1）碱性清洗液的基本组成。碱性清洗液通常是多种碱并用，有时添加少量表面活性剂、螯合剂、有机溶剂和消泡剂等，是一种复合碱性清洗剂，可显著提高清洗的效率。具体的配方应根据不同的污垢种类以及所拟采用的清洗方式和条件进行配制。

2）碱性清洗剂的基本技术要求：良好的清洗性能，满足生产的要求；对被清洗基体的损伤小；使用量小，价格低廉；低毒或无毒性，无异味，废料容易处理，环境污染小。

3）碱性清洗剂的常用方法：碱性清洗剂的常用方法按附加的机械力的不同分为浸泡清洗、喷射清洗、滚洗、刷洗和擦洗等；按操作温度的不同分为常温清洗和加热清洗。

4）用碱性溶液清洗时的注意事项：当污垢过厚时，应先将其擦除；材料性质不同的工件不宜放在一起清洗；工件清洗后应用水冲洗或漂洗干净，并及时使之干燥，以防残液损伤零件表面；碱溶液清洗的零件干燥后，应涂油保护，防止生锈；有色金属、精密零件不宜采用强碱溶液浸洗。

4.2.2.4　氧化剂清洗方法

某些难溶于水溶液的污垢，可以在一定的条件下，用氧化性或还原性物质与之作用发生氧化，使其分子组成、溶解特性、生物活性、颜色等发生转化，变成易于溶解与清除的物质。常用于工业清洗中的这类清洗剂包括硝酸、铬酸、浓硫酸等氧化性酸，还有一些氧化剂和还原剂，其中那些只有在高温熔融、强酸或强碱配合下，才能发挥良好作用的氧化剂和还原剂，被称为熔融剂。

1. 卤素及其化合物

卤素及其含氧酸和含氧酸盐，是氧化清洗中常用的氧化剂。工业中常用次氯酸钠或5%~

15%质量分数的次氯酸钠水溶液。固体次氯酸钠是白色至苍黄色粉末，极不稳定，宜溶解于水，在碱性环境中比较稳定。但是，在有氨或铵盐存在时，次氯酸钠会迅速分解。次氯酸钠溶于水后，生成氢氧化钠和次氯酸，呈碱性，次氯酸再分解生成氯化氢和新生态的氯。因此，次氯酸钠是很强的氧化剂，在光作用和加热的条件下分解非常迅速。

2. 过氧化物

应用于工业清洗的过氧化物主要有过氧化氢、臭氧、过硼酸钠、过碳酸钠、过羧酸钠，它们都具有很强的氧化性。

1）过氧化氢（H_2O_2）。俗称双氧水，纯的过氧化氢是无色粘稠液体，密度 1.438g/cm^3，熔点-89℃，沸点 151.4℃。可以和水、乙醇、乙醚以任何比例混合；市售产品的浓度可在 90%（质量分数）以上，一般为 3%（质量分数）和 30%（质量分数）的水溶液。过氧化氢很不稳定，光或热的作用、杂质的存在（例如铜铁离子和酶）、pH 值的升高都会促使其分解，生成水和氧原子。过氧化氢既有氧化性，又有还原性，因此可作为氧化剂、还原剂、漂白剂、杀菌剂、消毒剂、脱氯剂等。

过氧化氢水溶液是一种弱酸性溶液，对人体皮肤有强烈的腐蚀作用。过氧化氢的强氧化性可使有机污垢分解，而且在其发生氧化作用时，生成的氧化气泡有利于污垢脱离物体表面，因此其主要用于清除有机污垢。

2）臭氧（O_3）。氧的同素异形体，厚的气态臭氧带蓝色，有特殊的臭味，高浓度时和氯气相似，密度 2.144g/L。液态臭氧呈深蓝色，密度 1.71g/cm^3（-183℃），沸点-112℃。固态臭氧是紫黑色，熔点-251℃。液态臭氧容易爆炸，在室温下缓慢分解，在高温下迅速分解生成氧气，撞击、摩擦会引起爆炸分解。臭氧在分解时产生氧气和新生态的氧原子，因此具有很强的氧化性。化学清洗中，臭氧可使有机污垢发生氧化、分解、脱离。可以采用臭氧的水溶液，也可以用臭氧气体。在干法清洗时，可使用气态臭氧清除污垢。

3）过硼酸钠（$NaBO_2 \cdot H_2O_2 \cdot 3H_2O$）。它是偏硼酸钠 $NaBO_2$ 和过氧化氢的复合体，为白色单斜晶体或粉末，有咸味。熔点 63℃，在 130~150℃失去结晶水。可溶解于酸、碱和甘油中，微溶于水，溶液呈碱性，pH 值为 10~11，水溶液不稳定，极易分解出活性氧。在干、冷的空气中，纯度较高的过硼酸钠比较稳定，但在 40℃以上或潮湿的空气、或游离碱的条件下，分解并产生氧气，可作为固体温和型的氧化剂。在水溶液中加热也可慢慢放出氧气，呈氧化性。过硼酸钠与稀酸作用产生过氧化氢，用浓硫酸处理时，放出氧和臭氧。过硼酸钠可被氧化铜、氧化铅、氧化钴、二氧化锰、硝酸银、高锰酸钾等催化分解。常用作洗涤剂、氧化剂、漂白剂、杀菌剂、脱臭剂等。

4）过碳酸钠（$2NaCO_3 \cdot 3H_2O_2$）。它是过氧化氢代替结晶水结合得到的过氧化物，为白色粒状晶体，无嗅。过碳酸钠不稳定，在 110~150℃时分解。由于过碳酸钠含有较多的活性氧，故被称为固体形式的过氧化氢。在水溶液中过碳酸钠不太稳定，会分解出过氧化氢而起氧化、漂白和洗涤作用。其作用受温度、pH 值、浓度和机械作用强弱等因素的影响。在 30℃时质量分数 1%的过碳酸钠水溶液 pH 值为 10.5，此时过碳酸钠的漂白性最强。再过强的碱性有损漂白性，而机械作用有利于增强漂白效果。

5）过硫酸盐。如过硫酸钠 $Na_2S_2O_8$，过硫酸钾 $K_2S_2O_8$ 等，是强氧化剂，能把 Cl^- 氧化为 Cl_2，把 H_2O_2 氧化为 O_2。在清洗时，过硫酸盐能在低温发挥作用；和活性氯的化合物配合使用有优异的杀菌、漂白作用；和过氧化氢配合使用，能降低氧化氢的使用温度；和含氧的漂白剂配合使用，具有协同效果。当过氧化物和单过硫酸盐配合使用时，有充分的漂白作用，二者比例为3 7~9 1时，被清洗漂白的材料不发生变色和褪色现象。

4.2.2.5　金属离子螯合剂清洗

金属离子螯合剂是清洗过程中用到的一类重要的化合物。在清洗金属时，用螯合剂清洗可以去除金属表面的水垢和锈垢。在锅炉用水和循环冷却水中加入螯合剂，可以防止水垢的生成。在已结垢的系统中加入螯合剂，可以通过螯合剂的螯合作用使水垢松散而去除。

由一个简单正离子（称为中心离子）和几个中性粒子或离子（称为配位体）结合而成的复杂离子叫配离子（又称络离子），含有配离子的化合物叫配位化合物。有些配位体分子中含有两个以上的配位原子，而且这两个配位原子之间相隔2~3个其他非配位体原子时，这个配位体就可与中心离子（或原子）同时形成两个以上的配位键，并形成了一个包括两个配位键的五元或六元环的特殊结构，把这种具有环状结构的配合物叫做螯合物。把能够形成螯合物的配位体称为螯合剂。当生成的螯环是五环或六环时，螯合效应通常是最大的，而生成的螯环数目越多，则螯合物越稳定。螯合物比一般的配合物更为稳定。

1. 无机金属离子螯合剂

1）氨。在化学清洗中，氨主要用作水冲洗时的防锈剂、脱脂清洗时的pH值调整剂、酸洗时的配合剂、铜垢清洗剂以及中和剂等。

2）聚合磷酸盐。常用的聚合磷酸盐包括三聚磷酸钠、六偏磷酸钠。聚合磷酸盐的螯合能力受pH值的影响较大，一般只适合在碱性条件下作螯合剂，但由于含磷，会导致水体富营养化的加剧，因此出于环保要求，它们的使用受到很大的限制。

2. 有机金属离子螯合剂

能与金属离子起螯合作用的有机化合物很多，可分为羧酸类、有机多元磷酸类、聚羧酸类。螯合物清洗剂是利用其自身的酸性和所带活性基团优异的螯合能力，再加上表面活性剂、缓蚀剂、渗透剂的作用，将附着在金属表面的氧化层和盐垢剥离、浸润、分散、螯合至清洗液中，以达到清洗的目的。工业中常用有机螯合剂如下：

1）柠檬酸。柠檬酸与氨形成柠檬酸单氨，与铁离子螯合，分别形成溶解度较大的柠檬酸亚铁铵和柠檬酸铁铵，进行铁锈的清洗。柠檬酸可用于两种情况：①当设备结构复杂、清洗液难以彻底排放，或在结构材料中含有某些残留氯离子可能引起应力腐蚀开裂的材质时，不能使用无机酸清洗，这时可用柠檬酸清洗。②主要用在酸洗结束之后，作为中和预处理剂或者漂洗剂。

2）乙二胺四乙酸（$C_{10}H_{16}O_8N_2$）。乙二胺四乙酸为白色、无味、无嗅的结晶性粉末，不溶于水、乙醇、乙醚及其他溶剂，可与苛性碱中和反应。它可提供形成配位键的电子对，与钙、镁等金属离子形成含6个配位键的五元环螯合物。化学清洗时常用乙二胺四乙酸的钠盐或铵盐。乙二胺四乙酸可用于核工业、电力、石油化工、轻工等工业设备的清洗。

3. 其他有机螯合剂

次氮基三乙酸（$C_6H_9NO_6$），斜方晶系，作为清洗剂价格便宜，虽然对金属的螯合能力稍差，但由于相对的分子质量小，相同质量的次氮基三乙酸可以螯合更多质量的金属离子，次氮基三乙酸可以代替乙二胺四乙酸。同时，作为螯合剂使用，具有强生物可分解性。聚丙烯酸常用于工业循环冷却水中作阻垢剂；羟基亚乙基二磷酸有优异的螯合性能及一定的缓蚀能力，是常用的阻垢缓蚀剂。

4.2.3 先进再制造清洗技术及发展趋势

4.2.3.1 先进的再制造清洗技术

1. 干冰清洗技术

干冰清洗技术是将液态的 CO_2 通过干冰制备机（造粒机）制作成一定规格（直径 2~14mm）的干冰球状颗粒，以压缩空气为动力源，通过喷射清洗机将干冰球状颗粒以较高速度喷射到被清洗物体表面。其工作原理与喷砂工艺原理类似，干冰颗粒不但对污垢表面有磨削、冲击作用，低温（-78℃）的 CO_2 干冰颗粒用高压喷射到被清洗物表面，也可以使污垢冷却以至脆化，进而与其所接触的材质产生不同的冷却收缩效果，从而使污垢减小了在材质表面的粘附力。干冰颗粒钻入污垢裂缝，随即汽化，其体积膨胀 800 倍，这种气掀作用把污垢从被清洗物体的表面剥离。同时加上干冰颗粒的磨削和冲击，压缩空气的吹扫剪切，使污垢从被清洗表面以固态形式被剥离，达到了清除污垢的目的。

干冰清洗技术的优点是清洗后清洗对象表面干燥洁净，无介质残留，不损伤清洗对象，不会使金属表面返锈。清洗过程不污染环境，速度快，效率高，价格便宜，操作简单方便，特别适于不能进行液体清洗的场合。

2. 紫外线清洗技术

紫外线是一种波长在可见光与 X 射线之间的电磁波，波长在 100~400nm 之间。紫外线具有较高的能量，一些物质分子吸收紫外线后会处于高能激发态，有解离或电离倾向。同时紫外线还能促进臭氧分子生成，并生成有强氧化力的激发态氧气分子。紫外线清洗技术也称紫外线-臭氧并用清洗法（UV-O_3 法）。波长 253.7nm 的紫外线能激发有机物污垢分子，而波长 184.9nm 的紫外线能激发氧气生成臭氧，并与紫外线发生协同作用促进有机物氧化，使有机物污垢分子分解成挥发性小分子 CO_2、H_2O 和 N_2 等。这两种波长的紫外线复合使用，会大大加快清洗速度。

3. 等离子体清洗技术

等离子体清洗技术分为用不活泼气体产生的等离子体进行清洗和用活泼气体等离子体清洗两种方法。等离子体清洗可用来对玻璃和金属表面微量吸着的残留水膜和有机污垢进行去除，而且有利于防止清洗对象被再污染。在微电子行业，可用等离子体清洗硅晶片表面上的光致抗蚀膜，但用等离子体法需考虑废气对物体的再污染及过量的腐蚀问题。

4. 离子束射线清洗

在高真空度下，用强电场对电子加速撞击金属表面可以产生离子束，加速后的离子束有很强的清洗作用。

5. 激光清洗

激光是一种具有高能量的单色光束，聚焦后的激光可形成 $10^2 \sim 10^{15}\,W/cm^2$ 功率密度的照射。目前国外已开始研究把激光应用于清洗领域。当把激光束聚焦于物体表面时，在极短时间内把光能变成热能，使表面的污垢熔化而被去除，可在不熔化金属的前提下把金属表面的氧化物锈垢除去。另外，激光清洗技术还可以改变金属物体的金相组织结构达到清洗。目前该技术已被研究应用于去除古迹或青铜雕塑表面的氧化物污垢，以及去除放射性污染，是一种物理清洗新技术。

4.2.3.2　再制造清洗技术发展趋势

1. 环保型清洗

消耗臭氧层的物质（ODS），如氟氯烃类物质作为清洗溶剂，在清洗行业的用量非常大，他们已经被列为淘汰项目，而研究它们的替代产品就成为清洗技术的发展趋势。替代产品的选择原则：无毒，无公害，不影响工人安全和健康；优良的溶解与清洗能力；良好的性价比。因此，对环境影响较大的化学清洗方法会逐渐为物理清洗方法所代替。

2. 自动化清洗

再制造清洗过程是劳动密集型岗位，需要大量的劳力。随着再制造规模的扩大和对生产效率的要求越来越高，对低运行成本的清洗系统的需求不断增加，促进了半自动和自动化技术在清洗行业的应用。国外和国内已经有很多自动化清洗技术的应用实例，这种技术的集中应用表现在清洗生产线、清洗机器人的开发和研制。因此，清洗的自动化已经成为清洗技术发展的趋势。

3. 生物工程清洗

再制造清洗所具有的污染性已经制约了它的工程发展应用，而生物工程作为一种环保的清洗技术，它的应用正逐渐成为一种趋势。生物工程就是要控制活的生物体的力量，使某些生化过程更加容易、迅速和有效的发生。生物工程清洗的典型应用是生物降解技术、生物酶清洗等。

4.3　再制造清洗技术与工艺应用

4.3.1　典型材料的再制造清洗应用

4.3.1.1　钢件和铜件的化学清洗

钢件和铜件是机械设备中最常使用的零件材料，是再制造时的主要清洗对象，通常可采用化学清洗方法对其进行清洗，以除去其表面油脂。但因各种金属如黑色金属、有色金属及某些轻金属的性质不同，清洗规范和操作方法也各有差异。常用的清洗规范操作方法有以下几种。

1. 黑色金属的清洗规范

一般的黑色金属可采用以氢氧化钠和碳酸钠为主的清洗规范，如：氢氧化钠（NaOH）40~70g/L；碳酸钠（Na_2CO_3）20~45g/L；磷酸三钠（$Na_3PO_4 \cdot 12H_2O$）10~20g/L；水玻璃（Na_2SiO_3）5~13g/L；乳化剂（OP-10）1~3g/L；温度80~90℃；时间至油除尽。

2. 有色金属的清洗规范

铜及铜合金易被强碱腐蚀，采用以碳酸钠和磷酸三钠为主的清洗规范：氢氧化钠（NaOH）7~13g/L；碳酸钠（Na_2CO_3）40~70g/L；磷酸三钠（$Na_3PO_4 \cdot 12H_2O$）55~80g/L；水玻璃（Na_2SiO_3）4~8g/L；焦磷酸钠（$Na_4PO_7 \cdot 10H_2O$）10~15g/L；乳化剂（OP-10）1~3g/L；pH值9~10；温度80~90℃；时间至油除尽。

3. 工艺要点

1）以氢氧化钠为主组成的清洗溶液，不但有很强的皂化能力，而且具有一定的乳化性能，除油效率较高。它适于钢制品的除油，但不适于铸铁制品，因铸铁表面不可避免地存在不同程度的疏松、砂眼等疵病，若用这种溶液清洗铸铁制品，溶液中的碱性物质随之进入铸铁的疏松或砂眼里去，不易清洗出来，久之，对加速铸铁腐蚀创造了条件，随着时间的延长，腐蚀程度不断扩大，顶破油漆涂装层而堆积成明显的铁锈，所以铸铁制品不宜采用这种方法清洗除油。在氢氧化钠含量大的溶液中清洗除油，所生成的皂化物（肥皂）难以溶解，因此氢氧化钠含量一般不超过80g/L。

2）在铜及铜合金的清洗除油中，氢氧化钠对铜及铜合金有一定的氧化和腐蚀作用，不宜采用。应采用以碳酸钠和磷酸三钠为主配成的溶液。在有些情况下，为了加速去油的速度，也可在配方中加入少量的氢氧化钠。但要控制溶液的pH值在9~10的范围内。

3）所有的清洗除油溶液的组分中，一般都含有OP表面活性剂。这种表面活性剂的去油效果较好，但是不易用水把它从制品表面上洗掉。若清洗不净会影响油漆层对基体金属的结合力。因此，在除油溶液中，OP表面活性剂的含量不宜过高，一般不宜超过3g/L。经过含OP表面活性剂溶液除油后的制品，要立即用40~50℃之间的温水清洗，然后再用流动冷水仔细洗涤，否则制品表面要产生流痕。特别是铜含量较高的铝合金表面，因为有铜的氧化物存在，若清洗不好，会形成黑色挂灰。

4）提高除油溶液的温度，会使碱性盐的水解增加，同时也加速了油脂的皂化和乳化过程。在高温下，除油溶液界面的表面张力减低，较易润湿。因此，提高除油溶液温度，可以大大加速除油过程，但温度过高，会恶化施工环境。铝、锌等与碱液容易反应的金属，在高的温度下容易遭到腐蚀。

5）制品除油要按规定的温度和时间进行。温度过高、时间过长，会使制品尺寸减小，厚度变薄，引起制品超差，甚至报废。采用上述几种溶液清洗除油时，包铝板材每分钟双面腐蚀，可减少2~5μm。对厚度0.5mm以下钣金制品清洗除油，经半分钟后要进行检查，若油未除尽，可再重复除油半分钟。

4.3.1.2 铸铁制品的化学清洗

其主要操作规范和控制条件如表4-5所示。

表4-5 铸铁清洗主要操作规范和控制条件

工艺过程	溶液成分	温度/℃	时间/min
化学清洗	磷酸三钠30~70g/L 水玻璃3~7g/L OP-104~6g/L	70~85	2~5
热水洗	流动热水	50~60	1
磷酸洗	磷酸120~300g/L 若丁0.2~0.6g/L 醋酸铅0.02~0.07g/L	70~85	2~3
热水洗	流动热水	50~60	1
铬酸钝化	铬酐15~50 磷酸4~10	70~85	2~4
热水洗	两次流动热水	50~65	2
三乙醇胺	0.6%~1.2%	沸腾	1

铸铁的特点是表面粗糙，并有不同程度的组织疏松、砂眼、气孔等疵病，导致铸铁制品出水容易“泛锈”。这就给一般的化学清洗带来了一定的困难。采取了磷酸三钠、磷酸清洗和铬酐钝化以及三乙醇胺防锈等措施，可以解决铸铁件清洗出水后的“泛锈”问题，质量比较稳定，清洗钝化的制件表面呈银灰色到深灰色，无残余盐垢和锈迹，工艺可行。

4.3.1.3 薄壁钢壳件的化学清洗

凡属薄壁钢壳件，大多经过多次冷挤压和热处理成形，并经局部切削加工完成，一般尺寸精度、表面粗糙度要求严格。然而由于挤压、延伸及热处理次数较多，表面上的氧化皮和皂化膜、半碳化硬层也厚，采用常用的去油和酸洗方法进行清洗难以达到上述质量要求。由于强酸强碱的侵蚀以及浸洗时间过长，钢的结晶受到过腐蚀，使延伸率等力学性能变坏，导致部分钢壳在挤压成形中破裂。酸洗后表面总有灰黑色附灰不能洗掉，给磷化处理带来困难，导致磷化膜附着不牢。

根据资料介绍，如果要去掉钢材表面的坚固氧化皮和污垢，并要求对钢材基体无严重腐蚀作用，其处理方法需要在不形成氢的氧化性介质中进行。经过多种配方试验，采用苛性高锰酸盐的方法进行清洗，能基本上消除由于过腐蚀而产生的麻坑，对钢材内部晶格侵蚀很轻，降低了氢脆性，同时保证了尺寸精度，无超差现象。另外清洗较短时间，可获得光洁表面。

1）苛性高锰酸盐的配制。工作液成分：$KMnO_4$: NaOH（质量比）= 1 : 1，混合物含量 140~200g/L，其余为水；操作规范：工作温度为 75~100℃。配制时先将定量的氢氧化钠溶解于一定量的水中，然后按比例加入高锰酸钾，搅拌至完全溶解。当氢氧化钠超过 100g/L 时，能分解高锰酸钾，应用水稀释使其符合规定。

2）工艺流程。苛性高锰酸盐清洗（70~100℃，8~20min）→流动冷水洗（常温）→盐酸漂洗（质量分数 13%~25%，常温 2~5min）→流动冷水洗（常温）。

3）清洗效果。试验与生产表明：采用苛性高锰酸盐清洗尺寸精度、表面粗糙度要求严格的薄壁钢壳件，优于常用的去油酸洗工艺方法。苛性高锰酸盐清洗后的钢壳基本上消除了由于过腐蚀而产生的麻坑，降低了氢脆性，解决了钢壳在冲压变形时所产生的破裂现象，极大地提高了产品合格率。钢壳清洗后表面呈均匀而光洁的银灰色，基本上满足了锌、锰盐中温磷化工艺的要求。磷化膜结晶细密薄而均匀，附着力强，具有一定的抗蚀性能。

4.3.1.4 铝和铝合金及锌、锡等两性金属的化学清洗

铝及铝合金和锌锡等两性金属表面必须经过清洗除油、退除自然氧化膜和转化处理等方法进行处理，形成转化膜，才能保证涂装层与基体金属的结合力，并提高耐腐蚀性能。这类金属一般不采用强碱清洗，强碱对这类金属有强烈的腐蚀作用，最好采用磷酸三钠、碳酸钠、硅酸钠和应用金属清洗剂等组成的混合溶液进行清洗，这类溶液对 pH 值有显著的缓冲作用。此外，最好在配方中加以少量焦磷酸钠，焦磷酸钠能络合许多金属离子使金属表面容易被水洗净。然而这些金属在复杂的加工过程中，必然会沾有难以去除的油污或杂质。在这种情况下，可在稀浓度（40~60g/L）氢氧化钠溶液中做短时间清洗。但不管使用哪种溶液，都必须控制其 pH 值在 9~10 的范围内。清洗这类金属的主要过程如下：

为了清除零件本身的自然氧化膜和在加工中沾染的油污，将零件放在 40~70g/L 氢氧化钠水溶液中清洗 2~3min，清洗温度为 50~60℃。碱液清洗后的零件，不可避免地带有碱腐蚀残余物，应在下列溶液中进行清洗，清洗液的配方及工艺参数如下：

磷酸三钠（$NaPO_4 \cdot 12H_2O$）45~70g/L；碳酸钠（Na_2CO_3）35~55g/L；硅酸钠（Na_2SiO_3）3~8g/L；焦磷酸钠（$Na_4PO_7 \cdot 12H_2O$）2~4g/L；乳化剂（OP-10）1~3g/L；清洗温度75~85℃；清洗时间3~6min。

经上述清洗的零件表面上，会有轻微腐蚀，必须做中和清洗。其配方及工艺参数如下（质量分数）：

硅酸钠（Na_2SiO_3）0.1%~0.15%；碳酸钠（Na_2CO_3）0.1%~0.15%；磷酸三钠（$NaPO_4 \cdot 12H_2O$）0.1%~0.25%；平平加清洗剂0.5%~1%；105清洗剂0.5%~1%；其余为水；温度为室温。

4.3.2 典型零部件的再制造清洗应用

4.3.2.1 发动机缸体的清洗流程

1）高温分解。将零件装入高温分解炉中，封严炉门，按分解炉操作规程高温烘烤，使零件表面上的油漆、油污高温分解或焚烧。

2）清理表面。将经过高温分解的零件冷却后，用水枪将表面浮尘吹掉，并立即进行清洗。

3）去碗形塞。拆油道口碗形塞，将长约50mm M8螺栓的一端焊在碗形塞的内凹面上（注意不能焊到缸体端面上），另一端焊在打子上，用打子将碗形塞取出。用錾子将缸体的其余碗形塞取出。

4）碱洗脱脂。将零件装入清洗筐或直接吊入清洗液中浸泡，使底面朝下，将零件表面的水垢和氧化物除掉；清洗完毕，尽量将缸体等零件上的酸液控干。

5）漂洗。按超声波作业指导书要求，用清水漂洗干净零件表面及孔内的酸液。当pH值≥9时必须换水。

6）酸洗除锈除垢。按超声波作业指导书要求，将零件吊入酸洗箱中浸泡，清洗完毕尽量将零件上的残液控干。

7）漂洗。按超声波作业指导书要求，用清水漂洗干净零件表面及孔内的残液。当pH值≤5时必须换水。

8）防锈处理。将零件吊入防锈箱中浸泡。

9）吹干、打磨。吹干表面液滴，用手持式打磨机对零件表面、螺丝孔、油道、水道进行打磨，使零件表面上的残留锈迹打磨干净。

10）喷漆。对缸体、飞轮壳和齿轮室的加工表面进行防护，将零件非加工表面喷上底漆，应使漆膜均匀，色泽一致。

11）整理、储存。将缸体、飞轮和齿轮室加工表面上的油漆打磨干净，清理表面上的残余锈迹，使缸体和齿轮室表面干净，光洁；无锈迹和油污等附着物；过齿轮室和飞轮壳螺孔，去除螺孔内油污，对损坏的螺孔用红笔标出。入库储存备用。

4.3.2.2 发动机缸盖清洗流程

1）高温分解。将零件装入高温分解炉中，封严炉门，按分解炉操作规程高温烘烤，使零件表面的油漆、油污高温分解或焚烧。

2）抛丸。将零件挂到抛丸机吊具工装上，挂好零件的工装放入抛丸机进行抛丸处理。为防止划伤精度要求高的表面，在上面安装防护。

3）清丸。将零件挂到清丸机工装上并放入清丸机进行清丸处理。零件进行完清丸处理后拆下安装的防护。

4）打磨。用手持式打磨机对零件表面、螺丝孔、气道、水道进行打磨，使零件表面上的残留锈迹打磨干净。

5）加热清洗。将处理完的缸盖放入清洗机中加热清洗。

4.3.2.3　发动机油底壳的清洗流程

1）高温分解。将待清洗油底壳装入高温分解炉中，封严炉门，按高温分解炉的操作规程在适当的温度下进行高温烘烤若干小时，使零件表面上的油漆、油污高温分解或焚烧。

2）抛丸处理。将烘烤后零件挂到抛丸机吊具工装上，并放入抛丸机进行抛丸处理。

3）整形处理。检查并对外形有凹陷、磕碰等变形的油底壳进行整形处理。

4）喷漆。将零件的加工表面进行防护，对未加工表面喷上底漆，应使漆膜均匀，色泽一致（油底壳只对外表面喷漆）。

5）整理。将零件加工表面上的油漆打磨干净，清理表面的残余锈迹，使表面干净、光洁，无锈迹和油污等附着物。

6）试漏。将适量的煤油倒入油底壳，保持静止状态数十分钟后看有无渗漏现象。无渗漏转入下一工步；若有渗漏则焊补后再试漏；损坏严重无法再制造的报废处理。

4.4　再制造检测基础

各种零件经过长期使用后，其原有尺寸、形状、表面质量会发生变化，无法在再制造装配时满足互换性要求，这就需要通过各种检查、试验和测量、计算，来鉴定废旧零件的技术状况以及磨损、变形程度。并根据几何参数标准值、使用极限值、允许不加工值，将零件分为直接可用、需再制造加工、报废处理三类。拆解后废旧零件的鉴定与检测工作是产品再制造过程的重要环节，是保证再制造产品质量的重要步骤，应给予高度的重视。同样，废旧件的再制造检测方法也可以在再制造加工后生成的再制造零件检测中进行应用。

4.4.1　要求及作用

再制造检测是指在再制造过程中，借助于各种检测技术和工具，确定拆解后废旧零件或再制造加工后再制造零件的表面几何参数及功能状态等，以决定其是否达到原装配要求的过程。废旧零件的损伤，不管是外观形状还是内在质量，都要经过仔细地检测，并根据检测结果，进行再制造性综合评价，决定该零件在技术上和经济上进行再制造的可行性。再制造检测不但能决定废旧零件的使用方案，还能帮助决策可再制造加工的废旧零件（再制造毛坯）的再制造加工方式，是再制造过程中一项至关重要的工作，直接影响着再制造成本和再制造产品质量的稳定性。再制造检测的要求和作用如下：

1）在保证质量的前提下，尽量缩短再制造时间，节约原材料、新品件、工时，提高毛坯的再制造度和再制造率，降低再制造成本。

2）充分利用先进的无损检测技术，提高毛坯检测质量的准确性和完好率，尽量减少或消除误差，建立科学的检测程序和制度。

3）严格掌握检测技术要求和操作规范，结合再制造性评估，正确区分直接再利用件、需再制造件、可材料再循环件及环保处理件的界限，从技术、经济、环保、资源利用等方面综合考虑，使得环保处理量最小化、再利用和再制造量最大化。

4）根据检测结果和再制造经验，对检测后毛坯进行分类，并对需再制造的零件提供信息支持。

与新零件的检测相比，废旧毛坯件的再制造检测具有以下特点：

1）设计制造检测的对象是新的零部件，而再制造检测的对象一般都是磨损或损坏了的零部件，因此，再制造检测时要分析零件磨损或损坏的原因，并采取合理的措施加以改进。

2）设计制造检测的尺寸是基本尺寸，而再制造检测的尺寸是实际尺寸。再制造检测的尺寸要保证相配零件的配合精度。对应该配作的尺寸需作恰当的分析，否则容易造成废品。

3）再制造检测技术人员不仅要提供再制造加工或替换件的可靠图样，还要分析产品故障原因，找出故障规律，提出对原产品再制造的改进方案。

4.4.2 再制造毛坯检测的内容

用于再制造的废旧零件要根据经验和要求进行全面的质量检测，同时根据具体需要而有侧重。一般包括以下几个方面的内容。

1. 几何精度

几何精度包括零件的尺寸、形状和表面相互位置精度等。通常需要检测零件尺寸、圆柱度、圆度、平面度、直线度、同轴度、垂直度、跳动等。产品摩擦副的失效形式主要是磨损，因此，要根据再制造产品寿命周期要求，正确检测判断毛坯件的磨损程度，并预测其再使用时的情况和服役寿命等。根据再制造产品的特点及质量要求，对零件装配后的配合精度要求，也要在检测中给予关注。

2. 表面质量

废旧零件表面经常会产生各种不同的缺陷，如粗糙不平、腐蚀、磨损、擦伤、裂纹、剥落、烧损等，零件产生这些缺陷会影响零件工作性能和使用寿命。如气门存在麻点、凹坑，会影响密封性，引起漏气；齿轮表面疲劳剥落，会影响啮合关系，使工作时发出异常的响声。因此，废旧件拆解清洗后，需要对这些缺陷零件表面、表面材料与基本金属的结合强度等进行检测，并判断存在的缺陷零件是否可以再制造，为选择再制造方案提供依据。

3. 理化特性

零件的理化特性包括金属毛坯的合金成分、材料的均匀性、强度、硬度、热物理性能、硬化层深度、应力状态、弹性、刚度等，橡胶件和塑料的变硬、变脆、老化等都应作为检测内容。这些特性的改变也影响机器的使用性能，出现不正常现象。如油封老化会产生漏油现象，活塞环弹性减弱会影响密封性。但不可再制造的零件可以直接丢弃，而不用安排检测工序，例如部分老化并不可性能恢复的高分子材料件。

4. 潜在缺陷

对铸件等废旧毛坯内部的夹渣、气孔、疏松、空洞、焊缝等缺陷及微观裂纹等进行检测，防止再制造件渗漏、断裂等故障发生。

5. 零件的重量差和平衡

如活塞、活塞连杆组的重量差、静平衡，需要检查。高速转动的零件不平衡将引起机器的振动，并将给零件本身和轴承造成附加载荷，从而加速零件的磨损和其他损伤。一些高速转动的零部件，如曲轴飞轮组、汽车传动轴以及小汽车的车轮等，需要进行动平衡和振动状况检查。动平衡需要在专门的动平衡机上进行，如曲轴动平衡机、小汽车车轮动平衡机等。

4.4.3 机械零部件的失效形式分析

废旧产品零部件的失效类型及特点，是影响其能否进行再制造加工的重要因素，也直接决定着零部件的再利用率。

4.4.3.1 失效类型

失效的形式有很多，可按失效机理模式划分失效形式，也可按质量控制状况或按因果关系划分失效形式。最常见的失效形式为变形、断裂、损伤（磨损、腐蚀和气蚀）及其他（松动、打滑、老化、泄漏、烧损等），失效形式分类参见表4-6。

表4-6 失效形式分类

失效类型	失效形式	失效原因	举例
损伤	磨损	互相接触的两物体表面，在接触应力作用下，有相对运动，造成材料流失	齿轮、轴、轴承
	腐蚀	有害环境的化学及物理化学作用	与燃气、冷却水、润滑油、大气接触的零件
	气蚀	气泡形成与破灭的反复作用，使表面材料脱落	气缸套、水泵、液压泵
变形	扭曲	在一定载荷条件下发生过量变形，使零件失去应有功能而不能正常工作	花键、车体
	拉长		紧固件
	胀大超限		箱体
	高低温下的蠕变		发动机
	弹性元件永久变形		弹簧
断裂	一次加载断裂	载荷或应力强度超过材料承载能力	拉伸、冲击
	环境介质引起断裂	环境、应力共同作用引起低应力破断	应力腐蚀、氢脆、腐蚀
	低周高应力疲劳断裂	周期交变作用力引起低应力破坏	压力容器
	高周低应力疲劳断裂		轴、螺栓、齿轮
其他	老化	材料暴露于自然或人工环境条件下因辐射等原因而使性能随时间变坏的现象	塑料或橡胶零部件
	泄漏	先天性的，如设计、加工工艺、密封件、装配工艺的质量问题等；后天性的，如使用中密封失效、维修中装配不当等	箱体漏油、气缸漏气、液压系统漏油

4.4.3.2 磨损失效

机械设备中约80%的零件是因磨损而失效报废的。机件工作表面的物质，由于表面间在受载条件下相对运动而不断发生损耗的过程，或产生残余变形的现象称为磨损。机电产品再制造中最大量加工的是因磨损而导致无法满足配合要求的废旧件。

1. 磨损表示方法

评价磨损的严重程度常用磨损量、磨损速率和磨损强度来表示，后两者统称为磨损率。

磨损量 U 表示磨损过程结果的量。常用尺寸、体积或重量的减少量来表达，即线性磨

损量记为 U_L，一般以 μm 为单位，体积磨损量记为 U_V，一般以 μm^3 为单位，质量磨损量 U_G，一般以 mg 为单位。显然，磨损量只是某一摩擦表面的磨损程度的绝对量。

磨损速率 W_t　磨损量大小与产生该磨损量的时间 t 之比

$$W_t = \mathrm{d}U/\mathrm{d}t \tag{4-1}$$

磨损强度 W_s　磨损量大小与产生该磨损量的相应摩擦路程 s 之比

$$W_s = \mathrm{d}U/\mathrm{d}s \tag{4-2}$$

如果磨损量与磨损路程的量纲相同，则 W_s 是无量纲量。显然，W_t 或 W_s 均可表示各比较摩擦面的磨损程度，W_t 或 W_s 值大，表示其磨损程度严重。

2. 磨损的分类

按摩擦表面破坏的机理和特征对磨损进行分类，磨损的类型、内容、特点和实例见表 4-7。

表 4-7　磨损的基本类型

类　型	内　容	特　点	实　例
粘着磨损	摩擦副作相对运动，由于固相焊合，接触点表面的材料由一个表面转移到另一个表面的现象	接触点粘着剪切破坏	缸套活塞环、轴瓦、滑动导轨副
磨粒磨损	在摩擦过程中，因硬的颗粒或凸出物刮擦微切削摩擦表面而引起材料脱落的现象	磨粒作用，材料表面破坏	空气含尘下发动机气缸套、活塞环
疲劳磨损	接触表面作滚动或滚滑复合摩擦时，因周期载荷作用，使表面产生变形和应力，导致材料裂纹扩展，形成颗粒剥落的磨损	表层或次表层受接触应力反复作用而疲劳破坏	滚动轴承、齿轮、凸轮、钢轨与轮箍
冲刷磨损	由于流体中的粒子与被冲刷表面的研磨、碰撞造成表面材料的损失	磨粒作用破坏材料表面	涡轮叶片
腐蚀磨损	在摩擦过程中，金属同时与周围介质发生化学或电化学反应，产生材料损失的现象	有化学反应或电化学反应的表面腐蚀破坏	曲轴轴颈、化工设备中的零件表面
气蚀磨损	液体与零件发生相对摩擦，液体在高压区形成涡流，气泡在高压区突然溃灭，产生循环冲击力，使零件表面疲劳破坏	液体作用零件表面先产生麻点，再扩展成泡沫或海绵状穴蚀，深度可达 20mm	发动机气缸、水泵零件、水轮机转轮

3. 典型磨损过程

典型磨损过程一般分为三个阶段，见图 4-11。表示磨损过程的曲线称为磨损曲线，不同的机件由于磨损类型和工作条件不同，磨损情况也不一样，但磨损规律基本相同。

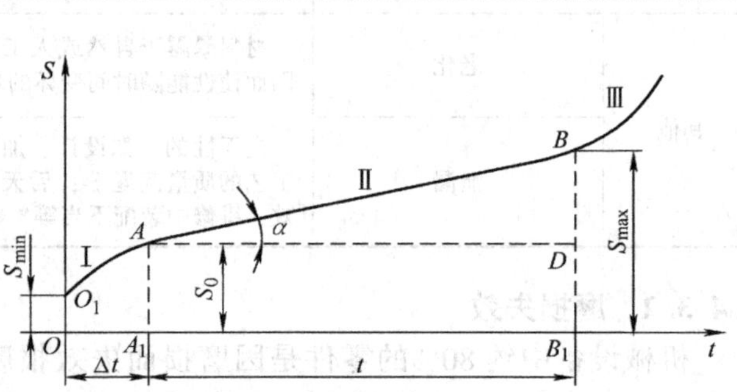

图 4-11　典型磨损过程

1）磨合阶段（Ⅰ阶段 O_1A）又称跑合阶段。新的摩擦副表面具有一定的表面粗糙度。在载荷作用下，由于实际接触面积较小，故接触应力很大。因此，在运行初期，表面的塑性变形与磨损的速度较快。随着磨合的进行，摩擦表面粗糙峰逐渐磨平，实际接触面积逐渐增大，表面应力减小，磨损减缓。曲线趋于 A 点时，间隙增大到 S_0，磨合阶段的轻微磨损为正常运行、稳定运转创造条件。

2）稳定磨损阶段（Ⅱ阶段 AB）。经过磨合，摩擦表面发生加工硬化，微观几何形状改变，建立了弹塑性接触条件。这一阶段磨损趋于稳定、缓慢，工作时间可以延续很长。它的特点是磨损量与时间成正比增加，间隙缓慢增大到 S_{max}。

3）急剧磨损阶段（Ⅲ阶段 B 点后）。经过 B 点后，由于摩擦条件发生较大的变化，如温度快速增加，金属组织发生变化，使间隙 S 变得过大，增加了冲击，润滑油膜易破裂，磨损速度急剧增加，致使机械效率下降，出现异常的噪声和振动，最后导致故障。

4. 影响磨损的因素

影响磨损的因素主要有零件材料、运转条件、几何因素、环境因素等，详见表4-8。

表4-8　影响磨损的因素

材　料	运 转 条 件	几 何 因 素	环 境 因 素
成分	载荷/压力	面积	润滑剂量
组织结构	速度	形状	污染情况
弹性模量	滑动距离	尺寸大小	外界温度
硬度	滑动时间	表面粗糙度	外界压力
润滑剂类型	循环次数	间隙	空气湿度
润滑油粘度	表面温升	对中性	空气成分
工作表面理化性质	润滑膜厚度	刀痕	空气含尘量

5. 磨损的检测方法

磨损是否构成零件的失效，主要看磨损是否已危及该零件的工作能力。尽管尚有通用的标准，但对某一零件在具体的工况条件下也可以订出相应的失效标准。例如，一个柱塞式液压阀的精密配合阀柱，即使发生轻微磨损也会引起严重事故，而重载大模数（$m_n \geqslant 20$）齿轮，即使磨去1~2mm，还可以照常工作。

磨损检测分析手段主要是采用仪器分析：用形貌仪结合面积仪可测得磨损体积；简单而专用的卡规量具，如齿厚卡尺、螺距量规等也可相应地测得各截面的磨损形貌（直线量），再估测磨损面积而近似地得出磨损体积。测算出的磨损体积乘以磨损件的密度即可得到其磨损质量。一般形貌仪测量极限为0.127μm，一般光学分析天平称量极限为0.1mg。此外，表面粗糙度测量仪可用以测得表面微坑的深度与表面平面度以及沟槽等，其分辨率为0.025μm。磨损件表面宏观形貌与特征分析，可现场用肉眼与5~10倍放大镜作为一般定性观察分析的手段，宏观形貌分析最有用的是具有高体视度与自动摄像的体视显微镜，其放大倍数为3~160倍。

4.4.3.3　腐蚀失效分析

腐蚀是金属受周围介质的作用而引起损伤的现象，这种损伤与表面磨损具有本质区别，腐蚀是金属与环境介质之间产生化学和电化学作用的结果。腐蚀损伤总是从金属表面开始，然后往里深入，并使表面的外形发生变化，出现不规则形状的凹洞、斑点、溃疡等破坏区域。破坏的金属变为氧化物或氢氧化物，形成腐蚀产物并部分地附着在表面上。

1. 腐蚀的分类

腐蚀的机理是化学反应或电化学作用，按机理可分为化学腐蚀、电化学腐蚀和氧化。

1）化学腐蚀。它是金属与外部电介质作用直接产生化学反应的结果，在腐蚀过程中不产生电流。外部电介质多数为非电解质物质，如干燥空气、高温气体、有机液体、汽油、润滑油等，它们一和金属接触，就进行化学反应形成表面膜，在不断脱落又不断生成的过程中使零件腐蚀。化学腐蚀又可分为：①气体腐蚀。金属在干燥气体中发生的腐蚀，称为气体腐蚀，它一般是指在高温时金属的腐蚀，如内燃机活塞的烧坏等；②在非电解质溶液中的腐蚀，是指金属在不导电的液体中发生的腐蚀，如金属在有机液体（酒精、石油等）中的腐蚀。

2）电化学腐蚀。是指金属与电解质物质接触时产生的腐蚀。它与化学腐蚀不同之处在于腐蚀过程中有电流产生。电化学腐蚀分为如下 4 类：①在潮湿的气体中进行的大气腐蚀；②在土壤中进行的土壤腐蚀；③在电解质溶液中的腐蚀（这是极其广泛的一类腐蚀，如天然水及大部分水溶液对金属的腐蚀，以及在海水和酸、碱、盐的水溶液中发生的腐蚀）；④在熔融盐中的腐蚀，如热处理车间，熔盐加热炉中的电极和所处理的金属发生的腐蚀。电化学腐蚀比化学腐蚀强烈得多，金属腐蚀造成的损失大多数是电化学腐蚀引起的。

3）氧化。大多数金属与空气中的氧气或氧化剂作用，在表面形成氧化膜。这种作用与化学、电化学作用不同，表面不需存在腐蚀介质。在低温情况下，氧化膜形成后对金属基体有保护作用，能阻止金属继续氧化。但在高温情况下，膜层出现裂缝和孔隙，覆盖作用变差，这时氧化将以等速不断继续下去。

2. 腐蚀失效的基本类型

腐蚀失效的类型很多，实际上常遇到两种或多种形式复合的情形。为便于分析，将各种基本类型按其机理及环境介质条件作一分类与说明，其总体分类如表 4-9 所示。

表 4-9　腐蚀失效基本类型

<table>
<tr><th colspan="3">按金属与介质作用性质</th><th colspan="3">按腐蚀损伤范围与形式</th></tr>
<tr><td rowspan="2">化学腐蚀</td><td>气体腐蚀</td><td>在干燥气体中腐蚀，例如高温（氧化）腐蚀</td><td>均匀腐蚀</td><td colspan="2">腐蚀作用均匀地发生在整个金属表面</td></tr>
<tr><td>非电解质溶液腐蚀</td><td>在不导电液体中腐蚀，例如在有机液体中腐蚀</td><td rowspan="5">局部腐蚀</td><td>“脓疮”斑点腐蚀（穴）点腐蚀</td><td>腐蚀部较深、较大，呈斑点状分布，腐蚀可呈尖锐孔穴，甚至穿透</td></tr>
<tr><td rowspan="4">电化学腐蚀</td><td colspan="2">大气腐蚀，例如湿空气腐蚀</td><td>缝隙腐蚀</td><td>发生于金属间或金属与非金属间缝隙处的严重腐蚀</td></tr>
<tr><td colspan="2">土壤腐蚀，例如地下管道腐蚀</td><td>晶间腐蚀</td><td>沿金属晶体间的晶界发生，严重降低金属力学性能</td></tr>
<tr><td colspan="2">电解质溶液中的腐蚀，例如天然水和大部分水溶液腐蚀</td><td>接触腐蚀</td><td>相接触的异类（电位不同）金属易发生腐蚀</td></tr>
<tr><td colspan="2">熔融盐中的腐蚀，例如盐浴炉中金属电极腐蚀</td><td>选择腐蚀</td><td>优先腐蚀多元合金中某一组分，例如黄铜电化学腐蚀脱锌</td></tr>
</table>

1）大气腐蚀。是指金属由于大气中的氧和水等的化学或电化学作用而引起的腐蚀。大气腐蚀是电化学腐蚀的一种，它形成“局部电池”。这种腐蚀的必要条件是应有电解质溶液存在，后者常常是由大气中的水气或 CO_2、SO_2、NO_2 及盐类溶解到金属表面的水膜中而形成的。大气腐蚀的特点是金属通常并不在大量的电解液中进行反应，而是在金属表面上的电

解液膜中。这种电池的电极，常是很微小的，在宏观上难以把两极区别开，所以又称之为腐蚀微电池。大气腐蚀的耗损几乎占整个金属腐蚀耗损的一半。根据空气中所含水分及其他利于腐蚀的成分不同情况，大气腐蚀可分为湿（潮）大气腐蚀、干大气腐蚀、工业大气腐蚀、海洋大气腐蚀和农业大气腐蚀等5种，其中工业大气及潮湿大气腐蚀最为严重。

2）土壤腐蚀。是指金属埋于地下，受土壤组成、特性以及由环境污染的变动性等复杂因素的影响而产生的腐蚀。金属的土壤腐蚀是一种情况复杂的电化学腐蚀。

3）海水腐蚀。海水是一种天然电解质，常用的大多数金属和合金都受其腐蚀。同时，海水中不仅有盐类，而且含有很多种生物和腐败的有机物，特别是受污染的海岸和港湾区域的海水腐蚀更为突出。

4）均匀腐蚀。均匀腐蚀可以是化学反应的产物，也包含有相距很近的微阳极和微阴极区域之间的电化学作用。因此，均匀腐蚀可认为是在整个金属表面上产生的局部电解腐蚀。均匀腐蚀的表面形貌色泽微暗，但仍较光滑，也可能被耗蚀一大片金属而使表面稍微变粗。

5）点腐蚀。腐蚀较集中于局部，呈尖锐小孔，进而向深处扩成孔穴甚至穿透。点腐蚀常发生于环境潮湿或者大气中表面局部凝聚水膜的金属表面。当金属表面氧化膜与介质中的活性阴离子接触时，首先吸附于膜的局部点并对膜产生破坏作用。金属表面受破坏处（阳极）和未受破坏处（阴极）形成“局部电池”。由于两极的极大的面积差造成相应的电流密度差，即只有很小面积的阳极具有很大的电流密度，腐蚀电流由阳极流向周围的阴极，阳极很快被腐蚀成小孔，而周围部分受到阴极保护。腐蚀介质中阴离子随电流流动，在小孔内与金属正离子组成盐溶液，使小孔底面仍保持活化状态，同时随着盐溶液的不断水解，使小孔内溶液的pH值增高，小孔逐渐被腐蚀加深乃至穿透。点腐蚀是最危险的腐蚀形式之一，这主要是因为在点腐蚀发展过程中不易被检测与发现。一种情况是点腐蚀与均匀腐蚀或全面腐蚀共存时，微小点腐蚀坑易被全面腐蚀的腐蚀产物遮掩而忽视。另一种情况，点腐蚀坑即使已造成穿孔破坏，但其在表面仍很微小，使金属只产生很小的质量损失而被忽略掉。

6）缝隙腐蚀。它发生在金属表面的缝隙处，两块金属表面之间或一块非金属和一块金属表面连接的缝隙处，或者在金属表面上某一固体物质颗粒下面的缝隙处。缝隙处有充分的氧，致使阴极反应得以持续进行。

7）接触腐蚀。是指异类（电位不同）的金属相互接触并浸入电解液介质中，则电位负值大的金属所受到的电化学腐蚀。

4.4.3.4　畸变失效

畸变是一种不正常的变形。畸变可以是塑性的或弹性的或是弹塑性的。从变形的形貌上看，畸变有两种基本类型：尺寸畸变（或称体积畸变）和形状畸变（即几何形状的改变）。例如受轴向载荷的连杆可产生轴向拉压变形。

1. 变形的概念

1）弹性变形。是指外力去除后能完全恢复的那一部分变形。其机理是晶体中的原子在外力作用下，偏离了原来的平衡位置，使原子间距发生变化，造成晶格的伸缩或扭曲。弹性变形有以下特点：①具有可塑性，当外力去除后变形完全消失；②弹性变形量很小，一般不超过材料原长度的0.10%~1.0%；③在弹性变形范围内，应力和应变成线性关系，符合胡克定律。许多金属材料在低于弹性极限应力作用下，会产生应变并逐渐恢复，但落后于应力，这种现象称为弹性滞后或弹性后效。通常，经过校直的轴类零件过了一段时间后又会发生弯曲，就是弹性后效的表现，所以校直后的零件都应进行回火处理。

2）塑性变形。是指外力去除后不能恢复的那部分永久变形。其机理是由于晶体有晶界存在，各晶粒位向的不同以及合金中溶质原子和异相的存在，不但使各个晶粒的变形互相阻碍和制约，而且会严重阻止位错的移动。晶粒越细，单位体积内的晶界越多，因而塑性变形抗力越大，强度越高。塑性变形的特点如下：①引起材料的组织结构和性能发生变化；②较大的塑性变形会使多晶体的各向同性遭到破坏而表现出各向异性，金属产生加工硬化现象；③多晶体在塑性变形时，各晶粒及同一晶粒内部的变形不均匀，当外力去除后各晶粒的弹性恢复不一样，因而产生内应力；④塑性变形使原子活泼能力提高，造成金属的耐腐蚀性下降。在变形中，塑性变形对零件的性能和寿命有很大的影响。

2. 变形的原因

机械零件变形的原因虽较复杂，但主要是外载荷、温度、内应力及结晶缺陷的作用使零件的应力超过材料的屈服强度所致。

1）外载荷因素。变形量随载荷加大而增大，其呈线性关系的区段即弹性变形段，弹性变形段的长度以调质钢最大，低碳素钢次之，铸铁又次之，铜合金最短。直线段的斜率即弹性模量。在曲线段，即塑性变形段，各自发展规律在量值上差别较大。当外载荷产生的应力超过材料的屈服强度时，则零件将产生过应力永久变形。

2）温度因素。温度升高，金属材料的原子热振动增大，临界切变抗力下降，容易产生滑移变形，使材料屈服强度降低。当温度超过一定程度时，在一定温度和应力作用下，随着时间的增加，金属材料将缓慢地发生塑性变形，这种现象称蠕变，又叫高温蠕变，例如碳钢的温度高于300~350℃时就会产生蠕变。零件受热不均，各处温差较大，会产生较大的热应力和内应力而引起零件变形。

3）内应力因素。有些零件的毛坯为铸件、锻件或焊接件，它们都有一个从高温冷却下来的过程，必然会产生很大的内应力，经热处理的零件也存在内应力。如果毛坯是在有内应力的状态下进行加工，当切除一部分表面层后，破坏了内应力的平衡，由于内应力重新分布，零件也将产生变形。在切削加工过程中，零件表层会发生塑性变形和冷作硬化，因而产生内应力，也会引起变形。虽然对毛坯安排了消除内应力的工序，即时效处理，但内应力不一定消除得彻底，将有部分残存下来。在残余应力的长期作用下，使弹性极限降低，产生塑性变形，这种现象称内应力松弛。尤其是箱体类零件和大的基础件，厚薄过渡很多，为残余应力的产生创造了条件，所以内应力松弛而引起的变形问题也就更为突出。

4）结晶缺陷因素。产生变形的内在原因是材料内部缺陷，如位错、空位等，特别是位错及其移动和扩散。在金属材料中大量存在的位错是晶体中的线缺陷，是一种易于运动的缺陷。具有大量位错的材料是不稳定的，当外力长期作用时，特别是在高温下时，较小的应力就可引起位错而使金属产生滑移变形。空位是晶体结构中某些结点位置出现的空着的位置，是晶体中普遍存在的一种点缺陷。空位的存在对晶体内在的运动和某些性能有较大的影响，如金属有1%的空位率，可使屈服强度改变达100MPa。空位的存在出现一个负压中心，且空位在一定能量条件下可以产生、合并或消失，它是一种扩散过程。而空位的移动也是原子向空位运动的过程，其结果将引起金属的变形。

3. 畸变失效的基本类型

畸变失效的基本类型包括弹性畸变、塑性畸变及翘曲畸变失效等基本类型。

1）弹性畸变的变形在弹性范围内变化，因此不恰当变形量与失效件的强度无关，是刚度问题。拉压变形的杆类零件，其畸变量过大会导致过载，或机构因丧失尺寸精度而造成动作失误。弯扭变形的轴类零件，其过大畸变量会造成轴上啮合零件的严重偏载甚至啮合失常，也会造成轴承的严重偏载甚至咬死，进而导致传动失效。对于某些控制元件来说，要求其具有预定的弹性变形才能保证元件所在装置的精度。对于复合变形的车体、箱体类零件来说，要求其具有合适的刚度，才能防止刚度不当而造成的系统振动和精度降低。

2）塑性畸变在宏观上有明显塑变。在微观上，塑变的发展过程可以是以下四种中的一种或两种：①滑移，超过临界剪应力而发生的一般塑变，如图4-12b所示；②孪生，当晶体金属在形变过程中，滑移变形很困难时，即按孪生机制变形，如图4-12c所示；③晶界滑动，多晶材料在高温和低应变率条件下，可产生沿晶界的滑动变形；④扩散蠕变，在近熔点温度时发生。

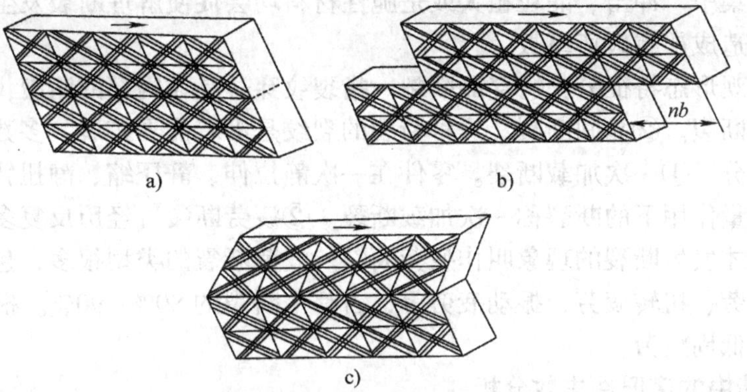

图4-12　塑变引起的形变

a）未变形　b）滑移形变　c）孪晶形变

3）翘曲畸变是一种大小与方向上常具有复杂规律的变形，翘曲外形在大多数情况下造成严重翘曲畸变失效。这种畸变往往是由温度、外载、受力截面、材料组成等所具有的各种不均匀性的组合。最大的翘曲是温度变化或高温导致的翘曲。

4. 畸变失效分析特点

1）确定分析目标。畸变失效件的类型、原因、后果与对策。

2）获取有关资料。收集失效件及相关件资料，包括原始设计资料及使用情况。

3）进行必要试验。以确定畸变零件的成分、组织以及机械、冶金特性。

4）考查加工过程。考察畸变失效件的全部加工过程，特别是热处理过程。对进行过缺陷修补加工的部分更应仔细检查，补焊一般认为会带来不利影响，如软化或脆化等问题。

5）比较设计与实况。将实际使用条件与设计条件作比较；将实际材料性能与设计性能比较。

4.4.3.5　断裂失效

断裂是指机械零件在机械力、热、磁、声、腐蚀等单独作用或联合作用下，使其本身连续遭到破坏，从而发生局部开裂或分成几部分的现象。它是一种复杂行为，在不同的力学、物理和化学环境下会有不同的断裂形式。例如，机械零件在循环应力作用下会发生疲劳断裂；在高温持久应力作用下出现蠕变断裂；在腐蚀环境下产生应力腐蚀或腐蚀疲劳。

虽然，与磨损、变形相比，断裂占失效的百分比要小一些，但随着某些设备向大功率、高速方向发展，断裂失效的几率有所提高，尤其是断裂会造成重大事故，具有更大的危险性。

按零件断裂后的自然表面即断口的宏观形态特征分：①韧性断裂。零件在外力作用下首先发生弹性变形。当外力引起的应力超过弹性极限时发生塑性变形。外力继续增加，若应力超过强度极限时发生韧性变形而后造成断裂称韧性断裂。在塑性变形过程中，首先使某些晶体局部破断，裂缝割断晶粒而穿过，最终导致金属的完全破断。韧性断裂一般是在切应力作用下发生，又称切变断裂。它的断口宏观形态呈杯锥状，或鹅毛绒状，颜色发暗，边缘有剪切唇，断口附近有明显的塑性变形。②脆性断裂。它一般发生在应力达到屈服强度前，没有或只有少量的塑性变形，多沿晶界扩展而突然发生，又称晶界断裂。它的断口呈结晶状，常有人字纹或放射纹，平滑而光亮，且与正应力垂直，称解理面，因此这种断裂也称解理断裂。低温、应力集中、冲击、晶粒粗大或是脆性材料均会促使解理断裂发生。由于这种裂纹扩展速率快，易造成严重破坏事故。

按断口的微观形态特征分：①穿晶断裂。指裂纹穿过晶粒内部的断裂，它可以是韧性断裂也可以是脆性断裂。②晶间断裂。这种断裂的裂纹是沿着晶界扩展，多数属于脆性断裂。

按载荷性质分：①一次加载断裂。零件在一次静拉伸、静压缩、静扭转、静弯曲、静剪切或一次冲击能量作用下的断裂称一次加载断裂。②疲劳断裂。经历反复多次的应力作用或能量负荷循环后才发生断裂的现象叫作疲劳断裂。疲劳断裂的类型很多，包括拉压疲劳、弯曲疲劳、接触疲劳、扭转疲劳、振动疲劳等，占整个断裂的80%~90%。根据循环次数的多少分高周疲劳和低周疲劳。

4.4.3.6 再制造中的废旧件失效分析

零件产生失效主要有设计、选材、材料缺陷、制造工艺、组装、服役工况条件等多方面原因。而对于正常退役产品来说，若失效部件能够正常运用一个使用周期，则其一般其失效形式主要表现为磨损、腐蚀等经过缓慢过程引起的零件形状或性能变化。再制造过程中对废旧产品及零部件进行失效分析的作用如下：了解零部件的失效情况，确定检测后能否使用；找出该失效是否属于产品正常使用要求，如不合乎产品使用要求，则在再制造过程中进行改进升级，满足再制造产品服役需要；提供技术改造、再制造决策依据和相应的改进措施。

再制造过程中对废旧零部件失效分析的基本内容包括调查检测、分析诊断、处置与预测三个阶段。利用各种检测手段调查分析废旧产品的工况参数和使用信息，了解退役报废原因。针对拆解后的不同性能状态，采用相应的检测方法，进行全面的检测工作，包括力学方面的载荷、应力、变形等，材质方面的材料种类、组织状况、化学分析、力学性能、表面状态等。在调查检测的基础上，结合具体情况，分析诊断零部件的状态、失效类型模式、大体过程、基本原因、决定性因素及失效机理等。经过分析诊断，判定其状态性能、再制造方案及改进升级措施，并对再制造产品的使用提出相应的对策，减少非正常失效概率。

4.4.4 废旧毛坯件检测方法

4.4.4.1 感官检测法

感官检测法是指不借助于量具和仪器，只凭检测人员的经验和感觉来鉴别毛坯技术状况的方法。这类方法精度不高，只适于分辨缺陷明显（如断裂等）或精度要求低的毛坯，并要求检测人员具有丰富的实践检测经验和技术。具体方法如下：

（1）目测 用眼睛或借助于放大镜鉴定零件外表损坏和磨损的情况，以及零件表面材料性质的明显恶化。如连杆、螺栓或曲轴等折断、弯曲、扭曲，缸体或缸盖的变形、裂纹，气门的严重烧蚀，齿轮的表面剥落等。

（2）听测 借助于敲击毛坯时的声响判断零件技术状态。有些零件凭运转时发出的响声或用小铁锤敲击时发出的声音可以判断零件是否破裂，连接是否紧固，以及啮合的大致情况。一般完好的零件敲击时的声音连续、清脆、音调高，而有缺陷和破裂的零件声音嘶哑、音调低。如缸套有裂纹，敲击时发出嘶哑的破碎声。根据齿轮组发出的声音，可以大致判断其啮合情况。用这种方法还可以鉴定曲轴、连杆裂纹及配合轴径的磨损情况。听声音可以进行初步的检测，对重点件还需要进行精确检测。

（3）触测 用手与被检测的毛坯接触，可判断零件表面温度高低和表面粗糙程度、明显裂纹等。使配合件做相对运动，可判断配合间隙的大小，过大过小的间隙不必用量具测量。如可晃动气门杆凭松旷情况感觉出气门导管与气门杆的磨损程度，也可凭晃动和转动连杆时的感觉判断出活塞销和连杆小头铜套的磨损情况；检查缸套的磨损程度时，用手触摸活塞在上止点时第一道活塞环对应的部位有无明显的凸肩产生，根据凸肩的高低决定是否需要更换。

（4）色测 简便操作的色测方法是将零件浸入煤油、苯等渗透率强的带色溶液中，由于毛细管作用，使溶剂渗入零件上有裂纹的部位。稍停几分钟后，擦净表面油迹，立即涂上一层白粉，用小锤轻敲零件，浸入缺陷的带色溶剂就会渗出，可明确显示出缺陷部位，这种方法适于检查零件的表面裂纹、气孔。一般可查出宽度大于0.01mm、深度大于0.03mm的裂纹。

4.4.4.2 测量工具检测法

测量工具检测法是指借助于测量工具和仪器，较为精确地对零件的表面尺寸精度和性能等技术状况进行检测的方法。这类方法相对简单，操作方便，费用较低，一般均可达到检测精度要求，所以在再制造毛坯检测中应用广泛。主要检测内容如下：

1）用各种通用测量工具和仪器进行检测。如应用卡钳、钢直尺、游标卡尺、百分尺、千分尺或百分表、千分表、塞规、量块、齿轮规等，进行毛坯的几何尺寸、形状、相互位置精度等内容的检验。

2）用专用仪器、设备对毛坯的应力、强度、硬度、冲击韧性等力学性能进行检测。

3）用平衡试验机对高速运转的零件作静、动平衡检测。

4）用弹簧检测仪检测弹簧弹力和刚度。

5）对于承受内部介质压力并须防泄漏的零部件来说，需在专用设备上进行密封性能检测。

在必要时还可以借助金相显微镜来检测毛坯的金属组织、晶粒形状及尺寸、显微缺陷、化学成分等。根据快速再制造和复杂曲面再制造的要求，快速三维扫描测量系统也在再制造检测中得到了初步应用，能够进行曲面模型的快速重构，并用于再制造加工建模。

4.4.4.3 无损检测法

无损检测法是在不损伤被检测对象的条件下，利用再制造毛坯材料内部结构异常或缺陷存在所引起的对热、声、光、电、磁等反应的物理量变化，来探测各种工程材料、零部件、结构件等内部和表面缺陷，并对缺陷的类型、性质、数量、形状、位置、尺寸、分布及其变化做出判断和评价。无损检测是保证质量的重要手段，可用来检查再制造毛坯是否存在裂纹、孔隙、强应力集中点等影响再制造后零件使用性能的内部缺陷。因这类方法不会对毛坯本体造成破坏、分离和损伤，是先进高效的再制造检测方法，也是提高再制造毛坯质量检测精度和科学性的前沿手段。

虽然目前前两种方法属于再制造中主要应用的方法，但要科学地了解产品废旧零部件的剩余寿命，还需要广泛地对无损检测法进行研究，保证能够正确检测评价出废旧件的剩余使用寿命，确保再制造产品质量。

4.5 零部件再制造质量检测技术

废旧零件检测技术按检测目标内容的不同可以分为对废旧零件几何参数的检测技术、力学性能的检测技术以及零件缺陷检测技术等。

4.5.1 零件几何参数检测技术与方法

零件的几何参数是影响再制造装配质量和部件工作准确程度的重要参数。再制造产品所用旧件或再制造件的几何参数检测就是根据再制造产品标准图样、几何参数要求，通过测量，将零件的几何参数与规定要求进行比较，作出判定的过程。机械产品系统由各种各样的零件组成，在再制造过程中，必须借助于测量工具和仪器，对产品拆解后的废旧零件或者再制造后的零件进行较为精确的几何参数检测，鉴定其可用性、再制造性或再制造后的再制造加工质量。对零件进行几何参数检测要根据尺寸、公差等技术要求对尺寸值、形位公差、表面粗糙度值等参数进行测量和判定，了解零件的尺寸变化，判定该零件是否能够继续使用，并协助选择零件的再制造加工策略，筹措必要的保障准备。

4.5.1.1 尺寸误差的检测

1. 基本定义

尺寸：是以特定单位表示线性尺寸的数值，如直径、宽度、长度、高度，中心距等。

基本尺寸：用来与上、下偏差计算出最大、最小极限尺寸的尺寸。

实际尺寸：通过测量获得的零件上某一位置所测得的实际值。但因存在着测量误差，实际尺寸并非真值。

极限尺寸：允许尺寸变化的两个极端值。允许的最大尺寸称为最大极限尺寸，允许的最小尺寸称为最小极限尺寸。

极限偏差：指上偏差和下偏差。最大极限尺寸减基本尺寸所得的代数差称为上偏差；最小极限尺寸减基本尺寸所得的代数差称为下偏差。

尺寸公差（简称公差）：最大极限尺寸与最小极限尺寸之差，或上偏差与下偏差之差。尺寸公差是允许尺寸的变动量。

标准公差：在《极限与配合》国家标准中规定的任一公差，用来确定公差带的大小。

基本偏差：在《极限与配合》国家标准中，确定公差带相对于零线位置的极限偏差。基本偏差可以是上偏差，也可以是下偏差，一般为靠近零线的极限偏差。

配合制：同一极限制的孔和轴组成配合的一种制度。配合制有基孔制和基轴制两种。

2. 尺寸误差的检测

轴通常是指工件的圆柱形外表面，也包括非圆柱形外表面（由两平行平面或切面形成的被包容面）。孔通常是指工件的圆柱形内表面，也包括非圆柱形内表面（由两平行平面或切面形成的包容面）。

轴的实际尺寸经常用通用计量器具（如卡尺、千分尺）进行测量。轴的实际尺寸和形状误差的综合结果可用光滑极限量规检验，适于大批量生产。高精度的轴径常用机械式测微仪、电动式测微仪或光学仪器进行比较测量。孔的实际尺寸通常用通用量仪（如内径千分尺）测量，孔的实际尺寸和形状误差的综合结果可用光滑极限量规检验，适于大批量生产，在深孔或精密测量的场合则常用内径百分表或卧式测长仪测量。高精度的轴和孔（高于 IT6）通常不用量规检验，而用各种精密量仪测量。

大尺寸测量一般是指对 500mm 以上的线性尺寸的测量。在机械制造中，大尺寸的测量方法可以分为两类：直接测量法和间接测量法。直接测量法主要有用大尺寸的卡尺、卡规及内、外径千分尺等通用量具进行的测量，也包括用测长机、测距仪和激光干涉仪等进行的测量。常用的间接测量法有弓高弦长法、鞍形法、围绕法、对滚法和经纬仪法等。

大尺寸测量与常用尺寸测量相比有所不同。在常用尺寸范围内（≤500mm），一般说孔比轴难测量；而在大尺寸范围内（>500mm），往往轴比孔更难测量。再就测量误差来源而言，温度影响、量具和工件因自重而变形的影响，对大尺寸测量就显得更加突出。为了减少温度偏差及工件和量具温差的影响，在测量前需将两者放在等温（或称定温）的测量地点，且工件放置时间一般在 24h 以上；量具的放置时间一般凭经验决定，当尺寸≤1m、>1m 且≤2.5m 和>2.5m 且≤4m 时，量具的放置时间应分别在 1.5h、2.5h 和 4h 以上。

高度、深度量规是用于检查非孔、非轴的高度、深度和台阶高度等长度尺寸的量规。在大批量生产中，常用尺寸范围内一般精度的孔、轴多用光滑极限量规检验其合格性。光滑极限量规的种类、名称、代号及用途见表 4-10。

表 4-10　光滑极限量规的种类、名称、代号及用途

种　类	名　称	代　号	用　途	合格标志
工作量规	通规	T	操作者检查工件的体外作用尺寸是否超出其最大实体尺寸（孔的最小极限尺寸或轴的最大极限尺寸）	通过
	止规	Z	操作者检查工件的局部实际尺寸是否超出其最小实体尺寸（孔的最大极限尺寸或轴的最小极限尺寸）	不通过
验收量规	验-通	YT	检验部门或用户代表检查工件的体外作用尺寸是否超出其最大实体尺寸	通过
	验-止	YZ	检验部门或用户代表检查工件的局部实际尺寸是否超出其最小实体尺寸	不通过
校对量规	校-能	TT	检查轴用通规的实际尺寸是否超出其最小极限尺寸	通过
	校-止	JY	检查轴用验收量规的通规（验-通）的实际尺寸是否超出其最小极限尺寸	检查 T 时应不通过；检查 YT 时应通过
	校-止	ZT	检查轴用止规的实际尺寸是否超出其最小极限尺寸	通过
	校-损	TS	检查轴用通规的实际尺寸是否超出其磨损极限尺寸	不通过

4.5.1.2 形位误差的检测

1. 基本概念

形位误差包括形状误差与位置误差。

1）形状误差。构成机械零件的几何要素有轴线、平面、圆柱面、曲面等，当对其本身的形状进行测量时，机械零件的几何要素称作被测实际要素。形状误差是被测实际要素对其理想要素的变动量，而理想要素的位置应符合最小条件。如果被测实际要素与其理想要素相比较能完全重合，表明形状误差为零；如果被测实际要素与其理想要素产生了偏离，表明有形状误差，偏离量即表示实际要素对其理想要素的变动量。

2）位置误差。构成机械零件的几何要素中，有的要素对其他要素有方位要求。如机床主轴的后轴颈要求与前轴颈同轴，这类有功能关系要求的要素称为关联要素，而用来确定被测要素方位的要素，称为基准要素。理想的基准要素简称基准，关联实际要素对其理想要素的变动量称为位置误差，根据位置误差的特性可分为定向误差、定位误差和跳动误差。

形位公差是单一实际被测要素对理想被测要素的允许变动，分为形状公差和位置公差两类。形状公差有直线度、平面度、圆度和圆柱度4种；位置公差有平行度、垂直度、倾斜度、同轴（心）度、对称度、位置度、圆跳动和全跳动共8种。其中，平行度、垂直度和倾斜度统称定向公差，同轴（心）度、对称度、位置度统称定位公差，圆跳动和全跳动统称跳动公差。轮廓度公差具有特殊的性质，当未标明基准时，属于形状公差，当标明基准时，属于位置公差。

2. 形位误差的检测原则

国家标准中归纳总结并规定了5种形位误差的检测原则。

1）与理想要素比较原则。就是将被测要素与理想要素进行比较，从而测出实际要素的误差值，误差值可用直接方法或间接方法得出。理想要素多用模拟法获得，如用刀口刃边或光束模拟理想直线，用精密平板模拟理想平面等。

2）测量坐标值原则。是利用坐标测量仪器（如工具显微镜、坐标测量机等），测出与被测实际要素有关的一系列坐标值（可用直角坐标系、极坐标系等），再对测得的数据进行处理，以求得形位误差值，例如测量位置度多用此原则。

3）测量特征参数原则。是测量被测实际要素上具有代表性的参数（即特征参数）来表征形位误差，如用两点法、三点法测量圆度误差时用此原则。

4）测量跳动原则。主要是用于测量跳动（包括圆跳动和全跳动）。跳动是按其检测方式来定义的，有独有的特征，它是在被测实际要素绕基准轴线回转过程中，沿给定方向（径向、端面、斜向）测量它对某基准点（或线）的变动量。它不同于其他形位误差的测量，故独自成为一种检测原则。

5）控制实效边界原则。是用于被测实际要素采用最大实体要求的场合，它用综合量规模拟实效边界，检测被测实际要素是否超过实效边界，以判断合格与否。

3. 测量器具的选择

可选择不同的测量器具测量零件上的某一个尺寸。为了保证被测零件的质量，提高测量精度，应综合考虑测量器具的技术指标和经济指标，具体有如下两点：

1）按被测工件的外形、部位、尺寸的大小及被测参数特性来选择测量器具，使选择的测量器具的测量范围满足被测工件的要求。

2）按被测工件的公差来选择测量器具。考虑到测量器具的误差将会带到工件的测量结果中，因此，选择测量器具所允许的极限误差约占被测工件公差的 1/10~1/3，其中对高精度的工件采用 1/10，对低精度的工件采用 1/3，甚至 1/2。

4.5.1.3　表面粗糙度的检测

1. 基本概念

机械加工表面几何形状误差就其生成的原因和几何特征可分为三种：表面宏观几何形状误差、表面波度和表面粗糙度。表面形状波距在 10mm 以上且无明显周期性变化者，被认为是属于表面宏观几何形状差（如平面度、圆度等），它主要是由于机床几何精度等方面的误差所引起的。表面形状波距小于 1mm，且大体成周期性变化者，被认为是属于表面粗糙度。它主要是由于加工过程中刀具和工件表面之间的作用、切屑分离时工件表面材料的变形，以及加工系统中较高频率的振动所造成的。而波距在 1~10mm 之间并成周期性变化者，被认为是属于表面波度，多是由于加工系统中较低频率的振动所造成的。

表面粗糙度对零件的使用性能和使用寿命有着决定性的影响，因此工程上对零件的表面粗糙度都有不同程度的要求。常评定的表面粗糙度参数：与表面不平高度有关的轮廓算术平均偏差 Ra、微观不平度十点高度 Rz 和最大轮廓高度 Ry；与表面不平度间距和形状有关的轮廓微观不平度平均节距 S_m 和轮廓单峰平均间距 S；与轮廓形状有关的轮廓支承长度率 t_p。

2. 表面粗糙度的测量

表面粗糙度测量是一种被测量较小、测量精确度要求较高的长度测量。常用的测量方法有下列 4 种。

1）光切法。这种方法所用的测量仪器称为光切显微镜（也称为双管显微镜），由投射照明管和观察镜管组成（图 4-13）。光源发出的光线经透镜、光阑和物镜后形成一带状光束，以 45°倾角投射到被测表面上。经被测表面反射后，在目镜中可观察到一条与被测表面相似的亮带，此为被测表面在 45°截面上的放大形状。测出距离 N 之后，便可得出被测表面微观不平度的峰-谷的高度 h

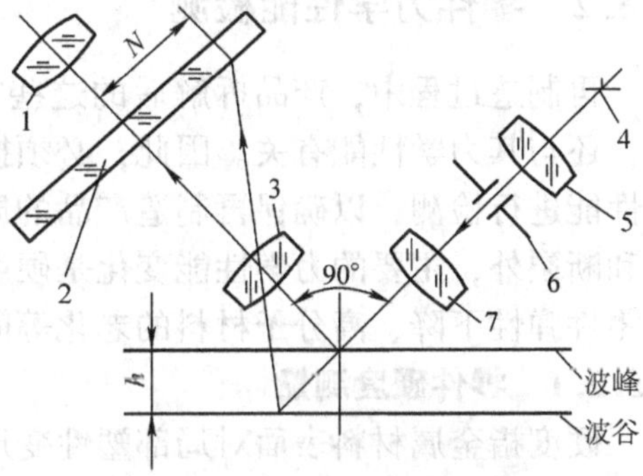

图 4-13　光切显微镜原理图

1—目镜　2—分划板　3、7—物镜　4—光源　5—透镜　6—光阑

$$h=\frac{N}{V}\cos45°$$

式中　N——视野中峰-谷高度；

V——目镜的放大倍数。

用光切显微镜能方便地测得 Rz 和 Ry。通过测量被测轮廓图形有关点的位置或使用仪器机内照相装置拍摄被测轮廓图形（同时拍摄仪器内的标尺，以便确定图形的放大倍数），也可测得其他评定参数。

2）比较法。这是一种把被测表面和表面粗糙度标准样块直接比较的测量方法。多数是凭人眼观察或手指触摸来判断表面粗糙度是否合乎要求。有时则借助比较显微镜或放大镜等器具来进行比较。为了减小判断误差，提高准确性，所用的表面粗糙度标准样块的材质、表面形状以及加工的纹理方向应尽量和被测件相似或相同。这种方法具有使用简便、判断快、费用低等优点，在生产现场很适用；其缺点是判断可靠性在很大程度上取决于检查人员的能力和经验。

3）干涉法。按光波干涉原理工作的干涉显微镜可用来测量表面粗糙度。如果被测表面是理想平面，在干涉显微镜的视野中将看到一簇等距离的平直干涉条纹。有一定微观不平度的表面来说，在视野中可看到一簇弯曲的干涉条纹（如图 4-14 所示）。根据光波干涉原理得知，相邻干涉条纹的间隔 b 对应着等于光波的一个波长 λ 的光程差。弯曲量 a 对应被测表面的表面不平度 h。由此可得 $b/\lambda=a/2h$，所以

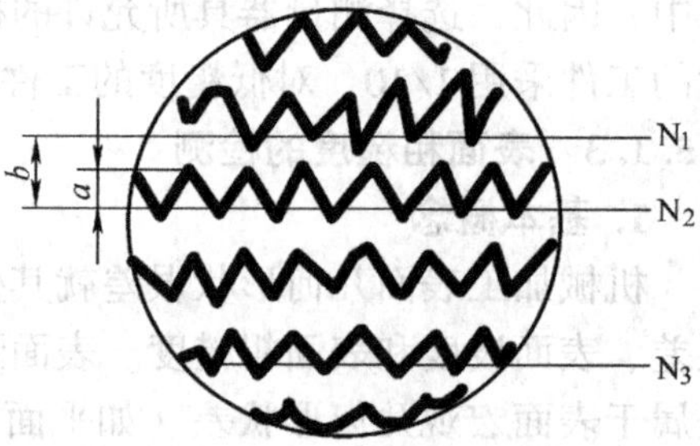

图 4-14　微观不平度的干涉条纹

$$h=\frac{a}{b}\times\frac{\lambda}{2}$$

干涉法的测量精确度高，适于评定 0.025～0.8μm 的 Rz 值，也可用来测量 Ra、S_m 和 S。

4）针描法。用金刚石触针在被测表面上轻轻移动，表面粗糙不平使触针在被测轮廓表面的垂直方向上产生位移，适当的传感器把此位移转换成电信号，经电路处理后，输出表面 Ra、轮廓图形和其他评定参数值，供计算有关评定参数之用。针描法测量准确、迅速，适于评定 0.025～5μm 的 Ra 值，这种方法可以很方便进行各种各样的后续处理，充分发挥计算机技术的能力，组成三维形貌测量系统和各式自动测量仪器。

4.5.2　零件力学性能检测

再制造过程中，产品拆解后的这些零部件是否能够再制造后使用，不仅取决于其几何量，还与其力学性能有关。因此，必须按照制造阶段的零件性能规定标准，对废旧零件的力学性能进行检测，以确保再制造产品的质量。根据产品性能劣化规律，废旧产品零部件除磨损和断裂外，主要的力学性能变化是硬度下降；另外，还有高速旋转机件动平衡失衡、弹簧类零件弹性下降、高分子材料的老化等问题。

4.5.2.1　零件硬度测量

硬度指金属材料表面对局部塑性变形的抵抗能力，它是衡量材料软硬程度的指标，硬度越高，材料的耐磨性越好。目前测量硬度最常用的是压入试验法，它是用一定几何形状的压头在一定载荷下压入被测试的金属材料表面，根据被压入程度来测量其硬度值。常用的有布氏硬度（HB）、洛氏硬度（HRA、HRB、HRC）和维氏硬度（HV）等值。

1. 布氏硬度测量

布氏硬度测量时可采用专用的硬度检测仪进行，如 HB—3000 型布氏硬度计等。布氏硬度试验压痕面积大，代表性全面，能反映金属表面较大体积范围内各组成相综合平均的性能数据，试验数据稳定，缺点是钢球本身会变形。对 HB>450 的硬材料，钢球变形显著，影响测试数据准确性。由于压痕较大，不适于表面不允许有压痕的成品和薄件检验。此外，因需测量 d 值，故被测处要求平稳，操作和测量时间长，在要求迅速检定大量成品时不适用。布氏硬度的应用对象主要有铸铁，有色金属，退火、正火、调质处理的钢等。布氏硬度的表示方法有两种：HBS（采用淬火钢球）与 HBW（采用硬质合金球）。

2. 洛氏硬度测量

洛氏硬度测量时通常使用洛氏硬度计进行，如HR—150型洛氏硬度计等。常用洛氏硬度有3种：HRA、HRB、HRC，其中的A、B、C为3种不同的测量标准，称为标尺A、标尺B、标尺C。3种标尺的初始压力均为10kgf（1kgf=9.8N）。洛氏硬度测量规范如表4-11所示。洛氏硬度试验避免了布氏硬度试验所存在的缺点，其优点如下：有软、硬质两种压头，适于不同硬质材料的检验，无压头变形问题；压痕小，基本上不损伤零件表面；操作迅速，直接读取硬度数据，材料效率高，适于大量生产的工序控制和成品检验。洛氏硬度试验的缺点如下：由于压痕小，如材料中有偏析及组织不均匀的情况时，则结果的分散度较大，再现性较差；由于金刚石圆锥压头顶角和圆弧半径的偏差，造成了各国洛氏硬度标准的差别，给比较和使用不同国家试验数据造成困难。

表4-11　洛氏硬度测量规范

符号	压　头	载荷/kgf	硬度值有效范围	适用范围
HRA	120°金刚石圆锥体	60	>70HRA	用于硬度极高的材料、薄板或硬脆材料，如硬质合金等
HRB	ϕ1.588mm淬火钢球	100	25~100HRB	用于硬度较低的材料，如退火钢、铸铁及有色金属等
HRC	120°金刚石圆锥体	150	20~67HRC	用于硬度很高的材料，如淬火钢等

3. 维氏硬度测量

维氏硬度的测量原理和布氏硬度相同，测量时用维氏硬度计进行，如HV—120型维氏硬度计等。维氏硬度测量方法的优点如下：维氏硬度有一个连续一致的标度；试验时负荷可任意选择，所得硬度值相同；试验时所加载荷小，压入深度浅，其中1kgf的载荷特别适于测量零件表面淬硬层及经化学热处理的表面层（如渗碳层、渗氮层）的硬度，所测定的硬度值叫显微硬度，比布氏硬度、洛氏硬度精确。维氏硬度测量方法的缺点如下：需通过测量对角线后才能计算（或查表）出来，检测效率低，操作较麻烦。

4.5.2.2　动平衡检测

动平衡的作用如下：提高转动件及其装配成品的质量，减小旋转机件高速旋转时的噪声，减小旋转时产生的振动，降低作用在支承部件上的不平衡动载荷，提高支承部件（轴承）的使用寿命，降低使用者的不舒适感，降低产品因动不平衡带来的额外功耗。平衡机就是对转动体在旋转状态下进行动平衡校验的专用装置。动平衡技术可分为工艺平衡法、现场整机平衡法及自动在线平衡法三类。工艺平衡法检测系统一般包括驱动系统、支撑系统、解算电路、幅相测量指标系统等，如图4-15所示。

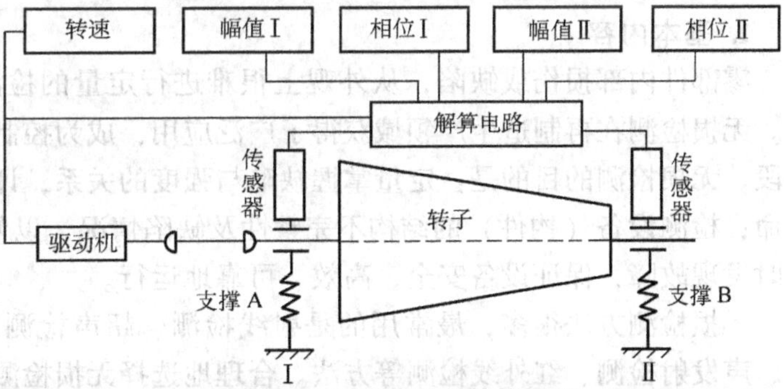

图4-15　动平衡机的结构原理

进行旋转零部件的动平衡校验，应在动平衡机上进行，基本过程如下：

1）驱动系统驱动转子以选定转速旋转。

2）支撑系统支撑被测零部件，在不平衡力激发下作确定的振动，经传感器转变成电信号，输给解算电路。

3）解算电路将传感器送来的信号加以分析和变换，针对具体的转子和选定的校正位置，分离两个校正面的相互影响，确定指示系统灵敏度。

4）根据解算结果，幅值和相位指示系统指出校正质量的大小和方位。

工艺平衡试验中应注意如下问题：

1）靠滚动轴承支撑的旋转零件，平衡时应连同滚动轴承一起平衡，以消除滚动轴承内圈偏心引起的不平衡。

2）连接万向联轴节的旋转零件，应对联轴节平衡进行检测，其影响可在转子联结端的支承上测量。

3）部件应先进行各旋转零件的平衡再装配，动平衡要求较高时，装配后的部件也需进行平衡检测，如行星转向机、离合器等。

4）不平衡量较大的旋转零件应先进行静平衡，然后进行低速动平衡，最后进行高速动平衡。

5）风扇类零件应降低平衡转速，可选择风阻小的转向，或在进风方向设置挡板以减小风阻力。

6）对动平衡要求高的零部件应先对联轴节进行预先平衡，然后先低速后高速，逐步平衡，对小零件不应采用联轴节进行连接。

7）如总装配过程中可能对动平衡特性产生较大影响时，应补充进行现场动平衡检测。

8）不含轴颈的零件，如齿轮、飞轮等，平衡时加装工艺轴。

9）不平衡的校正时的选择校正面方式：薄型圆盘零件可只选择一个校正面，非薄圆盘形零件应选距离远的两个校正面。

10）不平衡校正时，可采用的加重法有螺钉连接、铆接、焊接、喷镀金属、圆周上滑槽中配加平衡重等，或去重，如钻孔、磨削、铣削、激光打孔等。

4.5.3 零件无损检测技术

零部件内部损伤或缺陷，从外观上很难进行定量的检测，主要使用无损检测技术来鉴定。无损检测在再制造生产领域获得了广泛应用，成为控制再制造产品生产质量的重要技术手段，常用的有渗透检测、磁粉检测、超声波检测、涡流检测和射线检测等。

4.5.3.1 无损检测技术概述

1. 基本内容

零部件内部损伤或缺陷，从外观上很难进行定量的检测，主要使用无损检测技术来鉴定。无损检测在再制造生产领域获得了广泛应用，成为控制再制造产品生产质量的重要技术手段。无损检测的目的是：定量掌握缺陷与强度的关系，评价构件的允许负荷、寿命或剩余寿命；检测设备（构件）的结构不完整性及缺陷情况，以便改进制造工艺，提高产品质量，及时发现故障，保证设备安全、高效、可靠地运行。

无损检测方法很多，最常用的是射线检测、超声检测、磁粉检测、渗透检测、涡流检测、声发射检测、红外线检测等方法。合理地选择无损检测方法十分重要，选择不同的检测方法，主要基于经济、技术及产品质量要求三方面的考虑。

2. 无损检测技术特色

1）无损检测不会对构件造成任何损伤。无损检测是在不破坏构件的前提下，利用材料物理性质的变化来判断构件内部和表面是否存在缺陷，不会对材料、工件和设备造成任何损伤。

2）无损检测技术为查找缺陷提供了一种有效方法。任何部件、设备在加工和使用过程中，由于其内、外部各种因素的影响，不可避免地会产生缺陷。使用人员有时不但要知道其是否有缺陷，还要确定缺陷的位置、大小及其危害程度，并对其发展进行预测和预报。无损检测诊断技术为此提供了一种有效方法。

3）无损检测技术能够对产品质量实施监控。产品在加工和成形过程中，如何保证质量及其可靠性非常关键。无损检测技术能够在铸、锻、冲压、焊接、切削加工等各工序中，检查工件是否符合要求，可避免无效的加工量，从而降低产品成本，提高产品质量和可靠性，实现对产品质量的监控。

4）无损检测诊断技术能够防止因产品失效引起的灾难性后果。机械零部件、装置或系统，在制造或服役过程中丧失其规定功能而不能工作，或不能继续可靠地完成其预定功能称为失效。失效是一种不可接受的故障。

5）无损检测技术的应用广泛。无论是金属材料（磁性和非磁性，放射性和非放射性），还是非金属材料（水泥、塑料、炸药等）；无论是锻件、铸件、焊件，还是板材、棒材、管材；无论是内部缺陷，还是表面缺陷，都可以应用无损检测技术进行缺陷检测。因此，无损检测技术广泛应用于各种设备、压力容器、机械零部件等的检测诊断，受到工业界的普遍重视。

4.5.3.2　渗透检测技术

1. 基本原理

把受检验零件表面处理干净以后，涂覆专用的渗透液，由于表面细微裂纹缺陷的毛细作用将渗透液吸入其中，然后把零件表面残存的渗透液清洗掉，再涂覆显像剂把缺陷中的渗透液吸出，从而显现缺陷图像。

渗透检验分为荧光法和着色法两大类。荧光法是将含有荧光染料的渗透液涂覆在零件表面，使其渗入表面缺陷中，然后除去表面多余的渗透液。将表面吹干后，施加显像剂，将缺陷中的渗透液吸附到零件表面，在暗室中紫外线照射下，会发出明亮的荧光，将缺陷的图像显示出来。着色法和荧光法相似，只是渗透液内不加荧光染料，一般加入红色颜料，缺陷在白色显像剂衬托下显色，可以在白光或日光下进行检查。

2. 渗透检测材料

渗透检测材料主要包括渗透液、去除剂和显像剂三大类。

渗透液是一种具有很强渗透能力的溶液，并且含有着色染料或荧光染料。它能渗入表面开口的缺陷并被显像剂吸附出来，从而显示缺陷的痕迹。渗透液是渗透检测中关键的材料，直接影响渗透检测的灵敏度。渗透液分为荧光渗透液和着色渗透液两类，其中着色渗透液分为水洗型、后乳化型和溶剂去除型三种。

去除剂是用来除去被检零件表面多余渗透液的溶剂。对于水洗型渗透液来说，水就是去除剂。对于后乳化型渗透液来说，去除剂是乳化剂和水。对于溶剂去除型渗透液来说，常用煤油、酒精、丙酮、三氯乙烯等做去除剂。

显像剂将缺陷中的渗透液吸附到零件表面，形成缺陷显示，并将形成的缺陷显示在被检件表面上横向扩展，放大至可用肉眼能观察到。常用的显像剂分为干式、湿式等几种。

3. 渗透检测流程

渗透检测的基本流程包括4个阶段（见图4-16）：

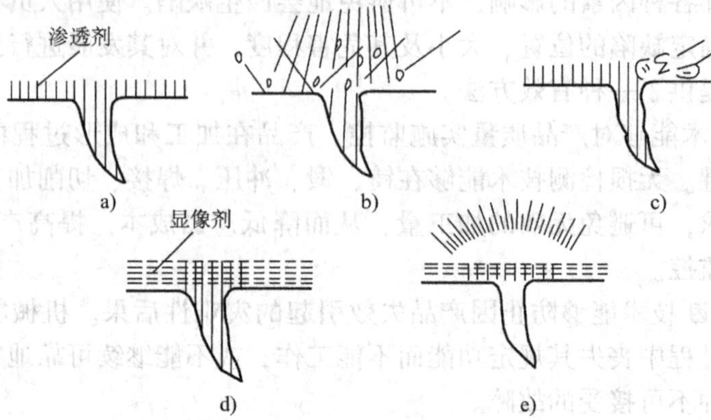

图4-16 渗透检测的基本流程

a）渗透 b）水清洗 c）溶剂清洗 d）显像 e）观察

1）渗透过程。把被检验零件的表面处理干净（预清洗）之后，让荧光渗透液或着色渗透液与零件接触，使渗透液渗入零件表面裂纹缺陷中去。

2）清洗过程。用水或溶剂清洗零件表面所附着的残存渗透液。

3）显像过程。清洗过的零件经干燥后，施加显像剂（白色粉末），使渗入缺陷中的渗透液吸出到零件的表面。

4）观察过程。被吸出的渗透液在紫外线的照射下发出明亮的荧光，或在白光（或自然光）照射下显出颜色和缺陷的图像。

在操作过程中需要注意：首先，为使渗透液尽可能多地渗入缺陷中并且防止对渗透液的污染以致降低灵敏度，零件表面必须清除干净。其次，在清洗零件表面残存渗透液时，既要将残液清除干净，又要防止吸入缺陷中的渗透液流失，影响检验灵敏度。

渗透检验几乎不受材料的组织或化学成分的限制，在最佳检验条件下，能发现的缺陷宽度约为0.3μm，能有效地检查出各种表面开口的裂纹、折叠、气孔、疏松等缺陷。

4.5.3.3 磁粉检测技术

1. 基本原理

磁粉检测就是利用磁化后的试件材料在缺陷处会吸附磁粉，以此来显示缺陷存在的一种检测方法。磁粉检验能比较灵敏地查出铁磁性材料（铁、钴、镍）以及它们的合金（奥氏体不锈钢除外）的表面裂纹、夹杂等缺陷，表面下的近表缺陷（2~5mm内）在一定条件下也可查出。在最佳检验条件下可以检出长度为1mm以上、深度0.3mm以上的表面裂纹，能检查出的裂纹最小宽度约为0.1μm。

磁粉检验时，必须先将被检零件磁化，零件表面或近表面有裂纹等缺陷时，若缺陷的方向与磁力线垂直或成一定角度，缺陷中因空气等非磁物质的存在，其导磁能力大大降低，使得磁力线在缺陷处不易通过，产生干扰，迫使部分磁力线外泄，在缺陷边缘处形成漏磁。若将磁粉（高磁导率、低矫顽力的氧化铁粉末）撒到零件表面，磁粉就被漏磁场吸引聚集在零件表面缺陷边缘或附近，根据磁粉聚集的情况，就可以判断缺陷的位置和分布情况。如图 4-17 所示为磁粉探伤原理。

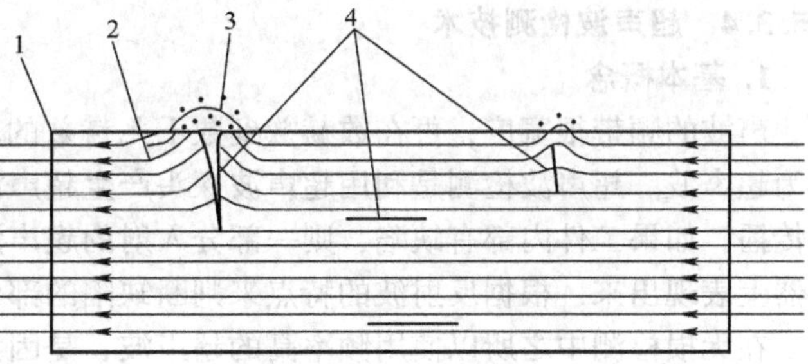

图 4-17　磁粉探伤原理

1—零件　2—磁力线　3—磁粉　4—缺陷（裂纹）

2. 基本步骤

磁粉检测由预处理、磁化、施加磁粉、观察、记录以及后处理等几个基本步骤组成。

1）预处理。用溶剂等把试件表面的油脂、涂料以及铁锈等去掉，以免妨碍磁粉附着在缺陷上，用干磁粉时还要使试件的表面干燥。组装的部件要一件件拆开后再进行检测。

2）磁化。磁化是磁粉检测的关键步骤。首先应根据缺陷特性与试件形状选定磁化方法，但一般说来，因为缺陷的方向不能预料，所以要采用能取得互相垂直的磁场的复合磁化方法。其次还应根据磁化方法、磁粉、试件的材质、形状、尺寸等确定磁化电流值，使得试件的表面有效磁场的磁通密度达到试件材料饱和磁通密度的 80%~90%。

3）施加磁粉。磁粉是用几微米至几十微米的铁粉等材料制成，分白色和黑色、非荧光和荧光。荧光磁粉是附着有荧光材料的铁粉，由于它在紫外线下能取得很明显的对比度，而适于微细缺陷的检测。磁粉还分为干式和湿式两种。干磁粉是在空气中分散地撒上，湿磁粉是把磁粉调匀在水或无色透明的煤油中作为磁悬液来使用的。磁悬液的磁粉浓度通常用调和液中所含磁粉质量分数来表示。把磁粉或磁悬液撒在磁化的试件上叫做施加磁粉。它分连续法和剩磁法两种，连续法是在试件加有磁场的状态下施加磁粉，且磁场一直持续到施加完成为止；而剩磁法则是在磁化过后施加磁粉，可以用于工具钢等矫顽力较大的材料。

4）观察与记录。磁粉痕迹的观察是在施加磁粉后进行的。用非荧光磁粉时，在光线明亮的地方进行观察；用荧光磁粉时，在暗室等暗处用紫外灯进行观察。

应该注意：在材质改变的界面处和截面大小突然变化的部位，即使没有缺陷，有时也会出现磁粉痕迹，此即假痕迹。要确认磁粉痕迹是不是缺陷，需用其他检测方法重新进行检测才能确定。

5）后处理。检测完成后，按需要进行退磁、除去磁粉和防锈处理。进行退磁是因为：如果试件有剩磁就会吸引铁粉，这样就可能成为运动中磨损的原因，以致引发故障。退磁时，一边使磁场反向，一边降低磁场强度。退磁有直流法和交流法两种。

3. 磁粉检测的特点与适用范围

磁粉检测适于检测钢铁材料的裂纹等表面缺陷，如铸件、锻件、焊缝和机械加工的零件等的表面缺陷，其主要特点如下：特别适宜对钢铁等强磁性材料的表面缺陷进行检测；深度很浅的裂纹也可以探测出来；不适于奥氏体不锈钢等非磁性材料的检测；能知道缺陷的位置和表面的长度，但不知道缺陷的深度。此外，对内部缺陷的检测还有困难。

4.5.3.4 超声波检测技术

1. 基本概念

声波的频带很宽广，可在数赫兹到数千兆赫兹的范围内变化，频率高于 2 万 Hz 的声波称为超声波。超声波检测是利用超声波探头产生超声波脉冲，超声波射入被检工件后在工件中传播，如果工件内部有缺陷，则一部分入射的超声波在缺陷处被反射，由探头接收并在示波器上表现出来，根据反射波的特点来判断缺陷的部位及其大小。

在无损检测中之所以使用频率高的超声波，是因为其指向性好，能形成窄的波束；波长短，小的缺陷也能很好地反射；距离的分辨能力好，缺陷的分辨率高。用于探伤的超声波，频率一般为 0.4～25MHz，其中用得最多的是 1～5MHz，因为其对常见缺陷不会发生绕射漏检。

2. 超声波探伤工作原理

超声波探伤手段大致分为两类，一种是将声波发射到被检零件，接收从缺陷反射回来的声波；另一种是测定声波在零件中的衰减。目前生产中应用最多的是脉冲 A 型反射显示法。它是用荧光屏上反射波的波高来确定缺陷大小，用反射波在横轴（称为距离轴）上的位置来确定缺陷的位置；根据探头扫描范围来决定缺陷面积等。

如图 4-18 所示为超声波探伤 A 型显示原理。探伤时将探头放到零件表面上，为了更好传播声波，用机油、凡士林或水作耦合剂。探头发出的超声波进入并穿过零件，然后在底面反射后，再穿过零件，又回到同时作为接收用的探头。在仪器荧光屏上与发射脉冲 S 相距一定的距离内出现了所谓底面反射波 R。发射脉冲和底面反射波之间的距离与声波穿过零件的时间是相应的。根据零件中存在缺陷的大小，相应的缺陷反射波 F 直接在缺陷处返回，而不能到达底面。缺陷反射波位于底面反射波和发射脉冲之间的位置，和缺陷在零件中探伤面和底面之间的位置是相对应的。因此可以很容易地算出缺陷在深度方向的位置。

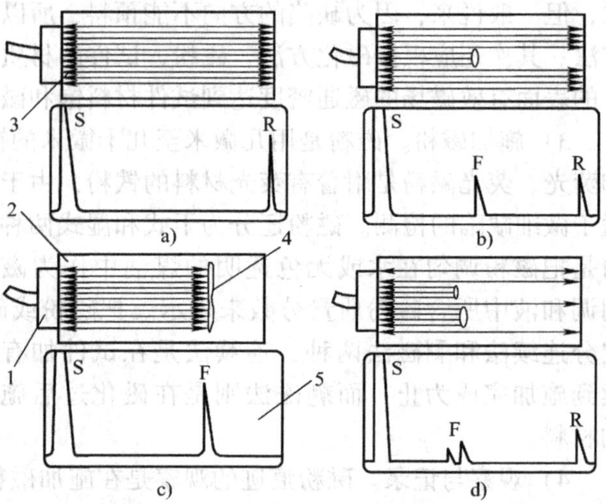

图 4-18 超声波探伤 A 型显示原理
a）无缺陷 b）小缺陷 c）大缺陷 d）两个小缺陷
1—探头 2—被检零件 3—声波示意 4—缺陷 5—荧光屏

3. 超声波检测的适用范围

超声波检测的适用范围如图 4-19 所示，主要可应用于厚板、圆钢、锻件、铸件、管子、焊缝、薄板、腐蚀部分厚度及表面缺陷等各种被测工件的检测。检测时要注意选择探头和扫描方法，使得超声波尽量能垂直地射向缺陷面。根据被测工件的制造方法，一般都可以估计得出缺陷的方向性和部位，因此事先应研究如何选择合适的检测方法。

金属的组织对超声波检测有不同程度的不利影响。金属是小晶粒的集合体，随着结晶方向的不同，在其中的声速也有所不同，所以当超声波射到各个晶粒时，会引起微小的反射和散射。这些反射波在观察时就呈现为草状回波。此外，反射还造成被测工件中传播的超声波的衰减，并减少多次反射的脉冲次数，见图 4-20。金属的晶粒越大，这种衰减和草状回波就越显著，引起信噪比下降，有时甚至完全不能出现缺陷回波。遇到这种情况，可以降低频率，使波长加大，来改善信噪比，但这种办法并非都能完全解决问题。如不锈钢铸件和焊缝、大型铸钢件等就是由于这种草状回波和衰减给检测带来困难，甚至不能检测。

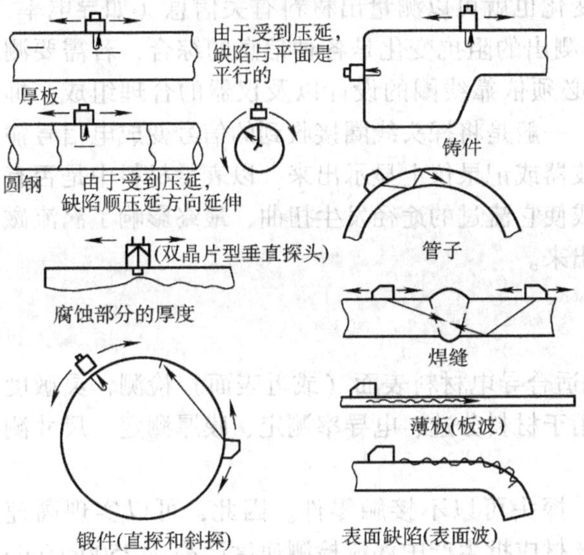

图 4-19　超声波检测的适用范围

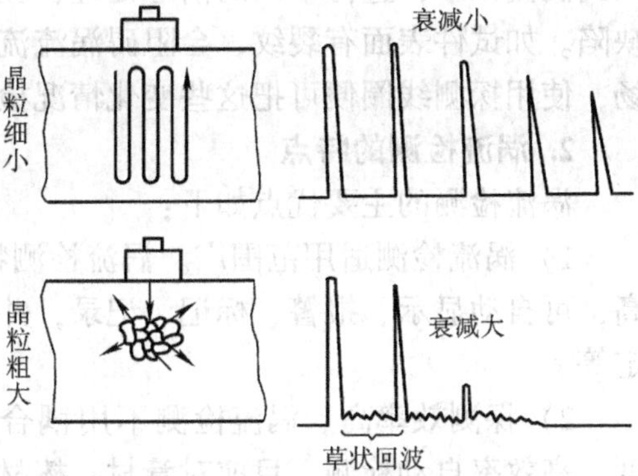

图 4-20　金属组织对超声波检测的影响

对于平面状缺陷来说，不管其厚度如何薄，只要超声波是垂直地射向它，就可以取得很高的缺陷回波。另一方面，对于球形缺陷来说，假如缺陷不是相当大，或者不是较密集的话，就不能得到足够的缺陷回波。因此，超声波对钢板的层叠、分层和裂纹的检测分辨率是很高的，而对单个气孔的检测分辨率则很低。

超声波检验主要用于探测内部缺陷，也可用于检查表面裂纹、材料强度、材料的晶粒度及应力等。假如被测工件的金属组织较细的话，超声波可以传到相当远的距离，因此对直径为几米的大型锻件也可以进行内部检测。超声波检测的缺点是没有明确的记录，对缺陷种类的判断需要有非常熟练的技术。

4.5.3.5　涡流检测技术

1. 涡流检测的基本原理

图 4-21 中，在线圈中通以交变电流，就会产生交变磁场 H_p。若将试件（导体）放在线圈磁场附近，或放在线圈中，试件在线圈产生的交变磁场作用下，就会在其表面感应出旋涡状的电流，称为涡流。涡流又产生一交变反磁场 H_s。根据楞次定律，H_s 的方向与原有激励磁场 H_p 的方向

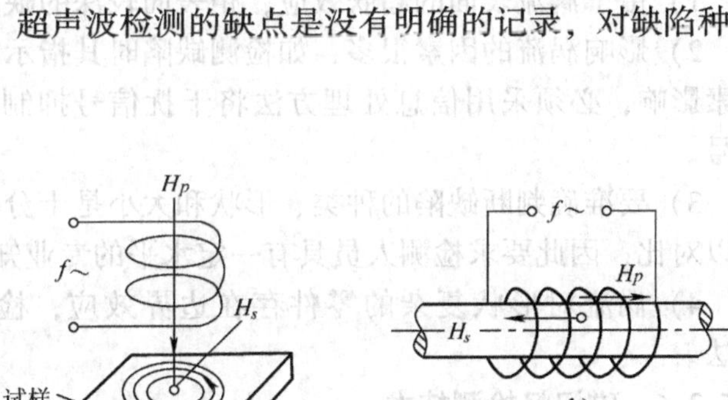

图 4-21　探测线圈与试件放置图
a）探测线圈放置于试件上　b）试件放置于线圈内

相反。H_p 与 H_s 两个交变磁场叠加形成一个合成磁场，使线圈内磁场发生了变化，因而流经线圈的电流 I 也跟着变化。如果加于线圈两端的电压 V 恒定，则电流 I 随线圈阻抗 Z 的变化而变化。

磁场的改变导致了探测线圈阻抗改变，涡流磁场的大小与试件导电率 σ、试件直径 d、磁导率 μ，以及试件中的缺陷（裂纹或气孔等）有关。由此可见，涡流磁场能直接反映出材料内部性能的信息，只要测量出线圈阻抗的变化也就可以测量出材料有关信息（如导电率、磁导率和缺陷等信息）。但是，涡流探测线圈测出的阻抗变化是各种信息的综合，若需要测出材料内部某一特定信息（如裂纹）时，就必须依靠线圈的设计以及仪器的合理组成，抑制不需要的干扰信息，突出所需检测的信息。一般是将探头线圈接收到的信号变成电信号输入到涡流仪中，进行不同的信号处理，在示波器或记录仪上显示出来，以表示材料中是否有缺陷。如试件表面有裂纹，会阻碍涡流流过或使它流过的途径发生扭曲，最终影响了涡流磁场，使用探测线圈便可把这些变化情况检测出来。

2. 涡流检测的特点

涡流检测的主要优点如下：

1）涡流检测适用范围广。涡流检测特别适合导电材料表面（或近表面）检测，灵敏度高，可自动显示、报警、标记、记录，并常用于材料分选、电导率测定、膜厚测定、尺寸测定等。

2）探测效率高。涡流检测不用耦合剂，探头可以不接触零件。因此，可以实现高速度、高效率自动检测。目前对管材、棒材、丝材成批生产中涡流检测速度已高达 2500m/min 以上。

3）可用于高温检测。涡流检测使用的是电磁场信号，电磁场传播不受材料温度变化的限制，可用于高温检测。

4）可适应特殊场合要求。例如可对复杂型面的汽轮机叶片裂纹检测，内孔表面裂纹检测，对细小的钨丝、薄皮管材也可用涡流法检测其缺陷。

5）涡流检测还可根据显示器或记录器的指示，估算出缺陷的位置和大小。

涡流检测的缺点如下：

1）由于涡流表面的趋肤效应，距表面较深的缺陷难以检测出来。

2）影响涡流的因素很多，如检测缺陷时其指示往往受材质变化和传送装置振动等干扰因素影响，必须采用信息处理方法将干扰信号抑制掉，才能显示出需要的缺陷（如裂纹）信号。

3）要准确判断缺陷的种类、形状和大小是十分困难的，必须做模拟试验或做标准试块予以对比，因此要求检测人员具有一定水平的专业知识和实践经验。

4）涡流对形状复杂的零件存在边界效应，检测时较困难，一般复杂零件很少采用此法。

4.5.3.6 磁记忆检测技术

1. 磁记忆检测原理

由于铁磁性金属部件存在着磁机械效应，故其表面上的磁场分布与部件应力载荷有一定的对应关系，因此可通过检测部件表面的磁场分布状况间接地对部件缺陷和（或）应力集中位置进行诊断，这就是磁记忆检测的基本原理。

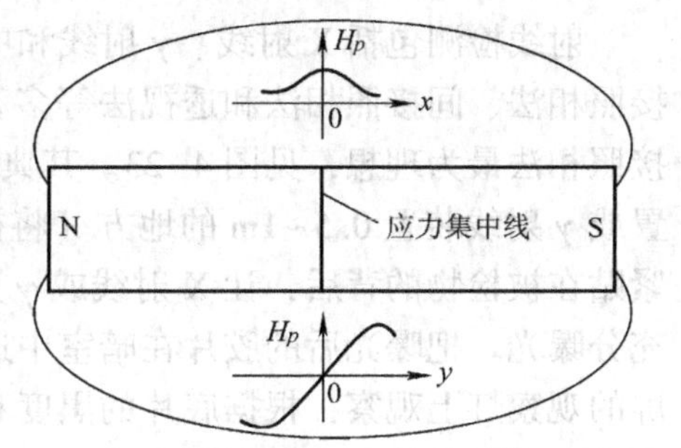

图 4-22 磁记忆检测原理示意图

图 4-22 中，处于地磁环境下的铁磁性工件受到载荷的作用时，在应力与变形集中区形成最大的漏磁场 H_p 的变化，即磁场的切向分量片 H_p（x）具有最大值，法向分量 H_p（y）改变符号且具有零值点。这种磁状态的不可逆变化在工作载荷消除后仍会继续保留，因此通过漏磁场法向分量 H_p（y）的测定，便可以准确地推断工件的应力集中部位（微缺陷集中区域），从而确定部件将要产生缺陷的危险区域。

2. 磁记忆检测特点

与现有的无损检测方法相比较，磁记忆检测技术具有以下突出的优点：

1）常规的无损检测方法如射线、超声、涡流、磁粉、渗透等技术都只能检测到已形成的宏观缺陷，而磁记忆检测方法不仅能检测缺陷而且能反映出部件上的应力集中区域。在腐蚀、疲劳、蠕变过程中，应力集中区域最易出现微观缺陷而成为构件的危险部位，因而检测出这些部位进行针对性地预防具有重要的实际意义。

2）与其他漏磁检测方法相比，金属磁记忆检测技术检测的是铁磁部件在地磁场环境中服役时的自发磁化信号，不需要专门的激励磁场。因此，检测设备体积小，操作方便。

3）磁记忆检测方法检测时探头可采用非接触方法，不需要对铁磁材料表面进行清理，构件表面的铁锈、油污、镀层等不会影响检测效果，适于现场检测。

4）磁记忆检测设备检测灵敏度高于其他磁性方法，测试结果重复性和可靠性好，检测速度快。

3. 磁记忆检测技术的应用

车辆零部件中，除箱体类零件使用铝合金材料外，绝大部分零部件，特别是一些重要零部件均使用铁磁性材料，对这些零部件剩余寿命的评估就可以使用磁记忆检测技术。在发动机再制造时，通过利用该技术对曲轴、连杆、凸轮轴等重要零部件进行了检测，检测结果出现 3 种不同的情况：①绝大部分零部件磁记忆信号正常，即仍然具有再制造的价值；②在两个连杆上发现有异常信号，而且信号强度很大，说明这两个连杆的局部区域有应力集中处，不能对其进行再制造，要结合其他分析方法对其进行深入研究；③在曲轴上发现有轻微的异常信号，说明该部件仍然可以进行再制造，但在再制造后的使用过程中要密切关注该部件的运行状况。

4.5.3.7 射线检测技术

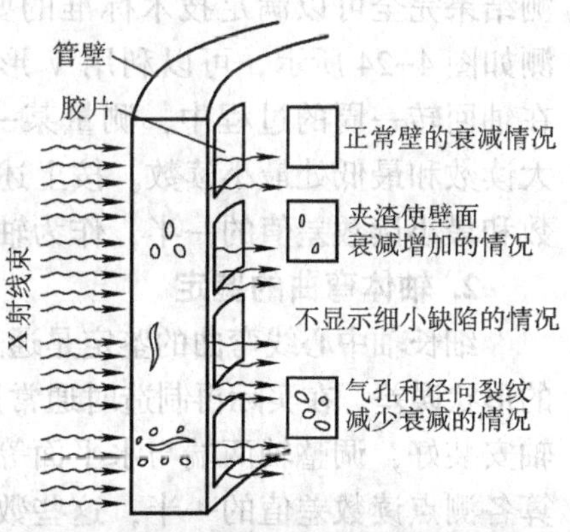

图 4-23 X 射线直接照相法检测

X 射线、γ 射线和中子射线因易于穿透物质而在产品质量检测中获得了应用。它们的作用原理如下：射线在穿过物质的过程中，由于受到物质的散射和吸收作用而使其强度降低，强度降低的程度取决于物体材料的种类、射线种类及其穿透距离。这样，当把强度均匀的射线照射到物体（如平板）上一个侧面，通过在物体的另一侧检测射线在穿过物体后的强度变化，就可检测出物体表面或内部的缺陷，包括缺陷的种类、大小和分布状况。X 射线直接照相法检测如图 4-23 所示。

射线检测包括 X 射线、γ 射线和中子射线三种。对射线穿过物质后的强度检测方法有直接照相法、间接照相法和透视法等多种。其中，对微小缺陷的检测以 X 射线和 γ 射线的直接照相法最为理想，见图 4-23。其典型操作的简单过程如下：把被检物安放在离 X 射线装置或 γ 射线装置 0.5~1m 的地方（将被检物按射线穿透厚度为最小的方向放置），把胶片盒紧贴在被检物的背后，让 X 射线或 γ 射线照射适当的时间（几分钟至几十分钟不等）进行充分曝光。把曝光后的胶片在暗室中进行显影、定影、水洗和干燥。将干燥的底片放在显示屏的观察灯上观察，根据底片的黑度和图像来判断缺陷的种类、大小和数量，随后按通行的要求和标准对缺陷进行等级分类。

对厚的被检测物，可使用硬 X 射线或 γ 射线；对薄的被检物则使用软 X 射线。射线穿透物质的最大厚度如下：钢铁约 450mm，铜约 350mm，铝约 1200mm。

对于气孔、夹渣和铸造孔洞等缺陷来说，在 X 射线透射方向有较明显的厚度差别，即使很小的缺陷也较容易检查出来。而对于如裂纹等虽有一定的投影面积但厚度很薄的一类缺陷来说，只有用与裂纹方向平行的 X 射线照射时，才能够检查出来，而用与裂纹面几乎垂直的射线照射时就很难查出。因此，有时要改变照射方向来进行照相。

随着再制造工程的迅速发展，促进了再制造先进检测技术的发展，除了上述提到的先进检测技术外，还有激光全息照相检测、声阻法探伤、红外无损检测、声发射检测、工业内窥镜检测等先进检测技术，为提高再制造生产效率和质量提供了有效保证。

4.6 典型件再制造检测应用

4.6.1 轴类零件的几何参数检测

轴类零件是产品机械系统中的重要零件，也是产品使用时容易产生损伤的零件。轴的几何量检测主要有以下检测内容。

1. 轴表面磨损与变形的检测

轴表面的磨损与变形可通过检测轴体的圆度与圆柱度来反映。圆度公差是在同一横截面上实际圆对理想圆所允许的最大变动量，常用两点法进行测量，检测结果完全可以满足技术标准的要求。轴圆柱度的检测如图 4-24 所示，可以利用 V 形块测量轴的圆柱度。在轴回转一周的过程中，测量某一横截面上最高处最大读数和最低处最小读数。按上述方法连续测量几个横截面，然后取所测量的读数中最大读数和最小读数差值的一半，作为轴圆柱度误差值。

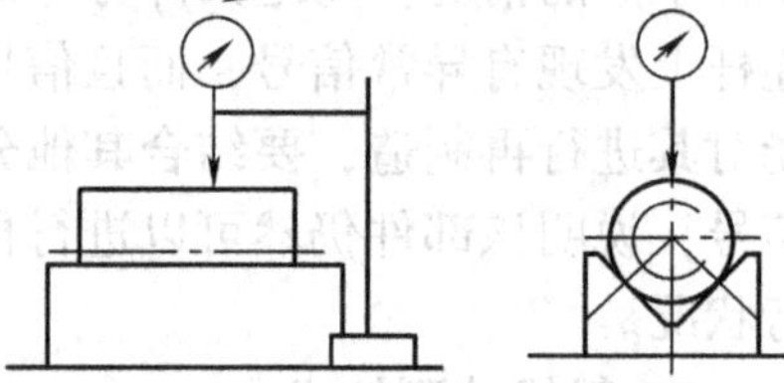

图 4-24　轴圆柱度的检测

2. 轴体弯曲的鉴定

细长轴中心线弯曲的鉴定是通过检测轴线直线度来完成的，轴线直线度是指轴线中心要素的形状误差。在实际再制造时通常用近似的方法进行轴线直线度误差的测量，见图 4-25。将轴安装好，调整轴两端与水平面等高，然后读出各轴颈截面上下两素线的指示器数值，并计算各测点读数差值的一半，这些数值中的最大与最小的差值，即为该轴截面中心线的直线度误差。按照上述方法测出不同方向素线的直线度误差，取其最大值，作为轴线的直线度误差。利用这种测量方法，当旋转轴线与实际轴线偏移时，测量结果不受影响。但是，这种方法复杂、耗时多。

实践中经常使用的一种检测方法是测量径向圆跳动法，见图 4-26。首先检查和校正中心孔的位置，使两端中心线位于同一水平高度。检测时，转动传动轴并在轴向的不同位置进行测量，记下最大径向圆跳动的部位与数值，则最大圆跳动数值的一半即可作为轴线直线度误差，以此作为校正的依据。

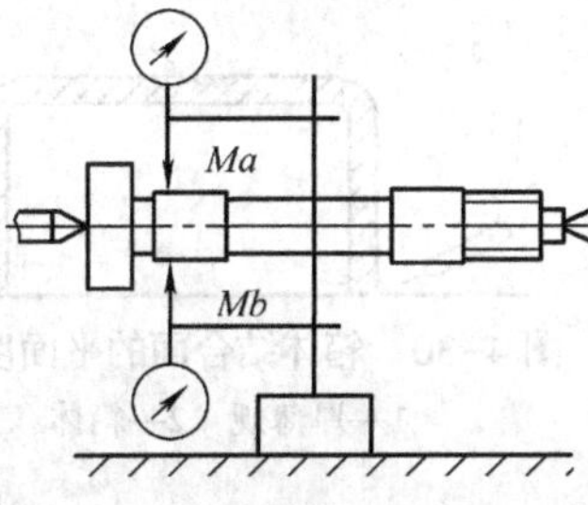

图 4-25　轴线直线度误差的测量

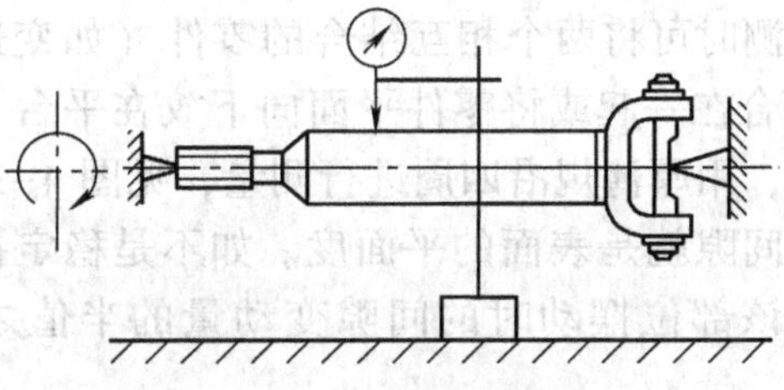

图 4-26　径向圆跳动法

3. 花键的检测

在产品再制造过程中，通常要检测花键轴上各配合部位的键顶外径是否小于制造尺寸极限，键槽宽度是否大于制造尺寸极限或键齿厚度是否小于制造尺寸极限，齿面台阶状磨损深度是否大于制造尺寸极限。键齿厚度与键槽宽度如图 4-27 所示，图中 A 为键槽的宽度。花键轴内径和外径及花键的宽度用外径分厘卡或量规检验，见图 4-28a；花键槽宽度用样板规检验，常用样板规见图 4-28b。

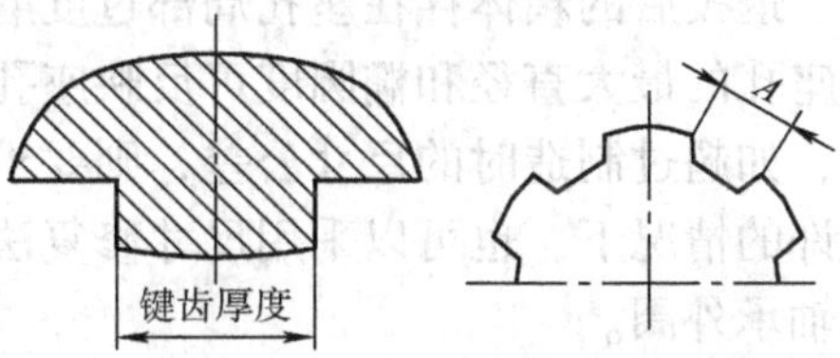

图 4-27　键齿厚度与键槽宽度

在轴颈的一端或两端有承受推力的台肩端面，应检测轴颈的长度和圆角圆弧半径等参数。对再制造生产厂，可采用如图 4-29 所示的卡规等界限量规来测定轴颈的磨损量，提高工作效率。

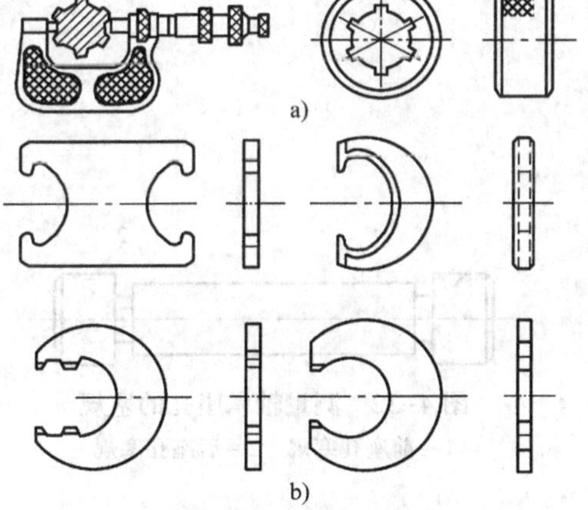

图 4-28　花键轴检测量规

a）花键轴内径和外径及花键的宽度检验　b）常用样板规

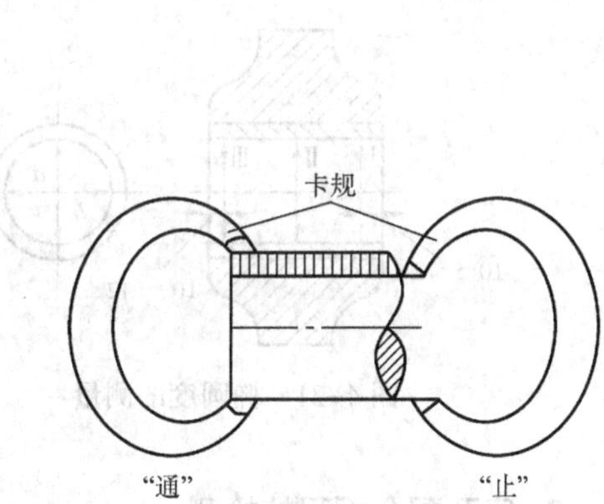

图 4-29　卡规

4.6.2 箱体类零件的检测

箱体是传动系统中支撑各传动零件、形成密闭内环境的重要零件。箱体件在工作中的损坏主要是支撑孔的磨损、变形等原因造成的几何尺寸的变化，因此在拆解后，应对其进行以下所述的检测。

1. 箱体结合面平面度的检测

检测时可将两个相互结合的零件（如变速箱上、下箱体）扣合在一起或将零件平面向下放在平台上。当呈稳定接触时，用厚薄规沿四周进行测量，见图 4-30。此时测得的最大间隙就是表面的平面度。如不是稳定接触时，最大间隙与该部位摆动时的间隙变动量的半值之差为平面度误差。

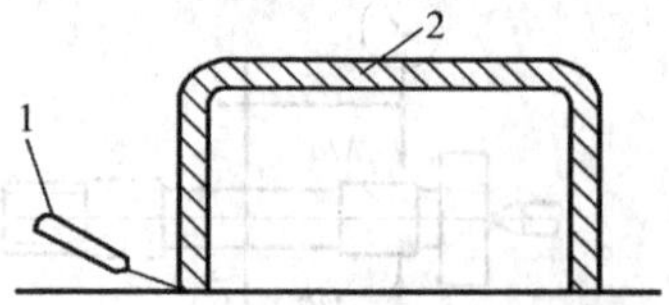

图 4-30 箱体结合面的平面度检测

1—厚薄规 2—箱体

2. 箱体轴承座孔变形与磨损的检测

退役后的箱体存在座孔局部过度磨损或尺寸变大以及座孔变形失圆等失效情况。测量箱体座孔的最大直径和椭圆度可反映座孔的变形和磨损情况。用内径百分表检查轴承座孔的直径，如超过制造时的尺寸公差，则要求通过热喷涂或刷镀等恢复其原来的尺寸公差范围。在允许的情况下，也可以采用尺寸修复法，即通过刮削轴承座孔，消除失圆，并选配与其配合的轴承外圈。

随零件工作条件的不同，座孔的检测项目也不同。座孔的椭圆度是在垂直于其轴线的截面上所测得的最大与最小直径之差，如图 4-31 中 a 与 b 之差的绝对值；而内锥度是在轴线方向的一定长度内，两个横截面上的直径之差与该长度之比，见图 4-31 的左图。对于箱体类零件上的孔（如变速箱轴承固定套座孔、轮毂轴承座孔等）来说，由于长度较短，只需测量其最大直径和椭圆度，可不测量其内锥度。

测量座孔应采用内径分厘卡、游标卡尺或塞规。图 4-32 中是鉴定轴承座孔用的塞规，其一端塞规用于鉴定前滚动轴承座孔，另一端塞规用于鉴定后滚动轴承座孔。磨损后出现台阶的孔不宜采用塞规。

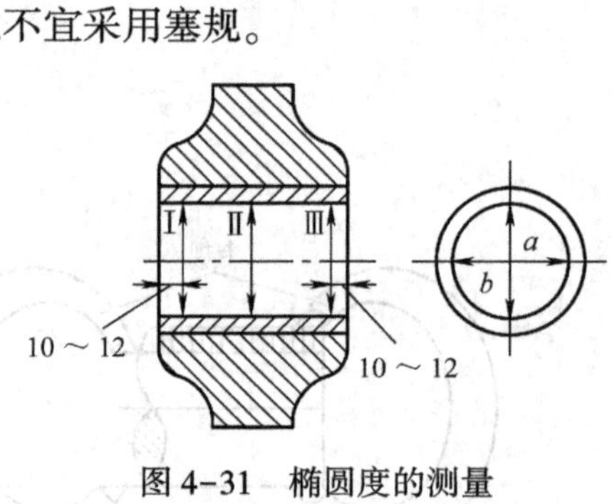

图 4-31 椭圆度的测量

图 4-32 测量轴承座孔的塞规

1—前座孔塞规 2—后座孔塞规

3. 座孔配合面积的检测

对于箱体上的轴承座孔来说，通常要求轴承、轴承固定套能与箱体紧密结合。常用印油法进行贴合度鉴定，方法如下：清理干净座孔表面后，在与座孔配合的零件外表面均匀地涂上一层印油，然后将其安装到相应的座孔上，适当转动零件，再将配合件取走，测量座孔内表面沾有印油的面积与总面积的百分比。一般来说，这个比例应大于65%。

4. 座孔平行度的检测

座孔平行度包括座孔之间的平行度和座孔与结合面之间的平行度。座孔与结合面平行度的测量如图 4-33 所示。测量前，应先检查壳体平面是否符合技术要求，然后将平面部分放在平台上，在被测箱体的座孔中装上定心套和测量轴，用百分表测量出同一测量轴两端的高度差，同一测量轴两端的高度差值，即为轴承座孔与箱体平面的平行度。座孔之间平行度的测量如图 4-34 所示。测量前，在被测箱体的座孔中装上定心套和测量轴，用外径分厘卡测出两轴间的距离，其距离的差值，就是两座孔中心线在全长上的平行度。

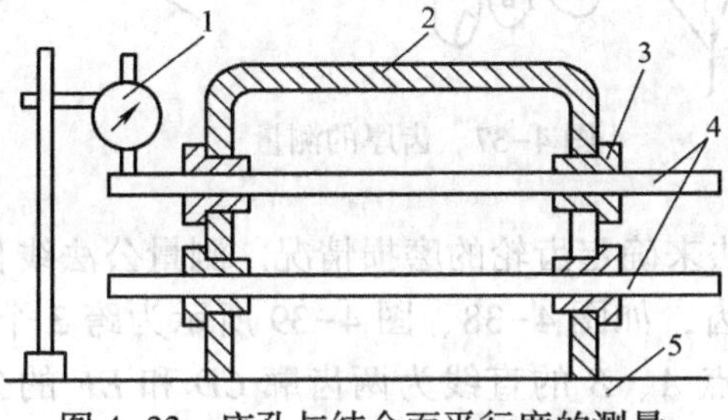

图 4-33　座孔与结合面平行度的测量
1—百分表　2—被测箱体　3—衬套
4—测量轴　5—平板

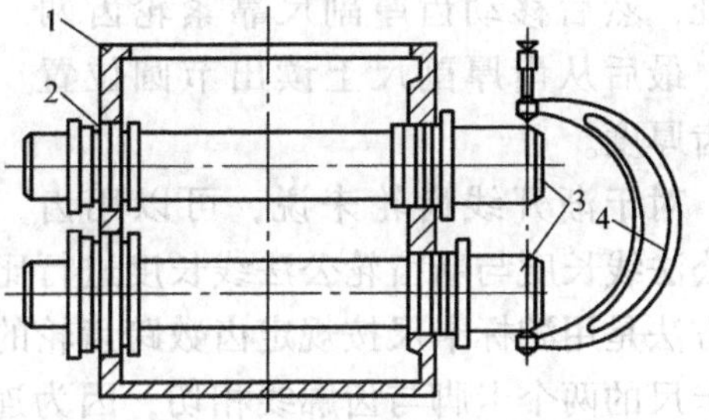

图 4-34　座孔之间平行度的测量
1—被测箱体　2—定位套　3—测量轴
4—外径分厘卡

5. 座孔垂直度的检测

对于含有圆锥齿轮对的箱体来说，相互垂直的两个传动轴的座孔垂直度是影响圆锥齿轮装配质量的重要因素，在箱体鉴定中应进行鉴定。检测两轴孔中心线是否垂直以及是否在同一平面的方法参照图 4-35，将检验棒 1、2 分别插入箱体 3 的座孔中，检验棒 2 的小轴颈能顺利地穿入检验棒 1 的横孔，说明两孔中心线垂直并且处在同一平面内。圆锥齿轮中心线夹角的正确性，可用图 4-36 中所示的方法检测。将检验棒 3 和检验样板 2 放好，用塞尺检测样板 *a*、*b* 两点与检验棒 3 之间的间隙，如两处间隙一致，则两孔的中心线垂直。

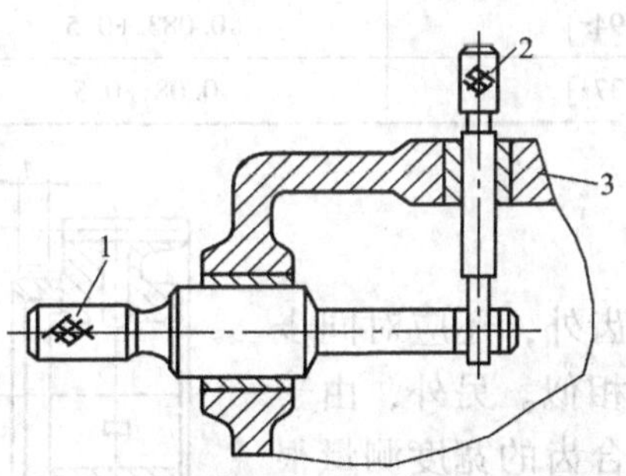

图 4-35　垂直座孔中心线垂直度测量
1、2—检验棒　3—箱体

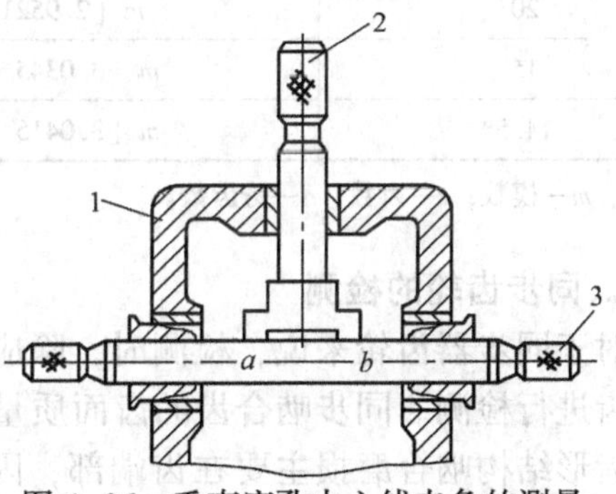

图 4-36　垂直座孔中心线夹角的测量
1—箱体　2—检验样板　3—检验棒

4.6.3　齿轮的检测

齿轮是机械传动装置中的重要零件，起着传递动力和运动的重要功能。同时，由于齿轮始终处于交变载荷的作用下，齿轮承受的载荷很大，工作环境也较严酷，因此齿轮损伤的主要形式是轮齿磨损和变形。齿轮零件几何参数的鉴定与检测通常是指对齿轮轮齿磨损量和变形量的检测。无论是变形还是磨损，其最根本的变化都是轮齿工作表面形状发生改变，进而影响齿轮啮合。而轮齿的检测最主要的就是测量其形状参数，如节圆齿厚、公法线长度等。

1. 齿轮公法线及节圆齿厚的测量

测量轮齿厚度变化可用齿轮游标卡尺测量节圆齿厚的偏差（见图 4-37），也可用样板尺测量。调节卡尺上的齿高副尺，使其位于待测齿轮的齿高数值处，然后移动齿厚副尺靠紧轮齿两面，最后从齿厚副尺上读出节圆位置的齿厚度。

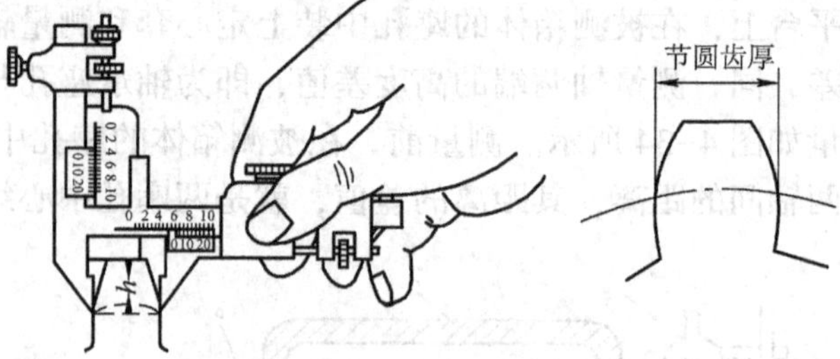

图 4-37　齿厚的测量

对于渐开线齿轮来说，可以用齿轮公法线长度与新齿轮公法线长度进行比较的方法来确定齿轮的磨损情况。测量公法线长度的方法是用游标卡尺按规定齿数跨齿轮的若干个齿，如图 4-38、图 4-39 所示为跨 3 个齿，使卡尺的两个卡脚与齿廓线相切，因为连接两切点 *A*、*B* 的直线为两齿廓 *CD* 和 *EF* 的公法线，测得的尺寸即为其公法线的长度。新齿轮公法线的长度 *L* 的计算参见表 4-12。

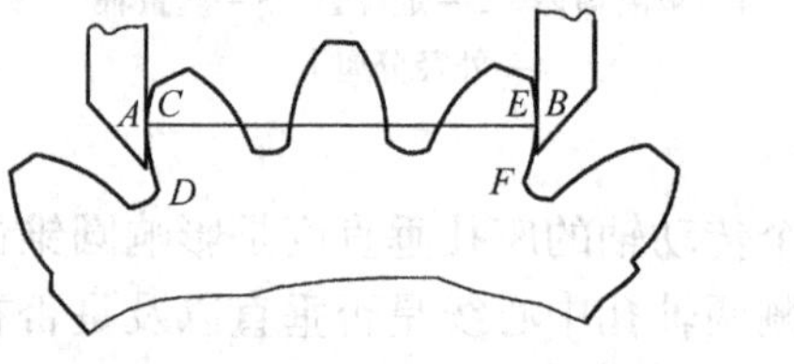

图 4-38　齿轮公法线长度测量

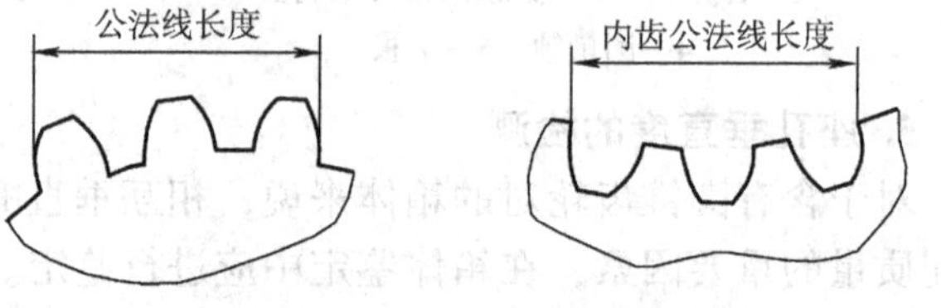

图 4-39　内、外齿结构测量公法线长度的位置

表 4-12　公法线长度简化计算公式

压力角 α	公法线长度 L	跨齿数 n
20°	$m\,[2.9521\ (n-0.5)\ +0.014z]$	$0.111z+0.5$
15°	$m\,[3.0345\ (n-0.5)\ +0.00594z]$	$0.083z+0.5$
14.5°	$m\,[3.0415\ (n-0.5)\ +0.00537z]$	$0.08z+0.5$

注：m—模数；z—齿数；n—跨齿数。

2. 同步齿轮的检测

对于同步器齿轮来说，检测时，除应测量主啮合齿外，还应对同步啮合齿进行检测。同步啮合齿的齿面质量与主啮合齿相似。另外，由于这类齿形结构啮合磨损主要在齿端部，因此，同步啮合齿的宽度测量很重要。具体的技术要求可参见各种产品零件检测技术手册的规定，测量位置在图 4-40 中所示 *A* 处。

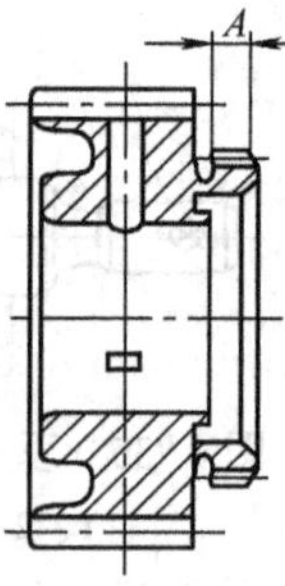

图 4-40　同步啮合齿齿宽测量

3. 花键结构的检测

花键的损伤形式与齿轮基本相似。另外，由于磨损，内、外花键的

配合关系发生变化，例如矩形花键内花键的定心直径的配合间隙降低到 F8（孔的公差带代号）时，应当再制造恢复。对于内外齿式的齿形结构来说，测量公法线的原理是一样的，只是测量的工具、使用方法及测量位置有所变化。

当齿轮上有内花键时，通常应测量齿轮上花键槽的宽度，当宽度过大时，表明其两边的键齿磨损过多。这种齿轮装配后，圆周方向的间隙将大于标准要求，使齿轮在轴上振动。实际测量时，可将齿轮与配合轴装配在一起，然后测量任意一对啮合键齿与齿槽的间隙。通常要求此间隙不超过再制造质量保证所允许标准，其检测方法可参照轴类零件花键的检测。

4.6.4　轴承的检测

轴承是机械系统中的主要零件。与其他零件不同的是，轴承是组件，虽然在使用与维修过程中的损伤形式非常多，但再制造过程中一般主要针对轴承间隙进行检测。通过检测轴承的轴向间隙和径向间隙，可判断轴承的变形、磨损程度。

1. 轴承径向间隙的测量

轴承径向间隙检测的目的是判断轴承滚道与滚动体之间的间隙是否大于规定值。轴承径向间隙的检测可采用专用设备检测或用塞尺进行检测两种方法。

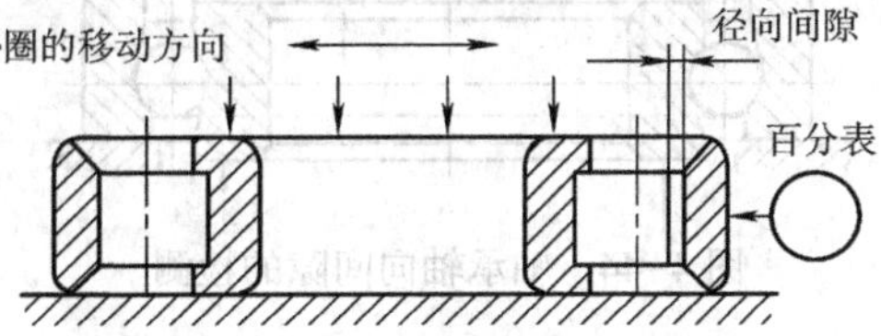

图 4-41　轴承径向间隙的检测

向心球轴承及向心滚子轴承的径向间隙可用百分表鉴定。检查径向间隙时，可按图 4-41，将内圈固定，来回移动外圈，百分表指针摆动量即为轴承的径向间隙。为精确检测轴承的径向间隙，也可使用图 4-42 中的专用检查支架，原理相同。

单列向心滚子轴承及双列向心球面滚子轴承的径向间隙可用厚薄规检查。检查单列向心滚子轴承径向间隙时，应根据技术条件选择适当厚度的厚薄规，将厚薄规插入滚子与滚道之间测量，插入的长度不应小于滚子长度的一半。有的单列向心滚子轴承内圈带有凸边，检查时应将轴承立于工作台上，检查上方外圈与滚子之间的间隙；若外圈带凸边，应将内圈向上提，检查内圈与滚子之间的间隙。检查双列向心球面滚子轴承的径向间隙时，要用两把厚薄规同时从两边测量（见图 4-43），然后将两边测得的数值相加除以 2，即为径向间隙。

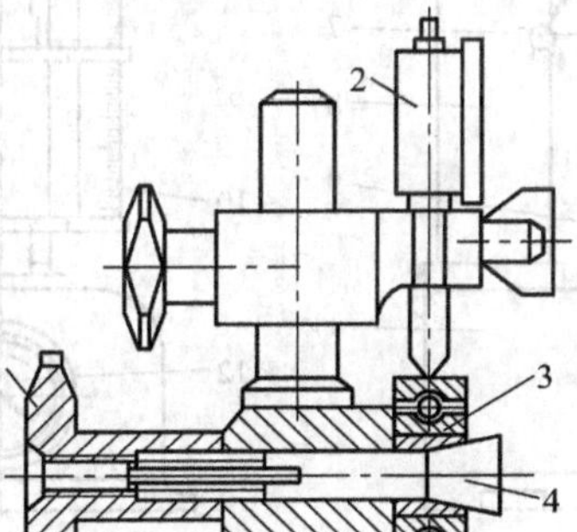

图 4-42　滚动轴承径向间隙的检测

1—定位手柄　2—百分表定位　3—被检轴承　4—心轴

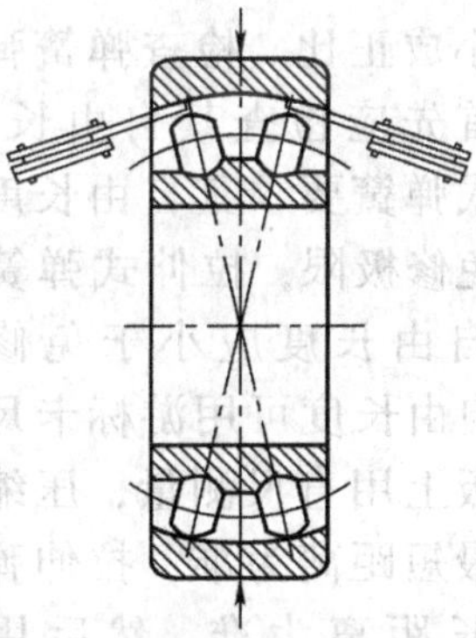
图 4-43　双列向心球面滚子轴承径向间隙检查

2. 轴承轴向间隙的测量

检查轴承轴向间隙既可显示轴承径向间隙的改变情况，也可以显示轴承滚道磨损或变形的程度。但圆柱滚子轴承、圆锥滚子轴承等滚子、内轴承环和外轴承环可分开的轴承不进行轴向间隙的检测。

向心球轴承的轴向间隙可用百分表检测。检查时，按图 4-44 所示，将轴承平放在支架上，使内圈悬浮，将外圈固定，垂直来回移动内圈，百分表指针摆动量即为轴承的轴向间隙。为精确检查轴承的轴向间隙，也可使用图 4-45 中的专用检查支架，检查轴向间隙时，可将外圈固定，上下移动内圈，百分表指针摆动量即为轴承的轴向间隙。

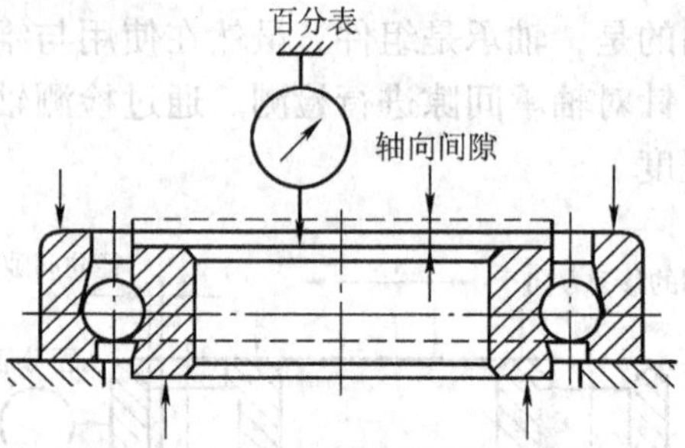

图 4-44　轴承轴向间隙的检测

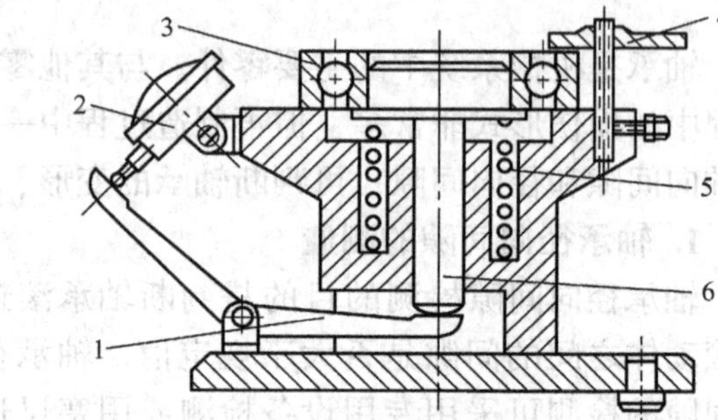

图 4-45　滚动轴承轴向间隙的检测

1—杠杆　2—百分表　3—被检轴承
4—压板　5—弹簧　6—塞杆

4.6.5 弹簧弹性检测

弹簧是设备结构中使用比较多的零件，特别是在发动机、操纵机构、离合器类部件中，弹簧的弹力是确保上述机件准确动作的重要保证。在再制造时，必须对弹簧零件的弹性进行检测，对部件中成组成套的弹簧检测要求更多，也更严格。

弹簧的弹性是线性的，弹簧受力后，其长度变化与作用力大小成正比。检查弹簧弹性时，首先应检查其自由长度，压缩式弹簧要求其自由长度应大于免修极限，拉伸式弹簧要求其自由长度应小于免修极限。自由长度可用游标卡尺或在平板上用直尺测量，压缩弹簧以最短距离为准，拉伸弹簧以最长距离为准。然后用图 4-46 中的仪器加载检验其变形

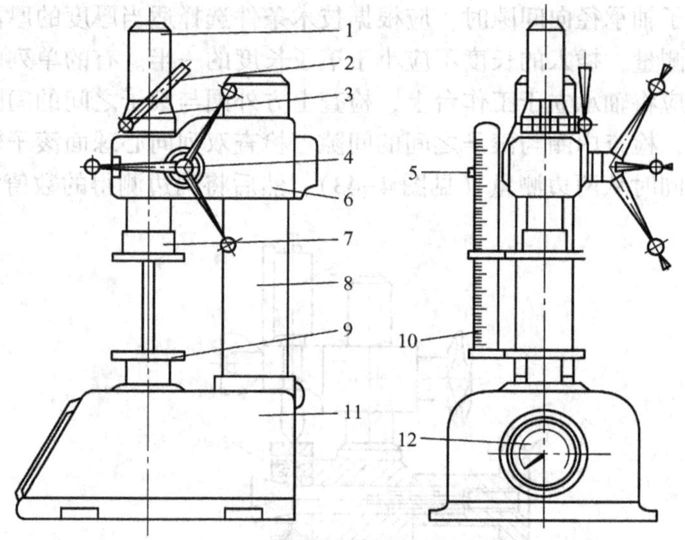

图 4-46　螺旋弹簧弹性检验器

1—压杆　2—限位紧固手柄　3—压杆行程限位座　4—压杆行程调节手柄
5—定位悬臂紧固手柄　6—定位悬臂　7—上压盘　8—支柱　9—下压盘
10—测量刻度尺　11—主体座　12—磅秤表

长度。

弹簧的弹性就是弹簧每单位长度变形所需要的作用力。检查时，可用专用工具把弹簧压缩到规定长度（见图4-47），然后查看所施的力 P 是否符合规定；也可用规定的压力压缩弹簧，而后观察弹簧的压缩长度 L_2 是否符合要求，L_1 为弹簧自由时的长度。除离合器类部件的弹簧外，一般的弹簧可不进行弹力检查，但应进行自由长度、弯曲度及外观等几项检查。

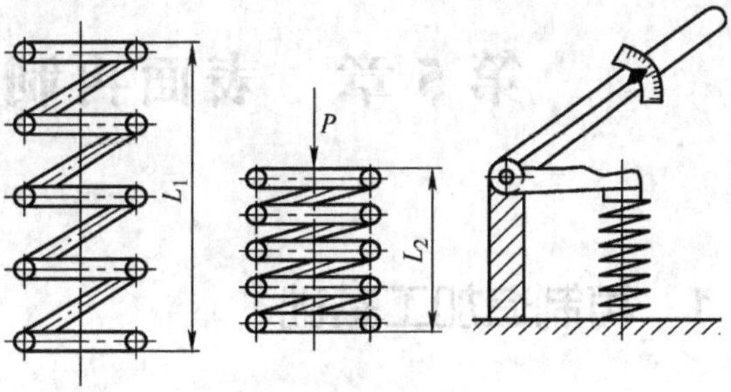

图4-47 弹簧弹力检查

第5章　表面再制造加工技术与工艺

5.1　再制造加工基础

5.1.1　基本概念

退役的机械设备再制造拆解后，有大量的零件因磨损、腐蚀、氧化、刮伤、变形等原因而失去其原有的尺寸及性能，无法再直接使用。针对这些失效的零件，最简单的处理方法是报废并更换新件，但这无疑会造成材料和资金的消耗，采用先进合理的再制造加工工艺对这些废旧失效零件进行再制造加工，恢复其几何尺寸要求及性能要求，可以有效地减少原材料、新备件的消耗，降低废旧机械设备再制造过程中的投入成本，必要时还可以解决难以从国外进口的备件缺乏问题。

再制造加工是指对废旧失效零部件进行几何尺寸和力学性能加工恢复或升级的过程。再制造加工主要有两种方法，即机械加工方法和表面工程技术方法。

实际上大多数失效的金属零部件可以采用再制造加工工艺加以性能恢复。而且通过先进的表面再制造技术，还可以使恢复后的零件性能达到甚至超过新件。如采用等离子热喷涂技术修复的曲轴，因轴颈耐磨性能的提高可以使其寿命超过新轴；采用等离子堆焊恢复的发动机阀门，寿命可达到新品的两倍以上；采用低真空熔覆技术恢复的发动机排气阀门，寿命相当新品的3~5倍。

并非所有拆解后失效的废旧零件都适于再制造加工恢复。一般来说，失效零件可再制造要满足下述条件：

1）再制造加工成本要明显低于新件制造成本。再制造加工主要针对附加值比较高的核心件进行，对低成本的易耗件一般直接进行换件。但当针对某类废旧产品再制造时，无法获得某个备件时，则针对该备件的再制造则通常不把成本问题放在首位，而通过对该零件的再制造加工来保证整体产品再制造的完成。

2）再制造件要能达到原件的配合精度、表面粗糙度、硬度、强度、刚度等技术条件。

3）再制造后零件的寿命至少能维持再制造产品使用的一个正常寿命周期，满足再制造产品性能不低于新品的要求。

4）失效零件本身成分符合环保要求，不含有环境保护法规中禁止使用的有毒有害物质。随着时代发展的要求，使环境保护更被重视和加强，使同一零件在再制造时相对制造时受到更多环境法规的约束，许多原产品制造中允许使用的物质可能在再制造中不允许继续使用，则针对这些零件不进行再制造加工。

失效零件的再制造加工恢复技术及方法涉及许多学科的基础理论，诸如金属材料学、焊接学、电化学、摩擦学、腐蚀与防护理论以及多种机械制造工艺理论。失效零件的再制造加工恢复也是一个实践性很强的专业，其工艺技术内容相当繁多，实践中不存在一种万能技术可以对各种零件进行再制造加工恢复，对一个具体的失效零件经常要复合应用几种技术才能使失效零件的再制造取得良好的质量和效益。

5.1.2　再制造加工方法分类与选择

废旧产品失效零件常用的再制造加工方法可以按照图 5-1 进行分类。

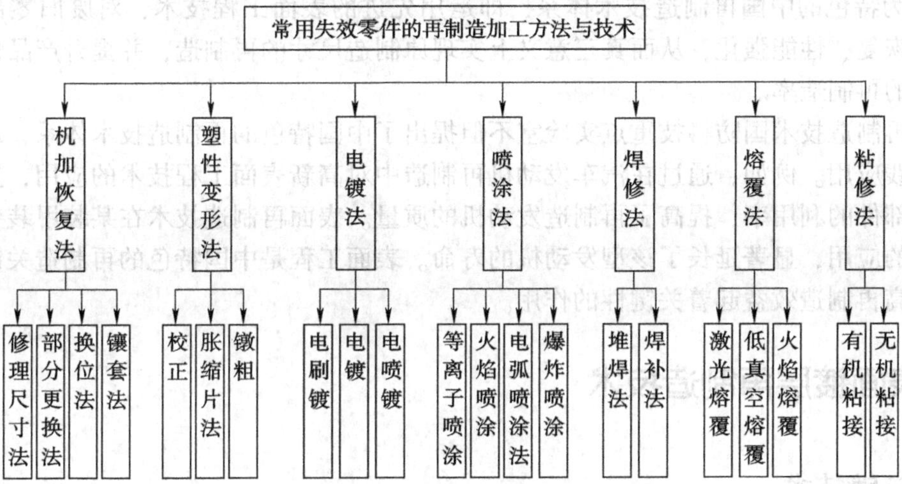

图 5-1　失效零件常用再制造加工方法

再制造加工工艺选择的基本原则是工艺的合理性。所谓合理是指在经济允许、技术具备、符合环保的情况下，所选工艺要尽可能满足对失效零件的尺寸及性能要求，达到质量不低于新品的目标。主要考虑以下因素：

1）再制造加工工艺对零件材质的适应性。

2）各种恢复用覆层工艺可修补的厚度（可参考表 5-1）。

表 5-1　覆层工艺可修补的最佳厚度及结合强度

覆层工艺	镀铬	镀铁	电刷镀镍	金属热喷涂	陶瓷热喷涂	高分子热喷涂	振动堆焊	埋弧堆焊	火焰喷焊	等离子喷焊
最佳厚度/mm	0.04~0.1	0.1~3	0.04~0.2	0.2~3	0.2~0.5	0.5~3	0.3~3	5~20	0.1~3	0.1~5
综合强度/MPa	490	300	400	30	20	30	500	740	500	500

3）各种恢复用覆层与基体结合强度。

4）恢复层的耐磨性。

5）恢复层对零件疲劳强度的影响。

6）再制造加工技术的环保程度。

5.1.3　表面再制造技术的应用

机械设备经长期使用，出现功耗增大、振动加剧、严重泄漏等问题，维修费用过高，一般列为报废。这些现象的发生都是零件磨损、腐蚀、变形、老化，甚至出现裂纹造成的。磨损在零件表面发生，腐蚀从零件表面开始，疲劳裂纹由表面向内延伸，老化是零件表面与介质反应的结果，即使变形，也表现为表面相对位置的错移。所以，“症结”都是表面问题，即产品失效的主要原因是零部件表面磨损。在再制造过程中利用“表面工程”技术，就可以对废旧产品的零部件进行高技术恢复或性能提升，就能优质、高效、节能、节材、环保地实现产品再生。由此，我国装备再制造技术国防科技重点实验室提出了以“尺寸恢复和性能提升”为特色的中国再制造技术体系，即运用先进的表面工程技术，对废旧零部件进行表面尺寸恢复、性能强化，从而真正意义上实现原制造尺寸的再制造，并提升产品性能，提高废旧件的再制造率。

装备再制造技术国防科技重点实验室不但提出了中国特色的再制造技术体系，还不断地进行了实践应用。例如，通过在汽车发动机再制造中对高新表面工程技术的应用，显著提高了废旧零部件的利用率，提高了再制造发动机的质量。表面再制造技术在某装甲装备发动机再制造中的应用，显著延长了该型发动机的寿命。表面工程是中国特色的再制造关键技术之一，对提高再制造效益起着关键性的作用。

5.2 表面镀层再制造技术

5.2.1 电镀技术

5.2.1.1 基本概念

电镀是一种用电化学方法在镀件表面沉积所需形态的金属覆层的工艺。电镀的目的是改善材料的外观，提高材料的各种物理化学性能，赋予材料表面特殊的耐蚀性、耐磨性、装饰性、焊接性及电、磁、光学性能等。为达到上述目的，镀层仅需几微米到几十微米厚。电镀工艺设备较简单，操作条件易于控制，镀层材料广泛，成本较低，因而在工业中广泛应用，也是机件表面再制造的重要技术方法。

不同成分及不同组合方式的镀层具有不同的性能。如何合理选用镀层，其基本原则与通常的选材原则大致相似。首先要了解镀层是否具有所要求的使用性能，然后按照零件的服役条件及使用性能要求，选用适当的镀层，还要按基材的种类和性质，选用相匹配的镀层。例如阳极性或阴极性镀层，特别是当镀层与不同金属零件接触时，更要考虑镀层与接触金属的电极电位差对耐蚀性的影响，或摩擦副是否匹配。另外要依据零件加工工艺选用适当的镀层，例如铝合金镀镍层，镀后常需通过热处理提高结合力，若是时效强化铝合金，镀后热处理将会造成超过时效。此外，要考虑镀覆工艺的经济性。

5.2.1.2 镀铬

1. 基本特点

镀铬是用电解法修复零件的最有效方法之一。它不仅可修复磨损表面的尺寸，而且能改善零件的表面性能，特别是提高表面耐磨性。镀铬具有以下特点：

1）镀铬层的化学稳定性好，摩擦系数小，硬度高达400~1200HV，比零件淬火层还硬，有较好的耐磨性。

2）通过调节控制电解规范可得到不同性质的镀铬层，镀层与基体金属结合强度高，甚至高于它自身晶格间的结合强度。

3）镀铬层有较好的耐热性，在480℃以下不变色，500℃以上开始氧化，700℃时硬度才显著下降，镀铬过程不会使零件产生内应力和变形，铬层能在较高温度下工作。

4）抗腐蚀能力强，铬层与有机酸、硫、硫化物、稀硫酸、硝酸、碳酸盐和碱等均不起作用，能长期保持其光泽，使外表美观。

5）镀铬层性脆，不宜承受分布不均匀的载荷，不能抗冲击，当镀层厚度超过0.5mm时，结合强度和疲劳强度降低，不宜修复磨损量较大的零件。

6）沉积效率低，润滑性能不好，工艺较复杂，成本高，一般不重要的零件不宜采用。

2. 镀铬工艺

1）镀前准备，进行机械加工；绝缘处理，采用护屏；脱脂和除去氧化皮；进行刻蚀处理。

2）装挂具吊入镀槽进行电镀，根据镀铬层要求选定镀铬规范，按时间控制镀层厚度。

3）镀后加工及处理，镀后首先检查镀层质量，测量镀后尺寸。不合格时，用酸洗或反极退镀，重新电镀。通常镀后要进行磨削加工。镀层薄时，可直接镀到尺寸要求；对镀层过厚的重要零件应进行热处理，以提高镀层韧性和结合强度。

镀铬的一般工艺虽得到了广泛应用，但因电流效率低、沉积速度慢、工作稳定性差、生产周期长、经常分析和校正电解液等缺点，所以研究发展了以下新的镀铬工艺。

1）快速镀铬。快速镀铬是通过改变电解液的成分，加大电流密度而得到的。一种是采用比标准镀铬溶液中铬酐浓度低得多的电解液镀铬，即低铬镀铬，它的电流效率较高，电解液稳定，镀层晶粒细密、光亮、结合强度高，硬度也高；另一种是在电解液中加入某些阴离子或金属盐镀铬，即复合镀铬，它可以提高电流效率、铬层质量，减少气孔；还有一种是铬酐和硫酸用量之比（质量比）为200∶1时，再加入5g/L的氟硅酸，制成阴极电流效率较高的快速镀铬溶液，收到了较好的效果。

2）无槽镀铬。无槽镀铬是在辅助容器内或零件本身中空部位注入少量流动的电解液进行电镀的，适于大轮廓的零件镀铬。

3）喷流镀铬。喷流镀铬是用电解液喷流来进行电镀的，它可减少零件的绝缘工作，随时检查镀层质量。

4）三价铬镀铬。三价铬镀铬是以氯化铬为主盐的电解液，还含有氯化铵、氯化钠、硼酸、二甲基甲酰胺等材料，采用石墨作阳极。三价铬镀铬的最大优点是毒性小、无有害气体产生，另外其均镀能力较好，工艺简单，无特殊要求，不受电流中断的影响，耐腐蚀性能也比六价铬高。缺点是经济性不好、镀层不厚，只能在3μm以下，仅适于装饰性镀铬，还不能用于硬质镀铬。

5）快速自调镀铬。快速自调镀铬是用有限溶解盐硫酸锶和氟硅酸钾代替硫酸，加入铬酸溶液而配成自动调节电解液，解决普通硫酸镀铬的缺点。这种新工艺的优点如下：生产率高，电流效率可达17%~24%，镀层厚达1mm或更大，物理性能和力学性能很高；当电解液成分改变、电流密度和温度有很大波动时，仍能获得高质量的镀铬层；成本低。

5.2.2　化学镀技术

1. 基本概念及工艺

化学镀是指在没有外电流通过的情况下，利用化学方法使溶液中的金属离子被催化还原为金属，并沉积在经活化处理的基体表面而形成镀层的一种表面技术。化学镀靠基体的自催化活性起镀，利用溶液中的还原剂将金属离子还原为金属原子并沉积在基体表面形成镀层，无需外加电流作用，所以化学镀又称为无电镀或不通电镀，化学镀过程中还原金属离子所需的电子由还原剂供给，其金属沉积过程是纯化学反应。

化学镀工艺包括镀前预处理、施镀操作和镀后处理。镀前预处理一般包括除锈、除油、清洗、活化、化学镀镍等。根据镀层使用目的不同，其镀后处理包括清洗、干燥、除氢、热处理、打磨抛光、钝化、活化等不同步骤。化学镀施镀过程中，必须严格控制其镀液成分和施镀工艺参数。化学镀技术的核心是镀液。

采用化学镀首先获得成功的是单金属镍、钴沉积；然后是金、银、铜和铂族金属，如铂、钯、铑等；再次是具有特殊用途的铟、锡等。有些元素，如磷、钒、铬、锰、铁、锌、钼、镉、钨、铼、铊、铅等，虽然不能单独析出，但是可以通过诱导共析。若把这些金属元素相互组合，用化学镀方法可以获得更多种类的合金镀层。其中，只有能与非金属共沉积的极少的合金镀层结构为非晶态，如Ni-P和Ni-B合金。近年来，又发展了化学复合镀，如制备含有微米颗粒或纳米颗粒的镍基或铜基等化学复合镀层，扩大了化学镀的应用领域。

2. 化学镀的特点及应用

与电镀工艺相比，化学镀具有以下特点：

1）镀层厚度非常均匀，化学镀液的分散能力接近，无明显的边缘效应，几乎是基材（工件）形状的复制，因此特别适于形状复杂工件、腔体件、深孔件、不通孔件、管件内壁等表面的施镀。镀层厚度易于控制，表面光洁平整，一般均不需要镀后加工，适宜做加工件超差的修复及选择性施镀。

2）通过敏化、活化等前处理，化学镀可以在非金属（如塑料、玻璃、陶瓷及半导体材料）表面上进行，而电镀法只能在导体表面上施镀，所以化学镀工艺是非金属表面金属化的常用方法，也是非导体材料电镀前做导电底层的方法。

3）工艺设备简单，不需要电源、输电系统及辅助电极，操作时只需把工件正确悬挂在镀液中即可。

4）化学镀是靠基材自催化活性而起镀的，因此化学镀层厚度非常均匀，晶粒细小致密、孔隙率低，其结合力一般均优于电镀。

5）化学镀层（如镍、铜等）具有光亮或半光亮的外观，并且有耐磨、耐蚀、高硬度、焊接性好、具有磁性等性能，某些化学镀层还具有特殊的物理化学性能。

6）化学镀沉积金属和合金的品种少于电镀，且工艺成本较高。

化学镀镍技术在军事工业中得到了广泛而重要的应用，尤其在军舰及军用车辆等零部件表面制备耐蚀耐磨保护层时获得了很好的应用效果。比如，航空母舰上飞机弹射机罩和轨道的化学镀镍保护，可使弹射系统的使用寿命延长14~18年。军用车辆的车轴采用化学镀镍层保护，防止道路泥浆和盐水的腐蚀和磨损；坦克后视镜和铝质雷达波导管等通过表面化学镀镍处理，制作耐蚀耐磨保护层。

5.2.3 电刷镀技术

1. 基本原理

电刷镀是电镀的一种特殊方式，不用镀槽，只需要在不断供给电解液的条件下，用一支镀笔在工件表面上进行擦拭，从而获得电镀层。所以，刷镀又称无槽电镀和涂镀。

电刷镀是在金属工件表面局部快速电化学沉积金属的新技术，图 5-2 为其原理示意。转动的工件接直流电的负极，正极与镀笔相接。镀笔通常采用高纯细石墨块作阳极材料，石墨块外面包裹上棉花和耐磨的涤棉套。镀笔端部的不溶性石墨电极用脱脂棉包住，刷镀时使浸满镀液的镀笔以一定的相对运动速度在工件表面上移动，并保持适当的压力。这样，在镀笔与工件接触的那些部位，镀液中的金属离子在电场力的作用下扩散到工件表面，并在工件表面获得电子被还原成金属原子，这些金属原子沉积结晶就形成了镀层。随着刷镀时间的增长镀层增厚，可达到自 0.01mm 直至 0.5mm 以上的厚度。

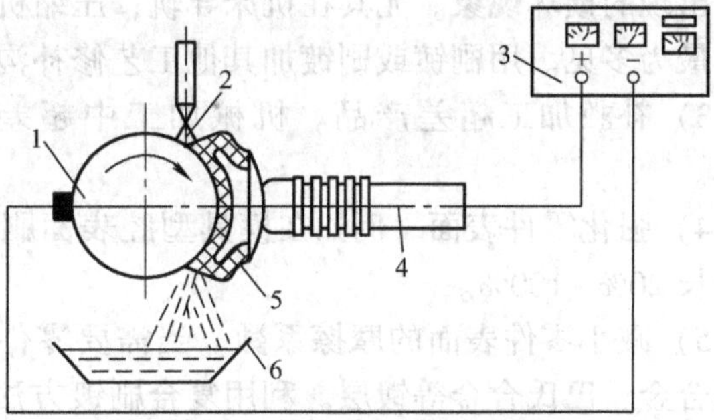

图 5-2　电刷镀基本原理示意

1—工件　2—镀液　3—电源　4—镀笔　5—脱脂棉　6—容器

2. 技术特点

电刷镀技术的基本原理与槽镀相同，但它却有着区别于槽镀的许多特点。正是这些特点带来了电刷镀技术的一系列优点，其主要特点包括以下三个方面：

1）设备特点。电刷镀设备多为便携式或可移动式，体积小、重量轻，便于拿到现场使用或进行野外抢修。不需要镀槽，也不需要挂具，设备数量大大减少，占用场地少，设备对场地设施的要求大大降低。一套设备可以完成多种镀层的刷镀。镀笔（阳极）材料主要采用高纯细石墨，是不溶性阳极。石墨的形状可根据需要制成各种样式，以适应被镀工件表面形状为宜。刷镀某些镀液时，也可以采用金属材料作阳极。设备的用电量、用水量比槽镀少得多，可以节约能源、资源。

2）镀液特点。电刷镀溶液大多数是金属有机络合物水溶液，络合物在水中有相当大的溶解度，并且有很好的稳定性，因而镀液中金属离子含量通常比槽镀高几倍到几十倍。不同镀液有不同的颜色，透明清晰，没有浑浊或沉淀现象，便于鉴别。性能稳定，能在较宽的电流密度和温度范围内使用，使用过程中不必调整金属离子浓度。不燃、不爆、无毒性，大多数镀液接近中性，腐蚀性小，因而能保证手工操作的安全，也便于运输和储存。镀液固化技术和固体制剂的研制成功，给镀液的运输、保管带来了极大的方便。

3）工艺特点。电刷镀区别于电镀（槽镀）的最大工艺特点是镀笔与工件必须保持一定的相对运动速度，镀笔散热条件好，不易使工件过热。镀笔的移动限制了晶粒的长大和排列，因而镀层中存在大量的超细晶粒和高密度的位错，实现了镀层强化。镀液能随镀笔及时供送到工件表面，缩短了金属离子扩散过程，不易产生金属离子贫乏现象。镀液中金属离子含量很高，允许使用比槽镀大得多的电流密度，因而镀层的沉积速度快。使用手工操作，方便灵活，尤其对于复杂型面来说，凡是镀笔能触及到的地方均可镀上，适于大设备的不解体现场修理。

3. 应用范围

1）恢复磨损零件的几何参数精度。在工业领域中，因机械设备零部件磨损造成的经济损失十分巨大，用电刷镀恢复磨损零件的尺寸精度和几何精度是行之有效的方法。

2）填补零件表面的划伤沟槽、压坑。零件表面的划伤沟槽、压坑，是运行的机械设备经常出现的损坏现象。尤其在机床导轨，压缩机的缸体、活塞，液压设备的油缸、柱塞等零件上最为多见。用刷镀或刷镀加其他工艺修补沟槽、压坑是一种既快又好的方法。

3）补救加工超差产品。机械加工中超差的零件非常适合用电刷镀修复，提高成品率。

4）强化零件表面。例如在模具型腔表面刷镀 0.01～0.02mm 的非晶态镀层，可以使寿命延长 20%～100%。

5）减小零件表面的摩擦系数。当需要零件表面具有良好的减摩性时，可选用铟、锡、铟锡合金、巴氏合金等镀层。利用复合刷镀方法，在镍镀液中加入二硫化钼、石墨等微粉，也可减小镀层的摩擦系数，并起到自润滑作用。

6）提高零件表面的防腐性。当要求零件具有良好的防腐性时，可根据防腐要求和零件工作条件选择镀层，其中阴极性镀层有金、银、镍、铬等，阳极性镀层有锌、镉等。

7）装饰零件表面。如在金属制品、首饰上镀金、银层会使这些制品更为珍贵。还可以在一些金属、非金属制品上进行仿古刷镀，如在一些工艺品上刷镀仿青铜色。

5.2.4　纳米复合电刷镀技术

1. 技术原理

纳米复合电刷镀技术是指采用电刷镀技术进行产品再制造时，把具有特定性能的纳米颗粒加入电刷镀液中，获得纳米颗粒弥散分布的复合电刷镀涂层，提高产品零件表面性能。

纳米复合电刷镀技术的基本原理与普通电刷镀技术相似，采用专用的直流电源设备，并使电源的正极接镀笔，作为刷镀时的阳极，电源的负极接工件，作为刷镀时的阴极。镀笔通常采用高纯细石墨块作阳极材料，石墨块外面包裹上棉花和耐磨的涤棉套。刷镀时使浸满复合镀液的镀笔以一定的相对运动速度在工件表面上移动，并保持适当的压力。在镀笔与工件接触的部位，复合镀液中的金属离子在电场力的作用下扩散到工件表面，并在工件表面获得电子被还原成金属原子，这些金属原子在工件表面沉积结晶，形成复合镀层的金属基质相。复合镀液中的纳米颗粒在电场力作用下或在络合离子挟持作用下沉积到工件表面，成为复合镀层的颗粒增强相。纳米颗粒与金属发生共沉积，形成复合电刷镀层。随着电刷镀时间的增长，电刷镀层逐渐增厚。

2. 技术特点

纳米复合电刷镀技术是一种新兴的复合电刷镀技术，因此它具有普通电刷镀技术的一般特点。另外，纳米复合电刷镀技术又具有不同于普通电刷镀技术的独有特点，主要表现在电刷镀液、镀层组织和性能等方面。

1）纳米复合电刷镀镀液中含有纳米尺度的不溶性固体颗粒，纳米颗粒的存在并不显著影响镀液的性质（酸碱性、导电性、耗电性等）和沉积性能（镀层沉积速度、镀覆面积等）。

2）纳米复合电刷镀技术获得的复合刷镀层组织更致密、晶粒更细小，复合刷镀层纤维组织特点为纳米颗粒弥散分布在金属基相中，基相组织主要由微纳米晶构成。

3）纳米复合刷镀层的耐磨性能、高温性能等综合性能优于同种金属镀层，纳米复合刷镀层可在更高的温度下工作。

4）根据加入的纳米颗粒材料体系的不同，可以采用普通镀液体系获得具有耐蚀、润滑减摩、耐磨等多种性能的复合涂层以及功能涂层。

5）在同一基质金属的纳米复合镀层中，纳米不溶性固体颗粒的成分、尺寸、质量分数、纯度等对纳米复合镀层性能有不同程度的影响，优化这些影响因素可以获得性价比最佳的纳米复合镀层，这也是获得含纳米结构的金属陶瓷材料的途径。

6）纳米复合镀技术的关键是制备纳米复合镀溶液。不同材料的纳米复合镀溶液有不尽相同的纳米复合镀工艺，可获得不同性能的纳米复合镀层。

由于以上特点，纳米复合电刷镀成为再制造产品恢复尺寸的重要手段，尤其是在对薄壁件、细长杆、精密件的再制造过程中经常用到。纳米颗粒的加入使镀层的性能大大提高，可解决再制造过程中的许多难题。

3. 技术应用

纳米复合电刷镀技术不仅是表面处理新技术，也是零件再制造的关键技术，还是制造金属陶瓷材料的新方法。纳米复合镀技术是在电镀、电刷镀、化学镀技术基础上发展起来的新技术，它是纳米技术与传统技术的结合，因此，纳米复合镀技术不仅保持了电镀、电刷镀、化学镀的全部功能，而且还拓宽了传统技术的应用范围，获得更广、更好、更强的应用效果。

1）提高零件表面的耐磨性。由于纳米陶瓷颗粒弥散分布在镀层基体金属中，形成了金属陶瓷镀层，镀层基体金属中的无数纳米陶瓷硬质点使镀层的耐磨性显著提高。使用纳米复合镀层可以代替零件镀硬铬、渗碳、渗氮、相变硬化等工艺。

2）降低零件表面的摩擦系数。使用具有润滑减摩作用的纳米不溶性固体颗粒制成纳米复合镀溶液，获得的纳米复合减摩镀层，镀层中弥散分布了无数个固体润滑点，能有效降低摩擦副的摩擦系数，起到固体减摩作用，因而能减少零件表面的磨损，延长零件使用寿命。

3）提高零件表面的高温耐磨性。纳米复合电刷镀技术使用的纳米不溶性固体颗粒多为陶瓷材料，形成的金属陶瓷镀层中的陶瓷相具有优异的耐高温性能。当镀层在较高温度下工作时，陶瓷相能保持优良的高温稳定性，对镀层整体起到支撑作用，有效提高了镀层的高温耐磨性。

4）提高零件表面的抗疲劳性能。许多表面技术获得的涂层能迅速恢复损伤零件的尺寸精度和几何精度，提高零件表面的硬度、耐磨性、防腐性，但都难以承受交变负荷，抗疲劳性能不高。纳米复合镀层有较高的抗疲劳性能，因为纳米复合镀层中无数个纳米不溶性固体颗粒沉积在镀层晶体的缺陷部位，相当于在众多的位错线上打下无数个"限制桩"，这些"限制桩"可有效地阻止晶格滑移。另外，位错是晶体中的内应力源，"限制桩"的存在也改善了晶体的应力状况。因此，纳米复合镀层的抗疲劳性能明显高于普通镀层。但是，如果纳米复合镀层中的纳米不溶性固体颗粒没有打破团聚，颗粒尺寸太大，或配制镀液时颗粒表面没有被充分浸润，那么沉积在复合镀层中的这些"限制桩"很可能就是裂纹源，它不仅不能提高镀层的抗疲劳性能，反而会产生相反的结果。

5）改善有色金属表面的使用性能。许多零件或零件表面使用有色金属制造，主要是为了发挥有色金属导电、导热、减摩、防腐等性能，但有色金属往往因硬度较低，强度较差，造成使用寿命短，易损坏。制备有色金属纳米复合镀层，不仅能保持有色金属固有的各种优良性能，还能改善有色金属的耐磨性、减摩性、防腐性、耐热性。如用纳米复合镀处理电器设备的铜触点、银触点，处理各种铅青铜、锡青铜轴瓦等，都可有效改善其使用性能。

6）实现零件的再制造并提升性能。再制造以废旧零件为毛坯，首先要恢复零件损伤的尺寸精度和几何形状精度。这可先用传统的电镀、电刷镀的方法快速恢复磨损的尺寸，然后使用纳米复合镀技术在尺寸镀层上镀纳米复合镀层作为工作层，以提升零件的表面性能，使其优于新品。这样做，不仅充分利用了废旧零件的剩余价值，而且节省了资源，有利于环保。在某些备件紧缺的情况下，这种方法可能是备件的唯一来源。

纳米颗粒复合电刷镀技术已经在某型坦克磨损失效部分零件再制造中得到了应用。某坦克修理大队采用纳米颗粒复合电刷镀技术对某型坦克的一些重要零件进行了修复，包括负重轮 ϕ180mm 轴承配合内圆表面、带衬套主动轴 ϕ74mm 滚柱配合表面、侧减速器主动轴 ϕ160mm 外圆自压油挡配合表面（见图 5-3）、大制动毂密封盖 ϕ230mm 密封环配合表面（见图 5-4）、变速箱上下箱体 ϕ155mm 中间轴承孔和主轴轴承孔、内垂直轴 ϕ24mm 衬套配合表面等。

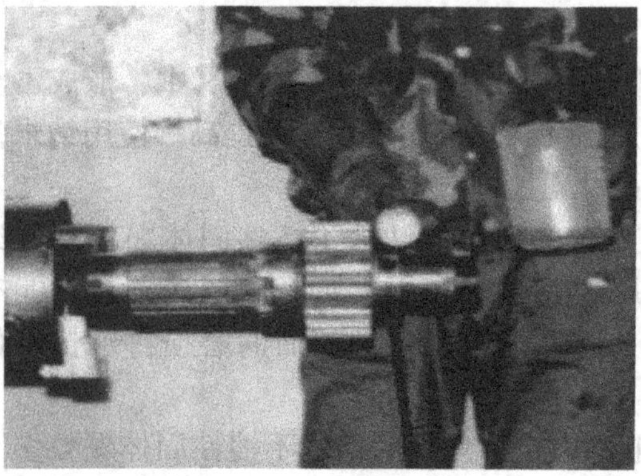

图 5-3　纳米电刷镀修复某型坦克侧减速器主动轴轴头

图 5-4　再制造某型坦克大制动毂密封盖

在车辆零部件的再制造中，根据纳米复合电刷镀技术的特点，可将零部件分为以下几类：

1）销、轴类。当该类零件磨损量不大，没有超过免修极限时，可以采用纳米复合电刷镀技术进行恢复，并选用合适的镀液，通过提高镀层的耐磨性来延长零部件的服役寿命。该类零件包括发动机中的曲轴、凸轮轴轴颈和凸轮、活塞销、副连杆销以及其他轴类零件，变速箱中的主动轴、中间轴、主轴、倒挡轴以及相应的轴承座、风扇传动轴等，侧减速器主被动轴轴头、制动器销等零件。

2）薄壁类零件。该类零件磨损后，用其他方法往往很难修复，或者修复后的后续加工困难，使用纳米复合电刷镀技术，能够精确控制修复层的厚度。该类零件包括回绕挡油盖，弹子盘，传动装置中的活动盘、压缩轮盘、压板、固定盘、活动盘等。

另外，对细长杆类、精密件等零部件也可以采用纳米复合电刷镀技术。

5.3 表面涂层再制造技术

5.3.1 热喷涂技术基础

1. 基本概念

热喷涂技术是指利用热源将金属或非金属材料熔化、半熔化，并以一定速度喷射到设备或其零部件表面形成涂层的方法。喷涂过程中，熔融状粒子撞击基体表面后铺展成薄片状，并瞬间冷却凝固，后续颗粒不断撞击到先前形成的薄片上，堆积形成涂层。热喷涂是产品再制造的一个重要手段，不仅可以恢复产品零件的尺寸，还可以显著提高零部件的表面性能，已经广泛应用于设备零部件的再制造与维修中，产生了显著的综合效益。

热喷涂具有以下特点：喷涂材料的选用范围广泛，几乎包括所有的金属、合金、陶瓷以及塑料等有机高分子材料；涂层的功能多，包括耐磨损、耐腐蚀、耐高温、抗氧化、隔热、导电、绝缘、密封、润滑等；适于各种基体材料，如金属、陶瓷、玻璃等无机材料和塑料、木材、纸等有机材料；被处理零件变性小，涂层厚度容易控制；涂层中存在一定孔隙；涂层与基体的结合机理主要为机械结合。

根据采用的热源不同，热喷涂可按如下分类：以燃烧火焰为热源，包括火焰喷涂、爆炸喷涂、超声速火焰喷涂、塑料喷涂等；以电弧为热源，包括电弧喷涂、高速电弧喷涂等；以等离子弧为热源，包括大气等离子喷涂、超声速等离子喷涂、低压等离子喷涂（真空等离子喷涂）、水稳等离子喷涂等；利用其他热源，包括线爆喷涂、激光喷涂、冷喷涂等。热喷涂涂层通常为层状结构，存在孔隙、不完全熔融粒子、氧化膜等，并有残余应力。

热喷涂材料按形状分类，包括粉末材料、丝材、带材、棒材；按成分分类，包括金属、陶瓷、有机物、复合材料等；按功能分类，包括耐磨损、耐热、抗氧化、耐腐蚀等功能涂层材料。

热喷涂的工艺过程如下：表面预处理，包括表面净化、预加工、粗化等；应用各种喷涂方法进行喷涂；涂层后处理，包括封孔处理、机械加工、热处理等。

2. 基本原理

以粉末喷涂为例，热喷涂过程中，喷涂材料大致经过如下过程：加热→加速→熔化→再加速→撞击基体→冷却凝固→形成涂层，整体过程可近似地分成3个阶段：

1）喷涂材料被加热、加速、熔化。

2）熔化的材料被热气流雾化，进一步加速形成粒子流；熔化的粒子与周围介质发生作用。

3）粒子在基体表面上发生碰撞、变形、凝固和堆积。

喷涂材料与被加热温度的高低、速度的大小、材料的种类、粉末粒度大小、能源种类、喷枪构造、送粉方式等多种因素有关。

3. 工艺特点

热喷涂技术在应用上已由制备装饰性涂层发展为制备各种功能性涂层，如耐磨、抗氧化、隔热、导电、绝缘、减摩、润滑、防辐射等涂层，着眼于改善表面的材质，这比起整体提高材质要经济得多，广泛应用于修复和制造。由于涂层材料优异，用其再制造后零件的寿命不仅达到了新产品的寿命，而且对产品质量还起到了改善作用，因此在新产品设计时就应考虑到应用热喷涂这一表面工程技术。表 5-2 和表 5-3 分别列出了热喷涂工艺的特点及热喷涂与其他方法的比较。

表 5-2　热喷涂工艺特点

	等离子喷涂法	火焰喷涂法	电弧喷涂法	气体爆燃式喷涂法
冲击速度/（m/s）	400	150	200	1500
近似温度值/℃	12000	3000	5000	4000
典型涂层孔隙率（%）	1~10	10~15	10~15	1~2
典型涂层结合强度	30~70	5~10	10~20	80~100
优点	孔隙率低，结合性好，多用途，基材温度低，污染低	设备简单，工艺灵活	成本低，效率高，污染低，基材温度低	孔隙率非常低，结合性极佳，基材温度低
限制	成本较高	通常孔隙率高，结合性差，对工件要加热	只应用于导电喷涂材料，通常孔隙率较高	成本高，效率低

表 5-3　热喷涂与常用表面技术的比较

	热喷涂法	焊接法	电镀法
尺寸	手工操作时无限制，否则受装置的限制	无限制	受电镀槽尺寸的限制
几何形状	通常只适于简单形状	对小孔有困难	范围很广
零件的材料	几乎不受限制	金属	导电物
表面材料	几乎不受限制	金属	金属、简单合金
厚度/mm	1~25	≤25	≤1
孔隙率	1%~15%	通常无	通常无
结合强度	一般	高	良好
热输入	低	通常很高	无
预处理	喷砂	机械清洁	化学清洁和刻蚀
后处理	通常不需要	消除应力	消除应力和脆性
公差	相当低	高	良好
可达到的表面粗糙度	相当好	一般	极佳
沉积率/（kg/h）	1~30	1~70	0.25~0.5

5.3.2　高速电弧喷涂技术

1. 基本原理及特点

高速电弧喷涂是以电弧为热源，将熔化的金属丝用高速气流雾化，并以高速喷射到工件表面形成涂层的一种工艺，电弧喷涂原理示意见图 5-5。该技术可赋予工件表面优异的耐磨、防腐、防滑、耐高温等性能，在机械产品修复和再制造领域中获得广泛的应用。

高速射流电弧喷涂是利用新型拉瓦尔喷管设计和改进喷涂枪，采用高压空气流作雾化气流，可加速熔滴的脱离，使熔滴加速度显著增加并提高电弧的稳定性。

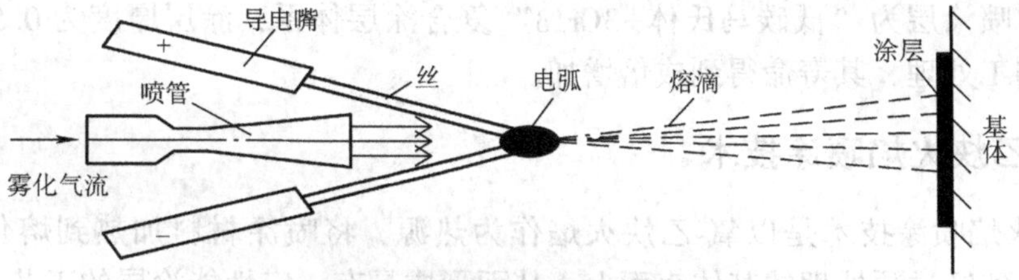

图 5-5　高速电弧喷涂示意图

2. 工艺特点

新型高速电弧喷涂与普通电弧喷涂相比，具有显著的优点。

1）熔滴速度显著提高，雾化效果明显改善。在距喷涂枪喷嘴轴向 80mm 范围内的气流速度达 600m/s 以上，而普通电弧喷涂枪仅为 200~375m/s；最高熔滴速度达到 350m/s；熔滴平均直径为普通喷涂枪雾化粒子的 1/3~1/8。

2）涂层的结合强度显著提高。高速电弧喷涂防腐用 Al 涂层和耐磨用 3Cr13 涂层的结合强度分别超过 20MPa 和 30MPa，是普通电弧喷涂层的 1~2 倍。

3）涂层的孔隙率低。高速电弧喷涂 3Cr13 涂层孔隙率小于 2%，而相应的普通电弧喷涂层孔隙率大于 5%。

3. 在再制造中的应用

高速电弧喷涂技术在腐蚀防护以及设备零件的再制造、维修等领域都得到了广泛的应用，在车辆的再制造过程中，高速电弧喷涂技术可用于下列零件。

1）轴类零件。有许多较大的轴类零件，例如发动机曲轴、变速箱的各个传动轴等，这类零件的轴颈常因磨损而失效，当其磨损量较大时，即可用高速电弧喷涂技术进行再制造。例如发动机曲轴承受冲击载荷和循环应力，轴颈处磨损量较大，对恢复涂层要求具有良好的耐磨性、较高的结合强度和硬度，因此采用高速电弧喷涂 3Cr13 耐磨涂层进行再制造。经过表面预处理后，为了提高结合强度，根据曲轴材料选用 ϕ3mm 铝青铜作为喷涂打底材料、ϕ3mm 3Cr13 作为工作涂层，恢复轴颈尺寸。喷涂后用专用车刀车削加工，留下磨削余量，然后在曲轴磨床上磨削至标准尺寸。经检验，磨削后的涂层表面致密无气孔和砂眼，无裂纹、起皮和剥落，表面粗糙度达到使用要求。

2）箱体、轴承座、盘、壁类零件。发动机、变速箱、传动箱等箱体类零件所用材料为铸铝合金，由于恶劣的工况，造成上下箱体配合面磨损或划伤，从而使得其内部零件无法正常运转。对这些配合面磨削加工后，即可用高速电弧喷涂技术进行再制造。一些轴承座类零件也存在同样的问题，比如传动箱中的主、被动齿轮轴承座，其与密封环配合处会磨损出槽或者划伤而使密封效果下降。行星转向机的行星框架、大制动毂密封盖、左右轴承盖、压缩轮盘等盘、壁类零件均有类似缺陷存在，也都可以用该技术再制造。

3）气缸套、活塞。发动机中的气缸套处于高温工作环境中，其外部的冷却水对缸套外壁造成水冷穴蚀。活塞裙部与气缸在高温磨损作用下也很容易失效。通过喷涂不同的涂层，可以恢复这两类零件的性能。

另外，高速电弧喷涂技术还可以提高零部件耐磨性能。如某化工厂蒸汽锅炉的引风机在工作过程中，由于空气中含有灰尘等物质，造成高速运转的叶片在进口处严重磨损，使得引风机叶轮的平均寿命只有一年左右。采用高速电弧喷涂技术对一台新引风机叶轮的叶片进行了耐磨处理，喷涂层为“低碳马氏体+3Cr13”复合涂层体系，涂层厚度为0.5mm，表面未经任何机械加工处理，其寿命得到成倍增加。

5.3.3　氧-乙炔火焰喷涂技术

氧-乙炔火焰喷涂技术是以氧-乙炔火焰作为热源，将喷涂材料加热到熔化或半熔化状态，高速喷射到经过预处理的基体表面上，从而形成具有一定性能涂层的工艺。其喷涂材料包括线材（或棒材）和粉末两种。

图5-6为氧-乙炔火焰丝材喷涂原理示意图，它以氧-乙炔火焰作为加热金属丝材的热源，使金属丝端部连续被加热达到熔化状态，借助压缩空气将熔化状态的丝材金属雾化成微粒，喷射到经过预处理的基体表面而形成牢固结合的涂层。氧-乙炔火焰丝材喷涂与粉末材料喷涂相比，装置简单，操作方便，容易实现连续均匀送料，喷涂质量稳定，喷涂效率高，耗能少，涂层氧化物夹杂少，气孔率低，对环境污染小。可用于在大型钢铁构件上喷涂锌、铝或锌铝合金，制备长效防护涂层；在机械零部件上喷涂不锈钢、镍铬合金及有色金属等，制备防腐蚀涂层；在机械零件上喷涂碳钢、铬、钼钢等，用于恢复尺寸并赋予零件表面以良好的耐磨性。

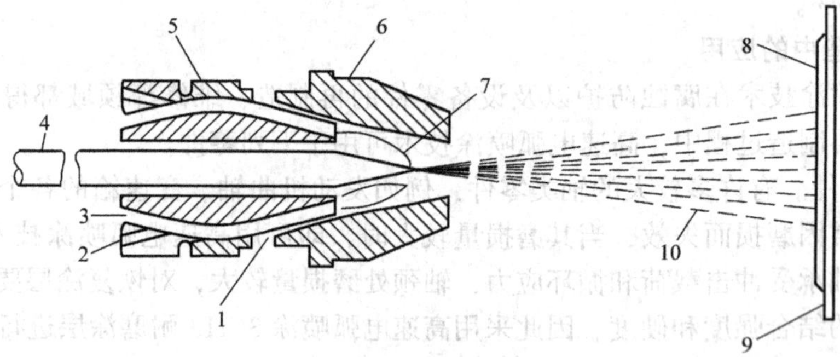

图5-6　氧-乙炔火焰丝材喷涂原理示意图

1—空气通道　2—燃料气体　3—氧气　4—丝材或棒材　5—气体喷嘴　6—空气罩　7—燃烧气体　8—喷涂层　9—制备好的基材　10—喷涂射流

图5-7所示为氧-乙炔火焰粉末喷涂原理简图，喷枪通过气阀分别引入乙炔和氧气，经混合后，从喷嘴环形孔或梅花孔喷出，产生燃烧火焰。喷枪上设有粉斗或进粉管，利用送粉气流产生的负压与粉末自身重力作用，抽吸粉斗中的粉末，使粉末颗粒随气流从喷嘴中心进入火焰，粒子被加热熔化或软化成为熔融粒子，焰流推动熔滴以一定速度撞击在基体表面形成扁平粒子，不断沉积形成涂层。为了提高熔滴的速度，有的喷枪设置有压缩空气喷嘴，由压缩空气给熔滴以附加的推动力。与喷枪分离的送粉装置借助压缩

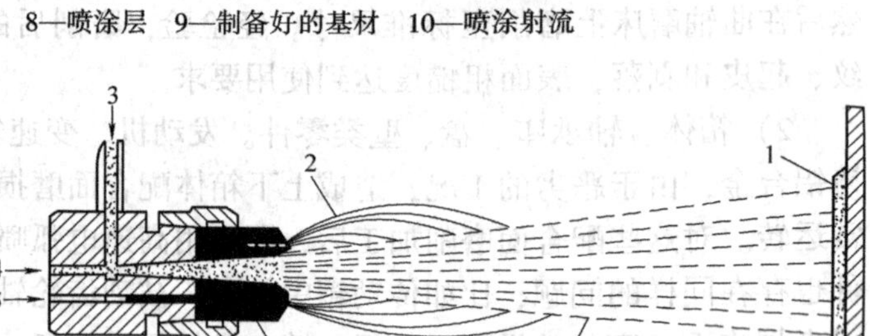

图5-7　氧-乙炔火焰粉末喷涂原理简图

1—涂层　2—燃烧火焰　3—粉末　4—氧气　5—乙炔气体　6—喷嘴　7—喷涂射流　8—基体

空气或惰性气体，通过软管将粉末送入喷枪。

氧-乙炔火焰粉末喷涂具有设备简单，工艺操作简便，应用广泛灵活，适应性强，经济性好，噪声低等特点，是目前普遍应用的一种热喷涂技术。该方法广泛用于在机械零部件和化工容器、辊筒表面制备耐蚀、耐磨涂层。在无法采用等离子喷涂的场合（如现场施工），用此法可方便地喷涂粉末材料。对喷枪喷嘴部分作适当变动后，还可用于喷涂塑料粉末。

5.3.4　微纳米等离子喷涂技术

1. 技术原理

超声速等离子喷涂是在高能等离子喷涂（80kW 级）的基础上，利用非转移型等离子弧与高速气流混合时出现的“扩展弧”得到稳定聚集的超声速等离子射流进行喷涂的方法。该喷枪的原理示意见图 5-8。

采用超声速等离子喷涂技术制备微纳米结构耐磨涂层及功能涂层具有广阔的应用前景。纳米材料热喷涂原理如图 5-9 所示，传统热喷涂层（WC/Co）和纳米结构热喷涂层的制备过程如图 5-10 所示。

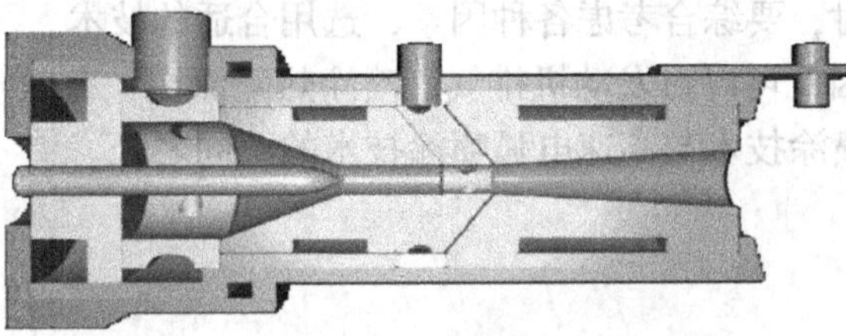

图 5-8　超声速等离子喷枪的原理示意

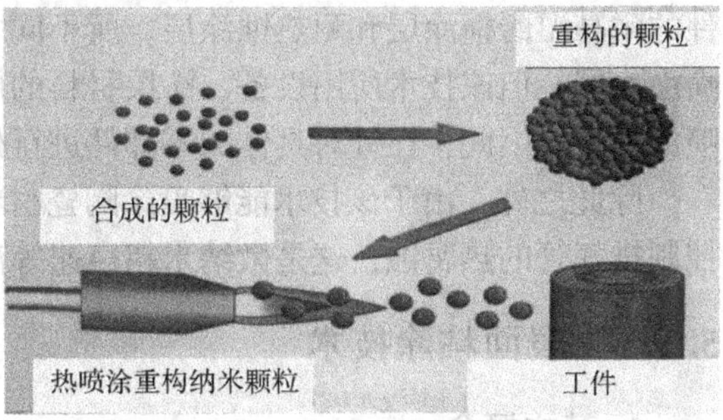

图 5-9　纳米材料热喷涂原理

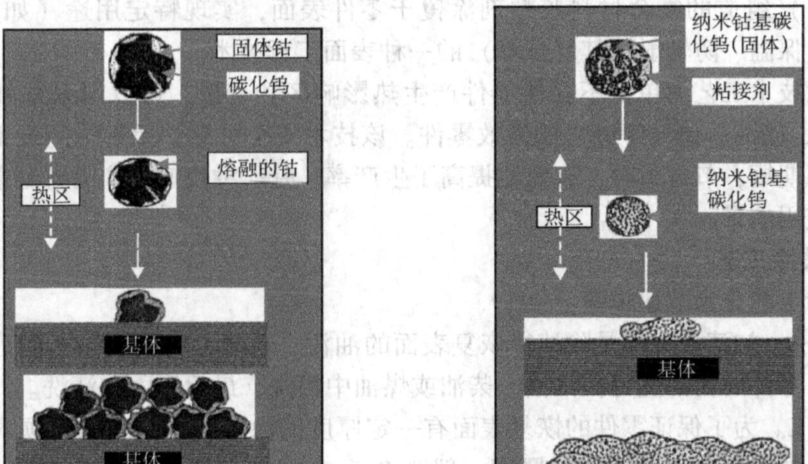

图 5-10　传统热喷涂层和纳米结构热喷涂层的制备过程

a）传统热喷涂层　b）纳米结构热喷涂层

2. 技术特点

微纳米超声速等离子喷涂具有一般热喷涂技术的特点，如零件尺寸不受严格限制、基体材质广泛、加工余量小、可用于喷涂强化普通基材零件表面等优点。另外，由于形成了微纳米结构涂层，该技术还具有以下主要特点：

1）零件无变形，不改变基体金属的热处理性质。因此，对一些高强度钢材及薄壁零件、细长零件可以实施喷涂。

2）涂层的种类多。由于等离子焰流的温度高，可以将各种喷涂材料加热到熔融状态，因而可提供等离子喷涂用的材料非常广泛，从而也可以得到多种性能的喷涂层。特别适于喷涂陶瓷等难熔材料。

3）工艺稳定，涂层质量高。与传统热喷涂相比，涂层的结合强度和硬度显著提高，在耐磨、耐蚀、耐高温等方面的应用得到广泛拓展。

3. 技术应用

在车辆零部件的再制造过程中，微纳米超声速等离子喷涂技术与高速电弧喷涂技术一样，可以用于轴类零件、箱体、轴承座、盘、壁类零件配合面的耐磨涂层，气缸套、活塞等零件的耐高温磨损涂层和耐热蚀涂层。所不同之处在于，微纳米结构涂层的性能要好于高速电弧喷涂涂层，但该技术所用设备、涂层材料的成本等均要高于电弧喷涂，即经济性不如高速电弧喷涂技术。因此，在针对具体的零部件进行处理时，要综合考虑各种因素，选用合适的技术。

除此之外，由于该技术能够喷涂陶瓷材料，因此可以对发动机排气管喷涂热障涂层，有效控制排气管的热腐蚀，这是微纳米超声速等离子喷涂技术与高速电弧喷涂技术的不同之处。

5.3.5 表面粘涂技术

1. 基本概念

表面粘涂技术是指以高分子聚合物与特殊填料（如石墨、二硫化钼、金属粉末、陶瓷粉末和纤维等）组成的复合材料胶粘剂涂覆于零件表面，实现特定用途（如耐磨、抗蚀、绝缘、导电、保温、防辐射及其复合等）的一种表面工程技术。

表面粘涂技术工艺简单，不会使零件产生热影响区和变形，可以用来修补有爆炸危险（如井下设备、储油、储气管道）的失效零件。该技术安全可靠，无需专门设备，可现场作业，再制造周期短，节省工时，有效地提高了生产率，是一种快速价廉的再制造技术，有着十分广泛的应用前景。

2. 表面粘涂工艺

表面粘涂工艺分为下述步骤：

1）初清洗。初清洗主要是除掉待恢复表面的油污、锈迹，以便测量、制订粘涂恢复工艺和预加工。零件的初清洗可在汽油、柴油或煤油中粗洗，最后用丙酮清洗。

2）预加工。为了保证零件的恢复表面有一定厚度的涂层，在涂胶前必须对零件进行机械加工，零件的待修表面的预加工厚度一般为0.5~3mm。为了有效地防止涂层边缘损伤，待粘涂面加工时，两侧应该留1~2mm宽的边。为了增强涂层与基体的结合强度，被粘涂面应加工成“锯齿形”，带有齿形的粗糙表面可以增加粘涂面积，提高粘涂强度。

3）最后清洗及活化处理。最后清洗可用丙酮清洗；有条件时可以对粘涂表面喷砂，进行粗化活化处理，彻底清除表面氧化层；也可进行火焰处理、化学处理等，以提高粘涂表面活性。

4）配胶。粘涂层材料通常由两组分组成。为了获得最佳效果，必须按比例配制。粘涂材料在完全搅拌均匀之后，应立即使用。

5）粘涂涂层。涂层的施工有刮涂法、刷涂压印法、模具成形法等。

6）固化。涂层的固化反应速度与环境温度有关，温度高时固化快。一般涂层室温固化需24h，达到最高性能需7天，若加温80℃固化，则只需2~3h。

7）修整、清理或后加工。不需后续加工的涂层，可用锯片、锉刀等修整零件边缘多余的粘涂料。涂层表面若有大于1mm的气孔时，先用丙酮清洗干净，再用胶修补，固化后研干。

对于需要后续加工的涂层来说，可用车削或磨削的方法进行加工，以达到恢复尺寸和精度的目的。

3. 表面粘涂技术的应用

近几十年来，随着新型粘涂剂不断出现，表面粘涂技术得到了较大发展，在设备维修与再制造领域中应用十分广泛，不仅用于密封、堵漏、绝缘、导电，还广泛应用于修补零件上的多种缺陷，如裂纹、划伤、尺寸超差、铸造缺陷等。表面粘涂技术在设备维修与再制造领域的应用如下：

1）铸造缺陷的修补。铸造缺陷（气孔、缩孔）一直是耗费资金的大问题。修复不合格铸件常规方法需要熟练工人，耗费时间，并消耗大量材料；采用表面粘涂技术修补铸造缺陷简便易行，省时省工且效果良好，修补后的颜色可保持与铸铁、铸钢、铸铝、铸铜一致。例如，天津某厂生产的一大批大型阀门（内径约1.6m），内圈加工后发现有大量气孔，采用TG919导电胶填补气孔，再在表面刷镀镍，不仅达到了密封的目的，而且表面美观。

2）零件磨损及尺寸超差的恢复。零件磨损后，采用耐磨修补胶直接涂覆于磨损的表面，然后采用机械加工或打磨，使零件尺寸恢复到设计要求。该方法与传统的堆焊、热喷涂、电镀、电刷镀方法相比，具有可修复对温度敏感性强的金属零部件的优势和修复层厚度可调的特点。德国研制的爱司凯西（SKC）及钻石（DIAMANT）两大系列冷粘耐磨涂层，较早地在重型龙门铣床的工作台导轨、横梁导轨、液压活塞等部件上使用，效果很好。我国广州机床研究所研制的HNT环氧耐磨涂层材料是国内较早研制出的产品，用于机床导轨或其他摩擦面；襄樊市胶粘技术研究所研制的AR-4、AR-5，装甲兵工程学院研制的TG系列超金属修补剂都广泛地应用于机械零部件耐磨损和耐腐蚀修复及预保护处理等领域，收到了很好的使用效果。

此外，还可利用粘涂固体润滑膜，解决火箭、飞船等机械摩擦副的润滑难题；采用表面粘涂层来恢复和预保护化工管道、船舶壳体和螺旋桨等；修复液压缸体、机床导轨的划伤，恢复磨损及加工超差的零件到设计尺寸；解决密封和耐腐蚀等问题。

但由于胶粘剂性能的局限性，目前其应用受到下述限制：

1）表面粘涂层在湿热、冷热交变、冲击条件下，以及其他复杂环境条件下工作寿命有限。

2）有机胶粘剂构成的表面粘涂层耐温性不高，一般不超过350℃。无机胶粘剂可耐1000℃高温，陶瓷胶粘剂耐温达2000℃以上，但较脆。

3）表面涂层有较高的抗拉、剪切强度，但抗剥离强度较低。

4）使用有机胶粘剂，尤其是溶剂型胶粘剂存在易燃、有毒等安全问题。

随着材料科学的发展，胶粘剂性能也在大力改进。提高涂层结合强度和快速固化的性能，发展新的环保型、耐高温、长寿命、强度高和具有特殊功能的纳米胶粘剂是粘接技术的主要发展方向。

5.4 表面覆层再制造技术

5.4.1 焊接技术

通过加热或加压，或两者并用，再加入或不加入填充材料，使焊件连接在一起的方法叫焊接。根据提供的热源不同可分为电弧焊、气焊等，而根据焊接工艺的不同可分为焊补、堆焊、钎焊等。

5.4.1.1 焊补

1. 铸铁件的焊补

铸铁零件在机械设备零件中所占的比例较大，且多数为重要的基础件。由于铸铁件大多体积大，结构复杂，制造周期长，有较高精度要求，且无备件，一旦损坏很难更换，所以，焊接是铸件修复与再制造的主要方法之一。

由于铸铁焊接性较差，在焊接过程中可能产生热裂纹、气孔、白口组织及变形等缺陷。对铸铁进行焊补时，应采取一些必要的技术措施保证焊接质量，如选择性能好的铸铁焊条、做好焊前准备工作（如清洗、预热等）、控制冷却速度、焊后要缓冷等。

铸铁件的焊补主要应用于裂纹、破断、磨损、气孔、熔渣杂质等缺陷的修复。焊补的铸件主要是灰铸铁，白口铸铁则很少应用。铸铁件的焊补分为热焊和冷焊两种，应根据铸铁件外形、强度、加工性、工作环境等条件进行选择。

1）热焊。热焊是焊前对工件进行高温预热（呈暗红色约600~700℃），焊后加热、保温、缓冷。用气焊或电弧焊均可达到满意的效果，特别适于形状复杂的铸铁件毛坯或在加工过程中发现有铸造缺陷时的修复，也适于精度要求不太高或焊后可通过机械加工修整达到精度要求的铸铁件修复与再制造。主要用于小型或个别有特殊要求的铸件焊补。

2）冷焊。冷焊是在不对铸件预热或预热温度低于400℃的情况下进行，一般采用手工电弧焊或半自动电弧焊。冷焊操作简便，劳动条件好，施焊的时间较短，应用范围广泛，一般铸铁件多采用冷焊。冷焊工艺如下：

① 焊前准备。了解零件的结构、尺寸、损坏情况及原因、组织状态、焊接操作条件、应达到的要求等情况，决定再制造方案及措施；清洗表面；检查损伤情况，对未断件应找出裂纹的端点位置，钻止裂孔；对断裂零件合拢夹固、点焊定位；坡口制备，一般为V形坡口，薄壁件开较浅的尖角坡口；烘干焊条，工件火烤脱脂；低温预热工件，小件用电炉均匀预热至50~60℃，大件用氧-乙炔焰虚火对焊接部件较大面积进行烘烤。

② 施焊。要采用小电流、分段、分层、锤击工艺，以减少焊接应力和变形，并限制基体金属成分对焊缝的影响，这是电弧冷焊的工艺要点。冷焊时用手工气焊应注意采用“加热减应”焊补。“加热减应”又叫“对称加热”，就是在焊补时，另外用焊炬对焊件已选定的部位加热，以减少焊接应力和变形，这个加热部位就叫“减应区”。用“加热减应”焊补的关键在于确定合适的“减应区”。“减应区”加热或冷却不影响焊缝的膨胀和收缩，它应选在零件棱角、边缘和加强肋等强度较高的部位。

③ 焊后处理。为缓解内应力，焊后工件必须保温和缓慢冷却，清除焊渣，检查质量。

铸铁零件常用的焊补方法见表5-4。

表 5-4 铸铁零件常用的焊补方法

焊补方法		要点	优点	缺点	适用范围
气焊	热焊	焊前预热到 650～700℃，保温缓冷	焊缝强度高，裂纹、气孔少，不易产生白口，易于修复加工，价格较低	工艺复杂，加热时间长，容易变形，准备工序的成本高，修复周期长	焊补非边角部位，焊缝质量要求高的场合
气焊	冷焊	不预热，焊接过程中采用“加热减应”法	不易产生白口，焊缝质量好，基体温度低，成本低，易于修复加工	要求焊工技术水平高，对结构复杂的零件难以进行全方位焊补	适于焊补边角部位
电弧焊	冷焊	用铜铁焊条冷焊	焊件变形小，焊缝强度高，焊条便宜，劳动强度低	易产生白口组织，切削加工性差	用于焊后不需加工的凝结零件，应用广泛
电弧焊	冷焊	用镍基焊条冷焊	焊件变形小，焊缝强度高，焊条便宜，劳动强度低，切削加工性能极好	要求严格	用于零件的重要部位，薄壁件修补，焊后需加工
电弧焊	冷焊	用纯铁芯焊条或低碳钢芯铁粉型焊条冷焊	焊接工艺性好，焊接成本低	易产生白口组织，切削加工性差	用于非加工面的焊接
电弧焊	冷焊	用高钒焊条冷焊	焊缝强度高，加工性能好	要求严格	用于焊补强度要求较高的厚件及其他部件
电弧焊	热焊	用钢芯石墨化焊条，预热 400～500℃	焊缝强度与基体相近	工艺较复杂，切削加工性不稳定	用于大型铸件，缺陷在中心部位，而四周刚度大的场合
电弧焊	热焊	用铸铁芯焊条预热、保温、缓冷	焊后易于加工，焊缝性能与基体相近	工艺复杂，易变形	应用范围广泛

2. 有色金属件的焊补

机械设备中常用的有色金属有铜及铜合金、铝及铝合金等，因其导热性好、线胀系数大、熔点低、高温状态下脆性较大及强度低、易氧化，所以可焊性差，焊补比较复杂和困难。

1）铜及铜合金件的焊补。在焊补过程中，铜易氧化，生成氧化亚铜，使焊缝的塑性降低，促使产生裂纹。铜的导热性好，比钢大 5～8 倍，焊补时必须用高而集中的热源。铜的热胀冷缩量大，焊件易变形，内应力增大。合金元素的氧化、蒸发和烧损可改变合金成分，引起焊缝力学性能降低，产生热裂纹、气孔、夹渣。铜在液态时能溶解大量氢气，冷却时过剩的氢气来不及析出，而在焊缝熔合区形成气孔，这是铜及铜合金焊补后常见的缺陷之一。

焊补时必须要做好焊前准备，对焊丝和焊件进行表面清理，开 60°～90°的 V 形坡口。施焊时要注意预热，一般温度为 300～700℃，注意焊补速度，遵守焊补规范并锤击焊缝。气焊时选择合适的火焰，一般为中性焰，电弧焊时则要考虑焊法。焊后要进行热处理。

2）铝及铝合金件的焊补。铝的氧化比铜容易，它生成致密难熔的氧化铝薄膜，熔点很高，焊补时很难熔化，阻碍基体金属的熔合，易造成焊缝金属夹渣，降低力学性能及耐蚀性。铝的吸气性大，液态铝能溶解大量氢气，快速冷却及凝固时，氢气来不及析出，易产生气孔。铝的导热性好，需要高而集中的热源。铝的热胀冷缩严重，易产生变形。由于铝在固液态转变时，无明显的颜色变化，焊补时不易根据颜色变化来判断熔池的温度。铝合金在高温下强度很低，焊补时易引起塌落和焊穿。

3. 钢件的焊补

对钢件进行焊补主要是为了修复裂纹和补偿磨损尺寸。由于钢的种类繁多，所含各种元素在焊补时都会产生一定的影响，因此可焊性差别很大，其中以碳含量的变化最为显著。低碳钢和低碳合金钢在焊补时发生淬硬的倾向较小，有良好的焊接性；随着碳含量的增加，焊接性降低；高碳钢和高碳合金钢在焊补后因温度降低，易发生淬硬倾向，并由于焊区氢气的渗入，使马氏体脆化，易形成裂纹。焊补前的热处理状态对焊补质量也有影响，含碳或合金元素很高的材料都需经热处理后才能使用，损坏后如不经退火就直接焊补比较困难，易产生裂纹。

5.4.1.2 堆焊

堆焊是焊接工艺方法的一种特殊应用，是指将具有一定使用性能的材料借助一定的热源熔覆在母体材料的表面，以赋予母材特殊使用性能或使零件恢复原有形状尺寸的工艺方法。因此，堆焊既可用于修复材料因服役而导致的失效部位，也可用于强化材料或零件的表面，其目的不是为了连接机件，而在于延长服役件的使用寿命，节约贵重材料，降低制造成本。堆焊的材料可以是合金，也可以是金属陶瓷，可以提高零件的性能，例如高的抗磨性、良好的耐蚀性或其他性能。堆焊能使本来用一般材料制作的零件（如普通碳钢零件）通过堆焊一层高合金，使其性能得到明显改善或提高。在零件的再制造过程中，许多表面缺陷都可以通过堆焊消除。

堆焊技术的显著特点是堆焊层与母材具有典型的冶金结合，堆焊层在服役过程中的剥落倾向小，而且可以根据服役性能选择或设计堆焊合金，使材料或零件表面具有良好的耐磨、耐腐蚀、耐高温、耐氧化、耐辐射等性能，在工艺上有很大的灵活性。常用的堆焊方法有下述的几种。

1. 氧-乙炔火焰堆焊

氧-乙炔火焰堆焊的设备可以与气焊和气割设备通用，其与气焊和气割设备的主要区别是焊炬，堆焊焊炬可以根据堆焊材料的形状设计成不同的形式，若堆焊材料为丝或棒，则堆焊焊炬的喷嘴比气焊喷嘴稍大一些就可以了；若堆焊材料为粉末，堆焊焊炬还应具有送粉的功能，结构上变动较大。氧-乙炔火焰堆焊的最大特点是设备简单，移动方便，便于现场堆焊。由于能量密度较低，堆焊过程中母材的熔深可以控制在 0.1mm 以下，因此可以获得较低的稀释率，很容易保证堆焊金属的设计成分，这在堆焊与母材合金成分差别较大且含贵金属元素的堆焊材料时十分重要。

氧-乙炔火焰堆焊方法一般是手工操作，劳动强度大。气体火焰的温度比电弧低，加热速度缓慢，熔覆速度较低，不适于高效率的大面积堆焊。当要求得到高质量的堆焊层时，对焊工的操作技能要求很高。所以，氧-乙炔火焰堆焊主要在批量不大的中、小型零件上进行小面积的堆焊。目前，氧-乙炔火焰堆焊在阀门、犁铧等各种农机具的堆焊中得到了广泛应用。

2. 焊条电弧堆焊

焊条电弧堆焊是手工操作堆焊焊条在电弧作用下熔化并在母材表面形成堆焊层的堆焊方法。铁基、镍基、钴基、铜基等常用的堆焊材料都可以采用焊条电弧堆焊方法。焊条电弧堆焊的设备便宜、轻便、通用性好，特别适于现场堆焊。由于堆焊过程是在焊工的直接观察和操纵下进行的，因而可达性好、灵活性大，适于形状不规则的零件的堆焊，但堆焊质量取决于焊工的水平，对焊工的操作技术要求较高。焊条电弧堆焊的电弧温度较火焰高，能量较集中，工件的变形较小，熔覆速率较高，但熔深较大，稀释率高。焊条电弧堆焊预热与否要视堆焊材料及母材成分和工件刚性大小而定。由于焊条电弧堆焊的生产率较低且劳动条件差，所以主要用于小批量的难焊零件的堆焊和修复堆焊。

3. 埋弧自动堆焊

埋弧自动堆焊又称焊剂层下自动堆焊，是埋弧自动焊的一种。其焊剂对电弧空间有可靠的保护作用，可以减少空气对焊层的不良影响。熔渣的保温作用使熔池内的冶金作用比较完全，因而焊层的化学成分和性能比较均匀，焊层表面也光洁平直，焊层与基体金属结合强度高，能根据需要选用不同焊丝和焊剂以获得希望的堆焊层。与手工堆焊相比，埋弧自动堆焊劳动条件好，生产率提高 10 倍左右，适于堆焊修补面较大、形状不复杂的工件。

图 5-11 是埋弧自动堆焊原理图，电弧在焊剂下形成。由于电弧的高温放热，熔化的金属与焊剂蒸发形成金属蒸气与焊剂蒸气，在焊剂层下造成一密闭的空腔，电弧就在此空腔内燃烧。空腔的上面覆盖着熔化的焊剂层，隔绝了大气对焊缝的影响。由于气体的热膨胀作用，空腔内的蒸气压力略大于大气压力，此压力与电弧的吹力共同把熔化金属挤向后方，加大了基体金属的熔深。与金属一同挤向熔池较冷部分的熔渣相对密度较小，在流动过程中渐渐与金属分离而上浮，最后浮于金属熔池的上部，因其熔点较低，凝固较晚，故减慢了焊缝金属的冷却速度，使液态时间延长，有利于熔渣、金属及气体之间的反应，可更好地清除熔池中的非金属质点、熔渣和气体，可得到化学成分相近的金属焊层。

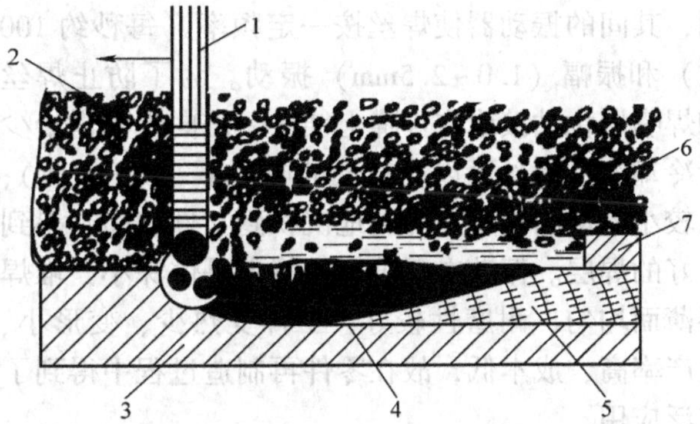

图 5-11　埋弧自动堆焊原理图
1—焊丝　2—焊剂　3—基体　4—熔化金属
5—凝固焊层金属　6—熔渣　7—渣壳

埋弧自动堆焊的工艺规范可根据工件直径从表 5-5 中选取。

表 5-5　埋弧自动堆焊参考规范

工件直径/mm	焊丝直径/mm	堆焊规范		
		电流/A	电压/V	堆焊速度/（mm/s）
60	1.2	110~130	25~28	3.5
90	1.6	150~180	26~29	4.5~5.5
120	2.0	170~200	26~29	5.5~6.6
160	2.0	200~240	27~30	6.6~7.7
200	2.0	220~260	27~30	7.7~8.8

4. 振动电弧堆焊

熔化极气体保护堆焊简称GMAS堆焊，它是在保护气体的氛围中用可熔化的焊丝与母材之间的电弧作为热源，使连续送进的焊丝不断熔化并过渡到母材表面形成堆焊层的一种堆焊方法。由于熔化极气体保护堆焊对熔池的保护简单，堆焊区容易观察，焊枪操作方便，生产效率高，便于实现全位置堆焊和推焊过程的机械化和自动化，因此在生产中被广泛应用。

振动堆焊是熔化极气体保护堆焊的一种特殊类型。这种堆焊过程的实质是焊丝在送进的同时以一定频率和振幅振动，使焊丝与工件周期性短路、放电，焊丝在较低的电压下熔化并稳定地过渡到母材表面形成堆焊层。振动堆焊的工作原理见图5-12所示，堆焊时，焊丝通过送丝机构均匀地送入导电焊嘴2，焊嘴2受交流电磁铁4和调节弹簧9的作用，其间的振动器使焊丝按一定频率（每秒约100次）和振幅（1.0~2.5mm）振动。为了防止焊丝和焊嘴熔化粘接或在焊嘴上结渣，需向焊嘴供给少量冷却液。焊丝可以在较低的电压下（12~22V），以较小的熔滴稳定、均匀地沉积到工件表面，得到良好的焊层。振动电弧堆焊的特点是熔深小，堆焊层薄而均匀、耐磨性较好，工件受热少、变形小、生产率高、成本低，故在零件再制造过程中得到了广泛应用。

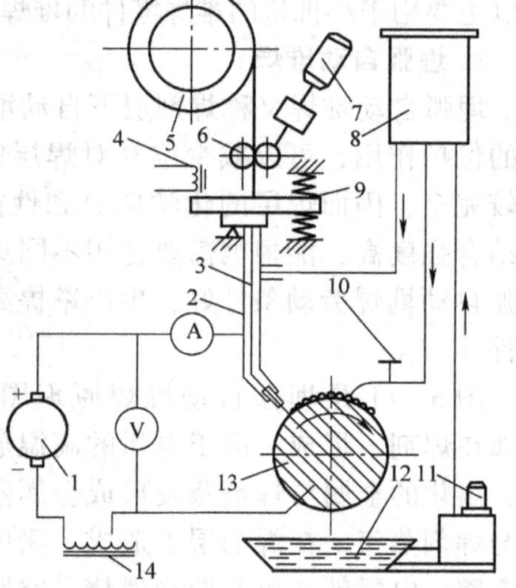

图5-12 振动电弧堆焊示意图

1—电源 2—焊嘴 3—焊丝 4—交流电磁铁 5—焊丝盘 6—送丝轮 7—送丝电动机 8—水箱 9—调节弹簧 10—冷却液供给开关 11—水泵 12—冷却液沉淀箱 13—工件 14—电感线圈

振动电弧堆焊规范参数的选择见表5-6。

表5-6 振动电弧堆焊规范参数选择表

参数名称	选取值	参数名称	选取值	
电源种类和极性	工件接负极，焊丝接正极	振动频率与振幅	一般常用频率为70~100Hz，常用振幅1.5~2.5mm。	
电感	一般选择电感0.6mH左右	送丝速度	当$U_{工作}$为18V时的$v_{丝}$值	
工作电压	高碳钢焊丝选14~17V，中碳钢焊丝选17~20V		焊丝直径/mm	$v_{丝}$/（m/min）
			$\phi1.4$	1.5~2.0
			$\phi1.6$	1.4~1.7
			$\phi1.8$	1.2~1.5
			$\phi2.0$	1.0~1.2
工作电流	要求电流表摆动不超过±10A	堆焊速度	一般选0.3~0.6m/min	

5.4.1.3 钎焊

1. 钎焊的定义及种类

钎焊就是采用比基体金属熔点低的金属材料作钎料，将焊件和钎料加热到高于钎料熔点、低于基体金属熔化温度，利用液态钎料润湿基体金属，填充接头间隙，并与基体金属相互扩散实现连接的一种焊接方法。钎焊根据钎料熔化温度的不同分为两类：

1）软钎焊。软钎焊是用熔点低于450℃的钎料进行的钎焊，也称低温钎焊，如锡焊等，常用的钎料是锡铅焊料。

2）硬钎焊。硬钎焊是用熔点高于450℃的钎料进行的钎焊。常用的钎料有铜锌、铜磷、银基、铝基等。

根据采用的热源不同，钎焊又可分为火焰钎焊、炉中钎焊、高频钎焊等。

2. 特点和应用

钎焊具有温度低、对焊接件组织和力学性能影响小、接头光滑平整、工艺简单、操作方便等优点，但存在接头强度低、熔剂有腐蚀作用等缺点。钎焊适于对强度要求不高的零件产生裂纹或断裂的再制造，尤其适于低速运动零件的研伤、划伤等局部缺陷的恢复。

总之，焊接法在再制造中应用十分广泛，能恢复各种金属材料零件的各种缺陷，设备简单，操作容易，能在任何场合下工作，焊接的结合强度高、质量好，焊接效率高，成本低，灵活性大，能节约大量金属材料，因此在再制造中具有一定的应用前景。

5.4.2　微脉冲冷焊技术

1. 技术原理

微脉冲电阻焊技术利用电流通过电阻产生的高温，将补材施焊到工件母材上去。在有电脉冲的瞬时，电阻热在金属补材和基材之间产生焦耳热，并形成一个微小的熔融区，构成微区脉冲焊接的一个基本修补单元；在无电脉冲的时段，高温状态的工件依靠热传导将前一瞬间形成的熔融区的高温迅速冷却下来。由于无电脉冲的时间足够长，这个冷却过程完成得十分充分。从宏观上看，在施焊修补过程中，工件在修补区整体温升很小。因此，微脉冲电阻焊是一种“冷焊”技术。

GM—3450系列微脉冲冷焊设备有三种机型，一次最大储能分别为125J、250J和375J，整机由主电路、控制电路、保护电路构成。

2. 主要特点

微脉冲电阻焊的主要特点如下：

1）脉冲输出能量小。单个脉冲的最大输出能量为125~250J，与通常的电阻焊机相比，其输出能量小得多。

2）脉冲输出时间短。脉冲输出时间为毫秒级，输出装置提供不超过10ms的电脉冲，即脉冲放电时间不超过10ms。

3）脉冲的占空比很小。脉冲间隔在250~300ms之间，它与脉冲输出时间相比很大，即占空比很小。

4）单个脉冲焊接的区域小。通常焊点直径在0.50~1.00mm之间，比其他焊接方式的焊点小。

3. 试验操作及工艺特点

微脉冲电阻焊试验设备选用GM—3450A型工模具修补机，实际操作如图5-13所示。其主要技术参数如下：电源220V±10%、50Hz，输出脉冲电压在35~450V可调，一次最大储能125J，输出装置提供不超过3ms的电脉冲，脉冲间隔在250~300ms之间（即连续工作模式工作频率 3.6 次/s)。

图 5-13　微脉冲电阻焊焊补操作示意图

在零部件的待修补处，用电极把修补金属和基体金属压紧，当电源设备有电能输出时，修补层金属和基体金属均有部分熔化，形成牢固的冶金结合，从而使零部件恢复尺寸，再经过磨削处理，恢复零部件的表面粗糙度要求即可重新使用。为了使零部件表面缺陷处与修补金属层结合牢固，修补前，还要进行一些预处理工作。首先要使缺陷处表面干净，去油、去锈、去氧化物，使修补金属层与基体可靠接触并形成冶金结合；然后选用合适形状和大小的材料，再选用合适的脉冲电阻焊接工艺进行焊接修补工作。

修补时，当电脉冲输出时，一个脉冲使基材与修补层金属形成一个冶金结合点，单个脉冲输出时即是这种情况。当使用连续脉冲输出模式时，每个脉冲输出情况与单个脉冲时相同，同时电极可以移动，在电极连续移动的过程中，即形成一系列的冶金结合点，这样可得到比较致密的冶金结合的修补层，同时从电源电流输出波形可以看出，电流输出时前沿很陡，而后沿较缓，这样也可使基体温度瞬间提高很快，而温度下降的比较缓慢，因此基体不易出现裂纹。

经过工艺试验，得出如下工艺特点：

1）脉冲电压、电极压力对焊接质量影响较大。在其他参数不变的情况下，电极压力的大小、脉冲电压的增减，对结合强度影响很大。其中，电极压力对较软材料 1Cr18Ni9Ti 的影响比对较硬材料 65Mn 的影响大。

2）表面处理状态对焊接质量的影响明显。

3）电极与补材之间的接触电阻占整个焊接区中总电阻的比例较大，对焊接质量影响较大。如果能够减少电极与补材之间的接触电阻，增大补材与基材之间的接触电阻，将会进一步提高焊接质量。

4. 应用领域

微脉冲修补技术适于对零件局部缺损进行修复，特别适于对经过热处理的、异形表面的、合金含量高的、表面粗糙度要求严格的精密零件的少量缺损的修复，既能修复小工件，也可应用于大型工件。在再制造工程中，特型面微弧脉冲冷焊技术特别适于对旧零件局部损伤（压坑、腐蚀坑、划伤、磨损等）的修补。微脉冲修补技术已在下类零件再制造中得到大量应用：

1）各种模具。修复的模具包括冲压成形模具，如汽车外壳的冲压模，注塑模，如汽车仪表盘注塑模、洗衣机箱体注塑模、计算机软盘注塑模等，陶瓷模具，如建筑陶瓷砖冲压模等。除此之外，还有切料模、木材成形模等精密模具，以及在某些流水线上起模具作用的大型成形工件。

2）精密液压件。如液压柱塞杆、各类液压缸体、油泵和各种阀体的恢复。

3）各种辊类零件的恢复。如塑料薄膜压辊（见图 5-14）、印花布辊子、无纺布压辊等的恢复。

4）各种轴类零件。如电动机转子、发动机的曲轴等的恢复（见图 5-15）。

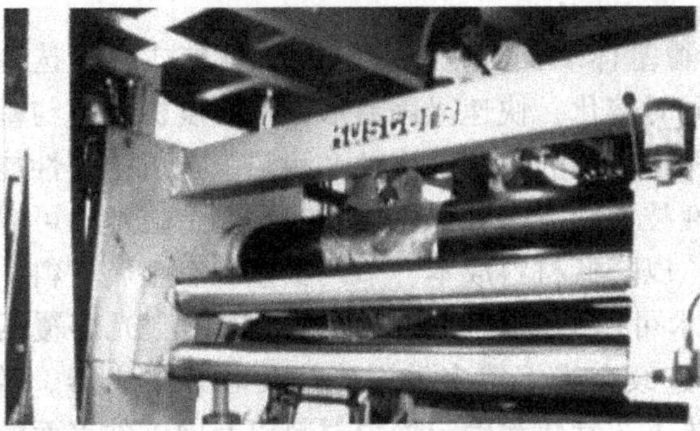

图 5-14 塑料薄膜压辊的修复

图 5-15 机车大曲轴冷焊再制造

5）铸件表面缺陷，特别是一些精密铸件的表面微小缺陷的修补，如机床床面、水泵泵体等。

6）特形表面或异形结构件的恢复，如汽车凸轮轴曲面、机械设备中特形零件（见图 5-16）、多头铣刀盘的刀架等。

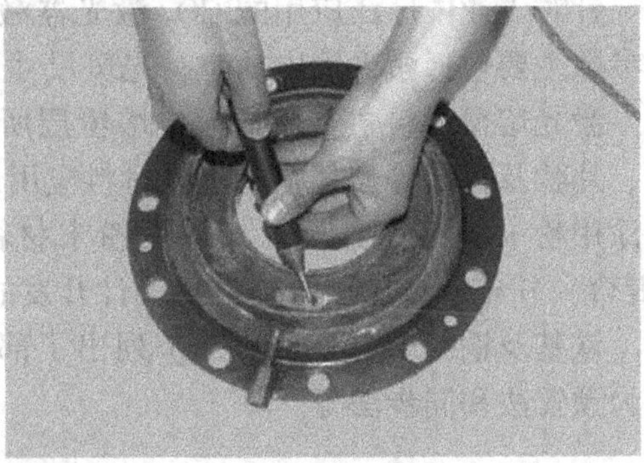

图 5-16 特形表面的修复

这 6 类零件的损伤原因，可以是正常磨损和腐蚀，也可以是事故造成的损伤或铸造缺陷，其损伤形态如均匀磨损、崩棱、钝边、划伤、气孔、砂眼等都可用微脉冲电阻焊修补技术进行恢复。

微脉冲修补技术的出现，实现了修补层与基体结合强度高、母材不产生热变形和热损伤的目的，而且达到了清洁环保、经济实惠的效果，在失效零件的再制造恢复中具有很大的实际应用价值。

5.4.3 激光再制造技术

5.4.3.1 基本概念

激光再制造技术是指应用激光束对废旧零部件进行再制造处理的各种激光技术的统称。按激光束对零件材料作用结果的不同，激光再制造技术主要可分为两大类，即激光表面改性技术和激光加工成形技术。激光再制造技术主要针对表面磨损、腐蚀、冲蚀、缺损等零部件局部损伤及尺寸变化进行结构尺寸恢复，同时提高零部件服役性能，是先进再制造技术的重要组成部分，对恢复废旧产品核心件并提高零件使用性能具有重要作用，在再制造中日益得到应用。图 5-17 列出

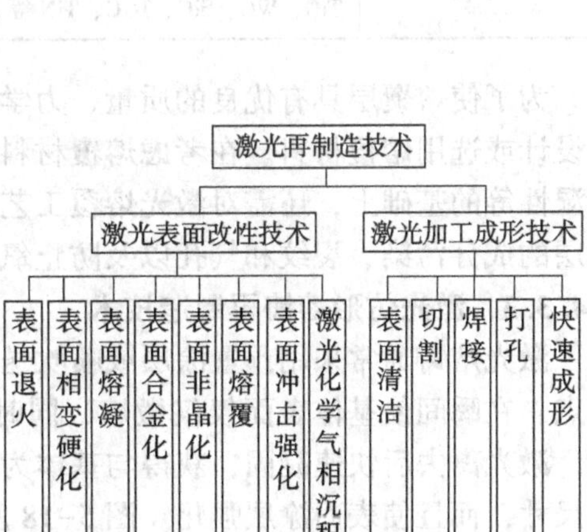

图 5-17 部分常用的激光再制造技术

了部分常用的激光再制造技术。

5.4.3.2 激光熔覆（快速成形）再制造技术

激光熔覆（又称为激光涂覆）是指在被涂覆基体表面上，以不同的添料方式放置选择的涂层材料，经激光辐照使其和基体表面薄层同时熔化，快速凝固后形成稀释度极低、与基体金属成冶金结合的涂层，从而显著改善基体材料表面的耐磨、耐蚀、耐热、抗氧化等性能的工艺方法。它是一种经济效益较高的表面改性技术和废旧零部件维修与再制造技术，可以在低性能廉价钢材上制备出高性能的合金表面，以降低材料成本，节约贵重稀有金属材料。

按照激光束工作方式的不同，激光熔覆技术可以分为脉冲激光熔覆和连续激光熔覆两种。脉冲激光熔覆一般采用 YAG 脉冲激光器，连续激光熔覆多采用连续波 CO_2 激光器。激光熔覆工艺包括两方面，即优化和控制激光加热工艺参数和确定熔覆材料以及向工件表面的供给方式。

针对工业中广泛应用的 CO_2 激光器激光熔覆处理工艺，需要优化和控制的激光熔覆工艺参数主要包括激光输出功率、光斑尺寸及扫描速度等。

激光熔覆材料主要是指形成熔覆层所用的原材料。熔覆材料的状态一般有粉末状、丝状、片状及膏状等，其中粉末状材料应用最为广泛。目前，激光熔覆粉末材料一般是借用热喷涂用粉末材料和自行设计开发粉末材料，主要包括自熔性合金粉末、金属与陶瓷复合（混合）粉末及各应用单位自行设计开发的合金粉末等。所用的合金粉末主要包括镍基、钴基、铁基及铜基粉末等。表 5-7 列出了部分常用基体与熔覆材料。熔覆材料供给方式主要分为预置法和同步法等。

表 5-7 激光熔覆部分常用基体与熔覆材料

基体材料	熔覆材料	应用范围
碳钢、铸铁、不锈钢、合金钢、铝合金、铜合金、镍基合金、钛基合金等	纯金属及其合金，如 Cr、Ni 及 Co、Ni、Fe 基合金等	提高工件表面的耐热、耐磨、耐蚀等性能
	氧化物陶瓷，如 Al_2O_3、ZrO_2、SiO_2、Y_2O_3 等	提高工件表面绝热、耐高温、抗氧化及耐磨等性能
	金属、类金属与 C、N、B、Si 等元素组成的化合物，如 TiC、WC、SiC、B_4C、TiN 等并以 Ni 或 Co 基材料为粘接金属	提高硬度、耐磨性、耐蚀性等

为了使熔覆层具有优良的质量、力学性能和成形工艺性能，减小其裂纹敏感性，必须合理设计或选用熔覆材料。在考虑熔覆材料与基体材料热膨胀系数相近、熔点相近，以及材料润湿性等的基础上，还需对激光熔覆工艺进行优化。激光熔覆层质量控制主要是减少激光熔覆层的成分污染、裂纹和气孔以及防止氧化与烧损等，提高熔覆层质量。

5.4.3.3 激光仿形熔铸再制造技术

激光熔铸通常采用预置涂层或喷吹送粉方法加入熔铸金属，利用激光束聚焦能量极高的特点，在瞬间使基体表面仅仅微熔，同时使与基体材质相同或相近的熔覆金属粉末全部熔化，激光离去后快速凝固，获得与基体为冶金结合的致密覆层表面，使零件表面恢复几何外形尺寸，而且使表面涂层强化。图 5-18 所示为激光仿形熔铸再制造技术加工工件，其基本原理和技术实质与激光熔覆快速成形再制造技术相同。

激光熔铸仿形再制造技术解决了振动焊、氩弧焊、喷涂、镀层等修理方法无法解决的材料选用局限性、工艺过程热应力、热变形、材料晶粒粗大、基体材料结合强度难以保证等问题。该技术具有如下特点：

1）激光熔铸层与基体为冶金结合，结合强度不低于原本体材料的90%。

2）基体材料在激光加工过程中仅表面微熔，微熔层为0.05～0.1mm，基体热影响区极小，一般为0.1～0.2mm。

3）激光加工过程中基体温升不超过80℃，激光加工后无热变形。

图5-18 激光仿形熔铸再制造技术加工工件

4）激光熔铸技术可控性好，易实现自动化控制。

5）熔铸层与基体均无粗大的铸造组织，熔覆层及其界面组织致密，晶体细小，无孔洞、无夹杂裂纹等缺陷。

6）激光熔铸层为由底层、中间层以及面层组成的各具特点的梯度功能材料。底层具有与基体浸润性好、结合强度高等特点；中间层具有强度和硬度高、抗裂性好等优点；面层具有抗冲刷、耐磨损和耐腐蚀等性能。这使修复或再制造后的零件在设备上使用时性能更好，安全更有保障。

5.4.4 氧-乙炔火焰粉末喷熔技术

1. 基本原理

氧-乙炔火焰金属粉末喷熔的原理是以氧-乙炔火焰为热源，把自熔性合金粉末喷涂在经过制备的工件表面上，在工件不熔化的情况下，再加热涂层，使其熔融并润湿工件，通过液态合金与固态工件表面的相互溶解与扩散，形成一层涂层与基体呈现冶金结合、涂层组织致密、性能均匀、有特殊性能的表面熔覆层。喷熔对工件的热影响介于喷涂与堆焊之间。喷熔层与基体之间结合主要是扩散型冶金结合，结合强度是喷涂结合强度的10倍左右。

2. 技术特点

1）基体不熔化，焊层不被稀释，可保持喷熔合金的原有性能。

2）可根据工件的要求选用各种性能粉末，如果选择得当，可得到理想的强化表面。

3）喷熔层与基体结合牢固。

4）喷熔层表面光洁，厚度可控制在±0.2mm。

5）设备简单，施工方便，适于各种钢、铸铁及铜合金工件的表面强化。

3. 火焰喷熔工艺

氧-乙炔火焰金属粉预热和粉末喷熔的工艺流程是：表面预加工→预热和预保护→喷粉和重熔→喷熔后处理。

1）表面预加工是除去待修表面的疲劳层、电镀层、氧化层、污染层等，预加工表面粗糙度值可适当大些。

2）预热和预保护是为了活化喷熔表面，去除水分，改善喷熔层与基体的结合强度，喷前应预热。碳钢预热温度为250℃左右，淬火倾向大的钢材为300℃左右。为了防止待喷部位的氧化，可以先喷0.1mm厚的粉末作保护层，因为合金中的B、Si元素有保护作用。

3）喷粉与重熔有一步法和二步法，一步法即边喷边熔化，二步法将喷粉和熔化分两步进行。一步法适于对小面积或大厚度修补面的喷熔，二步法适于回转件和大面积喷熔。

4）喷熔后处理是在工件喷熔后，放入石棉灰中缓冷，要求高的可放入750~800℃的炉中随炉冷却。

5.5　表面改性再制造技术

表面改性技术是指采用机械、物理或化学工艺方法，仅改变材料表面、亚表面层的成分、结构和性能，而不改变零件宏观尺寸的技术，是产品表面工程技术和再制造工程的重要组成部分。零件经表面改性处理后，既能发挥基体材料的力学性能，又可以提升基体材料表面性能，使材料表面获得各种特殊性能（如耐磨损性，耐腐蚀性，耐高温性，合适的射线吸收、辐射和反射能力，超导性能，润滑性，绝缘性，储氢性等）。表面改性技术主要包括表面强化技术、表面化学热处理技术、气相沉积技术、高能束表面处理技术等。

5.5.1　表面强化技术

表面强化技术是指利用热能、机械能等使金属表面层得到强化的表面技术。它不改变材料表面的化学成分，不增加表面尺寸，仅通过改变材料表层的组织和应力状态，达到提高材料表面硬度、强度、耐磨损、抗疲劳等性能的目的，主要包括表面形变强化技术和表面相变强化技术。工程中通常把某些涂层技术（如电火花沉积技术等）也归为表面强化技术。

5.5.1.1　表面形变强化技术

表面形变强化技术是指通过机械手段在金属表面产生压缩变形而形成形变硬化层的技术。表面形变强化后硬化层深度可达0.5~1.5mm。硬化层中产生两种变化，一是亚晶粒细化，位错密度增加，晶格畸变增大，二是形成了高的宏观残余压应力。表面形变强化具有强化效果显著、成本低廉、适应性广等特点。常用的表面形变方法主要有滚压、内挤压和喷丸等，其中喷丸强化应用最为广泛。

喷丸强化是利用小而硬的高速弹丸强烈冲击金属零部件表面，使之产生形变硬化层的一种表面冷加工工艺过程。喷丸强化的主要原理就是工件表面吸收高速运动弹丸的动能后产生塑性流变和加工硬化，同时使工件表面保留残余压应力。喷丸强化介质通常是圆球形弹丸，主要有铸钢丸、不锈钢丸、玻璃丸、陶瓷丸等。所处理的金属材料不同，选用的弹丸种类也有所区别。影响零部件喷丸强化效果和表面质量的主要工艺参数包括弹丸粒度、形状和硬度，喷丸强度，表面覆盖率等。

喷丸强化可显著提高抗弯曲疲劳、抗腐蚀疲劳、抗应力腐蚀疲劳、抗微动磨损、抗点蚀能力，已广泛应用于弹簧、齿轮、轴、叶片等零部件，在航空及其他机械设备维修与再制造中得到了推广应用。例如，焊缝及其热影响区一般呈拉应力状态，降低了材料的疲劳强度，采用喷丸强化处理后，拉应力可以转变成为压应力，从而改善焊缝区域的疲劳强度。钢板弹簧喷丸后疲劳寿命可延长5倍，喷丸强化还使钢齿轮的使用寿命大幅度提高，实验证明，汽车齿轮渗碳后再经过喷丸强化处理，其相对寿命可提高4倍。近年来，喷丸强化技术获得了新发展，例如利用高频高能喷丸冲击金属表面可以获得纳米晶表层的表面纳米化技术已成为一个重要的发展方向。

5.5.1.2 表面相变强化技术

表面相变强化技术又称表面热处理技术，指通过对金属表面快速加热和冷却，改变表层组织和性能而不改变其成分的表面强化技术，是应用最广泛的表面改性技术之一。常用的表面相变强化技术有火焰加热、感应加热、激光束加热、电子束加热、浴炉加热等表面淬火技术。

火焰加热表面淬火是将工件置于强烈的火焰中进行加热，使其表面温度迅速达到淬火温度后，急速用水或水溶液进行冷却，从而获得预期的硬度和硬化层深度的一种表面淬火法。火焰加热表面淬火的优点如下：设备简单，使用方便，成本低，不受工件体积大小限制，可灵活移动使用，淬火后表面清洁，无氧化、脱碳现象，变形也小。

感应加热表面淬火是利用电磁感应的原理，在工件表面产生涡流，使工件表面快速加热而实现表面淬火的工艺方法。根据感应加热设备产生的频率的高低，可分为高频（30～1000kHz）、中频（小于10kHz）及工频（50Hz）三类。感应加热淬火和普通淬火相比较，具有的优点如下：热源在工件表层，加热速度快，热效率高；因不是整体加热，工件变形小；工件加热时间短，表面氧化脱碳量少；表面硬度高，缺口敏感性小，冲击韧性、疲劳强度以及耐磨性等均有很大提高；设备紧凑，使用简便，劳动条件好；不仅可应用于工件的表面、内孔等的淬火，而且还可以应用于工件的穿透加热与化学热处理。

利用高能束的激光表面淬火和电子束表面淬火是表面相变强化技术的新领域和重要发展方向。与普通淬火相比，其表面加热温度高、加热速度快、易于控制，表面强化层组织细、硬度高。

表面相变强化技术能有效提高零件的硬度和耐磨性能，在设备再制造与维修中已获得了广泛应用。感应加热表面淬火常用的零件类型有齿轮类零件、轴类零件、工模具及其他机械零件。激光相变硬化最适于表面局部需要硬化的零件，已广泛应用于汽车、机械设备、军工等工业中。美国已采用该技术取代了渗碳、渗氮等化学热处理方法来处理飞机、导弹的重要零件。

5.5.2 离子注入技术

1. 技术原理

金属的离子注入是指在离子注入机中把各种所需的离子，例如 N^+、C^+、O^+、Ni^+、Ag^+和 Ar^+等非金属或金属离子加速成具有几万甚至几百万电子伏特能量的载能束，并注入于金属固体材料的表面层。离子注入将引起材料表层的成分和结构的变化，以及原子环境和电子组态等微观状态的扰动，由此导致材料的各种物理、化学或力学性能发生变化。不同的材料，注入不同元素的离子，在不同的条件下，可以获得不同的改性效果。

20世纪70年代初，人们开始用离子注入法进行金属表面合金强化的研究，并逐渐发展成为一种新颖的表面改性方法。离子注入已在表面非晶化、表面冶金、表面改性和离子与材料表面相互作用等方面取得了可喜的研究成果，特别是在工件表面合金化方面取得了突出的进展。用离子注入方法可获得高度过饱和固溶体、亚稳定相、非晶态和平衡合金等不同组织结构形式，大大改善了工件的使用性能。大量实验证实，离子注入能使金属和合金的摩擦因数、耐磨性、抗氧化性、抗腐蚀性、耐疲劳性以及某些材料的超导性能、催化性能、光学性能等发生显著的变化。在大量实验、研究的基础上，离子注入已在改善工业零件的抗蚀、耐磨等性能方面得到应用。

离子注入装置包括离子发生器、分选装置、加速系统、离子束扫描系统、试样室和排气系统。从离子发生器发出的离子由几万伏电压引出，进入分选部，将一定的质量/电荷比的离子选出，在几万至几十万伏电压的加速系统中加速获得高能量，通过扫描机构扫描轰击工件表面。离子进入工件表面后，与工件内原子和电子发生一系列碰撞，这一系列碰撞主要包括以下三个独立的过程：

1）核碰撞。入射离子与工件原子核的弹性碰撞，使固体中产生离子大角度散射和晶体中辐射损伤等。

2）电子碰撞。入射离子与工件内电子的非弹性碰撞，其结果可能引起离子激发原子中的电子或使原子获得电子、电离或X射线发射等。

3）离子与工件内原子作电荷交换。无论哪种碰撞都会损失离子自身的能量，使离子经多次碰撞后能量耗尽而停止运动，作为一种杂质原子留在固体中。离子进入固体后对固体表面性能发生的作用除了离子挤入固体内的化学作用外，还有辐射损伤（离子轰击产生晶体缺陷）和离子溅射作用，它们在改性中都有重要意义。

2. 技术特征

1）离子注入法不同于任何热扩散方法，可注入任何元素，且不受固溶度和扩散系数的影响。因此，离子注入法可获得不同于平衡结构的特殊物质，是开发新型材料的非常独特的方法。

2）离子注入温度和注入后的温度可以任意控制，且在真空中进行，不氧化，不变形，不发生退火软化，表面粗糙度一般无变化，可作为最终工艺。

3）可控性和重复性好。通过改变离子源和加速器能量，可以调整离子注入深度和分布。通过可控扫描机构，不仅可实现在较大面积上的均匀化，而且可以在很小范围内进行局部改性。

4）可获得两层或两层以上性能不同的复合材料。复合层不易脱落。注入层薄，工件尺寸基本不变。

但离子注入也存在缺点，如注入层薄（$<1\mu m$），离子只能直线行进，不能绕行，复杂的和有内孔的零件不能进行离子注入，而且设备造价高，所以它的应用范围受到一定的限制。

3. 技术应用

离子注入在表面改性中的应用对象主要是金属固体，如钢、硬质合金、钛合金、铬和铝等材料。应用最广泛的金属材料是钢铁材料和钛合金，难于强化面心立方晶格等材料。

离子注入在工业中应用具有显著的经济效益。经离子注入后可大大改善基体的耐磨性、耐蚀性、耐疲劳性和抗氧化性。我国生产的各类冲模和压铸模一般寿命为2000~5000次，而英、美、日本的同类产品寿命达50000次以上。国外生产的电冰箱、洗衣机等，其运动件的材料基本与我国的相同，甚至是普通低碳钢，由于采用了所谓“专利性”处理工艺，使用寿命是我国同类产品的几倍到几十倍，有的钢铁材料经离子注入后耐磨性可提高100倍以上。

但是，离子注入费用较高，且因技术及设备特点使加工工件形状受到限制，所以离子注入处理适于制造成本较高的，磨损量不允许很大的精密零件，如精密仪器、航空机械中的一些重要零件。而量大面广、价格低廉的零件不适于用离子注入来处理。例如，可以对发动机中的一些精密零件进行强化处理，如中高压油泵的三大精密偶件，它们都在很小的配合间隙（1~3μm）中高速运动，受到燃料中磨粒的磨损作用和高压燃料的高速冲刷，导致密封性降低，局部磨损增大，将引起实际供油量减少，喷油开始延迟。如对其进行离子注入，则能强化磨损表面，延长服役寿命。

5.5.3　低温离子渗硫技术

1. 技术原理

低温离子渗硫技术是一种真空表面处理技术。它采用辉光放电的手段，用电场加速硫离子，使其高速轰击零件表面，在表面下有效地形成一层硫化亚铁，也就是所期望的固体润滑剂。图5-19为其原理示意图。

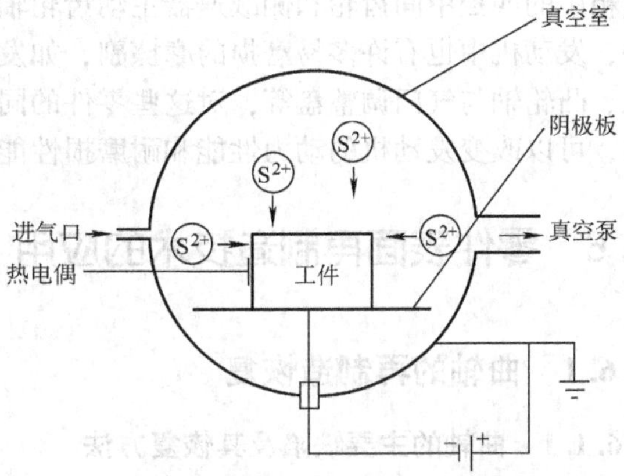

图5-19　低温离子渗硫技术原理示意图

渗硫时，将工件和装有粉末硫的硫盒一起放置于真空室中的阴极板上。以炉壳为阳极，阳极接地；待处理的工件为阴极，工件相对于接地的炉壳为负电位。在外加电场的作用下，稀薄气体中的离子作定向运动，并碰撞真空室内的气体分子，使之电离产生辉光放电。工件与硫盒在辉光放电的作用下被加热，且工件表面的原子（或分子）被活化，向外发射电子。由于硫的熔点为112℃左右，所以当温度升高到112℃以上时，真空室就开始有硫蒸气存在。随着温度的继续升高，真空室中硫蒸气所占的分压也逐渐加大，被离化的机率增多。硫离子高速轰击零件，并沉积于零件表面。在零件表面还存在的尚未发射的离子与硫离子化合，生成一层以FeS为主的硫化物层，FeS是密排六方晶格，具有鳞片状结构，是一种很好的固体润滑剂。在切应力作用下，软质的硫化层易发生塑性流变，显示出良好的磨合性，能够有效降低摩擦副间的摩擦系数，还可以防止粘着和胶合，降低磨损，对零件的接触疲劳性能也有大幅度的提高。

2. 技术特点

低温离子渗硫技术具有以下特点：

1）处理温度低（一般为150~300℃），不影响工件原有尺寸精度和硬度，不易产生变形，可作为工件处理的最后一道工序。

2）真空处理形成清洁表面，不增加工件原有的表面粗糙度。

3）生产过程中不产生污染，有利于环保。

4）工艺参数可调，因而可以控制硫化物层的深度和含硫浓度。

5）适于以钢铁材料制成的各种摩擦副。

由于是真空处理技术，因此对工件的洁净度要求较高。而该技术对工件的尺寸没有影响，因此在产品的再制造过程中不能作为尺寸恢复层来使用，而只能和其他技术结合使用，作为工件最终的处理工序来强化表层。

3. 技术应用

由于渗硫层特殊的组织和性能，使得低温真空离子渗硫技术在钢铁、机械等许多领域都得到了广泛的应用。由首钢特钢二厂对热轧辊进行渗硫处理，其寿命提高了1倍。首钢北钢公司对蜗轮进行处理，寿命提高了3倍以上。上海矽钢片厂对轴套进行硫化处理，寿命也提高了3倍。另外，渗硫技术还被用来处理轴承、刀具、气缸缸套、柱塞泵等零件。在厂家的实际运用中，被证明确实可以延长零件寿命，节资减耗，具有很大的经济效益。

在车辆再制造过程中，离子渗硫技术主要可应用于齿轮、轴承等零部件的处理。可对变速箱中的四挡中间齿轮和侧减速器主动齿轮轴进行硫化处理，结果其耐磨性大幅度提高。另外，发动机中也有许多易磨损的摩擦副，如发动机中的气缸套与活塞环、曲轴轴颈与连杆轴瓦、凸轮轴与气门调整盘等，对这些零件的同种材料进行试验，硫化后的耐磨性能有较大提高，可以改变发动机的动力性能和耐磨损性能，使得机械损失功率降低，磨合期缩短。

5.6 零件表面再制造技术的应用

5.6.1 曲轴的再制造恢复

5.6.1.1 曲轴的主要缺陷及其恢复方法

曲轴的主要缺陷及其恢复方法列于表5-8。

表5-8 曲轴的主要缺陷及其恢复方法

缺 陷	再制造方法
主轴颈和连杆轴颈磨损轴颈有椭圆度和锥度 轴颈擦伤、划伤和压伤	按尺寸修理法（减小直径）磨削 超声速等离子喷涂、高速电弧喷涂、火焰喷涂 低温镀铁或镀铬 电振动堆焊 埋弧堆焊
回油螺纹磨损	加深螺纹并磨削轴颈，将磨损痕迹全磨掉
键槽磨损和损坏	按加大尺寸扩铣键槽 换位重铣新键槽
轴端部滚动轴承外环配合部位磨损	镗削配合部位，压入衬套并镗孔 金属热喷涂后镗孔 堆焊并镗孔
飞轮固定销孔磨损	按修理尺寸铰削
螺纹磨损	镗孔并按回升螺栓攻螺纹
曲轴扭曲	按修理尺寸磨损轴颈并作动平衡校验 堆焊轴颈并车、磨外圆，作动平衡校验
曲轴弯曲：小于0.15~0.2mm 在0.2~1.2mm之间	按修理尺寸磨削 用压力机校正
轴颈上有裂纹	按修理尺寸磨削 焊补后磨削
曲柄上有裂纹	堆焊后车或磨削（一般有环形裂纹或内圆角开裂者报废） 按修理尺寸磨削并进行动平衡校验（裂纹深度大于4mm者报废）

曲轴的主轴颈及连杆轴颈的磨损超差是最常见的损坏方式，高速电弧喷涂、超声速等离子喷涂等都是有效的再制造恢复技术。

5.6.1.2　高速电弧喷涂法再制造曲轴

发动机曲轴承受冲击载荷和循环应力，要求恢复后表面涂层具有良好的耐磨性、较高的结合强度和硬度，因此采用高速电弧喷涂 3Cr13 耐磨涂层进行修复。

1. 表面预处理

表面预处理包括表面除油和表面粗化。先用丙酮将表面油污彻底清洗干净，采用棕刚玉进行喷砂处理。必要时可采用车去轴颈表面疲劳层和在轴颈表面车出螺纹等措施增加接触面积，提高涂层与工件的结合强度，但要防止应力集中的问题。

2. 喷涂涂层设计

根据轴颈表面预处理后的尺寸和修复后要求的基本尺寸，考虑还需要预留出加工余量，所以应当喷涂的厚度要适当增加。

为了提高结合强度，根据曲轴材料选用 ϕ3mm 铝青铜作为喷涂打底材料，ϕ3mm3Cr13 作为工作涂层，恢复轴颈尺寸。

3. 喷涂层工艺参数

打底涂层喷涂工艺参数见表 5-9，打底层厚度 0.05～0.1mm。喷涂完毕并检验合格后，在上面直接喷涂耐磨工作涂层，工作涂层喷涂工艺参数见表 5-10。喷涂后的工作涂层表面无裂纹、翘起、脱落等现象。

表 5-9　高速电弧喷涂打底涂层的工艺参数

材　料	电压/V	电流/A	喷涂距离/mm	雾化气压/MPa
ϕ3mm 铝青铜丝材	32～34	170	200	0.65～0.7

表 5-10　电弧喷涂耐磨工作涂层的工艺参数

喷涂材料	电压/V	电流/A	喷涂距离/mm	雾化气压/MPa
ϕ3mm3Cr13 丝材	32～36	200	200	0.65～0.7

4. 喷涂层的机械加工

用专用车刀车削加工，留下磨削余量，然后在曲轴磨床上磨削至标准尺寸。

5. 涂层质量检测

磨削后的涂层表面致密无气孔和砂眼，无裂纹、起皮和剥落，表面粗糙度达到使用要求。

5.6.1.3　振动电堆焊法再制造曲轴

1. 焊前准备

1）清除全部油污和锈迹。

2）用各种方法检查曲轴有无裂纹，如发现有裂纹要先处理后堆焊。检验是否有弯曲或扭曲，若变形超限要先进行校正。

3）用碳棒等堵塞各油孔。

4）预热曲轴到 150～200℃。

2. 堆焊

各种振动电堆焊法修复曲轴工艺规范见表 5-11。

表 5-11 各种振动电堆焊法恢复曲轴工艺规范

工艺方法	冷却液流中振动电堆焊	水蒸气保护振动电堆焊	二氧化碳气体保护振动电堆焊	纯氧气流中振动电堆焊
发动机类型	CA10B	CA10B	CA10B	格斯 51（球铁曲轴）
工作电压/V	17	14~16	20	19
工作电流/A	170	140~160	80~90	240~250
电感（级数）	0.18~0.6mh6 级	6~7 级	4 级	—
工件转速/（r/min）	2	2.5~3	2	4.8
堆焊螺距/（mm/r）	2.9	2.8~3	2.6	—
送丝速度/（m/min）	1.34	1.2~1.6	3.8	1.8
焊丝牌号	50 钢	70 钢	H08Mn2SiA	70 钢
焊丝直径/mm	1.6	1.6	0.8~1.0	1.8~2.0
焊嘴冷却液流量/（滴/min）	75	15~16	—	—
曲轴冷却液流量/（L/min）	0.3（4%~6%质量分数 Na_2CO_3 溶液）	—	—	—
保护介质	水流	水蒸气	二氧化碳	氧气
焊丝振动频率/Hz	100	100	>75	100
焊丝振幅/mm	2	1.5~2	1.8~1.0	1.8~2.0
焊丝伸出长度/mm	8~10	8~10	6~8	—

曲轴各轴颈的堆焊顺序对焊后的变形量有很大影响，应先堆焊连杆轴颈，再堆焊主轴颈。如果是连杆轴颈有 6 节，主轴轴颈有 7 节的曲轴，堆焊时可采用表 5-12 的工序。

表 5-12 曲轴堆焊修复的工序

连杆	轴颈序号	1	2	3	4	5	6	—
	堆焊顺序	5	3	1	2	4	6	
	堆焊方向	→	→	→	←	←	←	
主轴	轴颈序号	1	2	3	4	5	6	7
	堆焊序号	6	2	4	1	5	3	7
	堆焊方向	←	←	←	→	→	→	→

3. 焊后处理

钻通各轴颈油孔并在曲轴磨床上进行磨削加工，然后进行探伤并检查各部尺寸是否合格。

5.6.2 气缸体主轴承孔的再制造

1. 缸体的工况条件及失效形式

发动机缸体是发动机最重要的部件，价值非常高。缸体损坏的主要形式是气缸孔磨损、水套腐蚀、主轴承孔变形或划伤。其中缸体主轴承孔在工作状态下承受交变应力及瞬间冲击，容易导致主轴承孔变形。在发动机缺油的情况下出现烧瓦、抱轴时则会导致缸体主轴承孔严重划伤。

对主轴承孔已发生变形或划伤的缸体，以前一般就直接报废了，给用户造成很大的损失。也有采用传统的堆焊工艺和外径加厚主轴瓦补偿的办法进行修复，但效果均不理想。堆焊容易造成缸体变形和出现裂纹；加厚主轴瓦的办法破坏了互换性，给用户今后维修带来诸多不便。而高速电弧喷涂技术以其致密的涂层组织、较高的结合强度、方便快捷的操作和高的性能价格比，应用于缸体主轴承孔修复具有明显的优势，采用后取得显著的效果。

2. 喷涂设备和喷涂材料

喷涂设备使用北京新迪表面工程新技术公司生产的 CMD-AS1620 型高速电弧喷涂机。

喷涂层材料采用低碳马氏体丝材打底，再用 1Cr18Ni9Ti 丝材喷涂工作层。

3. 喷涂工艺流程

镗底孔及螺旋槽→清洗除油→喷砂粗化处理→喷底层→喷工作涂层→加工喷涂层至标准尺寸。

预加工时，镗底孔至标准孔 D+0.5mm，并镗 1.8×0.2 的螺旋槽，以增加底层结合面积，有利于结合强度的提高。

针对缸体的结构状况，在喷砂和喷涂前对主轴承孔内的油孔和油槽、冷却喷嘴座孔、挺柱孔、二道瓦两侧止推面及缸体内腔等处用不同材料的各种特制护具进行遮蔽防护。

喷砂处理用 16#棕刚玉，喷砂用气经油水分离器和冷凝干燥机处理，喷砂时打至表面粗糙为止，不能过度喷砂；注意整个待喷涂面喷砂处理必须均匀、无死角。

喷涂工艺参数见表 5-13。喷涂缸体的现场情况见图 5-20。

图 5-20　用高速电弧喷涂修复缸体主轴承孔

表 5-13　喷涂工艺参数

喷涂材料	喷涂电压/V	喷涂电流/A	喷涂距离/mm	空气压力/MPa
低碳马氏体丝材	32~34	180~200	200	0.65
1Cr18Ni9Ti 丝材	34~36	180~200	200	0.65

4. 喷涂层组织及性能

喷涂层显微组织为层状组织，涂层与基体界面之间结合紧密。涂层硬度为 HV280~308，适于后续的镗孔、珩磨加工。喷涂层与基体的结合强度值为 27.6~28.1MPa（只经喷砂预处理）。

5. 工艺分析及讨论

喷涂层的结合强度对其使用性能有决定性的影响，而影响结合强度的因素是多方面的，如表面预处理质量、喷涂工艺规范、压缩空气质量、雾化气流压力与流量等。

工件表面粗糙度越高，涂层与基体接触面积越大，两者的机械嵌合作用越大，涂层的界面结合的强度越高，喷砂粗化及镗螺旋槽即为此目的。

压缩空气中含油、水、杂质越少，压力越高，高速射流区间越大，涂层结合强度越高，实际生产中压力为0.6MPa。

喷涂电压越高，输入的电功率增加，焊丝熔化加快，熔融粒子温度升高，粒子表面氧化严重，对结合强度不利。而喷涂电流越大，也会造成熔融粒子温度升高，粒子表面氧化严重，降低涂层颗粒间结合力。

另外，喷涂距离对结合强度影响较大，以200mm为宜，在此区间熔融金属颗粒具有最高的动能，可以获得较高的结合强度。

5.6.3 舰船钢板的再制造延寿

舰船钢结构防腐一般采用传统的有机涂层防护体系，具有一次性成本低、施工方便等优点。但有机涂层存在着与钢基体结合强度差、不耐磨损、易老化等缺点，防护寿命较短，一般为2~3年。而采用热喷涂金属涂层加有机涂料涂层形成的复合涂层对钢结构进行复合防护，可使防护寿命达15~20年，从长远来看，其成本也比有机涂层便宜。因此，采用电弧喷涂金属涂层加有机涂层形成的复合涂层对舰船钢结构进行复合防护是一种较为理想的腐蚀防护体系。

电弧喷涂舰船钢结构防腐涂层施工工艺包括基体表面预处理、金属涂层制备和涂层后处理三道工序。

1. 基体表面预处理

基体表面预处理有三个作用：净化表面，去除妨碍涂层与基体结合的油污、锈蚀、旧漆及其他污染；粗化表面，增加表面粗糙度，提供表面微坑；活化表面，露出新鲜金属，增强表面活性。这三个作用的目的都是为了提高涂层与基体的结合强度。

1）净化表面。包括除油、脱漆、除锈，除油可采用擦洗法、高压射流清洗法、加热法等进行，脱漆、除锈一般和粗化表面同时进行。

2）粗化表面。常采用压入式喷砂法和无尘喷砂法进行。喷砂设备一般为压入式喷砂机和便携式无尘喷砂机。喷砂后甲板表面粗糙度应达到2.5μm以上。

3）活化表面。在喷砂粗化表面的同时，高速运动的砂粒也对基体表面进行切削，使基体表面露出新鲜金属，从而达到活化表面的目的。

2. 涂层设计

具体涂层设计是电弧喷铝金属涂层+有机封闭涂料涂层+常规面层涂料涂层。根据最佳协同效应，喷铝后再涂封闭涂料和有机面层涂料将大大提高抗腐蚀效果，其耐蚀性比单独喷涂金属涂层，或单独喷涂有机涂层的防护寿命之和高出50%~130%。

电弧喷涂金属涂层常选用铝涂层、锌涂层及锌铝伪合金涂层，这三种涂层都具有比铁低的电极电位，能对钢铁起电化学保护作用。铝涂层在海水中具有较低的腐蚀速率，与其他涂层相比，具有良好的抗海水腐蚀性能。并且铝涂层具有较高的结合强度和较高硬度，能与基体牢固结合并具有良好的耐磨损、耐冲击性能，能长久保持涂层的完整性。喷铝具有良好的喷涂工艺，铝熔滴能对金属表面起“净化”作用，有利于涂层与基体的结合，喷涂工艺性较好。因此，可以选择铝涂层作为电弧喷涂金属涂层。

有机封闭涂料可选用F-1改性环氧聚氨酯涂料。F-1封闭涂料为双组分，具有渗透性好、附着力强、低温快干等特点，而且F-1封闭涂料本身具有优良的防腐能力，并能对金属涂层起钝化作用。

经封闭处理的金属涂层表面再涂覆一层耐蚀性较好的面层涂料，将有助于进一步提高涂层对钢结构的屏蔽隔离效果，增强涂层的防腐性，同时也能满足舰船规定的着色要求。面层涂料应满足一定的防腐性、装饰性和耐候性，还应与底层封闭涂料具有良好的配套性，以避免面层涂料对底层涂料的溶胀，而使面层涂料出现附着力差、涂层起泡等现象，从而影响整个复合涂层的防腐效果。舰船常用的环氧沥青系列和氧化橡胶系列是专门研制的海洋用防腐涂料，具有优良的耐海水腐蚀性能，它们不会与F-1封闭涂料发生不良反应。

3. 金属涂层制备

为最大限度地保证喷涂质量，防止喷砂预处理后的甲板表面被二次污染，高速电弧喷涂操作应在喷砂后尽量短的时间内（2~3h）进行。喷涂时环境大气温度要高于5℃，或基体金属的温度至少比大气露点高3℃。喷涂材料为纯铝，铝材中铝含量为99.5%（质量分数）以上。高速电弧喷涂复合涂层包括两层：

1）打底层。为提高涂层与基体的结合强度以及整个涂层体系的防腐性能，在喷砂预处理后的甲板表面首先应用高速电弧喷涂技术制备纯铝涂层进行打底处理。涂层厚度为0.15~0.2mm。打底处理的工艺参数参考表5-14。

表5-14　高速电弧喷涂打底层的工艺参数

材　　料	电压/V	电流/A	喷涂距离/mm	雾化气压/MPa
ϕ2mm纯铝丝材	30~32	140	200	0.7

喷涂方向应尽量与甲板表面垂直。涂层表面致密、平整，较少大颗粒飞溅，无裂纹、翘起、脱落等现象。

2）防滑工作涂层。打底层喷涂完毕并检验合格后，在上面直接喷涂防滑工作涂层。工作涂层喷涂材料为$Al-Al_2O_3$粉芯丝材，喷涂工艺参数参考表5-15。喷涂后的工作涂层表面应粗糙、均匀，无裂纹、翘起、脱落等现象，涂层厚度为0.2~0.3mm。

表5-15　高速电弧喷涂防滑工作涂层的工艺参数

喷涂材料	电压/V	电流/A	喷涂距离/mm	雾化气压/MPa
ϕ2mm$Al-Al_2O_3$粉芯丝材	30~32	120	200	0.3

4. 涂层后处理

涂层后处理包括封闭处理和常规有机面层涂料涂装。封闭处理中，采用F-1型或其他封孔剂，可采用手工涂刷、空气喷涂和无气喷涂，封闭层加工两道，每道厚度0.03mm，封闭层总厚度为0.06mm。常规有机面层涂料涂装同舰船常规面层涂料涂装工艺一样。

5.6.4　大型发酵罐的再制造延寿

某葡萄酒厂低温发酵车间的16个发酵罐是采用一般不锈钢板焊接而成的，使用后发现发酵罐内壁出现点状腐蚀，并导致酒中铁离子超标，影响了葡萄酒的质量，只能存放中、低档葡萄酒。为了解决内壁腐蚀问题，该厂曾采用过环氧树脂涂料涂刷工艺，但使用一年，涂层大片脱落，尤其罐底部，涂层几乎全部脱落。在该车间进行技术改造时，为了防止酒罐内壁继续腐蚀及铁离子渗出问题，采用现场火焰喷涂塑料涂层对葡萄酒罐进行保护，取得了良好的效果。喷涂要求内壁涂层材料无毒、无味，不影响葡萄酒质量，具有一定的耐酸性和耐碱性，涂层与罐壁结合良好，使用中不得脱落。

1. 涂层材料的选择

根据低温发酵罐工作情况及使用要求，可选择白色聚乙烯粉末作葡萄酒罐内壁涂层材料。

2. 火焰喷塑工艺

喷涂设备及工艺流程。聚乙烯粉末火焰喷涂使用塑料喷涂装置，包括喷枪、送粉装置等。工艺流程如下：喷砂→预热→喷涂→加热塑化→检查。

1）喷砂预处理。在喷涂塑料前，采用压力式喷砂设备，使用刚玉砂处理。

2）表面预热。基体表面预热的目的是除去表面潮气，使熔融塑料完全浸润基体表面，从而得到与基体的最佳结合。通常将基体预热至接近粉末材料的熔点。

3）喷涂。葡萄酒罐内壁火焰喷塑施工采用由上到下的顺序进行，即顶部→柱面→底部。在经预热使基体表面温度达到要求后，即可送粉喷涂。喷涂时，应保持喷枪移动速度均匀、一致，时刻注意涂层表面状态，使喷涂涂层出现类似于火焰喷熔时出现的镜面反光现象，与基体表面浸润并保持完全熔化。火焰喷涂聚乙烯涂层的喷涂参数见表 5-16。

表 5-16 火焰喷涂聚乙烯涂层的喷涂参数

喷涂材料	氧气压力/Pa	乙炔压力/Pa	空气压力/Pa	距离/mm
聚乙烯	1~2	0.5~0.8	1	150~250

4）加热塑化。喷涂聚乙烯涂层，由于聚乙烯熔化缓慢，涂层流平性略差，因此在喷涂后，需用喷枪重新加热处理或者喷涂后停止送粉使涂层完全熔化，流平后再继续喷涂。加热时，应防止涂层过热变黄。

5）涂层检查。在喷涂过程中及喷涂完一个罐后，对全部涂层进行检查，主要检查有是否漏喷，表面是否平整光滑和机械损伤等可见缺陷，然后进行修补。葡萄酒罐装酒前经酸液和碱液消毒清洗，再进行检查，对查出结合不良的部位进行修补。

5.6.5 发动机凸轮轴轴颈的再制造

1. 凸轮轴轴颈的失效分析

发动机凸轮轴轴颈的主要失效方式是磨损或划伤，以前凸轮轴轴颈出现磨损或划伤一般就报废了，或者采用加厚轴瓦的办法磨削轴颈后使用，给用户的维修带来很大的麻烦。电刷镀技术具有设备简单、操作方便、安全可靠、镀积速度快的特点，用于修复凸轮轴轴颈时取得了明显效果。

2. 设备和工艺装备

使用装甲兵工程学院研制的 DSD—100—S 电刷镀机，设计、制作了可调转速的轴类件专用刷镀工作台（见图 5-21）。

3. 电刷镀工艺流程

镀前修磨→清洗除油→镀前准备→电净→一次活化→二次活化→镀打底层→镀尺寸层→镀后处理。

镀前准备包括：测量、计算待镀厚度以下选备石墨阳极、镀笔、镀液等内容。

电净除油先用镀笔蘸电净液刷工件，然后电源正接、电压14V，镀笔蘸电净液快速擦拭表面，在除净油的前提下时间尽量缩短，以20~40s为宜。

图5-21 轴类件专用刷镀工作台

一次活化用2#活化液，二次活化用3#活化液，电源反接、电压16~24V，活化时间不宜过长，一般不超过30s，否则会损伤工件表面。

镀打底层主要是为了提高镀层与基体的结合强度。电源正接，调至起镀电压14V刷镀5~10s，起到高压冲镀的作用。再调至正常电压12V刷镀60~120s（观察表面均匀地沉积上一层淡黄色镍）。

镀尺寸层选择沉积速度高、能快速恢复尺寸的快速镍镀液。镀层接近最终尺寸时，应比正常电压降低1~2V，以获得晶粒细密、表面光亮的镀层。

4. 电刷镀层检查及质量跟踪

经对凸轮轴电刷镀层进行偏车、偏磨试验，镀层无脱落、掉皮现象。在近几年的生产过程中，镀层质量比较稳定。同时，对用户进行了质量跟踪，经对行驶5000km后的连杆进行拆检，大头孔刷镀层状况正常，无脱落、缺损现象，检测状况优于同等工况下的未刷镀件。

5. 工艺分析及讨论

电刷镀过程中镀笔与工件的相对运动速度对镀层质量影响极大。若相对运动速度太慢，镀笔与工件接触部位发热量大，镀层易发黑，组织易粗糙，还易被“烧焦”。而相对运动速度太快时，会降低电流效率和沉积速度，形成的镀层应力太大，镀层裂纹增加、易脱落。凸轮轴电刷镀时专用工作台电动机转速定为26r/min，相当于相对运动速度为8.5m/min。

5.6.6 典型零件的激光再制造

目前，激光再制造技术主要针对表面磨损、腐蚀、冲蚀、缺损等零部件局部损伤及尺寸变化的废旧零件进行结构尺寸恢复，同时提高零部件服役性能。激光熔覆技术是工业中应用最为广泛的激光再制造技术，在航天、汽车、轻工、石油、化工、冶金、电力、机械、工模具等领域都获得了大量应用。

1. 在叶片修复中的应用

1981年，英国Rolls-Royce公司将激光熔覆技术用于RB211型燃气轮机叶片连锁肩的修复。该叶片在1600K温度下工作，由超级镍基合金铸造，过去用TIG（Tungsten Inert Gas,

钨极惰性气体保护）堆焊钴基合金修复，稀释严重，热影响区还常常发生裂纹。后改用激光熔覆修复，设备用 2kW 快速轴流 CO_2 激光器，在重力作用下吹氩气送粉，功率密度 10^4～$10^5W/cm^2$，专用五轴联动数控工作台，设有良好的安全防护装置，为减小惯量，激光熔覆设备的大部分零件用铝材制造，自动化操作，处理一个叶片只需 75s 时间，而过去用 TIG 堆焊的时间为每件 4min。采用激光熔覆钴基合金，合金用量减少 50%，变形小，节省了后加工工时，工艺质量高，重复性好，还减少了设备数量。美国西屋公司用该技术修复长 1.2m 的蒸汽机叶片前端的水蚀。S. E. Huffman 公司，用有两个送粉器和双摄像视频计算机和定位精度为±0.013mm、重复精度为±0.0076mm 的数控系统激光熔覆设备，再制造飞机发动机废旧叶片和废旧压缩机叶片。

我国沈阳大陆激光技术公司应用激光熔覆再制造技术对烟机、汽轮机等多种机组的多类动叶片和静叶片进行了大量再制造（见图 5-22），获得了良好经济效益和社会效益。

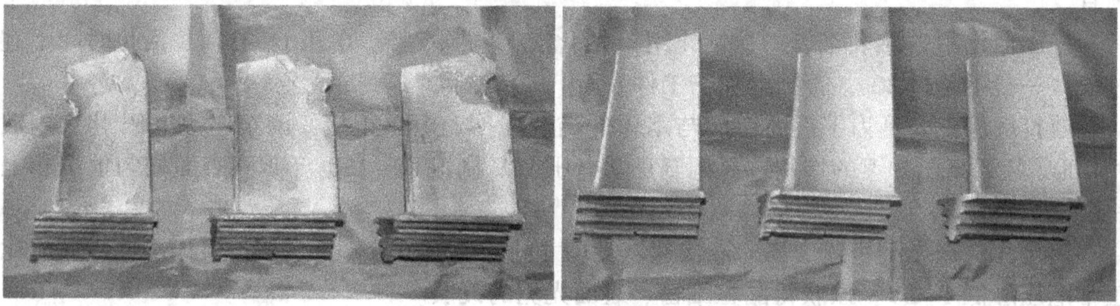

a)　　　　　　　　　　b)

图 5-22　激光熔覆再制造的烟机转子叶片

a）冲蚀损伤的叶片　b）再制造后的叶片

2. 在模具再制造中的应用

常规冷冲压和冷冲切模具的制造，常常使用昂贵的模具钢整体淬火，然后电火花加工出刃口，此过程工序多，周期长，生产效率低，制造成本高。而改用 AISI1045 钢制造，机械加工成形后，在刃口部位作激光熔覆 CPM10V 和 CPM15V 合金，或对磨损模具进行激光熔覆再制造处理，可以明显延长模具寿命，大幅降低制造费用。而且在使用磨损后，可多次进行激光熔覆再制造复原，因而使模具的总体寿命明显延长。

3. 在轴类零件再制造中的应用

轴类零件在各种机械设备中占据重要地位。各种轴在运行过程中，一般因磨损原因而造成尺寸减小、表面产生深划痕等失效的情况十分普遍，激光再制造技术在轴类零件的修复与再制造中具有广阔市场和重要的经济与社会效益。图 5-23 为某电厂 20 万 kW 发电机主轴磨损失效情况及其激光再制造加工。

鞍山钢铁公司某重轨轧辊材质为低镍铬无限冷硬铸铁，因表面磨损而使得尺寸精度超差，并出现局部凹坑。沈阳大陆激光技术公司对其成功进行了激光熔覆再制造，如图 5-24 所示，再制造后轧辊恢复了精度，并大大延长了使用寿命。图 5-25 为武汉钢铁公司某大型型材轧辊（材质为 65 镍铬钼半钢）的激光熔覆再制造。

塑料挤压蜗杆和压铸蜗杆的螺纹用激光熔覆制造，可以收到良好效果。螺杆压缩机的转子在运行过程中因轴向移位，造成了阴、阳转子工作面大面积擦伤和磨损，经激光熔覆再制造，不仅可恢复转子的尺寸和形状，还可以提高其表面性能。图5-26为激光再制造的螺杆压缩机转子。

a)　　　　b)

图5-23　某电厂20万kW发电机主轴磨损失效情况及其激光再制造加工

a）主轴磨损失效　b）激光再制造加工主轴

图5-24　鞍山钢铁公司某重轨轧辊的激光熔覆再制造

图5-25　武汉钢铁公司某大型型材轧辊的激光熔覆再制造

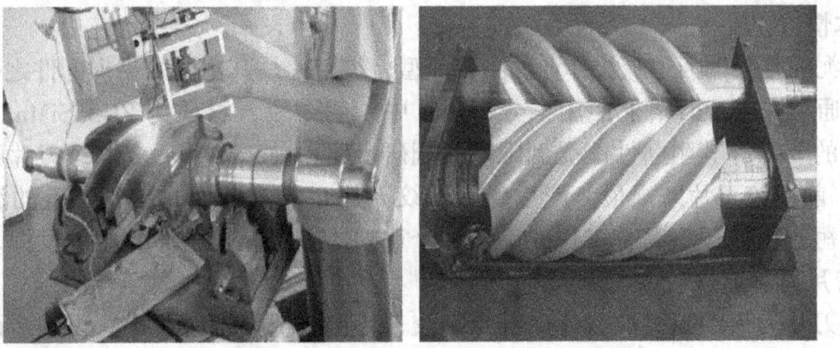

a)　　　　b)

图5-26　激光再制造的螺杆压缩机转子

a）转子激光再制造时　b）再制造后的转子副

4. 在齿轮再制造中的应用

齿轮在运行过程中常出现齿面磨损、疲劳脱层（掉块）甚至断齿等失效现象。堆焊、电镀、喷涂等一般的修复技术难以满足齿轮服役性能要求。因此，齿轮的修复与再制造一直是困扰工业界的一大难题。而采用激光熔覆再制造技术可以方便地实现失效齿轮零件的修复与再制造，且效率高、成品率高，修复或再制造的齿轮件性能优异。例如，天津船坞某设备齿轮在运行中因齿轮啮合面进入异物，造成齿轮副失效，其中大齿轮共有5齿发生崩齿和掉块缺角、4齿有裂纹存在，通过采用激光再制造技术对该齿轮进行了成功修复（见图5-27）。恢复后的齿轮经装机应用，运行正常。

a)　　b)

图5-27　激光再制造的齿轮

a）掉块缺角的失效齿轮　b）激光再制造后的齿轮

另外，对套筒类零件、道轨面、阀类零件、孔类零件等均已有成功进行激光熔覆再制造的实例。此外，激光表面相变硬化、激光合金化及激光打孔等技术也均在零部件再制造中获得应用。

5.6.7 绞吸挖泥船绞刀片再制造

1. 基本情况

绞吸挖泥船是我国河道疏浚作业的主要船型，绞刀片是其主要的易损部件之一。绞吸式挖泥船绞刀片通常焊接于刀架上使用，分为前、中、后3段，材质为ZG35SiMn，质量104kg。由于焊接性的要求，其耐磨性能受到限制。调研表明：前、中、后3段绞刀片磨损程度基本上为3 2 1，前段绞刀片磨损最为严重。可见绞刀片在疏浚挖泥时受到严重的泥沙磨粒磨损作用，寿命短，更换频率高，工作效率低，严重制约了挖泥船整体效益的发挥。

2. 绞刀片再制造设计

提高绞刀片刀齿的耐磨性和使用寿命是绞刀片再制造技术的关键。再制造设计时既要考虑绞刀片所用材料的耐磨性等使用性能，还要考虑其再制造工艺性。根据绞刀片不同的工况条件及性能要求，可对绞刀片的刀齿与刀体采用不同材料和工艺分别设计和制造，通过焊接的方法将刀齿和刀体连接成一体。刀齿磨完后仅更换新刀齿而无须更换整个绞刀片，使其再制造性能得以改善。

（1）刀齿再制造设计　综合绞刀片的工作环境、再制造性、耐磨性、工作效率及制造成本费用等因素，刀齿基体选用 ZG35SiMn 材料铸造成形，该材料可满足对刀齿焊接性能和力学性能及制造工艺性能的要求。在刀齿基体上采用焊接的方法制备特种耐磨层，提高其抗磨粒磨损能力和使用寿命。刀齿可设计成图 5-28 所示的 4 种基本结构形式，即由图 5-28a、5-28b、5-28e所示的 U 形结构，图 5-28c 所示的 E 形结构，图 5-28d 所示的 L 形结构和图 5-28f 所示的 T 形结构，每种结构形式各有其特点。

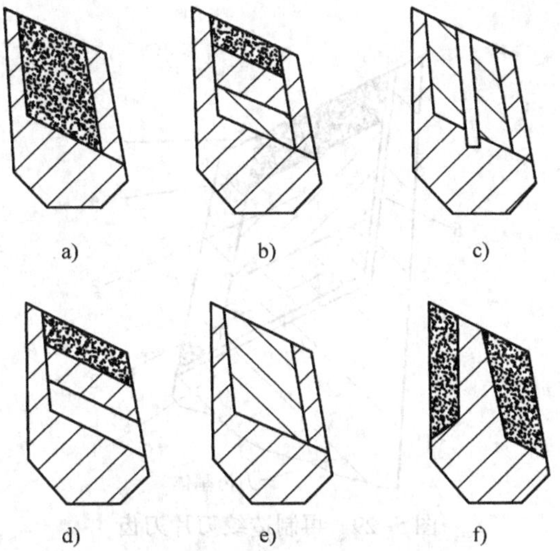

图 5-28　再制造绞刀刀齿头部结构

a）金属基陶瓷复合材料 U 形结构　b）梯度耐磨堆焊 U 形结构
c）金属基陶瓷复合材料 E 形结构　d）梯度耐磨堆焊 L 形结构
e）均匀耐磨堆焊 U 形结构　f）金属基陶瓷复合材料 T 形结构

针对 $1750m^3/h$ 绞吸挖泥船工地工况特点，选用 U 形结构采用梯度耐磨堆焊的再制造方法。刀齿部位的成分和性能具有一定的梯度变化，大大降低了刀体和刀齿间的成分和性能突变产生的焊接应力和相变应力，同时保证了刀齿兼有强韧性和高的耐磨性及刀齿工作的可靠性。采用梯度堆焊的再制造方法工艺简单，成本低，刀体与刀齿整体性强，刀齿性能易于保证，使传统绞刀片整体更换转化为局部刀齿更换，节约了资源，并且刀齿的更换过程更加快捷、方便、安全。再制造绞刀片刀齿如图 5-29 所示，刀齿设计采用了适当的耐磨层厚度以提高刀齿的使用寿命及抗折断能力。刀齿前端耐磨堆焊层总厚度设计为 50mm，采用三种成分和性能不同的耐磨堆焊材料进行梯度化堆焊，即过渡耐磨堆焊层（厚度为 10mm）、高耐磨堆焊层（厚度为 20mm）和陶瓷复合耐磨堆焊层（厚度为 20mm）。

（2）绞刀片刀体设计　绞刀片刀体是焊接在刀架上使用的，绞刀挖泥时，刀体受到较大应力作用，且在泥流中运行，因此要求刀体材料具有良好的焊接性、强度和韧性，又具有一定的耐磨性。综合对刀体的性能要求以及刀体不规则曲面难以机加工的特点，选用 ZG35SiMn 作为绞刀片的刀体材料，铸造成形。该材料综合力学性能良好，具有良好的铸造工艺性能且成本低廉。

3. 绞刀片再制造工艺及组织性能

刀齿耐磨层堆焊时考虑到稀释率的影响，采用小规范多层多道堆焊以减小焊缝的熔合比和焊接应力。绞刀片刀齿再制造工艺过程如图 5-30 所示。

待再制造刀齿基本磨完时，清理其残余部分，更换新的再制造刀齿。

4. 再制造绞刀片的工程应用效果

目前国内普遍采用的是 ZG35SiMn 刀片，正火态使用，硬度为 170~220HBW。根据吸扬 14 号挖泥船提供的 ZG35SiMn 绞刀片使用数据和研制的再制造绞刀片同一工地应用实测数据，得出表 5-17 所列对比分析结果。数据表明：再制造绞刀片重量减轻 24.4%，疏浚效率提高 54%；ZG35SiMn 绞刀片刀齿平均质量磨损率是再制造绞刀片刀齿的 13.6 倍；再制造绞刀片平均单位刀齿质量疏浚方量是原 ZG35SiMn 绞刀片的 20.6 倍。

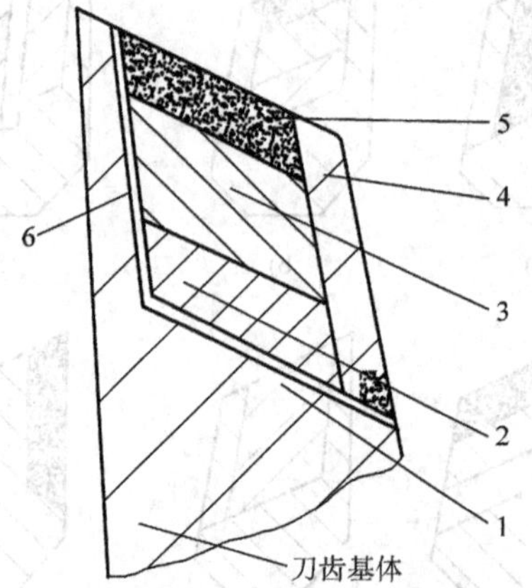

图 5-29 再制造绞刀片刀齿

1、6—打底层焊缝 2—过渡耐磨堆焊层
3—高耐磨堆焊层 4—成形板
5—陶瓷复合耐磨堆焊层

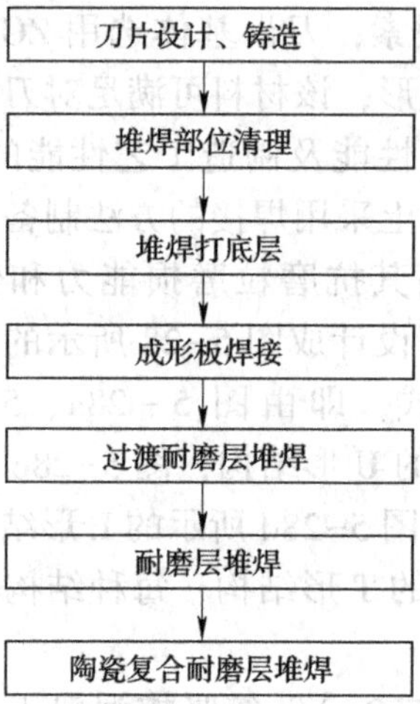

图 5-30 绞刀片刀齿再制造工艺流程

表 5-17 再制造绞刀片与原 ZG35SiMn 绞刀片性能对比

性能指标	研制再制造绞刀刀片	原 ZG35SiMn 绞刀片
刀片质量/kg	78.6	104
平均疏浚效率/（m^3/h）	691.9	449.5
质量磨损率/（kg/h）	0.024	0.327
单位方量质量磨损率/（kg/m^3）	0.35×10^{-4}	7.27×10^{-4}
平均刀齿单位质量疏浚方量/（m^3/kg）	28307	1375
刀齿比磨损质量/［kg/（$h\cdot m^3$）］	0.352×10^{-4}	7.725×10^{-4}

刀齿的比磨损质量（单位时间单位疏浚方量刀齿的磨损质量）是反映绞刀片耐磨性与疏浚效率综合性能的重要指标，刀齿的比磨损质量越小，其综合性能越优异。再制造绞刀片刀齿的比磨损质量是 ZG35SiMn 绞刀片的 4.56%，具有优异的综合性能，能够显著延长使用寿命。

第6章　再制造机械加工技术与工艺

6.1　再制造机械加工特点及作用

6.1.1　机械加工的特点

机械加工是零件再制造最常用的基本方法，它既可作为独立的手段，直接对零件再制造加工，也是其他再制造技术，如焊接、电镀、喷涂等的工艺准备和最后加工中不可缺少的工序。而机械加工再制造恢复法是指以机械加工作为独立手段，直接进行机械设备零部件再制造的一种技术方法。这种再制造技术方法简单易行，再制造后质量稳定，加工成本低，只要待再制造零件缺陷部位的结构和强度允许都可采用，目前在国内外再制造厂实际生产中得到了广泛的应用。

再制造恢复旧件的机械加工与新制件加工相比，有明显的不同特点。产品制造过程中的生产过程一般是先根据设计选用材料，然后用铸造、锻造或焊接等方法将材料制作成零件的毛坯（或半成品），再经金属切削加工制成符合尺寸精度要求的零件，最后将零件装配成为产品。而再制造过程中的机械加工所面对的对象是废旧或经过表面处理的零件，通过机械加工来完成它的尺寸公差与配合及性能要求。其加工对象是失效的定型零件，一般加工余量小，原有基准多已破坏，给装夹定位带来困难。另外待加工表面性能已定，一般不能用工序来调整，只能以加工方法来适应它。失效件的失效形式和加工表面多样，给组织生产带来困难。所以失效件的再制造加工具有个体性、多变性及技术先进性等特点。

6.1.2　机械加工在再制造中的作用

美国的再制造工业起源可以追溯到20世纪20年代，随着生产社会化和工业标准化而开始大量出现。经济萧条导致的资源匮乏极大地刺激了再制造业的发展，尤其是第二次世界大战中的战争消耗导致钢铁等一些原材料严重不足，无法支撑巨大数量武器装备的制造，需要重新利用诸如报废产品及汽车上耐用零部件来迅速再制造出新的产品，这进一步促进了再制造的发展。在过去的50多年里，技术和制造工艺的快速进步也大大扩充了再制造工业的范围，目前在汽车、医学设备、电力发动机、复印机以及办公家具等产品领域都开展了一定规模的再制造。

国外虽然开展了大量的再制造研究及应用，但其再制造方式主要是以机械加工为主的再制造修理尺寸法和换件法，即通过车削、磨削等方式对磨损量超差的零件进行机械加工，来恢复零件的尺寸公差与配合要求，而无法达到产品原设计时的尺寸要求，对于无法修复的易损件来说，则通过更换新件来满足再制造质量保证的要求。这一方面限制了废旧零部件利用率的提高，另一方面也会从总体上影响产品零部件的互换性，无法满足原设计时的尺寸要求，也不能提升易磨损零件表面的性能。这种方式，往往无法使再制造产品质量真正意义上达到新品要求。

6.2 失效件常用再制造机械加工方法

失效件的机械加工再制造技术中常用的方法有再制造修理尺寸法、钳工恢复法、附加零件恢复法（镶套修理法）、局部更换恢复法。

6.2.1 再制造修理尺寸法

机械设备的间隙配合副（例如轴和孔）在使用至设备需再制造时，一般都会产生不均匀磨损，使配合副的间隙增大，工作性能劣化，拆解清洗后无法直接用于再制造装配。因此，在对此类失效件进行再制造恢复时，再制造后达到原设计尺寸和其他技术要求，称为标准尺寸再制造恢复法。一般采用表面工程技术可以实现标准尺寸再制造恢复。

但目前，对这类配合副中的主要零件，可不考虑原来的基本尺寸，采用机械加工方法切去不均匀磨损部分，恢复原来的形位公差和表面粗糙度，而获得一个新尺寸，然后根据再制造的修理尺寸配制或修复相应的配合件，保证原有的配合关系不变，这一新尺寸，被称为再制造的修理尺寸，这种再制造配合副的方法便被称为再制造修理尺寸法。其实质是恢复零件配合尺寸链的方法，在调整法、修配法中，组成环需要的再制造恢复多为修理尺寸法。如修轴颈、换套或扩孔镶套；键槽加宽一级，重配键等均为较简单的实例。由此可见当采用修理尺寸法再制造配合副时，再制造的修理尺寸确定是很重要的。显然，在一对配合副中，应加工复杂而贵重的零件，更换另一配合件。例如机床中的主轴与轴承，应加工主轴，配换轴承；内燃机中的气缸与活塞，应加工气缸，配换活塞。但应注意，加工后的零件表面仍要保证其质量，满足对再制造产品工作性能和使用寿命的要求。

再制造修理尺寸法常常被用来加工机械设备中轴和孔构成的配合副。在采用修理尺寸法再制造加工轴和孔构成的配合副时，根据配合副的工作性质和加工后轴线位置的要求不同，可将修理尺寸法分为同心法和不同心法。保证加工后轴或孔的轴线与原轴线一致的，叫同心法；加工后轴或孔的轴线与原轴线稍有改变的，叫不同心法。两者修理尺寸的确定方法稍有不同。

在确定再制造修理尺寸，即去除表面层厚度时，首先应考虑零件结构上的可能性和再制造加工后零件的强度、刚度是否满足需要。如轴颈尺寸减小量一般不得超过原设计尺寸的10%；轴上键槽可扩大一级。为了得到有限的互换性，可将零件再制造修理尺寸标准化，如内燃机气缸套的再制造修理尺寸，可规定几个标准尺寸，以适应尺寸分级的活塞备件；曲轴轴颈的修理尺寸分为16级，每一级尺寸缩小量为0.125mm，最大缩小量不得超过2mm。曲轴主轴颈、连杆轴颈的再制造修理尺寸如表6-1所示。

表6-1 曲轴主轴颈、连杆轴颈再制造修理尺寸 （单位：mm）

部位		轴颈尺寸			
		标准尺寸0.00	第一修理尺寸-0.25	第二修理尺寸-0.50	第三修理尺寸-0.75
桑塔纳1.6L	主轴颈	$54.00_{-0.042}^{-0.022}$	$53.75_{-0.042}^{-0.022}$	$53.50_{-0.042}^{-0.022}$	$53.25_{-0.042}^{-0.022}$
	连杆轴颈	$46.00_{-0.042}^{-0.022}$	$45.75_{-0.042}^{-0.022}$	$45.50_{-0.042}^{-0.022}$	$45.25_{-0.042}^{-0.022}$

（续）

部位		轴颈尺寸			
		标准尺寸 0.00	第一修理尺寸-0.25	第二修理尺寸-0.50	第三修理尺寸-0.75
桑塔纳 1.8L	主轴颈	$54.00_{-0.042}^{-0.022}$	$53.75_{-0.042}^{-0.022}$	$53.50_{-0.042}^{-0.022}$	$53.25_{-0.042}^{-0.022}$
	连杆轴颈	$47.80_{-0.042}^{-0.022}$	$47.55_{-0.042}^{-0.022}$	$47.30_{-0.042}^{-0.022}$	$47.05_{-0.042}^{-0.022}$
丰田 2Y，3Y	主轴颈	$54.00_{-0.015}^{-0.000}$	$53.75_{-0.015}^{-0.000}$	$53.50_{-0.015}^{-0.000}$	$53.25_{-0.015}^{-0.000}$
	连杆轴颈	$48.00_{-0.015}^{-0.000}$	$47.75_{-0.015}^{-0.000}$	$47.50_{-0.015}^{-0.000}$	$47.25_{-0.015}^{-0.000}$

失效零件加工后表面粗糙度对零件性能和寿命影响很大，如直接影响配合精度、耐磨性、疲劳强度、抗腐蚀性等。对承受冲击和交变载荷、重载、高速的零件尤其要注意表面质量，同时要注意轴类零件圆角的半径和表面粗糙度。此外，对高速旋转的零部件，再制造加工时还需保证应有的静平衡和动平衡要求。

旧件的待再制造恢复表面和定位基准多已损坏或变形，在加工余量很小的情况下，盲目使用原有定位基准，或只考虑加工表面本身的精度，往往会造成零件的进一步损伤，导致报废。因此，再制造加工前必须检查、分析、校正变形、修整定位基准后再进行加工，方可保证加工表面与其他要素的相互位置精度，并使加工余量尽可能小，必要时需设计专用夹具。

再制造修理尺寸法应用极为普遍，是国内外最常采用的再制造生产方法，通常也是最小再制造加工工作量的方法，工作简单易行，经济性好，同时可恢复零件的使用寿命，尤其对贵重零件意义重大。但使用该方法时，在保证配合精度要求的情况下，一定要判断是否能满足零件的强度和刚性的设计要求，是否能满足再制造产品使用周期的寿命要求，以确保再制造产品质量。

6.2.2　钳工再制造恢复法

钳工再制造恢复也是失效零件机械加工恢复过程中最广泛应用的工艺方法。它既可以作为一种独立的手段直接恢复零件，也可以是其他再制造方法如焊、镀、涂等工艺的准备或最后加工必不可少的工序。钳工再制造恢复主要有刮研、铰孔、研磨等方法。

6.2.2.1　刮研

用刮刀从工件表面刮去较高点，再用标准检具（或与之相配的件）涂色检验的反复加工过程称为刮研。刮研用来提高工件表面的形位精度、尺寸精度、接触精度、传动精度和减小表面粗糙度值，使工件表面组织紧密，并能形成比较均匀的微浅凹坑，创造良好的存油条件。

1. 刮研特点

刮研是一种间断切削的手工操作，它不仅具有切削量小、切削力小、产生热量小、装夹变形小的特点，而且由于不存在机械加工中不可避免的振动、热变形等因素，所以能获得很高的尺寸精度、形位精度、接触精度和很小的表面粗糙度值。刮研可以把机床导轨或工件表面根据实际要求刮成中凹或中凸等特殊形状，这是机械加工不容易解决的问题。刮研之后的工件表面形成了比较均匀的微浅凹坑，有利于储存润滑油，改善相对运动零件之间的润滑情况。刮研是手工操作，不受工件位置和工件大小的限制。因此，尽管刮研有效率低、劳动强度大的缺点，但在机械设备再制造过程中，刮研工作仍占有相当的比重。如导轨和相对滑动面之间、轴和滑动轴承之间、导轨和导轨之间、两相配零件的密封表面等，都可以经过刮研而获得良好的接触精度，增加运动副承载能力和耐磨性，提高导轨和导轨之间的位置精度，增加密封表面的密封性。

2. 刮刀

刮刀是刮研时的主要工具，一般采用碳素工具钢（如 T10A、T12、T12A）或是轴承钢（如 GCr15）经锻造、加工、热处理及刃磨制成。刮刀的刃部要求有较小的表面粗糙度值、合理的角度及刃口形状，硬度在 60HRC 以上。

刮刀分平面刮刀和曲面刮刀两种。平面刮刀主要用来刮研平面，也可以用来刮研外曲面。按刮研表面精度不同，又可分粗刮刀、细刮刀及精刮刀 3 种。粗刮刀、细刮刀及精刮刀的刃口形状、几何角度如图 6-1 所示。曲面刮刀主要用来刮研内曲面，如滑动轴承、部分轴瓦或轴套等，常用的曲面刮刀如图 6-2 所示。三角刮刀是用来刮研内曲面的，它的断面形状呈三角形，每个面中间开有凹形槽，面的边缘留 2~3mm 的棱边作刃面。蛇头刮刀也是用来刮研内曲面的，它的断面形状为矩形，并在两平面上开有凹形刀槽，刀头两圆弧的侧面有 4 条圆弧刀刃，粗刮刀的圆弧半径大，精刮刀的半径小。

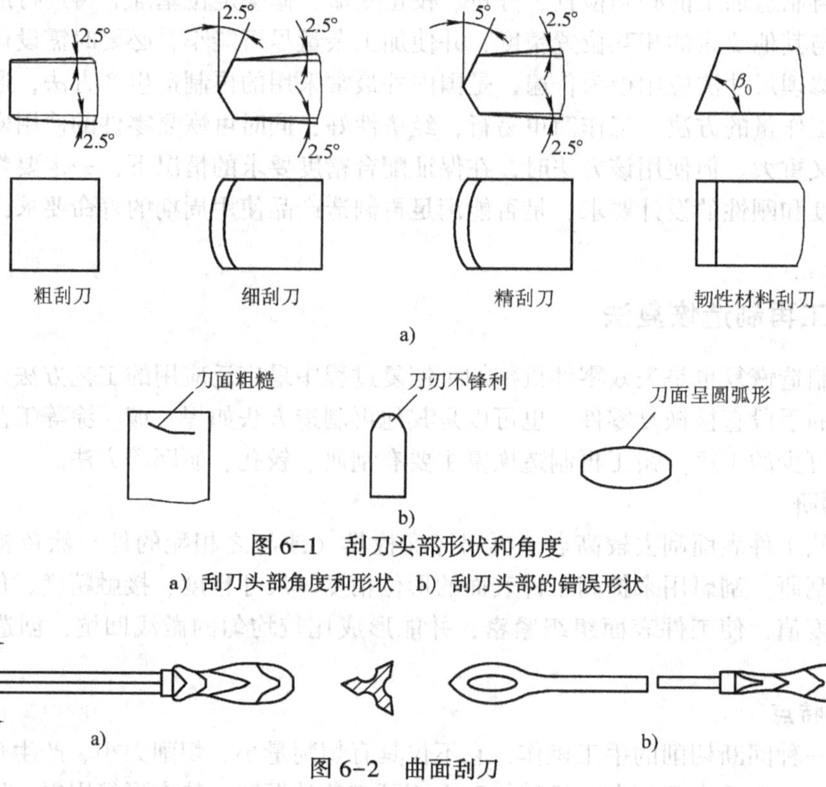

图 6-1　刮刀头部形状和角度

a）刮刀头部角度和形状　b）刮刀头部的错误形状

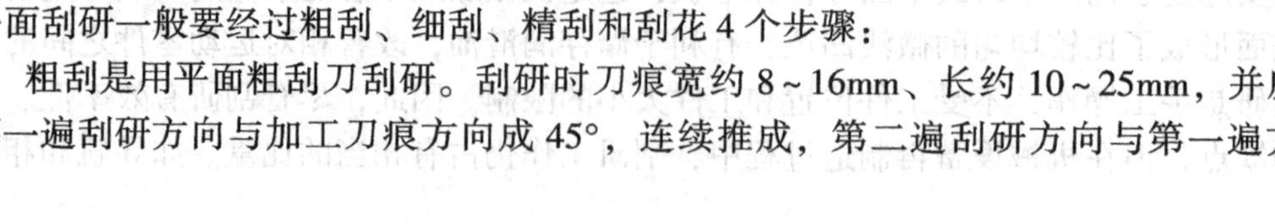

图 6-2　曲面刮刀

a）三角刮刀　b）蛇头刮刀

3. 平面刮研步骤

平面刮研一般要经过粗刮、细刮、精刮和刮花 4 个步骤：

1）粗刮是用平面粗刮刀刮研。刮研时刀痕宽约 8~16mm、长约 10~25mm，并应连成片。第一遍刮研方向与加工刀痕方向成 45°，连续推成，第二遍刮研方向与第一遍方向成

90°，连续推铲工件表面。在整个刮研面上刮除量应均匀，不允许出现中间低，四周高的现象。刮研表面25mm×25mm面积内有2~3个点时，粗刮结束。

2）细刮是用细平面刮刀刮研，刮研时，刀痕宽度按一定方向依次刮研，刀痕依点子而分布，可连刀刮研。刮第二遍时，与上一遍交叉方向成45°~60°方向进行。在刮研中，应将高点的周围部分也刮去，使周围的次高点显示出来，可节省刮研时间；同时要防止刮刀倾斜，避免刮刀回程时在刮研表面上拉出深痕。当刮研表面25mm×25mm面积内出现12~15点时，细刮完成。

3）精刮是用平面精刮刀刮研。刮刀刃口必须保持锋利和光洁，防止刮研时出现撕纹，刮研压力宜小，刀痕减少到最小程度，即宽约1.5mm，长约2.5mm。精刮后，刮研表面25mm×25mm面积内显点数在20点以上。

4）刮花可增加刮研面的美观，能使滑动件之间形成良好的润滑条件，并且在使用过程中还可以根据花纹的消失来判断平面的磨损程度。

6.2.2.2　铰孔

铰孔是利用铰刀进行精密孔加工和修整性加工的过程，它能提高零件的尺寸精度和减小表面粗糙度，主要用来恢复各种配合的孔，恢复后其公差等级可达IT7~IT9，表面粗糙度值可达3.2~0.8μm。

6.2.2.3　研磨

用研磨工具和研磨剂，在工件上研掉一层极薄表面层的精加工方法叫研磨。研磨可使工件表面得到较小的表面粗糙度值、较高的尺寸精度和形位精度。研磨加工可用于各种硬度的钢材、硬质合金、铸铁及有色金属，还可以用来研磨水晶、玻璃等非金属材料。经研磨加工的表面尺寸误差可控制在0.001~0.005mm范围内，一般情况下表面粗糙度可达0.8~0.5μm，而形位误差可小于0.005mm。

6.2.3　附加零件恢复法

有些设备零件只有个别工作表面磨损严重，当其结构和强度允许时，可以将磨损部位进行机械加工，再在这个部位镶上一个套或其他镶装件，以补偿磨损和再制造加工去掉的部分，最后将其加工到基本尺寸，以恢复原配合精度。镶装件是在再制造过程中增加的，故这种用增加零件来修理的方法被称为附加零件恢复法。例如，箱体或复杂零件上的内孔损坏后，可扩孔以后再加工一个套筒类零件镶加上来恢复。因镶加零件法往往不能完全达到再制造产品的质量和寿命要求，所以该方法在再制造加工中应用范围相对较小，但镶装件磨损后还可以更换，为以后的使用修理或再制造工作带来方便。另外该方法可实现零件的重新利用，具有显著的资源和经济效益。

有些机械设备的某些结构在设计和制造时就应用了这一原理，对一些形状复杂或贵重的零件，在容易磨损的部位，预先镶上镶装件，以使在磨损后只需更换这些镶装件，便可方便地达到再制造的目的。

图6-3所示为废旧轴的一端轴颈磨损后，采用镶套法进行再制造的一个示例。为防止套筒工作时松动，轴与套的配合必须有一定的过盈量，并在轴端用固定销固定，为保证零件原有的硬度和耐磨性。可根据镶套的材质，预先进行热处理，再将套筒压入轴颈，装上止动销钉。

在车床上，丝杠、光杠、开关杠与支架配合的孔磨损后，可将支架上的孔加工大，再压入附加的轴套，如图 6-4 所示。轴套磨损后可再进行更换。

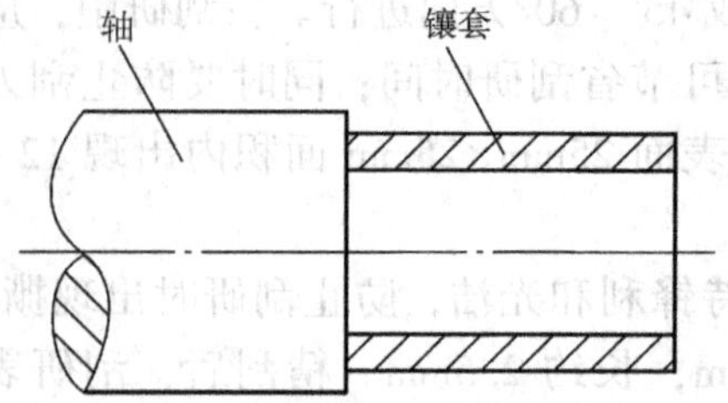

图 6-3　轴颈的附加零件再制造恢复

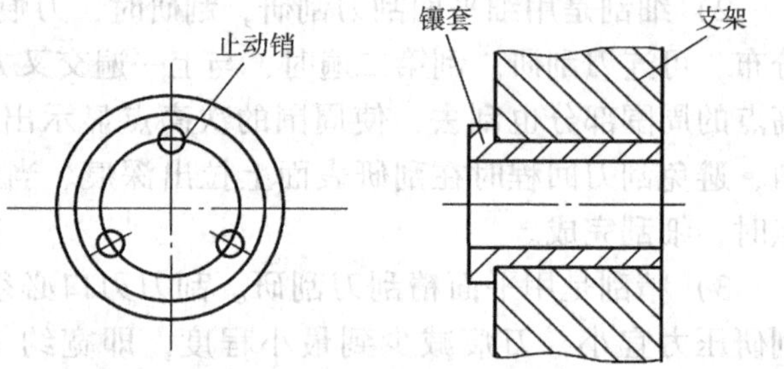

图 6-4　支架孔的镶套恢复

附加零件恢复法可以再制造较大磨损量的零件缺陷，并可以一次加工到基本尺寸，而不必更换与之配合的零件，而且还给以后的使用维修工作提供了方便。但在应用附加零件恢复法时，应注意以下两个问题：

1）镶装件的材质应根据零件所处的工况来选择。例如若在高温下工作的镶装件应尽量选用与基体一致的材料，使两者的热膨系数相同，保证在工作中镶装件的稳固性。再例如若要求镶装件耐磨，可选用耐磨材料。

2）镶套工艺往往受到零件结构和强度的限制，镶套壁厚一般只有 2~3mm，且镶装后为保证稳定的紧固性，镶套和基体之间应采用过盈配合。这样镶套和基体均会受到力的作用，因此要求正确选择过盈量，如果过盈量过大会胀坏套筒或座孔，甚至会使基体变形；过盈量过小，可能会出现松动。

6.2.4　局部更换和换位法

有些机械设备零件在使用过程中，各部位可能出现不均匀的磨损，某个部位磨损严重，而其余部位完好或磨损轻微。在这种情况下，如果零件结构允许，可把严重缺陷的部分切除，重新制作更换一个新的部分，并把它加工到原有的形状和尺寸，使新换上的部分与原有零件的基本部分连接成为整体，从而恢复零件的工作能力，这种再制造恢复方法称局部更换法。

局部更换恢复法在零件再制造中也有一定的应用。例如，在齿轮类零件中，有些齿轮的轮齿严重磨损，或者轮齿被打掉，但内花键完好，确有再制造价值时，可以采用局部更换齿圈的方法恢复（见图 6-5）。先将齿轮上的齿形部分车去，留下心部，用相同的材料加工一只套圈与心部过渡配合，在两端套圈与心部的接缝处进行焊接，使两者连为一体，然后经车削、切齿以及齿形部分热处理等工序完成。

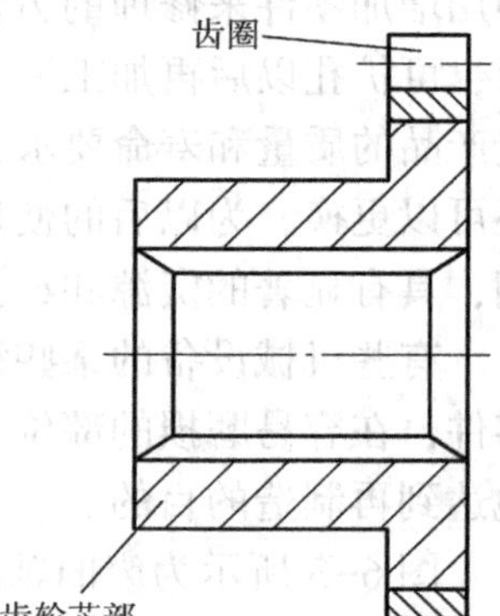

图 6-5　齿轮的更换齿圈恢复

有些零件在使用时产生单边磨损，或磨损有明显的方向性，而对称的另一边磨损较小。如果结构允许，在不具备彻底对零件进行恢复的条件下，可以利用零件未磨损的一边，将它换一个方向安装即可继续使用，这种方法称为换位法，注意要符合装配的公差与配合要求。

6.2.5 塑性变形法

塑性变形法是利用外力的作用使金属产生塑性变形，恢复零件的几何形状，或使零件非工作部分的金属向磨损部分移动，以补偿磨损掉的金属，恢复零件工作表面原来的尺寸精度和形状精度。根据金属材料可塑性的不同，分为常温下进行的冷压加工和热态下进行的热压加工。常用的方法有镦粗法、扩张法、缩小法、压延法和校正。

1. 镦粗法

它是利用减小零件的高度来增大零件的外径或缩小内径尺寸的一种加工方法。主要用来恢复有色金属套筒和圆柱形零件。例如，当铜套的内径或外径磨损时，在常温下通过专用模具进行镦粗，可使用压床、手压床或用锤子手工锤击，作用力的方向应与塑性变形的方向垂直（见图6-6）。用镦粗法修复，零件被压缩后的缩短量不应超过其原高度的15%，承载较大的则不应超过其原高度的8%。为镦粗均匀，其高度与直径的比例不应大于2，否则不宜采用这种方法。

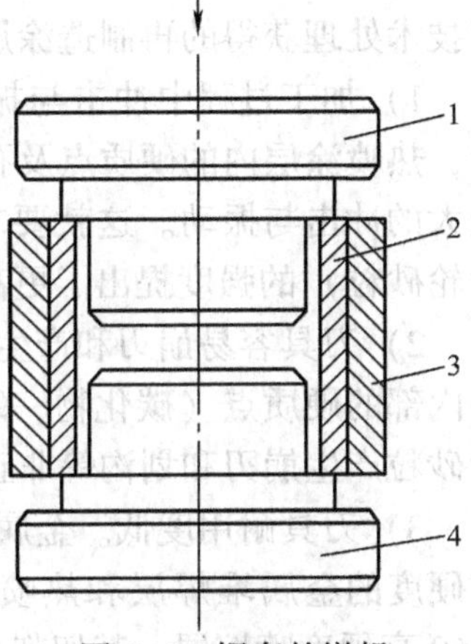

图6-6 铜套的镦粗

1—上模 2—铜套

3—轴承 4—下模

2. 扩张法

它是指利用扩大零件的孔径，增大外径尺寸，或将不重要部位的金属扩张到磨损部位，使其恢复原来尺寸的恢复方法。例如，空心活塞销外圆磨损后，一般用镀铬法恢复。但当没有镀铬设备时，可用扩张法恢复。活塞销的扩张既可在热态下进行，也能在冷态下进行。扩张法主要应用于外径磨损的套筒形零件。

3. 缩小法

与扩张法相反，它是利用模具挤压外径来缩小内径尺寸的一种恢复方法。缩小法主要用于筒形零件内径尺寸的修复。

4. 压延法

又叫模压法，它是把零件加热到800~900℃之后，立即放入到专用模具中，在压力机的作用下使上模向下移动，达到零件成形的一种修复方法。例如，圆柱齿轮齿部磨损后，可在热态下，通过压延使齿部胀大，然后加工齿形并进行热处理。

5. 校正

校正是利用外力或火焰使发生弯曲、扭曲等残余变形的零件产生新的塑性变形，来消除原有变形的方法。校正分为冷校和热校，而冷校又分压力校正与冷作校正。

无论采用以上哪一种机械加工再制造方法，最主要的原则就是保证再制造恢复后的零件尺寸及性能满足再制造产品的装配质量要求，保证再制造产品能够正常使用一个寿命周期以上。

6.3 零件表面再制造涂层的机械加工技术

在我国发展的再制造技术中，大量应用了表面工程技术。对于磨损后尺寸超差的零件来说，为了达到尺寸恢复或性能强化的目的，可以在磨损的表面上采用先进的喷涂、电刷镀、堆焊、激光熔覆等方法，使它具有一层耐磨再制造涂层，然后对该涂层再进行切削加工，恢复零件的原始尺寸精度、表面粗糙度等。因此，再制造件表面再制造涂层的切削加工，既是再制造技术的重要组成部分，也是零件再制造机械加工中的不可缺少部分。

6.3.1 再制造涂层切削加工的特点

再制造涂层的切削加工方法最广泛应用的是磨削和车削，此外还有铣削和刨削等，经表面技术处理获得的再制造涂层的自身特性，使得其在切削加工时具有以下特点：

1）加工过程中冲击与振动大。金属堆焊层因其外表面的高低不平，内部硬度的不均匀，热喷涂层内的硬质点及孔隙等，都会使加工时的切削力呈波动状态，致使加工过程产生较大的冲击与振动。这就要求机床—夹具—工件—刀具工艺系统的刚性要好，对刀刃（或砂轮砂粒）的强度提出了更高的要求。

2）刀具容易崩刃和产生非正常磨损。金属堆焊层坚硬的外皮、砂眼、气孔等和热喷涂层内部的硬质点（碳化物、硼化物等），再加上切削过程中的振动、冲击负荷，使刀刃或砂轮砂粒产生崩刃和划沟等非正常磨损，失去切削能力。

3）刀具耐用度低。金属堆焊层、热喷涂涂层一般都具有较高的硬度与耐磨性，特别是高硬度的金属堆焊层和热喷涂涂层，在加工时产生较大的切削力和切削热。例如，车削Ni60高硬度喷熔层，其切削力要比45淬火钢大30%~60%，切削温度要比45淬火钢高41℃（高10%），因而加速刀刃或砂轮砂粒的淬火钢磨损，使它们迅速变钝。这给切削加工带来很大的困难，甚至难以进行切削加工。由于刀具耐用度低，限制了切削用量的提高，使生产效率降低。

4）热喷涂涂层易剥落。热喷涂涂层与基体的结合强度不高，用喷涂方法得到的涂层，其与基体的结合为机械结合，结合强度一般为30~50MPa；再加上涂层的厚度一般较薄，所以在切削加工时，当切削力超过一定限度时，涂层易剥落，这是在切削加工时应注意防止的。

5）涂层易烧蚀或产生裂纹。热喷涂涂层磨削加工时，由于产生的热量大，表面容易被烧损和产生裂纹，所以要注意冷却润滑液的使用。

6.3.2 再制造涂层的车削加工

6.3.2.1 堆焊层的车削加工

采用堆焊方法获得零件磨损表面的尺寸恢复层是一种常用的再制造方法。堆焊恢复层的金属性质虽然主要决定于堆焊焊条的材料，但由于堆焊方法使恢复层的厚度大且不均匀、表面硬化及层内组织的改变等，都会使堆焊层的切削加工性变差，需要在切削加工时充分考虑和注意。

1. 低合金钢堆焊层的车削

1）低合金钢堆焊层的特性。低合金钢堆焊层由于堆焊焊条的碳含量不同，所得到的堆焊层的硬度也不同，从硬度上看可分为中硬度和高硬度堆焊层。在机械零件再制造中使用最广泛的是中硬度堆焊层。中硬度堆焊层是堆焊时在一般的冷却速度下形成，堆焊层的组织为珠光体类型加上少量的铁素体，当冷却速度较高时，将出现马氏体。为了避免马氏体的出现，便于切削加工，应注意降低冷却速度，如采用保温冷却等。

中硬度堆焊层的硬度为200~350HBW（如堆107焊条堆焊层的硬度约为250HBW，堆127焊条堆焊层的硬度约为350HBW）。堆焊金属中的Cr、Mn等合金元素将溶于铁素体，起固溶强化作用，并能使渗碳体合金化，使堆焊层具有一定的硬度和耐磨性能，以及较好的抗冲击性能。

2）刀具材料的选择。堆焊层具有一定的硬度与耐磨性，对其进行切削加工时，产生的振动与冲击较大。为保证加工时不致打坏刀具，以及保证一定的刀具耐用度，根据目前常用刀具材料的切削性能与特点，粗加工时可选用硬质合金YG8、YT5、YW1等。这些刀具材料的韧性较好，抗弯强度较高，加工时不易崩刀。精加工时，除要求刀具具有较好的耐磨性外，还要求能承受粗加工后遗留下来的硬质点、气孔、砂眼等的冲击与振动，此时可选用硬度较高、耐磨性较好的硬质合金YT15。

2. 高锰钢堆焊层的车削

高锰钢堆焊层（锰的质量分数为11%~14%）因加工硬化严重和导热性能差，属于很难切削加工的堆焊层。高锰钢堆焊层的金相组织为均匀的奥氏体，它的原始硬度虽不高，但其塑性韧性特别好。切削加工过程中，因塑性变形使奥氏体组织转变为细晶粒马氏体，硬度由原来的180~220HBW提高到450~500HBW，并且在表面上还会形成高硬度的氧化层。另外，高锰钢堆焊层的热导率很小，约为45钢的1/4，使切削温度很高。其切削力约比切削45钢增大60%。因此，它的切削加工性很差。

切削高锰钢堆焊层时，宜选用抗弯强度和韧性较高的硬质合金。粗加工时，可选用YW1、YH2、YG6X硬质合金；精加工时，可选用YT14、YG6X等硬质合金。为了减小加工硬化，刀刃应保持锋利。为了增强刀刃和改善散热条件，可选用前角$\gamma_0=-5°\sim5°$，并磨出负倒棱为（0.2~0.8）f，$\gamma_0=-5°\sim-15°$，后角宜选用较大值$A_0=8°\sim12°$。当工艺系统刚性高时，主、副偏角可取小值，一般主偏角$K_r=60°$，副偏角$K'_r=10°\sim20°$，刃倾角$\lambda_s=0°\sim-5°$。粗车时，$a_p=2\sim4\text{mm}$，$f=0.2\sim0.8\text{mm/r}$，$v\leqslant15\text{m/min}$；精车时，$a_p=1\sim2\text{mm}$，$f=0.2\sim0.8\text{mm/r}$，$v=20\sim30\text{m/min}$。

3. 不锈钢堆焊层的车削

不锈钢堆焊层多采用1Cr18Ni9Ti焊条堆焊而得，金相组织为奥氏体。奥氏体组织塑性大，容易产生加工硬化。此外导热性能也很低（约为45钢的1/3），所以，奥氏体不锈钢堆焊层也是较难切削的。

车削不锈钢堆焊层，YT类硬质合金不宜用于加工不锈钢堆焊层，因YT中的钛元素易与工件材料中的钛元素发生亲和而导致冷焊，加剧刀具磨损。所以，一般宜采用YG类、YH类或YW类硬质合金，也可采用高性能高速钢。刀具几何参数前角为0°~-5°；后角4°~6°；刃倾角0°~-5°；适当减小主偏角，加大刀尖圆弧半径。切削用量选$a_p=1.5\sim2\text{mm}$，$f=0.3\sim0.4\text{mm/r}$，$v=14\sim18\text{m/min}$。

6.3.2.2　热喷涂涂层的车削

热喷涂层最大的特点是具有高的硬度和高的耐磨性，其硬度可达50~70HRC。像这一类热喷涂涂层可称之为高硬度热喷涂涂层，它们很难加工。当对他们进行切削加工时，对刀具材料、刀具几何参数以及切削用量的选择都有比较特殊的要求。

1. 刀具材料的选择

热喷涂涂层对刀具材料总的要求是高的硬度、高的耐磨性、足够的抗弯强度与韧性。一般的硬质合金牌号不能用于加工高硬度热喷涂涂层。目前，切削热喷涂涂层较好的刀具材料有以下3类：

1）添加碳化钽、碳化铌的超细晶粒硬质合金。碳化钽（TaC）、碳化铌在硬质合金中所起的主要作用如下：提高硬质合金常温与高温的硬度，从而提高硬质合金的耐磨性；阻止WC晶粒在烧结过程中长大，从而细化晶粒，提高YT类硬质合金的抗弯强度和冲击韧性与耐磨性；提高硬质合金与钢的粘接温度，减少轻合金成分向钢中的扩散，从而降低刀具的粘接磨损，提高刀具耐用度。细晶粒硬质合金中，由于WC与钴高度分散，增加了粘接面积，提高了粘接强度，因此可提高硬度1.5~2HRA，抗弯强度也可大大提高。所以，添加碳化钽、碳化铌的超细晶粒硬质合金，在硬度与耐磨性以及抗弯强度与韧性方面都有较好的性能，可用于低速切削而不容易崩刃，适应高硬度热喷涂涂层的切削加工。

2）陶瓷刀具材料。用作刀具材料的陶瓷有纯Al_2O_3陶瓷、Al_2O_3—TiC混合陶瓷和Si_3N_4基陶瓷。我国的牌号有SG5（94HRA，抗弯强度大于0.7GPa）和AG2（93.5~95HRA，抗弯强度大于0.8GPa），用它们切削热喷涂涂层有较好的效果，但它们的抗弯强度还需要进一步提高。例如，用SG5刀片切削镍基102喷熔层（55~60HRC），切削用量参数为a_p=0.1mm，f=0.3mm/r，v=29m/min。加工直径50mm，长650mm的外圆，刀具的切削路程长达150m后，刀具后刀面的磨损VB为0.15mm，加工表面粗糙度为10~2.5μm。

3）立方氮化硼。立方氮化硼（CBN）是由六方氮化硼在高温、高压下加入催化剂转变而成，它分为整体聚晶立方氮化硼和立方氮化硼复合刀片两种。立方氮化硼优点明显：有很高的硬度和耐磨性，其显微硬度可达8000~9000HV，仅次于金刚石；有很高的热稳定性（可达1400℃），比金刚石要高得多；有很大的化学惰性，它与铁族金属在1200℃~1300℃时也不易起化学作用。总体抗弯强度目前还处在较低水平，有的刀片可达0.5GPa以上。立方氮化硼刀具可用于硬质合金、淬火钢、冷硬铸铁、高温合金等难加工材料的切削，其加工效果可达磨削加工的水平。目前，对于高硬度的热喷涂材料来说，它是切削效率最高的一种刀具材料，切削速度可比YC09硬质合金刀片提高4~5倍。

2. 刀具几何参数的选择

热喷涂涂层对刀具几何参数总的要求是要保证刀刃（或刀头）的强度与好的散热条件，这是选择刀具几何参数的原则。另外还应注意系统的刚性，注意径向分力不能过大，以免引起振动。根据试验结果和实际加工情况，推荐的刀具几何参数见表6-2。

表6-2　刀具几何参数推荐值

工件材料		Ni60喷熔层		G112喷熔层	
刀具牌号		YC09		YH3	
工序		半精车	精车	半精车	精车
切削用量	a_p/mm	0.2	0.1	0.2	0.1
	f/（mm/r）	0.2	0.1	0.2	0.1
前角	γ_0	-5°	0°~-5°	-5°	0°~-5°
后角	A_0	8°	12°	8°	12°

（续）

工件材料		Ni60 喷熔层		G112 喷熔层	
刀具牌号		YC09		YH3	
工序		半精车	精车	半精车	精车
主偏角 K_r		10°	15°	10°	15°
负偏角 K'_r		15°	10°	15°	10°
刃倾角 λ_s		−5°	0°	5°	0°
刀尖圆弧半径 r_g/mm		0.3	0.5	0.3	0.5
负倒棱	b_{r1}/mm	0.1	0.05	0.1	0.05
	γ_{01}	−15°	−10°	−15°	−10°

3. 热喷涂涂层切削用量的选择

热喷涂涂层的切削用量同样受刀具耐用度的限制。对于热喷涂涂层的切削加工来说，其刀具的磨钝标准可用试验的方法通过求出刀具磨损量与切削时间的关系曲线而加以确定。切削速度对刀具耐用度的影响最大，其次是进给量，切削深度的影响最小。所以在优选切削用量时，其选择先后顺序如下：首先尽量选用大切削深度 a_p，然后根据加工条件和加工要求选取允许的进给量，最后在刀具耐用度或机床功率允许的情况下选取最大的切削速度。表6-3是部分热喷涂涂层国内外的切削用量选择参考数据。

表6-3　部分热喷涂涂层国内外的切削用量选择参考数据

刀具牌号	物理力学性能		切削数据（L 为切削路程长）				
	硬度 HRA	抗弯强度/GPa	热喷涂层材料	硬度 HRC	切削用量		
					v/(m/min)	f/(mm/r)	a_p/mm
YC09（YD05）	94	1.20~1.40	Ni120+Fe（喷熔外圆）①	55~60	8.5	0.05	0.2~0.9
			Ni102+35%Co/WC④（喷熔外圆）①	70	7.6	0.45	0.2
			Ni60（喷熔外圆）①	60	8.7	0.6	0.15
			Ni105+Fe（喷熔外圆）①	60	17	0.3	0.15~0.20
			Ni102+Fe（喷熔外圆）①	55~60	21.8	0.3	0.4~0.25
			Ni60（喷熔外圆）②	56	25	0.2	0.2
			G112（喷熔外圆）②	52~54	25	0.24	0.2
YC08	93.8	130~150	Ni102（喷熔外圆）①	55~60	12	0.30	0.15
YH1	≥92.5	≥1.65	Fe07（喷熔外圆）②	54	15	0.2	1
			Ni60（喷熔外圆）②	56	25	0.2	0.2
YH2	≥92.5	≥1.6	Fe07（喷熔外圆）②	54	15	0.2	1
YH3	≥92.5	≥1.6	Fe07（喷熔外圆）②	54	15	0.2	1
			Fe04（喷熔外圆）②	58	27	0.08	0.2
610	≥93	≥1.0	G112（喷熔外圆）②	52~54	7.9	0.24	0.2
			Ni102+Fe（喷熔外圆）①	55~60	8.5~11	0.3~0.6	0.10~0.3
			Ni102+35%Co/WC④	68	7	0.4~0.6	0.2~0.4
600	≥93.5	≥1.0	313 铁基（喷熔外圆）③	250HV	90~130	0.06~0.12	0.1~0.2

（续）

刀具牌号	物理力学性能		切削数据（L 为切削路程长）				
	硬度 HRA	抗弯强度/GPa	热喷涂层材料	硬度 HRC	切削用量		
					v/(m/min)	f/(mm/r)	a_p/mm
813	≥90.5	≥1.6	313 铁基（喷熔外圆）③	250HV	90~110	0.6~0.12	0.1~0.2
1 号	≥91	1.6	313 铁基（喷熔外圆）③	250HV	90~110	0.06~0.12	0.1~0.2
T20	≥92	≥1.1	313 铁基（喷熔外圆）③	250HV	80~100	0.6~0.12	0.1~0.2
SG5	94	≥0.7	Ni102（喷熔外圆）①	55~60	29	0.3	0.1
			G112（镍基）（喷熔层 ϕ110 端面）①	50~60	43	0.17	0.15
FDAW	5000HV	1.5	Ni102+Co/WC（喷熔外圆）①	70	79	—	—
LDP-J-CF	—	—	Ni102（喷熔外圆）①	50~60	76.6	0.2	0.1~0.3
LBN-Y	—	—	Ni60（喷熔外圆）②	56	25	0.2	0.2

① 上海金属切削技术协会资料。

② 装甲兵工程学院资料。

③ 戚墅堰机车车辆工艺研究所资料。

④ 百分数为质量分数。

6.3.3 再制造涂层的磨削加工

磨削主要适于外圆、内圆、平面以及各种成形表面（齿轮、螺纹、花键等）的精加工。它可以用于加工难加工热喷涂涂层，但比起磨削加工其他难加工的金属材料其生产效率较低。一般磨削精度可达 IT6~IT5 级，表面粗糙度值可达 0.80~0.20μm。

1. 热喷涂层磨削加工特点

因为磨削方法可以获得更高的精度与更好的表面粗糙度，所以通常采用它来进行热喷涂涂层的精加工。对于高硬度热喷涂涂层来说磨削加工比较困难，主要有以下两个原因：

1）砂轮容易迅速变钝而失掉切削能力。砂轮迅速变钝的主要原因是砂轮砂粒被磨钝、破碎和砂轮“塞实”。这一点表现在磨内孔时更为突出，因磨削内孔砂轮的直径受孔径大小的限制，它不像磨外圆时可采用较大直径的砂轮。因此，在同一时间内砂粒切削次数相对增多，磨损加剧，造成砂轮耐用度降低。

2）大的径向分力会引起加工过程的振动，以及磨削热容易烧伤表面和使加工表面产生裂纹等，它们都影响到加工表面质量以及限制磨削用量的提高。所以，对高硬度热喷涂涂层的磨削大多采用人造金刚石砂轮和立方氮化硼砂轮。

目前，国内在使用人造金刚石砂轮、绿色碳化硅砂轮以及人造金刚石砂轮磨削镍基热喷涂涂层外圆的对比试验数据表明：人造金刚石砂轮的性能远远优于绿色碳化硅与白刚玉砂轮。

2. 国外部分热喷涂涂层的磨削规范

1）表 6-4 是用碳化硅砂轮磨削 Eutalloy 涂层的规范。

表 6-4　用碳化硅砂轮磨削 Eutalloy 涂层的规范

合金牌号	硬度 HRC	磨削方法	粒度	组织	粘合剂	圆周速度
RW12999 10011 10092 10112 10611 10999 RW12112	59~63 57~62 45~50 57~62 45~50 60~63 57~62	Ⅰ	80	8	V	18~25
		Ⅱ	80	8	V	18~25
		Ⅲ	60	5	V	20~25
		Ⅳ	60	5	V	15~20
RW12497 10009 10675 12093 12495 12486	59~63 55~62 45~50 50~52 45~50 55~62	Ⅰ	80	5	V	25~32
		Ⅱ	60	8	V	25~32
		Ⅲ	46	7	V	20~25
		Ⅳ	60	5	V	15~20

注：组织共分 14 极，8 为中间值，14 为最疏松；V 代表玻璃或陶瓷。

2）表 6-5 是用金刚石砂轮磨削 Eutalloy 硬质材料涂层规范。

表 6-5　用金刚石砂轮磨削 Eutalloy 硬质材料涂层规范

合金牌号	硬度 HRC	粒度（按 FEPA 标准）	合金树脂粘合剂		金属粘合剂	
			圆周速度/（m/s）	磨削方法	圆周速度/（m/s）	磨削方法
RW12999	59~63	D151	8~16 18~22	干 湿	8~12 12~18	干 湿
10011	57~62	D151	8~16 18~22	干 湿	8~12 12~18	干 湿
10112	57~62	D151	8~16 18~22	干 湿	8~12 12~18	干 湿
10611	45~50	D151	8~16 18~22	干 湿	8~12 12~18	干 湿
10999	60~63	D151	8~16 18~22	干 湿	8~12 12~18	干 湿
RW12112	57~62	D151	8~16 18~22	干 湿	8~12 12~18	干 湿

6.3.4　再制造涂层的特种加工技术

6.3.4.1　电解磨削

电解磨削是利用电解液对被加工金属的电化学作用（电解作用）和导电砂轮对加工表面的机械磨削作用，达到去除金属表面层的一种加工方法。电解磨削热喷涂涂层具有生产率高、加工质量好、经济性好、适应性强、加工范围广等特点，是加工难加工热喷涂涂层新的加工方法。

电解液是电解磨削工艺中影响生产率及加工质量极其重要的因素。在实际生产过程中，应针对不同产品的技术要求和不同材料，选用最佳的应用于电解磨削的电解液。试验说明，电解磨削难加工热喷涂涂层，以磷酸氢二钠为主要成分的电解液有较好的磨削性能。

电解磨削的机床可采用专用的电解磨床或普通磨床、车床改装而成。电解磨削用的直流电源要求有可调的电压（5~20V）和较硬的外特性，最大工作电流根据加工面积和所需生产率可选用10~1000A不等。供应电解液的循环泵一般用小型离心泵，配置有过滤和沉淀电解液杂质的装置。电解液的喷射一般都用管子和扁喷嘴，喷嘴接在管子上，向工作区域喷注电解液。内圆磨头由高速砂轮轴与三相交流电动机组成。制订电解磨削的工艺参数可参考如下因素：

1）砂轮的工艺参数。砂轮可采用金刚石青铜粘合剂的导电砂轮，也可采用石墨、渗银导电砂轮。砂轮速度 $v=15\sim20\text{m/s}$，轴向进给量 $f_a=0.5\sim1\text{m/min}$（内外圆磨），$f_a=10\sim15\text{m/min}$（平面磨），工件速度 $v_w=10\sim20\text{m/min}$，径向进给量 $f_r=0.05\sim0.15$（双行程）。

2）电压、电流规范。粗加工时，电压为8~12V，电流密度为 $20\sim30\text{A/cm}^2$；精加工时，电压为6~8V，电流密度为 $10\sim15\text{A/cm}^2$。

以上工艺参数在应用时，如果发现磨削表面出现烧黑现象，则应降低电压或减小径向进给量，增大轴向进给量。

6.3.4.2 超声振动车削

超声振动车削是使车刀沿切削速度方向产生超声高频振动进行车削的一种加工方法，其与普通车削在切削时的根本区别在于，超声振动车削刀刃与被切金属形成分离切削，即刀具在每一次振动中仅以极短的时间便完成一次切削与分离，而普通车削，刀刃与被切金属则是连续切削的，刀刃与被切金属没有分离。所以，超声振动车削的机理已不同于普通车削。

超声振动车削过程的主要特点是切削力与切削热均比普通车削小得多，切削力约为普通车削的1/3~1/20，切削热约为普通车削的1/5~1/10，这是超声振动车削能获得加工精度高、表面质量好的基本原因。

试验表明，超声振动车削难加工热喷涂涂层要求刀具的刀刃和刀尖必须具有较高的强度和耐磨性，刀具材料和刀具几何参数选择应符合这一要求。

1）刀具材料。YC09、YW2等刀具材料，在加工难加工Ni60喷熔层时，均有较好的切削性能。对于 Al_2O_3 陶瓷喷涂层则要采用立方氮化硼刀片，它们的刀具耐用度均达到较好的实用程度，并比普通车削时高。

2）刀具几何参数。为了使刀刃有较高强度，一般前角选 $\gamma_0=0°$；为了减少摩擦，一般后角选 $\alpha_0=8°\sim12°$；为了增强刀尖强度，主偏角 K_r 与副偏角 K'_r 均可取小值，刀尖圆弧半径 r_ε 可取大值，以便增强刀尖强度，一般选 $r_\varepsilon=2\sim3\text{mm}$。

超声振动车削热喷涂涂层在工程实践中得到了很好的应用。某工程机械发动机活塞销使用磨损后大量报废。在对其采用热喷涂再制造恢复后，喷熔层材料为Ni60，硬度60HRC，机械加工困难。活塞销外径的加工的尺寸公差为0.011mm，表面粗糙度为0.32~0.040μm，采用一般车削无法达到这一要求。而采用超声振动车削，其工艺参数：振动频率20kHz，振幅 $a=15\mu\text{m}$，工件速度 $v=4.8\text{m/min}$，进给量 $f=0.08\text{mm}$，切削深度 $a_p=0.1\text{mm}$。加工后的活塞销外圆经测量，尺寸误差为0.009mm，表面粗糙度为0.16μm，满足了装配性能要求。

6.3.4.3 磁力研磨抛光

磁力研磨就是将磁性研磨材料放入磁场中，磨料在磁场力作用下沿磁力线排列成磁力刷，将工件置入N—S磁极中间，使工件相对于两极均保持一定的间隙，当工件相对于磁极转动时，磁性磨料将对工件表面进行研磨（见图6-7）。若在工件轴向置入超声振动装置，

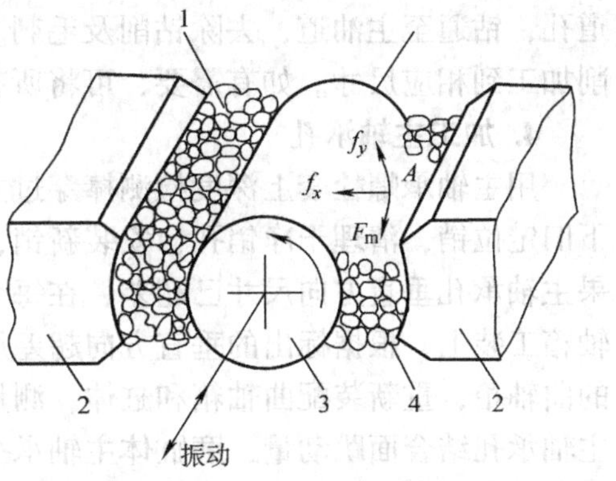

图6-7　磁力研磨示意图
1—加工间隙　2—磁极　3—工件　4—磁性磨

工件上每个点将以18000~25000Hz作纵向振动，这种超声-磁力复合研磨效果极佳。设磁性磨粒A是靠近工件表面的一颗磨粒，在磁场的作用下A点就会产生沿磁力线方向压紧工件的力f_x，由于工件旋转工件表面切向方向施加给A点切削反力f_y，又因为磁极的磁场是不均匀的，在A点的切线方向还要受到因磁场强度梯度变化产生的磁力F_m，这个力与f_y方向相反，可以防止磨粒A受的磁场力（f_x与F_m合力）大于切削反力f_y，这时磁性磨粒A处于正常的切削状态。当磨粒A受到的磁场力小于切削反力f_y时，磨粒A就会产生滑动或滚动。磁力的大小与磁场强度的平方成正比，磁场强度的大小又随直流电源电压增加而增加，因此，只要调节外加电压的大小就可以调节磁场强度的大小。

磁力研磨技术主要用于精密零件的表面精整和去毛刺，毛刺的高度不能超过0.1mm，例如轴承、轴瓦、油泵齿轮、阀体内腔和精密偶合修复后的抛光及去毛刺。采用该方法效率高、质量好，棱边倒角可控制在0.01mm以下。例如用磁力研磨抛光圆柱形阶梯零件时，该方法可将棱边上20~30μm高度的毛刺在几分钟内除去，研磨成的棱边圆角半径为0.01mm。这是其他方法无法或者很难实现的。

6.4　典型废旧件再制造机械加工工艺

6.4.1　发动机缸体与缸盖的再制造加工工艺

气缸体、气缸盖常见的损坏形式有气缸体水套壁产生裂纹、机体穿孔或破碎、主轴承座孔磨损、缸盖螺栓孔螺纹滑扣、机脚螺栓孔处断裂、气缸盖的结合面翘曲不平等，对具再制造主要包括以下机械加工过程。

1. 止推面加工

焊接缸体的止推面，剔除焊接处焊渣，用砂轮打磨光滑，定位唇口出处用平锉修整。对焊接处镗止推面，对焊接处镗削，保证设计尺寸，并对另一侧加工。对轴承孔进行倒角。拆下旧定位销，清理干净销孔，安装新销，重新装配曲轴箱和缸体。如果缸体变形，销孔发生错位，在原定位销位置，将销孔由ϕ12mm扩为ϕ13mm或ϕ14mm。

2. 镶套挺柱孔

将要镶套的缸体倒放在工作台面上，调整好位置夹紧，对需镶套的挺柱孔镗孔，然后精铰孔至相应尺寸。擦净挺柱套外圆，对准缸体油道孔，镶入挺柱套。粗铰底孔后，精铰挺柱孔至要求尺寸。

3. 镶套凸轮轴孔

将缸体放到镗床上，调试夹紧后，镗削需镶套的底孔。擦净轴套外圆，轴套镶入缸体，用氩弧焊在轴套的一个端面上均匀点3个点，将轴套焊到缸体上。从主轴承处钻削凸轮轴油道孔，钻通至主油道，去除钻削及毛刺。将缸体放到镗床上，调试夹紧后，将镶套的底孔镗削加工到相应尺寸。如有需要，可将所有底孔均匀珩磨到再制造修理尺寸。

4. 加工主轴承孔

用主轴承螺栓套上深度检测棒穿过主轴承螺栓孔，使主轴承螺栓能够将检测棒拧紧。拆下旧定位销，清理干净销孔，安装新销，重新装配曲轴箱和缸体；测量主轴承孔的尺寸，如果主轴承孔垂直方向尺寸已超差，在每个主轴承位置标出其超差的尺寸。将曲轴箱放在磨曲轴箱工装上，根据标出的垂直方向超差尺寸调节各螺栓高度，磨曲轴箱上平面。安装平磨好的曲轴箱，重新装配曲轴箱和缸体，测量主轴承孔的尺寸，如果主轴承孔尺寸仍超差，找正主轴承孔结合面跳动量，磨缸体主轴承孔结合面。如果缸体变形，销孔发生错位，在原定位销位置将销孔相应扩大，安装定位销，将所有主轴承螺栓按顺序拧紧。检查主轴承孔的直径和120°圆柱度，必要时可珩磨主轴孔修整表面。如果缸体变形严重，无法恢复，可进行喷涂处理。最后检验主轴承孔。

5. 磨缸体上平面

调整机床，把需要磨削上平面的缸体放到平面磨床上，夹紧。除去缺陷，保证缸体主轴承孔中心线尺寸。

6. 镗气缸孔及止口

把需要镗气缸孔缸体的主轴承孔装上定位芯轴，放到镗床V形架上，找正上平面。调整镗头，使缸孔与镗头同心。粗、精镗缸孔至相应尺寸。对气缸孔尺寸加大到一定尺寸的缸体，气缸止口尺寸和止口深度可加大加工至相应要求。表面粗糙度需达到要求。用空气吹枪吹净。

7. 珩磨凸轮轴衬套底孔

用内径百分表检测衬套底孔，底孔表面不允许有划伤，根据检测情况判断凸轮轴孔的抢修方案。底孔超差的，可将各底孔珩大一点，可用珩磨轴两端珩磨。

8. 珩磨气缸套底孔

把镗过缸孔的缸体放到珩磨工作台上夹紧，调整珩磨头及砂条尺寸。粗珩气缸孔。精珩气缸孔至相应尺寸。检查气缸孔粗糙度。

9. 刮止口

清洗缸体后，用压缩空气吹干。对磨过上平面的缸体，直接用手操作盘铣刀加工止口至要求尺寸，同时进行气缸口手工倒角。

10. 装气缸套

选择缸套及缸孔使其缸套凸台高出缸体平面0.02~0.07mm。缸套外表面擦拭干净，用二硫化钼涂抹在缸套外表面，将缸套压入缸体。测量缸套装入后气缸直径、圆柱度，如超差，将缸套旋转90°或换缸套。

11. 打磨水道、丝孔及外表面，清洗油道

拆下曲轴箱，打磨水道、螺纹孔及外表面锈蚀，用毛刷刷净。清洗油道，用毛刷沾煤油洗刷，油道内壁不允许残留颗粒状油泥、积炭及金属屑，并用吹枪吹净。将缸体放在清洗机中进行清洗，并用压缩空气吹干。

12. 打标记，防锈入库

安装封水碗形塞，碗形塞外圆涂密封胶，固化。根据加工记录将各主要尺寸的再制造标记打印到缸体指定位置。检查缸体上各定位销孔有无磕碰变形，用缸体定位销孔量具检测缸体上平面定位削孔铰孔深度，量具细端能完全插入的为合格，不能完全插入的再用手用铰刀加工。将缸体表面涂防锈油进行防锈处理，放在缸体存放架上，运至仓库储存。

6.4.2　曲轴再制造加工工艺

曲轴一般由 45 钢制造，小型柴油机的曲轴均用球墨铸铁制成。其主轴颈和连杆轴颈经高频淬火，深度为 1.5~3mm，硬度为 40~50HRC，圆度和圆柱度误差不大于 0.015mm。

曲轴在使用过程中常见的缺陷有轴颈磨损，曲轴弯曲、扭曲及断裂，轴颈表面裂纹、划痕与烧伤，以及平键槽损坏等。曲轴一般经去油脂、除锈、清洗完毕后送到曲轴加工线。

1. 检查

目测曲轴有无明显磕碰、研伤等缺陷。测量主轴颈、连杆轴颈尺寸，如果曲轴主轴颈或连杆轴颈已不能满足再制造要求，则登记后进行其他处理。检查主轴颈圆跳动项目，如圆跳动最大值在 0.3~1.0mm 之内，可通过校直恢复，并经除应力处理。检查曲轴后端法兰螺纹孔，若螺纹损坏，则标记后送相关再制造工位。将曲轴装在曲轴磨床上，两中心孔定位，测量法兰轴颈和齿轮轴颈的跳动小于 0.04mm，法兰轴颈、齿轮轴颈超过 0.04mm 的，对中心孔进行再制造修理。

2. 研中心孔

中心孔内不能有毛刺、异物。中心孔有缺陷的，将三爪卡盘夹住密封轴颈，中心架架在法兰颈上，用百分表测量法兰轴颈和齿轮轴颈，调节中心架，使法兰轴颈和齿轮轴颈的跳动小于一定值，在车床上用中心孔锪钻修研中心孔。

3. 精磨主轴颈和密封轴颈

修整砂轮宽度及圆角半径，保证表面粗糙度要求。将曲轴装在曲轴磨床上，使曲轴主轴颈与磨床主轴同心，其跳动应小于 0.05mm，调好位置后，曲轴相对磨床不可再有位置移动，调整设置测量百分表。磨削第 4 轴颈后，上中心架。磨削第 1、2、3 主轴颈，当磨削第 2 主轴颈时，测量主轴颈开档宽度。止推轴颈宽度超差时，磨削止推面，两边磨削量必须相同。磨削第 5、6、7 主轴颈，最后磨第 4 轴颈。同一曲轴的主轴颈尺寸必须在同一标准内，但不必与连杆轴颈尺寸在同一标准内；以最少的加工量磨削密封轴颈，只要磨去油封痕迹即可，磨削后尺寸应符合规定尺寸；到尺寸后仍磨不起来的氮化后转表面工程。砂轮只准向主轴颈方向运动。

4. 精磨连杆轴颈

修整砂轮宽度及圆角半径，保证表面粗糙度要求。把曲轴装在曲轴磨床上，使连杆轴颈与机床主轴同心，同时修正曲拐半径，调整设置测量百分表。磨削连杆轴颈，首先磨削 1、6 连杆轴颈，再磨削 2、5 轴颈，最后磨削 3、4 轴颈，磨削每一轴颈时都要先调整，后加工。磨削时设置中心架，中心架必须顶在被加工轴颈的位置上，同一曲轴的连杆轴颈尺寸必须在同一标准内。

5. 油孔倒角

把曲轴装夹在车床上，油孔倒角，除去锐边和毛刺，倒角半径应满足工艺要求，用空气吹枪吹净。

6. 抛光

抛光主轴颈、连杆轴颈及前端轴颈，特别是圆角处，抛掉轴颈上的油灰物，密封轴颈不宜进行抛光。机床转速不宜过高，前端轴颈去毛刺抛光。

7. 清洗油道，检测

把曲轴放在支撑架上，用毛刷蘸清洗液洗刷曲轴，洗掉磁悬液及铁屑，用清洗毛刷清刷油道，油道内壁不允许残留颗粒状油泥、积炭及金属屑，用空气吹枪吹净。将曲轴放在V形铁上，支撑第1、7轴颈，检查曲轴各轴颈及其跳动，检测曲拐半径，检测圆角半径。

8. 清洗、曲轴氮化、校直

把曲轴水平摆放到木架上，在清洗机中进行清洗。用风枪吹干曲轴，整个表面不得有沉积的油污。氮化时应防护曲轴后端的螺纹孔及销孔。氮化出炉风冷降温至200℃后，检查主轴颈跳动，对跳动超差的曲轴进行校直。

9. 恢复密封轴颈

密封轴颈处仍有划痕的，磨掉氮化层后转表面工程加工，表面工程恢复后磨削密封轴颈，表面不得有划痕，尺寸要满足工艺要求。磨削时砂轮只准向主轴颈方向运动。

10. 曲轴抛光

用毛刷将煤油涂于要抛光的主轴颈，连杆轴颈及前端轴颈处，抛掉轴颈上的油灰物，密封轴颈不宜抛光。检查曲轴表面，无磕碰伤和其他缺陷，检查轴颈尺寸，发现氮化后尺寸变化较大时，及时处理。机床转速不宜过高，前端轴颈手动抛光。更换抛光带时，必须用油石打磨抛光带。

11. 探伤、退磁、清洗

曲轴放在磁力探伤机上，曲轴探伤和退磁按相关技术文件要求执行。对经过校直的曲轴，探伤时在圆角处若发现可疑磁痕而不能确定时，用渗透探伤法复查确认，磁力探伤不合格的报废，重点检查过度圆角及轴颈是否有裂纹。用毛刷蘸清洗液洗刷油道，油道必须清洁、通畅，保证将油道的积炭清理干净。

12. 装配曲轴总成，清洗，防锈，入库

将新曲轴齿轮及法兰加热保温。装上平键，安装斜齿轮，安装曲轴法兰，如第一次装配未能到位，应拆下法兰，待其完全冷却到室温后，测其内孔，满足工艺要求后方可重新加热装配，否则更换新法兰。用吹枪吹净螺纹孔内的铁屑，清洗，防锈，入库。

6.4.3 连杆再制造加工工艺

在曲轴连杆组件中，连杆的作用是连接活塞和曲轴，并把作用在活塞上的燃气压力传给曲轴。发动机在运转过程中，主要承受活塞顶部的燃气压力和活塞组件及连杆往复运动时产生的惯性力，同时还要承受摩擦力的作用。这些力使连杆时而被压缩，时而受到拉伸，而连杆摆动所产生的惯性力还会使连杆出现弯曲。因此，要求制造连杆的材料必须具有足够的强度和刚度，重量还要尽量轻。

目前，连杆一般选用优质中碳钢模锻或滚压成形，并经调质处理。中小功率柴油机有的采用球墨铸铁制造连杆，其效果较好，成本也较低。强化程度较高的连杆可采用高级合金钢（40Cr、40MnB、42CrMo等）滚压制造。合金钢的特点是抗疲劳强度高，但对应力集中比较敏感，因此采用合金钢时，对外部形状、过渡圆角和表面粗糙度等都有严格的要求。近年来，我国也采用稀土镁球墨铸铁制造高速柴油机的连杆。

连杆在长期的使用过程中易发生弯曲、扭曲、双重弯曲、连杆断裂、大头及小头磨损等故障，对其主要机械再制造加工过程如下：

1. 预处理

连杆经除去油脂、除锈、清洗完毕后送到连杆加工线。进行台检，查看有无严重划伤、烧蚀，无法修复的报废，检查、清理螺纹，将连杆平放在清洗机转篮内，进行清洗后，用吹枪吹干连杆，将连杆打磨，用钢丝刷打磨掉连杆体及连杆盖表面的残余锈迹、斑点和油污。检查齿形结合面，遇有磕碰及毛刺，用平锉修复。

2. 珩磨连杆大头孔

检测连杆大头孔尺寸，对尺寸超差的进行刷镀处理，按连杆刷镀工艺要求进行加工。把连杆装到珩磨主轴上，珩磨大头孔至规定尺寸。

3. 镗衬套底孔（对需加大小头孔的连杆）

把连杆装夹在连杆小头镗床上，用工装夹紧，并调整镗床主轴与小头孔同心，镗连杆小头衬套底孔，保证尺寸要求。如内孔划伤特别严重，需选用表面技术处理。

4. 镗连杆小头孔（对装入新衬套的连杆）

连杆用夹紧工装，装夹在连杆小头镗床上，精镗连杆小头孔，保证圆柱度及连杆中心距要求，去除表面残余锈迹和毛刺。

5. 检测入库

对连杆称重，检查连杆重量是否在原来的重量级上。组别相符的连杆，用风砂轮打磨掉装配缸号，保留组别号，并核对称重，核对发现重量超出本组范围的，判为组别不符的连杆。组别不符的连杆，用风砂轮打磨掉组别面所有标记，重新测量，重新打标记。检查连杆大头孔直径、连杆大头孔圆柱度、连杆小头孔直径、连杆小头孔圆柱度、连杆小头孔粗糙度、连杆中心距、连杆两中心孔的平行度，防锈处理后送入备件仓库。

第 7 章　再制造产品试验和涂装技术与工艺

7.1　再制造产品磨合试验技术

7.1.1　基本概念

经过装配获得的再制造产品，在投入正常使用之前一般要进行磨合与试验，以保证再制造产品的使用质量。

再制造产品磨合是指再制造产品装配之后，通过一段时间的运转，使相互配合的零部件间关系趋于稳定，主要是指配合零件在摩擦初期，表面几何形状和材料表层物理力学性能的变化过程。它通常表现为摩擦条件不变时，摩擦力、磨损率和温度的降低，并趋于稳定值(最小值)。其目的如下：发现再制造加工和装配中的缺陷并及时加以排除；改善配合零件的表面质量，使其能承受额定的载荷；减少初始阶段的磨损量，保证正常的配合关系，延长产品的使用寿命；在磨合和试验中调整各机构，使零部件之间相互协调工作，得到最佳动力性和经济性。

磨合的初期，摩擦副处于边界摩擦或混合摩擦状态。为了防止磨合中擦伤、胶合、咬死的发生以及提高磨合质量，缩短磨合时间，还采用磨损类型转化的方法，将严重的粘着磨损转化为轻微的腐蚀磨损或研磨磨损。例如根据金属表面与周围介质相互作用可以改变表面性能的现象，在磨合用润滑油中加入硫化添加剂、氯化添加剂、磷化添加剂或聚合物（如聚乙烯、聚四氟乙烯等)。这些添加剂在一定的条件下与表面金属起作用，生成硫化物、磷化物或其他物质，它们都是易剪切的。又如，在发动机磨合时，可以在燃油中加入油酸铬，其燃烧后能生成细小颗粒的氧化铬，氧化铬对摩擦表面起研磨抛光作用，因此可抑制严重粘着磨损的发生和缩短磨合时间。

再制造产品试验是指对再制造后生成的产品或其零部件的特性，按照试验规范进行的操作试验或测定，并将结果与再制造设计中所规定的要求进行比较，以检验再制造零部件质量的活动。再制造试验应遵守再制造生产的技术文件，按再制造标准试验规范进行，试验规范是试验时通常规定的试验条件（如温度、湿度等)、试验方法（包括样品准备、操作程序和结果处理）和试验用仪器、试剂等。根据规范进行试验，所得结果与原定标准相互比较，可以评定被试对象的质量和性能，再制造产品试验合格后才能转入下一工序。

7.1.2　磨合的影响因素

1. 负荷和速度

负荷、速度以及负荷和速度的组合对磨合质量和磨合时间影响很大。在磨合一开始，摩擦表面薄层的塑性变形部分随负荷的增加而增加，使总功、发热量和能量消耗随之增加。试验研究表明，对一定的摩擦副，当其承受的负荷不超过临界值时，表面粗糙度减小，表面质量得到改善；当超过时，磨合表面将变得粗糙，摩擦系数和磨损率都将提高。速度是影响摩擦表面发热和润滑过程的重要参数。因此，初始速度不能太高，但也不可过低，终止速度应接近正常工作时的速度。

2. 磨合前零件表面的状态

零件表面状态主要指零件的表面粗糙度和表面物理机械性质。磨合前零件表面粗糙度对磨合质量产生直接影响。在一定的表面粗糙度下，由于粗糙不平的两个表面只能在轮廓的峰顶接触，在两表面间有相对运动时，由于实际接触面积小，易于磨损掉。同时，磨合过程中轻微的磨痕有助于保持油膜，改善润滑状况。当零件表面粗糙度值过大时，在规定的初始磨合规范下，形成了大量、较深的划痕或擦伤，其后的整个磨合过程都不易将这些过量磨损消除，要达到预期磨合质量标准，就需延长磨合时间，增大磨损量，结果使组件的配合间隙增大，影响了正常工作，还缩短了使用寿命。相反，如果零件表面粗糙度值过小，则因为表面过于光滑，表面金属不易磨掉。同时，由于表面储油性能差，可能发生粘着，加剧磨损。

在磨合过程中，表面粗糙度不断变化并趋于某一稳定值，即平衡表面粗糙度。平衡表面粗糙度是该摩擦条件下的最佳表面粗糙度，与之相对应的磨损率最低，摩擦系数最小。平衡表面粗糙度与原始表面粗糙度无关是磨合的重要规律之一。虽然原始表面粗糙度不影响平衡表面粗糙度，但它影响磨合的持续时间和磨合时的磨损量。因此，使零件表面的原始微观几何形状接近于正常使用条件下的微观几何形状就可以大大缩短磨合时间，节省能源。

3. 润滑油的性质

与磨合质量直接有关的润滑油的性质是油性、导热性和粘度。油性是润滑油在金属表面上的附着能力，油性好，能减少磨合过程中金属直接接触的机会和减轻接触的程度。导热性是油的散热性，散热性好可以降低金属的温度，减轻热粘着磨损的程度或防止其产生，同时散热好可以减少或避免润滑油的汽化。粘度影响液体流动的性质，粘度低的油流动性好，油浸入较窄的裂纹中起到润滑和冷却作用，带走磨屑，降低零件表面的温度。

在磨合期，摩擦力大，摩擦表面温度高，磨损产物多，因此对润滑油的要求是流动性好，散热能力强。为了减小磨合到平衡表面粗糙度时的磨损量，防止零件表面在磨合中擦伤，润滑油还必须具有较强的形成边界膜（吸附膜和反应膜）的能力。

7.1.3 再制造产品整装试验

再制造产品整装试验的主要任务是检查总装配的质量，各零部件之间的协调配合工作关系，并进行相互联结的局部调整。整装试验一般包括试运转、空载运转及负载运转三部分。

1. 试运转

试运转的目的是综合检验产品的运转质量，发现和消除产品再制造后存在的缺陷，并进行初步磨合，使产品达到规定的技术性能，工作在最佳的运行状态。产品试运转工作对正常运转质量有着决定性的影响，应引起高度重视。

为了防止产品的隐蔽缺陷在试运转时造成重大事故，试运转之前应依据使用维护说明书或试验规范对设备进行较全面的检查、调整并添加冷却润滑剂。同时，试运转必须遵守先单机后联机、先空载后负载、先局部后全体、先低速后高速、先短时后长时的原则。

2. 空载运转

空载运转是为了检查产品各个部分相互连接的正确性并且进行磨合。通常是先作调整试运转再进行连续空载试运转。目的在于发现和消除产品存在的某些隐蔽缺陷。

产品起动前必须严格清除现场一切遗漏的工具和杂物，特别是要检查产品旋转机件附近是否有散落的零件、工具及杂物等，检查紧固件有无松动。对各润滑点，应根据规定按质按量地加注相应类型的润滑油或润滑脂。检查供油、供水、供电、供气系统和安全装置等是否正常，并设置必要的警告标志，尤其是高速旋转，内含高压、高温液体的部件，必要时应设置防护装置，防止出现意想不到的事故伤及人身。只有确认产品完好无疑时，才允许进行运转。

经调整试运转正常后，开始连续空载试运转。连续空载试运转在于进一步试验各连接部分的工作性能和磨合有相对运动的配合表面。连续空载试运转的试验时间，根据所试验的产品或设备的使用制度确定，周期停车和短时工作的设备可短些，长期连续工作的设备或产品可长些，最少不少于2~3h。对于精密配合的重要设备来说，有的需要空载连续运转达10h。若在连续试运转中发生故障，经中间停车处理，仍须重新空载连续运转达到最低规定时间的要求。空载试运转期间，必须检查摩擦组合的润滑和发热情况，运转是否平稳，有无异常的噪声和振动，各连接部分密封或紧固性等。若有失常现象，应立即停车检查并加以排除。

3. 负载试运转

负载试运转是为了确定产品或设备的承载能力和工作性能指标，应在连续空载试运转合格后进行。负载试运转应以额定速度从小载荷开始，如运转正常，再逐步加大载荷，最后达到额定载荷。对于一些设备来说，为达到其在规定的载荷条件下能够长期有效地工作，负载试运转时，会要求在超载10%，甚至超载25%的条件下试运转。当在额定载荷下试运转时，应检查产品或设备能否达到正常工作的主要性能指标，如动力消耗、机械效率、工作速度、生产率等。

负载试运转中维护检查的内容和要求，与空载试运转相同，发现故障必须立即消除。负载试运转过程中可能产生的故障有以下几个方面：

1）密封性不良：如动力、润滑、冷却系统有漏油、漏气、漏水等现象。

2）配合表面工作性能不良：如出现噪声、振动、过热、松动、卡紧、动作不均匀等问题。

3）工作中断：如配合表面或运动机构被卡住、机件损坏、动力系统不能正常工作、各种指示和监测仪表没有读数或读数不正常等。

4）综合性能低：如承载能力不足、运转速度过低、动力消耗太大、油料消耗异常等。

7.1.4 再制造产品磨合试验系统组成

再制造产品磨合试验系统是实现磨合试验的必要条件，其技术性能、可靠性水平、操作性等决定能否达到磨合试验规范的要求，能否实现磨合试验的目的，最终决定再制造产品的质量。因此，再制造产品试验磨合系统在保证再制造质量方面具有重要意义。

7.1.4.1 磨合试验系统的基本要求

1）符合磨合试验规范的要求，达到质量控制的目的。

2）磨合试验检测参数合理，数据可靠，显示直观，可对试验过程各参数进行记录，有利于对再制造质量进行分析。

3）加强对试验过程进行控制，可对试验中出现的异常现象进行报警提示。

4）根据试验时测取的参数生成试验结果，并可方便地保存、查询和打印。

5）试验系统要技术先进，为进一步开发留有接口。

选择与研制再制造产品的试验设备应考虑的主要因素有设备的适应性、对再制造质量的保证程度、生产效率、生产安全性、经济性及对环境的影响等方面。

7.1.4.2　磨合试验系统的一般构成

再制造产品及其零部件磨合试验系统通常由机械平台部分，动力及电气控制系统和数据采集、处理、显示系统三部分构成。

1）机械平台部分。通常由底座、动力传动装置、操纵装置、支架等构成，主要完成各被试件的支撑、动力的传递、在试验过程中对被试件的操控。

2）动力及电气控制系统。通常由电动机（常用动力源）、电动机控制装置、电气保护装置等组成，主要为试验提供动力，完成试验系统的通断控制、电力分配、过载保护控制、电动机控制等主要功能。

3）数据采集、处理及显示系统。主要由信息采集装置（传感器）、信号预处理装置（放大器、滤波器）、数据采集及处理系统等组成，通过多种类型的传感器实现了多种被测参数的采集，通过放大、滤波等预处理转换为可采集的标准信号。通过数据采集，实现信号的模数转换，经数字滤波和标定后，由计算机或仪表进行显示。

7.1.5　典型再制造产品及零部件的磨合试验

7.1.5.1　再制造发动机的磨合

1. 磨合

对于新装配的再制造发动机各配合零件的摩擦表面来说，尽管具有应有的表面粗糙度，但是微观仍然是不平的。当未磨合件承受较大压力时，零件表面的凹凸不平将相互嵌入，在相对运动中相互切削，甚至因局部高温相互熔着拉伤，造成零件较大的磨损。另外，零件加工和装配的误差，可能造成零件配合副间实际接触面积的减小，使接触面单位压力过高，造成磨损，甚至使摩擦面破坏。因此，新装配的再制造发动机不能立即投入工作，必须按照新机生产标准进行磨合。图 7-1 为发动机气缸套表面磨合前后轮廓图，图 7-2 为气缸套表面在不同的磨合阶段支承面积曲线变化的情况。从图 7-2 中看出，经正确的磨合后，表面粗糙度值减小了，在表面轮廓某一深度处支承面积增加了，扩大了配合零件液体润滑工作的范围。

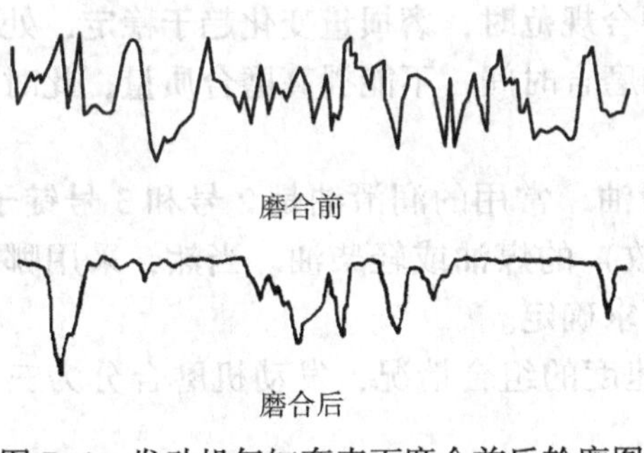

图 7-1　发动机气缸套表面磨合前后轮廓图
（垂直放大 1000 倍，水平放大 250 倍）

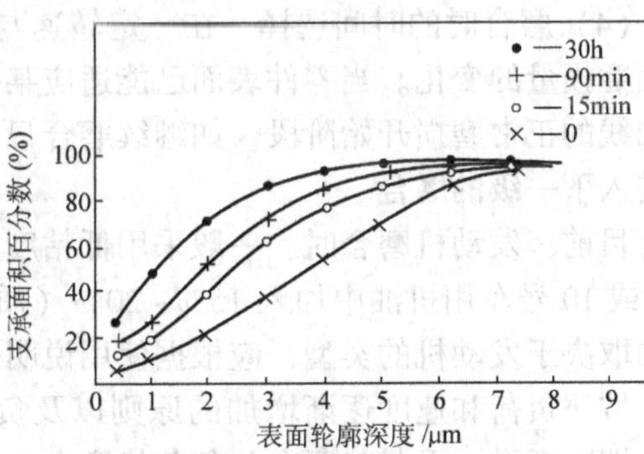

图 7-2　气缸套表面在不同磨合阶段支承面积曲线变化的情况

影响磨合质量的主要因素有磨合规范、磨合前零件表面状态和磨合用润滑油的性质，这些因素是相互联系的，并且主要通过摩擦时接触点的温升和与之有关的各种物理化学变化来影响磨合过程。

磨合规范是指磨合时的负荷、曲轴转速和每阶段的磨合时间。

(1) 磨合规范的选择方法　磨合规范的选择方法有3种，分别是根据摩擦功率变化曲线、曲轴转速的变化曲线和磨损量曲线来选择（见图7-3）。其中最常用的是磨损量曲线。

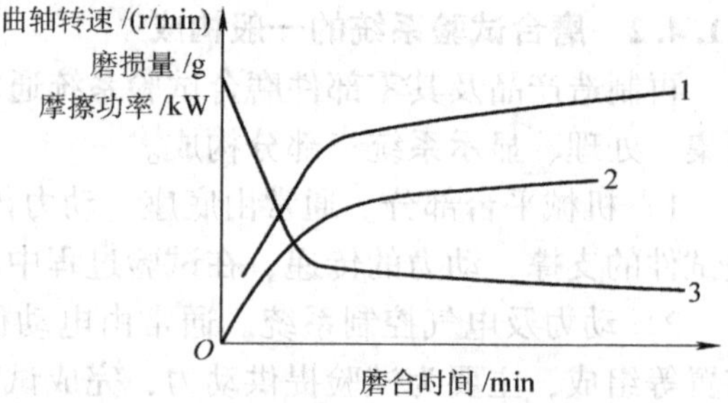

图7-3　影响磨合规范的参数变化曲线

1—曲轴转速　2—磨损量　3—摩擦功率

摩擦功率变化，可以在测功机上测得。发动机在磨合过程中，根据各级规范或经过一定时间，在规定的曲轴转速、发动机温度及其他有影响的试验条件下，测定摩擦功率，绘制曲线，并根据曲线的变化选择规范。

曲轴转速变化曲线是在发动机磨合过程中获得的。磨合时，根据各级规范或经过一定时间，将油门开到一定的位置，这样就可以测得在固定供油量的情况下，曲轴空转转速的变化曲线。转速的自然上升，是因为摩擦功率减少的缘故。

磨损量曲线的绘制，是根据发动机在磨合过程中润滑油中铁含量的增加，计算出发动机在磨合过程中总的磨损量。

(2) 磨合时的负荷选择　磨合时的负荷应从无到有、从小到大逐渐增加，初负荷、终负荷及负荷增长系数都要通过试验获得。其原则是始终维持一定的负荷以使有效负荷值大致等于摩擦副的承载能力。初负荷的大小根据在摩擦副真实接触面积上实际应力接近弹性极限的条件选取。由于机械设备的功能和工作条件不同，磨合终止负荷可按正常使用负荷的50%~100%选取，负荷增长系数为1.1~1.3。

(3) 磨合时的转速选择　在一定的负荷作用下，磨合的转速增加，就会加重表面微凸体间的冲击作用，摩擦发热也加剧，润滑效果差，从而引起剧烈磨损。所以要在合适的较低转速下开始磨合，随着表面微凸体逐渐磨平，逐渐提高转速，直至额定转速。终止转速应接近机械正常工作时的速度。

(4) 磨合时的时间选择　在一定转速与负荷的情况下，磨合时间主要取决于零件配合表面磨损量的变化。当零件表面已能适应某一级磨合规范时，磨损量变化趋于稳定，处于磨损曲线的正常磨损开始阶段，如继续磨合只能增加磨合时间，不能提高磨合质量，此时磨合应转入下一级的磨合。

目前，发动机磨合时，一般采用低粘度的润滑油，常用的润滑油是2号和3号锭子油，6号或10号车用机油中加入15%~20%（质量分数）的煤油或轻柴油。当然，采用哪种润滑油取决于发动机的类型，应根据使用说明书的要求确定。

按照负荷和速度逐渐增加的原则以及负荷和速度的组合情况，发动机磨合分为三个阶段，即冷磨合、无载热磨合与负载热磨合。

2. 发动机的冷磨合

柴油机冷磨合时，一般不安装气缸盖，主要是对重要的摩擦副，如活塞环与气缸内壁、曲轴轴颈与轴承等部件进行磨合。冷磨合时，需加注粘度较小的润滑油，以便易于冲刷掉磨下来的金属屑，还能使摩擦表面得到较好的冷却。磨合时可在普通机油中加入 15%（质量分数）的柴油，油面的高度可比正常使用时的油面高度稍高一点，以便使机油更好地润滑气缸内壁和冲刷金属屑。在冷磨合前还应向各气缸内壁与活塞环之间分别注入 30g 左右的机油，以防止活塞与气缸内壁之间产生干摩擦。

冷磨合的时间和转速应根据发动机的状况及所用的润滑油粘度来选择，采用低粘度润滑油可缩短磨合时间，一般冷磨合时间约 2~4h。冷磨合的关键是如何正确选取转速，特别是开始磨合时的转速，起始转速不能太低也不能太高，选取的原则是能保证润滑油可靠地供至所有摩擦表面即可，汽车发动机冷磨合的开始转速一般选为 600r/min。在这个转速下，可以保证主要摩擦表面工作时供给可靠的润滑油，并能在较短的时间内完成磨合，且磨损量最小。根据试验，发动机磨合时的初始转速一般为（0.2~0.25）n_e（n_e 为额定转速）。结束转速一般为（0.4~0.55）n_e。转速的调节应采用有级调节，每级磨合规范的间距为 200~400r/min。

冷磨合时间的确定，是以各个规范的磨损量曲线来评定的。图 7-4 所示为在不同转速下的冷磨合曲线。从图中可以看出，各个转速下的磨合曲线开始时，磨损速度较快，如图中 0A、BC 等；而后磨损速度趋于平稳，即表示磨合作用减小，继续磨合只能增加磨损量和时间，不能提高磨合质量。因此，磨合时间为 0A、BC、DE 和 FG 的总和，使摩擦表面基本定型，具有了承载的能力，并对继续磨合及使用过程中的磨损起着重要的影响。

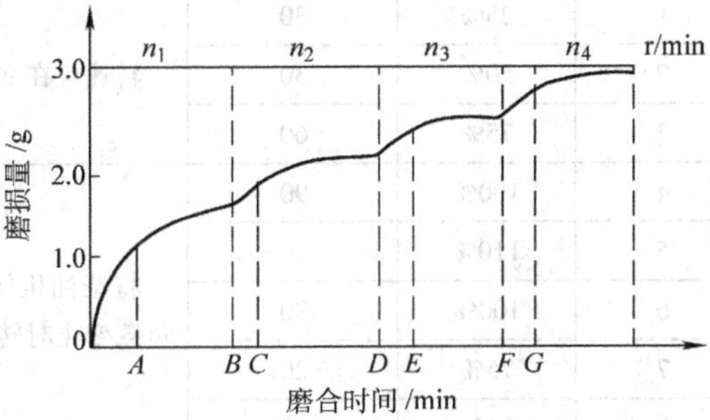

图 7-4 不同转速下的冷磨合曲线

冷磨合过程中应进行各机构的工作情况、振动、异响、漏油和漏水等故障检查，发现问题及时排除。同时，在发动机转速为 200r/min 的运转情况下，检查各缸的气缸压力，压力值应符合技术规定。冷磨以后的发动机应放出全部润滑油，加入清洗油（90%柴油和 10%车用机油，质量分数），转动约 5min，然后放出，以清洗各油道，或将各主要零件拆下，进行清洗和检查。

3. 发动机的热磨合

发动机经过冷磨合后，装上全部附件进行热磨合。热磨合又分为无负载热磨合和有负载热磨合。无负载热磨合就是柴油机起动后以不同的转速进行空载磨合；有负载热磨合是柴油机达到规定的转速后，加上不同的负载进行磨合。在热磨合前要向油底壳内加注柴油机正常工作时所用的机油。

（1）无负载热磨合　无负载热磨合是在冷磨合的基础上进行的，磨合时，先使发动机以较低转速（约 600~1000r/min）运转约 60min。如果在此段运转过程中发现发动机本身阻力大，应及时停车检查。然后再以正常温度用不同转速进行磨合试验。无载热磨合的起始转速应大致与冷磨合终止转速相同，终止转速不能太高，一般取（0.55~0.85）n_e。在磨合过程中，要注意检查各摩擦件的发热情况，保证水温为 75~90℃，机油温度为 70~80℃，并观察此时发动机有无异常现象。

热磨合试验后仍需要检查发动机气缸压力。检查气缸压力应在发动机正常水温时，以起动电动机带动发动机转动，转速不低于200r/min（应拆除全部火花塞或喷油嘴），用气缸压力表逐缸检查，发动机气缸压力应符合规定，各缸压力差不应超过规定气缸压力的10%。

（2）有负载热磨合　发动机经过冷磨合及无负载热磨合后，再进行有负载热磨合。有负载热磨合不但可以进一步在有负荷下磨合和检查发动机再制造后的功率恢复情况，还可以发现发动机因再制造不当而发生的某些再制造后的关联故障，这些故障往往是在无负载磨合时不易或不能发现的。

有负载试验应在测功机上进行，这样既可使发动机在不同转速、不同负载条件下进行运转，也可以通过测功机测试发动机总装配后的性能情况。柴油机有负载热磨合试验规范见表7-1。

表7-1　柴油机有负载热磨合试验规范

阶段	负载	时间/min	转速	
			额定转速为1000r/min的柴油机	额定转速为1500r/min的柴油机
1	25%	30	转速应在975r/min以上	转速应在1475r/min以上
2	50%	30		
3	75%	60		
4	100%	90	将柴油机转速调至1000r/min，当负载变化时转速应符合调整率要求	将柴油机转速调至1000r/min，当负载变化时转速应符合调整率要求
5	110%	5		
6	100%	30		
7	75%	20		
8	25%	10		
备注			第4、5两个磨合阶段必须连续进行	

有负载热磨合工艺规范的制定主要是合理的组合转速（n）和功率（N_e）。组合方法很多，试验表明功率和转速的组合与调节应为直线关系、有级调节（见图7-5），图中BC为发动机的功率特性曲线。B'和C'相应为有负载热磨合的起始点和终止点，它们的坐标就是起始速度、负荷和终止速度、负荷。连接$B'C'$，再按相应的转速间距在图上确定每级磨合规范中的负荷。有负载热磨合最低起始转速应保证发动机主油道有足够的机油压力，一般取（0.4～0.5）n_e，起始负荷为（10%～20%）N_e，此值大约等于发动机的机械损失功率。终止转速，汽油机为$0.8n_e$，柴油机为n_e，终止负荷为（80%～100%）N_e，对柴油机推荐为$80\%N_e$。发动机的形式、种类、应用场合很多，因此，

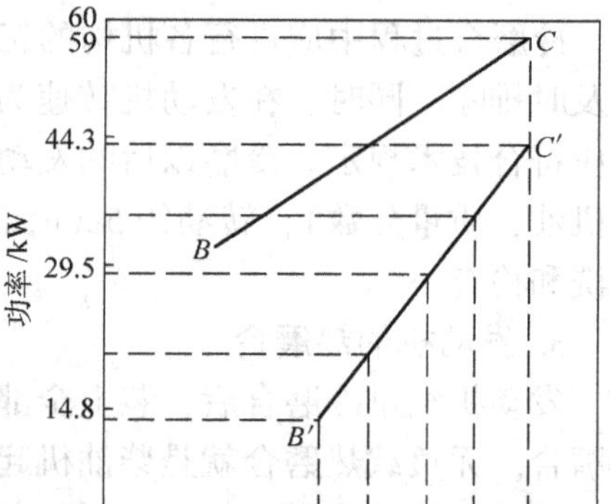

图7-5　确定发动机有负载热磨合规范的原则

一般磨合规范随机型技术特性而定。一般载货汽车发动机是从中速（1000r/min）开始，通过测功机加载10%～15%（轻型汽车发动机加载5%～10%），并以每200转为一级递增至标定最高转速的60%左右（轻型汽车发动机为50%左右），每级磨合时间为30～45min，总计

不得少于3h。如果配合较紧，最好进行12h左右的有负载热磨合。

在各个磨合阶段的初期，摩擦力矩、磨损率和温度都较高，且随着磨合的进行而稳定于某一最小值。因此可根据它们随时间的变化趋势，判断该阶段的磨合是否结束，结束后应及时转入下一阶段的磨合，直至全部磨合过程完成。在进行磨合时，常采用测定机油中的铁含量、摩擦力、功率和耗油率、机油的温度、曲轴箱漏气量等的变化来判断磨合的进程是否完成。

有负载热磨合最好在测功机上进行，这样既可使发动机在不同转速、不同负载下进行运转，也可以通过测功机测试发动机再制造后性能的恢复情况。但应注意，磨合期内发动机不能做满负载试验，以防损坏发动机。

目前，我国大部分车辆用发动机（如汽车、拖拉机等）的磨合分出厂磨合和使用磨合，各厂家都给出了相应的磨合规范。由于机器结构特点，设计、制造水平，零件表面状态和磨合用油等的差别以及具体情况不同，各种类型发动机的磨合规范差别很大。有的不进行冷磨合，有的只进行有负载热磨合。正确的规范应保证配合副以最小的磨损量，最少的耗费，形成能承受使用载荷的最佳工作表面质量。我国再制造企业可参照制造厂的出厂磨合规范进行。

7.1.5.2 再制造离合器类部件试验

离合器类部件由于其特殊的工作性质，通常进行分离、结合与打滑性能的试验，以检验其工作可靠性和稳定性。一般装甲车辆机械传动部分中常见的离合器类部件有3种，即主离合器、闭锁离合器或转向离合器、风扇离合器，都具有类似的摩擦片式结构，能实现离、合、滑的功能。以下结合实际部件试验要求分别介绍离合器类部件的试验。

1. 主离合器试验

试验通常在试验台架上，并且使离合器处于半分离的状态下进行试验。可以通过测量压板的工作行程来确定被试主离合器是否处于半分离状态，具体的行程数值可参考不同设备的试验要求。试验时的主离合器转速可设定在该装备发动机额定转速的75%~85%，如某型发动机的额定转速为2250r/min，其主离合器的试验转速为1700~2000r/min。试验时间一般为20~30min，此时在主离合器齿圈上测量主离合器的最大径向摆差不得大于0.4mm，在齿圈的端面测量主离合器的最大端面摆差不得大于0.8mm（在主离合器分离时测量）。试验过程中要求主离合器中的轴承温度不应超过85℃，离合器中的各零部件在试验中不应有不正常的响声。

试验结束后，应注意检查其功能情况：主离合器应能自如地进行分离，不得出现卡滞现象；当主离合器完全分离时，主动毂应能用手灵活转动；转动分离的主离合器，在活动盘拉臂销子端面处测量，其端面摆差不应大于0.3mm；然后测量主离合器的压板行程，应为7~8mm。

2. 转向离合器或闭锁离合器试验

分为在不完全分离状态下试验和完全结合状态下试验两部分进行。在不完全分离状态下试验时，试验压板行程约为实际工作压板行程的1/2。试验过程中，运转时不允许有杂声、敲击声等各种不正常的响声，轴承的温度不应超过85℃；分离与结合过程应灵活而无卡滞现象，完全分离时，制动毂用手应能自由转动；在活动盘与制动毂处不得甩油，但允许有轻微的渗油。试验后，应检查压板行程是否符合规定，被动毂外圆柱面的径向跳动量不得大于

0.5mm，端面跳动量不得大于0.5mm（沿170mm半径处测量）。试验停止4~5min后，检查油量。试验后，重新紧固所有外部螺栓并锁紧。

转向离合器试验通常安装在变速箱上与其一起进行。在不完全分离状态下试验时，主动毂的转速为900~1100r/min，每隔7~9min应使制动毂刹住4~5min，试验时间为20~30min；在完全结合状态下试验时，在主动毂转速为900~1000r/min时运转4~5min，在主动毂转速为2000~2200r/min时运转10~15min。

闭锁离合器作为行星转向机的一部分，通常一起试验。试验转速应为发动机额定转速的1/2，试验压板行程为工作压板行程的1/2。试验按以下顺序进行：先使行星转向机空转2~3min→小制动毂制动15min→大制动毂制动4~5min→小制动毂制动10min→大制动毂制动4~5min→小制动毂制动10min。试验中，只有在闭锁离合器分离时，大、小制动毂才能制动，但不允许同时制动，各结合处、密封处不得甩油。抱紧小制动毂时，大制动毂应能用手自如转动。

3. 风扇离合器试验

风扇离合器是装甲车辆冷却系统的重要机件，既起传递动力的作用，又在转速急剧变化时起分离作用，防止风扇传动装置零件因过载而损坏。风扇离合器的试验主要是检查打滑力矩是否符合要求，如不符合则进行磨合或调整。不同设备风扇离合器的打滑力矩数值不同，但试验方法相同。当打滑力矩不正确时，可将风扇离合器安装在试验台上进行研磨，研磨时转速为60~75r/min，每5~10min一次，每次研磨后，待风扇离合器温度降至常温后检查打滑力矩。如果此时打滑力矩过大，则应将风扇分解，擦拭干净，并按规定工艺装配后再次检查；如果打滑力矩过小，必须再次研磨，直至合格为止。

7.1.5.3 再制造箱体类部件的试验

箱体类部件是各类产品、机械系统内的重要部件，主要起传递动力的作用，其再制造质量或装配质量对整车或整机的性能影响重大。因此，箱体类部件的试验是产品再制造工作中一项很重要的内容。

箱体类部件的试验，试验前应进行必要的检查，以确定是否有影响部件运行的障碍或问题，防止发生事故。主要的检查内容如下：

1）所有螺母、螺栓是否拧紧并可靠地锁紧。

2）各旋转件应能无干涉、自如地旋转，各执行控制机构工作正常，如变速箱试验时，应检查挂挡和退挡机构是否工作可靠。

3）箱体内润滑油类型、数量、质量应符合标准，各润滑点润滑可靠。

试验时，转速（负载）应从低到高，时间由短至长，并应有随时使试验停止的措施或准备。对于变速箱类部件来说，其各挡均应进行试验。一般要从空挡开始，试运转5~10min，然后按先前进挡后倒挡的顺序每挡试验6~10min，前进挡由低挡至高挡逐挡递增。换挡期间，每次均应在空挡上工作2~3min。在空挡时，允许运转时主轴有轻微的转动，但用双手之力应能使其制动，并能反方向旋转。

箱体类部件中，齿轮工作时不应有断续的杂声、撞击声和振动；箱体结合面和动力输入或输出轴等密封装置处均不得漏油；试验过程中，机油温度不得超过75~80℃，且不允许有局部过热现象。试验完毕后应放出箱体内的全部机油，然后重新加入新机油；再次紧固所有的外部螺栓和螺母，并锁紧。

对于采用液压变速操纵装置的变速箱部件来说，除要进行以上项目的检查试验外，还应注意对液压系统进行试验。

7.2　再制造产品涂装技术与工艺

7.2.1　概述

再制造产品磨合试验后，合格产品要进行喷涂包装，通常是进行油漆涂装。再制造产品的油漆涂装是指将油漆涂料涂覆于再制造产品表面形成特定涂层的过程。再制造产品油漆涂装的作用主要可分为保护作用、装饰作用、色彩标志作用和特殊防护作用4种。

用于油漆涂装的涂料是由多种原料混合制成的，每个产品所用原料的品种和数量各不相同，根据它们的性能和作用，综合起来可分为主要成膜物质、次要成膜物质和辅助成膜物质3个部分。主要成膜物质是构成涂料的基础，指涂料中所用的各种油料和树脂，它可以单独成膜，也可与颜料等物质共同成膜。次要成膜物质指涂料中的各种颜料和增韧剂，其作用是构成漆膜色彩，增强漆膜硬度，隔绝紫外线的破坏，提高耐久性能；增韧剂是增强漆膜韧性，防止漆膜发脆，延长漆膜寿命的一种材料。辅助成膜物质指涂料中的各种溶剂和助剂，它不能单独成膜，只对涂料在成膜过程中的涂膜性能起辅助促进作用，按其作用不同分为催干剂、润湿剂、悬浮剂等，一般用量不大。溶剂在涂料（粉末涂料除外）中占的比例较大，但在涂料成膜后即全部挥发，故称为挥发份。留在物面上不挥发的油料（油脂）、树脂、颜料和助剂，总称为涂料的固体份，即“漆膜”。

根据涂装的目的和要求的不同，通常产品的涂层由多道涂层组成，其中包括底漆、腻子、面漆、罩光等。底漆层是与被涂工件基体直接接触的最下层的漆层。底漆层的作用是强化涂层与基体之间的附着力，并发挥防锈颜料的缓蚀作用，提高涂层的防护性能。对于粗糙不平的基体来说，通常涂一层腻子，以提高外观和装饰性，腻子层涂在底漆层之上，面漆层在底漆（或腻子）层之上，其主要作用是提高装饰性，同时，也具有一定的防腐性和耐磨性。面漆层决定了工件的基本色彩，使涂层丰满美观；罩光层是涂层的最外层、主要目的是增加产品的光泽，通常用于光泽度要求高的高级涂层。

7.2.2　涂装工具设备

涂装工具是提高涂装工效和质量的重要手段，只有工具齐全、品质优良，才能使涂装施工速度快、效率高、质量好。油漆涂装使用的工具种类很多，按用途可分为以下几类：

1）清理工具。常用清理工具有钢丝刷、扁铲、钢刮刀、钢铲刀、嵌刀、凿刀、敲锤等，其中钢丝刷、扁铲、钢刮刀、钢铲刀及敲锤可用于金属基层表面锈蚀、焊渣以及旧漆的清除。

2）刷涂工具。常用刷涂工具有猪鬃刷（毛刷）、羊毛刷（羊毛排笔）、鬃毛刷等。

3）刮涂工具。刮涂工具按用途可分为木柄刮刀（简称刮刀或批刀）、钢片刮板、铜片刮板、木刮板、骨刮板、橡胶刮板等。

4）喷涂工具。喷涂工具主要指手工喷枪。同时，还需备有压缩空气机、空气滤清器等设备，以及相应的通风设施。

5）擦涂工具。擦涂工具主要指擦涂用的各种干净布等。

6）修饰工具。常用的修饰工具主要有大画笔、小画笔及毛笔等。

7.2.3　油漆涂装工艺

再制造油漆涂装质量的好坏直接影响涂层性能的优劣，对涂层的四大作用有直接影响。决定涂装质量的要素有3个：涂料体系、涂装技术（方法、工艺、涂装设备及环境）和涂装管理。这3者互相联系，互相影响，共同保证涂装效果。恰当的涂料体系是整个涂装工作的前提，涂装工艺的设计是基础，而精心的操作和管理则是根本保证。

7.2.3.1　涂料的选用

为使涂层具有所需的保护性和装饰性，必须首先正确地选择涂层体系，即正确地选择底漆、中间涂层（或刮腻子）和面漆用的配套品种。在选择涂料时，必须遵循下列原则：

1）颜色、外观和漆膜机械强度应满足产品设计要求。

2）涂料与被涂表面应具有优良的附着力，在多层涂装场合，各涂层间应具有良好的结合力，并且应该相互增强。如在选择底漆材料时，底漆对被涂底材应具有优良的附着力，与中间涂层或面漆之间应有良好的结合力。同时，还应注意底漆对底材不能产生副作用，如铝制件的底漆应采用铬酸锌系颜料，若错用铅系颜料，则不仅起不到防止腐蚀作用，反而会促进底材的腐蚀。

3）注意各涂层的硬度和烘干方式配套。例如底漆硬度与面漆硬度应相仿或略高；在烘烤型涂装场合，底漆烘干温度（或耐温性）应高于面漆烘干温度或相仿。

4）所选用涂料的干燥性能、涂装性能等应与所具备的涂装条件相适应，在综合平衡的前提下应尽可能选用低温烘干型涂料。

5）要考虑所要求的漆膜性能和经济效益，选用在价值工程计算中功能值高的涂料，应注意漆膜性能与材料价格之间的合理性。考虑漆膜对产品的商品性影响，如果所选用的涂料质量低，可能引起涂层的早期损坏而返修，这就给用户和社会造成更大的浪费，尤其是修补涂装费用远远超过涂料的费用，因此，采用贵一点、质量好的漆膜会具有更好的经济效益。

6）尽可能选用毒性小、污染低或无污染的涂料（如水性涂料、粉末涂料、高固体份涂料等），以降低再制造过程的环境污染。

7.2.3.2　涂装方法选择

涂装方法是涂装工艺设计的主要工序之一，选择恰当与否直接影响涂层质量、涂装效率和涂装成本。再制造产品油漆涂装前一般要根据涂料的物理性能、涂装性能和被涂物的类型、大小、形状、生产方式以及对涂层的质量要求、涂装环境和经济条件来选择涂装方法。各种涂装方法及设备见表7-2。

表7-2　涂装方法及设备

分　类	涂装方法	所用的主要工具和装备
手工工具涂装	刷涂，滚刷涂，刮涂，空气喷涂	各种刷子，滚筒刷子，刮刀，各种喷枪
机动工具涂装	无空气喷涂，热喷涂，滚筒涂装（辊涂），浸涂	无空气喷涂装置，加热器配喷涂装置，辊涂机，浸涂设备
器械设备涂装	自动喷涂，电泳涂装，粉末涂装	自动喷枪或机械手，电泳涂装设备，各种粉末涂装机

7.2.3.3 涂装工艺过程

涂装工艺一般根据涂装底材对外观的要求、涂料性能和漆膜性能、施工条件等元素综合确定，它是集中体现涂装设计的最终结果，是施工和技术要求的依据。涂装工艺一般分为3个步骤：涂装前产品基层表面的预处理（包括清洗、刷涂、刮涂与打磨等）、涂料的涂装过程和漆膜干燥及检验。

1. 基层表面预处理

基层预处理是指彻底除去待喷漆表面的锈蚀、污垢等杂物并清洗干净，并对不需涂漆的部位加以遮盖的处理过程。基层处理操作的质量高低，不仅影响下道工序的进行，同时对下道工序的施工质量也有不同程度的影响。机械设备的基层处理多采用机械处理与手工处理两种方式。机械处理法即喷砂除锈法。铸铁工件因表面易残留砂粒，手工处理时应先清除残砂，再用砂布全面打磨光滑，用压缩空气或毛刷清除死角处的积灰。

2. 涂装过程

油漆涂装的最后工序是喷涂或擦涂。喷涂是油漆涂装中最常用的工艺方法，擦涂是油漆涂装行业技能要求较高的手工工艺。目前的喷涂方法主要有立面喷涂、平面喷涂与异形物面喷涂3种操作方法。

立面喷涂即垂直物面喷涂，对这种物面的喷涂，由于喷涂方向与物面垂直，喷涂时易产生流淌或流挂。喷涂立面的技能要求正确掌握好喷涂间距、喷涂角度、移动速度等因素。

平面喷涂较立面喷涂好掌握，厚喷时不存在流淌、流挂现象，喷涂时的视线好，眼睛能随喷枪的移动直视于被喷物面，观察漆膜的厚薄（均匀度），以便及时回枪进行补喷。目视中要顺光线检查喷后的漆膜情况，如有漏枪（局部漆膜过薄而显示的粗糙面），要及时补喷均匀。

对异形物面的喷涂中，除控制好适宜的喷涂粘度与喷涂角度外，还应掌握好喷枪的移动速度、压缩空气压力的大小、喷涂使用的涂料种类以及涂层的结构等。通常来说，喷涂异形物面时，操作要灵活机动，快而敏捷，时喷时关，即勤喷涂、勤关枪。对如螺栓、圆棱等较多的部位，要勤关枪，少喷涂，以防产生流淌、流挂。喷涂时，要枪到眼到，边喷涂边检查，如有漏喷或露枪（漆膜过薄），应及时回枪喷涂均匀。喷涂时的气压宜小不宜大，否则喷出的射流量大，易产生流漆或积漆。每件制品喷过后，应及时从上到下，从里到外进行检查。若次要部位出现流漆严重，可待漆膜干后用砂纸或砂布将流漆（流淌或流挂）磨平；若主要部位（主要饰面）出现流漆，则必须用溶剂将流漆擦净，重新喷涂。

3. 涂装质量的控制

涂装质量的控制是贯彻于整个再制造涂装全过程之中的工作。按照涂装过程的设计，首先在涂料选用时就要对涂料的性质进行系统的比较，从而确定适当的涂料体系。与涂装质量紧密相连的工作主要包括涂装前涂料质量的检验、施工时涂料性能的观察控制和涂层性能的测试。

涂料质量的检验一般严格按照所选涂料的性能说明书进行，从涂料的外观、粘度等方面判断是否符合施工要求，这是整个涂装效果的基础；涂料施工性能的控制包括涂料的流平性、遮盖性、干燥性能、底层与面层的结合性等，这一工作是保证涂装质量必不可少的过程；涂层性能的测试主要是涂层厚度（包括湿膜厚度和干膜厚度）、表面光泽、表面完整性等物理检测手段，这一工作的重点是涂层的维护，保证涂层达到最佳性能。

7.3 再制造产品包装技术与工艺

7.3.1 定义及分类

包装是现代产品生产不可分割的一部分，其定义为“为在流通中保护产品、方便储运、促进销售，按一定的技术方法，对所采用的容器、材料和辅助物施加的全部操作活动。”再制造产品的包装是指为了保证再制造产品的原有状态及质量，在运输、流动、交易、储存及使用中为达到保护产品、方便运输、促进销售的目的，而对再制造产品所采取的一系列技术手段。包装的作用主要有3点：①保护功能，防止机械损伤、防潮、防霉变、防盐雾等，使产品不受各种外力的损坏；②便利功能，指便于使用、携带、存放、拆解等；③销售功能，指能直接吸引需求者的视线，让需求者产生强烈的购买欲，从而达到促销的目的。

包装件一般由设备、内包装、外包装三部分构成。防护措施在内外包装中均可采用，某些情况下，可以直接由外包装及相应的防护包装构成运输包装件。

再制造产品的包装形式，从不同角度有不同的分类。按包装的目的分类，通常将包装分为封存包装和运输包装。

1）封存包装。有时又称储存包装，它是为保护产品在长期储存过程中不损坏而采取的包装技术措施的总称。主要有防锈包装、防潮包装、防霉包装3大类。

2）运输包装。是以运输为主要目的的包装，它具有确保产品在装卸、运输过程中安全无损，方便储运和交接点验，以及充分发挥装卸、运输机械的效能等作用。运输包装的主要形式有木箱包装、纸箱包装、托盘包装、集装箱包装、框架包装、捆扎集束包装等。

根据运输方式，运输包装又可分为陆地运输包装、海上运输包装和空运包装等。现代运输包装的特点是包装外形尺寸标准化、系列化、集装化。

按包装功能不同来区分，可分为防水包装、防潮包装、防振包装、防锈包装、防霉包装、防尘包装、防辐射包装、密封包装、可携带包装、配套包装、可剥性保护膜包装等。

7.3.2 产品包装材料及容器

产品包装材料包括基本材料（纸类材料、塑料材料、玻璃材料、金属材料、陶瓷材料、竹木材料以及其他复合材料等）和辅助材料（粘合剂、涂料和油墨等）两大部分，是包装功能得以实现的物质基础，直接关系到包装的整体功能、经济成本、生产加工方式及包装废弃物的回收处理等多方面的问题。

再制造产品大多为机电或电子产品，从现代包装功能来看，再制造产品的包装材料应具有保护性能、可操作性能、附加价值性能、方便使用性能、良好的经济性能、良好的安全性能等。机电和电子类再制造产品的包装材料以塑料、纸、木材、金属和其他辅助材料为主。其中，木质材料指木材、胶合板和纤维板等；纸质材料按是否经过再加工可分为原纸、原纸板和加工纸、加工纸板等；塑料包装材料包括薄膜、片材、泡沫塑料等；金属材料主要有钢板（包括黑铁皮、白铁皮、马口铁和镀铬钢板）、铝板（包括纯铝板、合金铝板）和铝箔等；辅助材料包括防锈、防潮和防霉等材料。

再制造产品常用运输包装的木容器主要为木箱，可分为普通木箱、滑木箱和框架木箱3

类；包装用纸箱主要是瓦楞纸箱，包括单瓦楞纸箱和双瓦楞纸箱；金属容器主要用薄钢板、薄铁板、铝板等金属材料制成的包装容器，多为金属箱和专用金属罐。

7.3.3 再制造产品包装技术

与机电和电子类再制造产品相关的包装技术见下文所述。

1. 防震保护技术

防震包装又称缓冲包装，在各种包装方法中占有重要的地位。产品从生产出来到开始使用要经过一系列的运输、保管、堆码和装卸过程，置于一定的环境之中。在任何环境中都会有力作用在产品之上，并使产品发生机械性损坏，为了防止产品遭受损坏，就要设法减小外力的影响，所谓防震包装就是指为减缓内装物受到冲击和振动，保护其免受损坏所采取的一定防护措施的包装。防震包装主要有3种方法：全面防震包装方法、部分防震包装方法和悬浮式防震包装方法。

2. 防破损保护技术

缓冲包装有较强的防破损能力，因而是防破损包装技术中有效的一类。此外还可以采取的防破损保护技术如下：①捆扎及裹紧技术，通过使杂货、散货形成一个牢固整体，以增加整体性，便于处理及防止散堆来减少破损；②集装技术，利用集装，减少与货体的接触，从而防止破损；③选择高强度保护材料，通过外包装材料的高强度来防止内装物受外力作用破损。

3. 防锈包装技术

1）防锈油防锈蚀包装技术。通过防锈油使金属表面与引起大气锈蚀的各种因素隔绝（即将金属表面保护起来），达到防止金属大气锈蚀的目的。用防锈油封装金属制品，要求油层要有一定厚度、连续性好、涂层完整。不同类型的防锈油要采用不同的方法进行涂覆。

2）气相防锈包装技术。指用气相缓蚀剂（挥发性缓蚀剂），在密封包装容器中对金属制品进行防锈处理的技术。气相缓蚀剂是一种能减慢或完全停止金属在侵蚀性介质中破坏过程的物质，它在常温下具有挥发性，在密封包装容器中，在很短的时间内挥发或升华出的缓蚀气体就能充满整个包装容器，同时吸附在金属制品的表面上，从而起到抑制大气对金属锈蚀的作用。

4. 防霉腐包装技术

防霉腐包装主要针对的是各类食品的包装，通常是采用冷冻包装、真空包装或高温灭菌方法。如果再制造后的机电产品有相关的防霉腐要求，可以使用防霉剂。包装机电产品的大型封闭箱，可酌情开设通风孔或通风窗等相应的防霉措施。

5. 特种包装技术

1）充气包装。充气包装是采用二氧化碳气体或氮气等不活泼气体置换包装容器中空气的一种包装技术方法，因此也称为气体置换包装，主要是达到防霉、防腐和保鲜的目的。

2）真空包装。真空包装是将物品装入气密性容器后，在容器封口之前抽真空，使密封后的容器内基本没有空气的一种包装方法。

3）收缩包装。收缩包装就是用收缩薄膜裹包物品（或内包装件），然后对薄膜进行适当加热处理，使薄膜收缩而紧贴于物品（或内包装件）的包装技术方法。

4）拉伸包装。拉伸包装是依靠机械装置在常温下将弹性薄膜围绕被包装件拉伸、紧裹，并在其末端进行封合的一种包装方法。由于拉伸包装不需进行加热，所以消耗的能源只有收缩包装的1/20。拉伸包装可以捆包单件物品，也可用于托盘包装之类的集合包装。

5）防水包装。为防止水侵入包装件影响产品质量而采取的一定防护措施的包装，如用防水材料衬垫包装容器内侧，或在包装容器外部涂刷防水材料等。

6）防潮包装。为防止因潮气侵入包装件影响产品质量而采取的一定防护措施的包装。如用防潮材料密封产品，或在密封包装容器内加适量干燥剂以吸收残存潮气和通过包装材料透入的潮气；也可将密封包装容器内抽成真空等。

7）防尘包装。为防止尘沙进入包装容器而影响产品质量所采取的一定防护措施的包装。如将产品（零备件）易进尘处用柔性纸包扎，或用塑料薄膜袋套封等。

8）防辐射包装。为防止外界射线通过包装容器损害内装物质量采取的一定防护措施的包装。如将感光胶卷盛装在能阻止光辐射的容器中。

9）可携带包装。又称携行包装，一般在包装容器上装有提手或类似装置，可方便使用者携带。

10）配套包装。是将品种不同但用途相关或品种相同而规格不同的数种产品搭配在一起构成包装件，其特点是使用、分发方便，也便于储存和管理。

11）可剥性保护膜包装。用高分子聚合物为合成膜剂的基本材料，添加增塑剂、缓蚀剂、矿物油、稳定剂、防霉剂等组成的用于产品或金属表面直接形成保护膜并易于剥去的包装。如用于炮弹等有色金属的表面保护等。

7.3.4 再制造产品的绿色包装

绿色包装是指对生态环境和人体健康无害，能重复使用或再生利用，符合可持续发展原则的包装。绿色包装要求在产品包装的全生命周期内，既能经济地满足包装的功能要求，同时又特别强调了环境协调性，要求实现包装的减量化、再利用、再循环的3R原则。

合理的包装结构设计和材料选择是实施绿色包装的重要前提和条件，它对包装的整个生命周期环境影响起着关键性的作用。再制造产品的绿色包装中，可按照以下几个方面来设计：

1）通过合理的包装结构设计提高包装的刚度和强度，节约材料。合理的包装结构设计不仅可以保护产品，而且还会因为包装强度和刚度提高，降低对二次包装和运输包装的要求，减少包装材料的使用。例如对于箱形薄壁容器来说，为了防止容器边缘的变形，可以采用在容器边缘局部增加壁厚的结构形式提高容器边缘的刚度。研究表明，增加其产品的内部结构强度，可以减少54%的包装材料，降低62%的包装费用。

2）通过合理的包装形态设计来节约材料。包装形态的设计取决于被包装物的形态、产品运输方式等因素，而不同的包装形状对应的材料利用率也是不同的，合理的形状可有效减少材料的使用。各种几何体中，若容积相同，则球形体的表面积最小；对于棱柱体来说，立方体的表面积要比长方体的表面积小；对于圆柱体来说，当圆柱体的高等于底面圆的直径时，其表面积最小。

3）从材料的优化下料出发来节省材料。合理的板材下料组合，可达到最大的材料利用率。在生产实际中，通过采用计算机硬件及软件技术，输入原材料规格及各种零件的尺寸、数量，即可得到优化的下料方案，能有效地解决各种板材合理套裁问题，最大化地节约材料。

4）避免过度包装。过度包装是指超出产品包装功能要求之外的包装。为了避免过度包装，可重点采取以下措施：减少包装物使用数量；尽可能减少材料的使用；选择合适品质的包装材料。

5）在包装材料的明显之处，标出各种回收标志及材料名称。完整的回收标志及材料名称将大大减少人工分离不同材料所需的时间，提高分离的纯度，极大地方便包装材料的回收和利用。

6）合理选择包装材料。绿色包装设计中的材料选择应遵循的原则如下：轻量化、薄型化、易分离、高性能的包装材料；可回收和可再生的包装材料；可降解包装材料；利用自然资源开发的天然生态的包装材料；尽量选用纸包装。

7.3.5 再制造产品质保附件

在完成的再制造产品包装中，还应该包含再制造产品的说明书和质量保证单，再制造产品说明书和质量保证单的编写也是再制造过程中的重要内容。再制造产品说明书可参照原产品的说明书内容编写，主要内容包括产品简介、产品使用说明书、产品维修手册等内容，一般要提供与新制造产品一样的质量保证。

1. 产品简介

再制造产品简介的主要使用对象是经销单位和使用单位的采购人员、工程技术人员和有关领导。产品简介的作用是直观、形象地向顾客介绍产品，作为宣传、推销产品的手段。在产品简介中，对产品的用途、主要技术性能、规格、应用范围、使用特点、注意事项等，要做出简要的文字说明，并配以图片。尤其是在编写中要突出再制造产品的特色，突出绿色产品的概念，明确与原制造产品在结构和性能上的异同点。还可以就生产企业的生产规模、技术优势、质量保证能力等基本情况作总体介绍，使用户对企业概貌也有所了解，增进用户对生产企业及其产品的信任感。

2. 产品使用说明书

产品使用说明书的使用对象是消费者个人或主机厂的操作人员，它的作用在于使用户能够正确使用或操作，充分发挥产品的功能。同时，它还要使用户了解安全使用、防止意外伤害的要点。因此，编写简明、直观、形象的使用说明书，是技术服务中一项十分重要的工作内容。产品使用说明书的主要内容可包括以下项目：

1）规格。主要是技术参数、性能。

2）安装。指产品启封后使用的装配、连接方法。

3）操作键。产品上各种可操作的开关、旋钮、按键名称，以及指示灯、数码管、蜂鸣器、显示屏等显示、报警装置的位置和作用。

4）工作程序。指为实现产品各种功能必须遵守的使用、操作方法和程序。

5）维护要求。在产品使用过程中应采取的清洁、润滑、维护方法。

6）故障排除方法。主要是常见的一般故障的排除方法。

7）注意事项。根据产品特点提出的维修保养、防止错误操作、避免人身伤害等安全要求。

8）维修点。介绍工厂维修服务部门或特约维修点的地址、电话号码和邮政编码。

9）信息反馈要求。如附加的征询用户意见的质量信息反馈单等。

3. 产品维修手册

再制造产品维修手册的使用对象主要是专业维修人员。维修手册在介绍再制造产品基本工作原理的基础上，应该侧重于讲解维修方法，而且应具有很强的可操作性。维修手册或资料应强调以下内容：

1）区别于同类产品的特点，包括产品单元的作用原理、机械结构、拆解和装配方法。

2）新型零配件的性能、特点、互换性、可代用品。

3）产品与通用或专用仪器、仪表的连接和检查测试方法。

4）专用检测点的相关参数标准和专用工具的应用。

5）查找各类故障原因的程序和方法。

4. 质量保证单

再制造产品的质量要求不低于新品，因此其质量保证单可以参考新品的质量保证期限制定。质量保证单的内容要包括提供退换货的条件、质量保证的期限、质量保证的范围、提供免费维护的内容等。

第 8 章　先进再制造工程管理技术与方法

8.1　面向再制造全过程的管理内容与方法

8.1.1　基本概念

再制造管理指以废旧产品的再制造为对象，以产品（零件）循环升级使用为目的，以再制造技术为手段，对产品多寿命周期中的再制造全过程进行科学管理的活动。再制造活动位于产品生命周期中的各个阶段（见图 8-1），对其进行科学管理能够显著提高产品的利用率，缩短生产周期，满足个性化需求，降低生产成本，减少废物排放量。

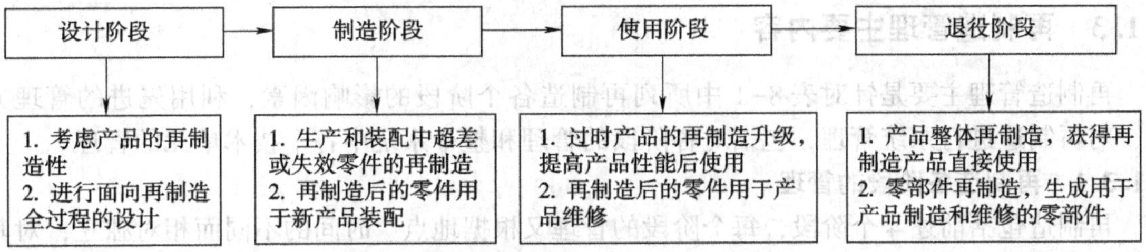

图 8-1　再制造在产品全寿命周期中的作用

根据再制造时间和地点，可将再制造分为 4 个阶段：再制造性设计阶段（指在新产品设计过程中对产品的再制造性进行设计、分配，以保证产品具有良好的再制造能力），废旧产品回收阶段（即逆向物流，指将废旧产品回收到再制造工厂的阶段），再制造生产阶段（指对废旧产品进行再制造加工生成再制造产品的阶段），再制造产品使用阶段（指再制造产品的销售、使用直至报废的阶段）。再制造管理主要是对这 4 个阶段的再制造活动来进行系统管理。

8.1.2　再制造管理影响因素分析

再制造管理着眼于优化废旧产品再制造的整个过程，获得低成本、高性能、生态环保的再制造产品，实现产品的可持续利用。通过分析再制造在产品各个阶段的作用，可以明确以下因素对再制造各阶段的管理具有重要的影响（见表 8-1）。

表 8-1　再制造管理的阶段及影响因素

阶　段		主要影响因素
再制造性设计	新产品设计	再制造性标准的确定、分配、验证等
废旧产品回收	废旧产品收购	废旧产品品质、数量、地域及收购成本等
	废旧产品运输	产品的形状、大小、运输的安全性、经济性、方便性等
	废旧产品储存	产品的老化、体积、环境性等
	相关法律法规	废旧产品回收体系、相关约束及支持力度等

（续）

阶　段		主要影响因素
再制造生产	废旧产品再制造预处理	废旧产品的易拆解性、易清洗性及分类、结构、材料、故障模式等
	再制造加工	废旧产品失效形式、再制造技术、经济性、环境性等
	再制造产品性能测试	再制造产品性能特征、零件品质、试验设备等
再制造产品使用	再制造产品销售	再制造产品的成本、价格、市场区域、客户心理等
	再制造产品使用	售后服务、易用性、环境性、工况等
	再制造产品信息	产品的性能、零件信息等

当然很多影响因素在具体执行某一类或多类产品的再制造过程中都应给予充分考虑，而且在产品概念设计阶段考虑产品的再制造性非常必要，也属于再制造管理的内容，但属于产品早期的管理，这里所指的再制造全过程是从产品报废后的回收开始，经再制造生产，再制造产品使用，直至产品终端处理的整个过程。通过对再制造全过程的管理，可以优化资源，降低成本，缩短再制造周期，提高产品可持续利用的能力。

8.1.3　再制造管理主要内容

再制造管理主要是针对表 8-1 中所列再制造各个阶段的影响因素，利用先进的管理方法，对再制造进行系统管理，包括对各阶段的管理和整个系统中各个技术单元的管理。

8.1.3.1　再制造各阶段的管理

再制造包括前述 4 个阶段，每个阶段的管理又根据地点、时间的不同而相对独立，对其进行科学的管理，关系到再制造各个环节的正常运行。

1）回收阶段的管理。回收阶段的管理主要指废旧产品从用户流至再制造工厂的过程。国外将此过程称为逆向物流，美国部分学校还开设了逆向物流学课程。我国将这个过程叫做废品物流，主要是指对生活垃圾的回收，对其中的有用材料，也仅采用了回收材料的形式，是一种材料循环形式，而再制造可以实现产品再循环。此阶段的管理主要是指对具有较高附加价值的废旧产品进行回收、分类、仓储、运输到再制造厂整个过程的管理，包括废旧产品标准、回收体系、运输方式、仓储条件、废旧产品包装、分类等的管理，主要目的是建立完善的逆向后勤体系，降低回收成本，保证具有一定品质的废旧产品能够及时、定量地回收到再制造厂，并保证再制造加工所需废旧产品的质量和数量。对该阶段的管理，可以显著降低再制造企业的成本，保证产品质量。

2）生产阶段的管理。再制造生产阶段的管理包括对再制造企业内部的生产设备、技术工艺、操作人员及生产过程进行管理，以保证再制造产品的质量。此阶段是废旧产品生成再制造产品阶段，对再制造产品的市场竞争力、质量、成本等具有关键影响作用，尤其是对高新再制造技术的正确使用决策，可以决定产品的质量和性能。该阶段的管理是整个再制造管理的核心部分。

3）使用阶段的管理。使用阶段的管理包括对再制造产品的销售、售后服务、再制造产品客户信息等进行的管理。再制造产品不同于原产品，是产品经过性能提升后的高级形式，但在再制造理念还没有得到广泛的推广时，普通客户心理上认为其仍属于旧产品，因而对其销售活动应该建立在一定的客户心理研究基础上进行，使再制造理念得到广泛推广，并采用特定的销售管理方法。另外再制造产品的分配渠道也不完全等同于原产品，需要建立相应的销售渠道。该阶段的管理是再制造产业经济价值和环境价值的体现。

4）再制造性的管理。再制造性作为一个独立于某类废旧产品再制造全过程之外、立足于产品设计阶段的体系，主要包括对产品再制造性的设计、分配、评价及验证等内容。对再制造性的管理可以直接影响到废旧产品再制造能力的大小，影响到再制造产品的综合效益。在产品设计阶段进行再制造性管理，需要综合考虑产品的性能要求及环境要求，对产品末端处理的再制造能力进行设计，包括设定产品的再制造性指标，确定再制造性指标的分配方法，明确再制造性评价及验证体系等。

8.1.3.2 再制造管理的技术单元

1）技术管理。再制造是以废旧产品作为加工的毛坯，其技术要求高于制造产品，是一个高科技的产业，对其进行技术的管理具有重要的意义。主要内容包括物流技术、制造技术、修复技术、升级技术、信息技术、管理技术、清洗、检测等，对其进行正确的管理，有助于建立科学的再制造流程，获取最佳的再制造工艺。

2）质量管理。质量管理应贯穿于再制造的全过程，包括再制造回收毛坯质量、废旧产品拆解分类及检测、再制造加工的质量控制、产品包装、销售及售后服务等，整个质量控制体系关系到再制造产业的经济社会效益。总的来讲，质量管理应包括质量规划、质量检测、流程控制、各类产品的质量标准及与国际接轨的再制造规范的制订等。

3）信息管理。再制造是一个信息高度集中的产业，具有显著特点。原产品制造时所使用的原料具有明确的计划性，而再制造所需毛坯的来源依靠于各个逆向物流系统中所回收的产品的数量和质量，与各个地区的废旧产品的废弃量有很大关系，形成了其特殊性。而不同地区间的信息管理能够实现产品以最有效的方式及时、定量地到达再制造工厂，并采用最优化的再制造方式，保证产品的质量和尽量短的周期。信息管理主要包括产品的再制造性数据、废旧产品数量及质量预测数据、废旧产品供应链数据、加工过程信息、再制造产品需求信息、再制造对设计过程的反馈信息。对这些数据进行处理，提取其中的有效信息，不但关系到再制造产业的良性发展，也能够对产品的设计提供有益的帮助。

8.1.3.3 系统管理

系统管理主要包括逆向物流系统、再制造生产系统、政策法规系统、再制造产品服务系统、消费者使用系统等。通过对整个系统的考虑，对某类再制造产品的毛坯、生产、使用进行综合的评估，并设定最优化的管理模式，为再制造的发展提供科学的生产链。

8.1.4 再制造工程管理体系

由以上分析可知，再制造管理是再制造体系内的一个重要内容，能够优化再制造产业体系的资源配置，创造最高的经济效益和环境效益。将再制造作为一个系统工程进行考虑，总结再制造管理体系框架（见图8-2）。

以系统管理为特点的再制造管理涉及的内容相当广泛，各部分之间联系紧密，同时又有不同的侧重点。例如逆向物流主要由回收企业完成，并通过初步的分类，将可再制造的毛坯送回再制造厂，而毛坯的品质对再制造产品的质量具有显著的影响。再制造生产主要由独立的再制造企业或者产品原制造商完成，并承担了再制造产品的销售。同时，由于废旧产品在品质、数量和时间上的不确定性，各个部分之间又相互产生影响，如废旧产品的回收量与再

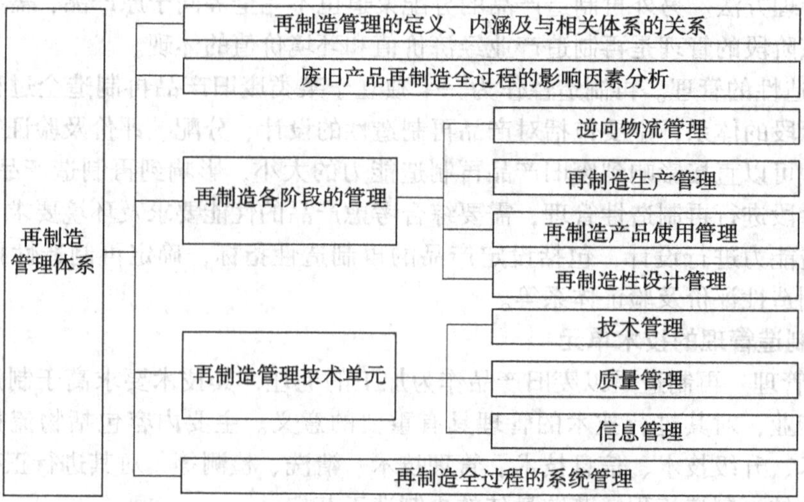

图 8-2 面向产品全寿命周期的再制造管理体系

制造企业毛坯需求量之间相互影响。所以，以系统的观点，立足于现代化信息管理的基础，认真研究再制造系统的特点，形成科学的再制造管理体系，对促进再制造产业发展具有重要影响。

8.2 基于再制造的多寿命周期管理技术

8.2.1 基本概念

多寿命周期的提出和研究始于 20 世纪 80 年代，随着可持续发展的提出而逐渐得到发展，但目前尚没有明确的概念。部分学者提出了基于绿色制造的产品多生命周期工程，并将其定义为：从产品多生命周期的时间范围内来综合考虑环境影响、资源综合利用问题和产品寿命问题的有关理论和工程技术的总称，其目标是：在产品多生命周期时间范围内，使产品回用时间最长，对环境的负影响最小，资源综合利用率最高。所认定的多生命周期包括了产品报废后将旧产品及零部件直接或整修后使用，也包括进行冶炼后生成新材料的使用。

基于再制造的产品多寿命周期的理解是：制造服役使用的产品达到物理或技术寿命后，通过再制造或再制造升级，生成性能不低于原品的再制造产品，实现再制造产品或其零部件的高阶循环服役使用，直至达到完全的物理报废为止所经历的全部时间。产品多寿命周期既包括对产品整体的多周期使用，也包括对其零部件的多周期使用。多寿命周期中的再制造产品要求含有原产品零件的比率不低于 2/3。基于再制造的产品多寿命周期服役时间为

$$L = T + \sum_{i=1}^{n} T_i \qquad (8-1)$$

式中 L——多寿命周期总时间；

T——制造后产品的第一次寿命时间；

n——可再制造的次数；

T_i——第 i 个再制造产品使用时间。

产品的多寿命周期不是简单的原性能产品的重复制造，而是要不断地提升产品的性能，实现产品寿命和性能的“新生”，使得通过再制造形成的产品既来源于原产品，也在性能上优于原产品，只有如此，才能满足产品在不同时间、空间中的可持续利用要求。

8.2.2　产品多寿命周期管理的发展基础

多寿命周期产品符合确保人类生活质量的提高和促进经济可持续发展的要求，它的出现与发展，也符合自然界一般规律发展的自然哲学原理。

8.2.2.1　多寿命周期符合事物的循环发展观点

循环是自然界的普遍原理，良好的产品自身系统也应该是一个循环系统。老子曰：“周行而不殆，可以为天下母。”实现产品自身系统中物质、能量及性能的良性循环，是产品发展的最好基石。目前产品大多实行的是单生命周期降阶开环使用模式，即“原料→产品→老旧失效产品→废料”的断裂链条；但按照事物的循环发展观点，产品的发展也应效法自然系统的循环原理，形成“原料→产品→再制造→产品”的高级闭合循环周期，使产品系统整合到生态系统的大循环之中。产品的多寿命周期使用能够实现产品系统内物质、能量及效能的高效循环利用，实现产品系统资源（包括性能、材料、能量、生产力及费用等）的良性循环。因此，产品的多寿命周期管理是产品循环发展的必然要求。

8.2.2.2　多寿命周期符合自然界层次结合度的递减原理

美国系统理论专家 E. 拉兹洛指出：“当从初级组织层次的微观系统走进较高层次的宏观系统，我们就是从被强有力地、牢固地结合在一起的系统走向具有较微弱和较灵活的结合能量的系统。”产品系统是由元件、零件到部件这样由局部到整体、由低层到高层的层次结构，随着层次由低（元件）到高（产品）地推进，系统的结合度呈现出递减的趋势。当自然界的高层系统解体时，低层系统（即零部件）仍然保持相对的功能稳定性和完整性，具有可重新利用性。所以，多寿命周期遵循了产品系统层次结合度递减的自然哲学思想。

8.2.2.3　多寿命周期符合产品发展中量变到质变的原理

产品研制及发展经历了从无到有、从低级到高级的过程，体现了产品的不断运动发展。但产品的进步发展首先要根据新技术进步和用户需求进行局部再制造升级，增加产品功能，使之适应不同时间或者条件下的用户要求，实现原产品的可持续升级性利用。经过若干次再制造升级的量变后，产品发展到一定阶段，所有的量变信息反馈到研制阶段，结合最新技术信息，可以实现产品换代型号的研制及生产，这是产品发展的质变阶段。因此，产品发展过程中再制造的量变过程，促进了产品型号发展的质变发展。由此可见，再制造工程在产品中的升级应用，符合了产品发展过程中局部量变到换代质变的哲学思想。

8.2.2.4　多寿命周期符合产品的可持续利用思想

产品的出现是根据用户需要而在一定历史条件下设计并生产形成的静态产品，其性能只会随着时间推移而劣化，但人类对产品性能的需求则会随着时间的推移而不断提高，这种差异性会导致产品快速地达到技术报废状态。产品的静态消极存在状况显然不符合事物普遍发展的观点。而通过对落后产品的再制造升级，能够显著地提高产品性能，有效地解决产品的内部固有矛盾，实现产品由静态降阶使用发展到动态升阶使用的多寿命周期模式。因此，基于再制造升级技术的产品多寿命周期，符合产品自身可持续利用的观点。

8.2.3 基于再制造的产品多寿命周期管理基础

8.2.3.1 物质基础

虽然产品设计时要求采用等寿命设计，但实际上无法达到所有零件同寿命的理想状态。现实中产品零件寿命存在两个差异性，即异名零件寿命的不平衡性和同名零件寿命的分散性，而且都是绝对存在的。零件寿命的差异性也完全适于部件、总成和机械设备。产品零部件寿命的实际差异性为产品再制造提供了生产的物质基础。再制造加工可对达到寿命极限或剩余寿命低于产品下一个寿命周期的可再制造件进行加工，恢复其配合尺寸和性能，满足再制造产品的性能要求，延长其寿命达到下一个寿命周期，从而实现多寿命周期。

8.2.3.2 理论基础

产品的性能劣化是导致废旧产品报废的主要原因，而产品性能的劣化符合"水桶理论"，即产品到达寿命并不是所有零件的性能都劣化，而往往是关键零部件的磨损等失效原因导致了产品总体性能的下降，无法满足使用要求而退役。这些关键零部件就成为了影响产品性能中的最短木板，那么只要将影响产品性能的这些关键"短板"恢复强化，就可能提高产品的整体性能。而通过再制造升级可以实现性能的强化提升，恢复并提高到达寿命的产品中核心件的性能，从而来实现产品的多寿命周期使用，这为多寿命周期的发展提供了理论基础。

8.2.3.3 技术基础

产品的多寿命是按时间的先后序列展开的，每一次寿命的再制造都滞后于前者，这为先进技术的发展提供了时间上的可能。所以，产品每个寿命周期的再制造相对前次生产过程都具有技术上的后发优势，能不断吸纳最先进的科学技术，解决前次生产中无法解决的难题，从而恢复或提升产品性能，实现产品的多寿命周期循环应用。这种前次制造与退役后再制造的时间差所引起的技术进步，成为基于再制造的多寿命周期产品性能可以达到甚至超过新品的主要技术基础。

8.2.3.4 经济基础

多寿命周期产品具有巨大的经济效益，能够实现产品附加值的多周期应用。产品附加值是指在产品的制造过程中加入到原材料成本中的劳动力、能源和加工设备损耗等成本。一般产品的附加值都远远高于原材料的成本，这为再制造生产提供了充足的利润空间。例如，汽车发动机原材料的价值只占15%，附加值却高达85%。通过再制造实现产品多寿命周期使用，可以充分保留产品的附加值，降低产品的寿命周期成本。例如，多寿命周期发动机的再制造生产能耗不到新品的50%，劳动力消耗是新品中的67%，材料消耗不到新品的20%，具有巨大的经济效益。

8.2.3.5 社会基础

无论任何国家，都存在着区域发展水平的不平衡性，即发展水平的高低是相对的，这种地区的不平衡性和人们的消费水平差异，造成了对产品需求的多样性，这为多寿命周期产品提供了广阔的市场销售空间。多寿命周期产品能够实现资源的最大化利用，预防环境污染，减少材料消耗，建立新的经济增长点，并促进就业，保持社会的可持续发展，是支撑和建设和谐社会的有效技术手段，具有重大的社会和环境效益。所以，多寿命周期产品的发展具备了坚实的社会基础。

8.2.4　基于再制造的产品多寿命周期关键技术

8.2.4.1　面向多寿命周期的产品设计及评价技术

产品是否面向再制造设计直接影响着产品易于再制造的水平，也决定了产品多寿命周期循环的质量。而产品的再制造性是衡量产品再制造能力的基本指标，因此，产品再制造性设计是实现基于再制造的产品多寿命周期的前提条件。面向多寿命周期的产品设计及评价技术重点发展方向如下：①再制造性设计建模技术，分析传统设计要素与再制造性设计的相互关系，研究可拆解、标准化、模块化、材料等具体设计要素在再制造性设计中的应用，建立再制造性定性设计模型。②再制造性指标设计技术，分析来自再制造、制造、用户等不同单位内容、表述形式、抽象程度、关系结构的产品信息数据模型，形成面向多寿命周期产品制造的再制造性指标确定、解析、分配、预计等设计方法，建立再制造性指标量化设计技术方案。③再制造性设计评价技术，分析产品功能特性、失效模式、可持续要求，优化再制造性物理、数学模型以及参数、函数的描述规律，建立再制造性评估方法。

8.2.4.2　先进再制造工程技术

再制造技术就是在通过产品再制造来实现产品多寿命周期过程中所用到的各种技术的统称，是实现废旧产品再制造生产高效、经济、环保的具体技术措施，也是实现基于再制造的产品多寿命周期工程的关键核心技术。其主要包括拆装技术、清洗技术、检测技术、加工技术、磨合试验技术和涂装技术，其中对废旧件的再制造加工恢复是再制造技术的核心内容。作为多寿命周期工程中的关键技术，先进再制造工程技术重点发展方向如下：①快速再制造成形技术，主要研究再制造材料熔覆沉积动力学及其界面演化机理、再制造成形过程中备件形变机理、高能束快速再制造沉积成形路径智能控制机理等，建立基于机器人的快速废旧件再制造成形系统，实现零件精确“控形”与“控性”的结合，满足对市场的快速响应及特殊场合下的备件需求。②高效自动化拆装技术，重点研究废旧产品的拆解深度、拆解序列及虚拟拆解技术方法，建立快速无损拆解模型，实现高效自动化拆解和零部件的自动化装配，解决当前以手工拆解为主而导致的效率低下问题，实现再制造的批量化高效生产。③绿色清洗技术，主要研究废旧件基于物理作用的清洗技术，减少化学清洗剂的应用，减少再制造过程中的废液排放量，实现绿色清洗。

8.2.4.3　先进表面工程技术

表面工程技术是实现废旧产品核心件性能恢复或提升的关键技术，也是再制造的重要技术支撑。传统的表面工程技术在再制造生产中具有一定的限制，如部分技术环境污染较为严重，生产效率低，多为手工作业等，这些特点无法适应多寿命周期产品中批量化、绿色化、市场化的要求。先进表面工程技术作为基于再制造的产品多寿命周期工程的关键技术，其重点发展方向如下：①纳米表面工程技术，研究纳米材料的表面效应、宏观材料的表面纳米化以及纳米电刷镀、纳米等离子喷涂等技术，实现再制造后零件性能的提升。②自动化表面技术，研究自动化电刷镀技术、自动化等离子喷涂技术等，实现传统表面工程技术的自动化加工，增强在批量化再制造生产中的应用能力。③绿色表面技术，研究低污染或无污染的表面工程应用技术，减少表面技术应用过程中的环境污染排放量。

8.2.4.4　再制造质量控制技术

再制造质量控制技术是指为使再制造产品达到规定的质量性能要求，在再制造生产过程中所采取的质量控制措施和方法。产品的再制造质量控制技术是实现再制造产品性能优于或等同于新产品的重要保证，也是产品多寿命周期的关键技术。再制造质量控制技术的重点发展方向如下：①再制造毛坯剩余寿命评估技术，研究废旧件寿命评估模型，通过超声技术、射线技术、磁记忆效应检测技术等测试技术，来对产品表面尺寸、形状和内部损伤等综合质量进行检测，并判明剩余寿命，科学保证再制造件质量。②再制造过程在线质量监控技术，研究再制造加工中的各种工艺参数对质量的影响规律，通过智能化传感技术、数字处理技术、可视化技术等实现对再制造加工质量与尺寸、形状精度的在线动态检测和修正。③再制造产品的质量检测与评价技术，主要研究再制造产品零部件性能与质量的无损检测技术、再制造产品零部件性能与质量的破坏性抽检技术、再制造产品性能和质量的综合实验及评价技术等。

8.2.4.5 信息化再制造技术

多寿命周期产品的每次新寿命周期都不是原产品的简单重复，而需要根据市场的需求不断地进行功能或性能升级，满足不同时期对产品的需求，因此，需要在再制造过程中不断地应用信息化技术，来进行管理、提升再制造的效益和再制造产品的质量。信息化再制造技术的重点发展方向如下：①信息化再制造升级技术，即在再制造过程中通过嵌入信息化模块等方法来提升产品的信息化功能，满足产品的高质量、多寿命周期发展要求，主要研究包括再制造升级的决策与评估技术（包括多寿命周期产品再制造时间与成本分析、再制造升级的工艺过程及优化控制）、再制造升级技术与方法（包括信息化模块嵌入技术、产品再设计技术、再制造升级的信息与控制系统及管理集成模式等）。②信息化再制造管理技术与方法，即研究信息化技术在再制造管理过程中的应用，提高再制造生产效益，研究内容包括再制造资源管理计划、再制造精益生产管理、成组再制造技术等。③虚拟与柔性再制造技术，即利用虚拟再制造与柔性再制造技术来实现产品的快速再制造设计、生产及资源重组配置，响应对再制造产品的需求，重要研究内容有虚拟再制造技术（虚拟再制造建模技术、虚拟再制造加工、虚拟再制造设计、虚拟再制造装配等）和柔性再制造技术（再制造生产传感器技术、柔性再制造物流技术、柔性再制造过程可视化技术等）。

8.2.4.6 多寿命周期产品环境技术

多寿命周期产品具有与传统单寿命周期产品不同的服役模式，其资源占有使用率也不同，对环境影响不同，因此，需要正确评价并应用多寿命周期产品环境技术，来促进产品多寿命周期中的环境效益。多寿命周期产品环境技术重点发展方向如下：①环境影响评价技术，建立多寿命周期产品的环境影响清单，借鉴生命周期评价的方法，形成多寿命周期产品的环境影响评价方案和技术途径，形成多寿命周期产品的环境影响与效益的价值评估方法，建立多寿命周期产品环境影响评价的货币化表征方案，量化环境影响的测度。②环境影响分析技术，研究多寿命周期产品生产过程的环境影响评价，并根据评价结果，确定相关参量的重要度，优化改良生产工艺过程。③再制造清洁生产技术，研究再制造过程中的清洁生产方法和技术，形成绿色再制造生产工艺，减少环境影响。

传统的产品全寿命周期模式中，末端产品的处理大多采用回收材料的方案，这一是对已消耗资源的巨大浪费，二也需要投入新的能源并产生污染，是一种低端的资源化方式。以再制造作为核心手段，来实现产品的多寿命周期循环使用，这是落实科学发展观的重要举措，也是建设资源节约型、环境友好型社会的有效技术手段。因此，产品多寿命周期工程是一个系统的工程，其出现是时代发展的选择，具有科学的发展基础。为了进一步推动多寿命周期工程发展，需要不断地开展理论研究，完善制订相关政策法规，形成多寿命周期产品的优化设计、控制及评价方法；也需要优先规划研究先进再制造技术、先进表面工程技术、信息化再制造技术、再制造质量控制技术以及环境评价等关键技术，以促进基于再制造的产品多寿命周期工程的全面发展，实现已消耗资源的最大化利用，在不断提高人类生活水平的基础上，缓解产品制造所带来的资源和环境压力，实现人类社会的可持续发展。

8.3 精益再制造生产管理方法

8.3.1 基本概念

精益生产包括：有效地运用现代先进制造技术和管理技术成就，以整体优化的观点，以社会需求为依据，以发挥人的因素为根本，有效配置和合理使用企业资源，把产品形成全过程的诸要素进行优化组合；以必要的劳动，确保在必要的时间内，按必要的数量，生产必要的零部件；杜绝超量生产，消除无效劳动和浪费，降低成本、提高产品质量，用最少的投入，实现最大的产出，最大限度地为企业谋求利益。

精益生产既不同于单件生产方式，也不同于大批量生产方式，而是综合了两者的优点，避免了前者的高成本和后者的生产体系僵化，强调以人为中心，提倡多面手，一专多能。最大限度地激发人的主观能动性，把企业的生产组织与生产过程的全过程从产品开发设计、生产制造到销售及服务等一系列的生产经营要素，进行科学合理的组合，杜绝无效劳动，使工厂的工人、设备、投资、厂房以及开发新产品的时间等一切投入都大为减少，而生产出的产品品种和质量却更多更好。从而形成一个能够适应市场及环境的变化，从而达到以最少的投入，实现最大的效益的管理体制。

8.3.2 再制造中的精益生产模式应用

再制造生产中的精益生产模式主要是在再制造企业里同时获得高的再制造产品生产效率、高的再制造产品质量和高的再制造生产柔性。与大批量生产的泰勒方式相反，再制造生产组织中不强调过细的分工，而是强调再制造企业各部门、各再制造工序间相互密切合作的综合集成，重视再制造产品设计、生产准备和再制造生产之间的合作与集成。再制造企业的精益生产应具备下述具体特征。

1. 以人为本

充分发挥企业职工的创造性。在再制造的精益生产模式中，企业不仅将任务和责任最大限度地托付给在再制造生产线上创造实际价值的工人，给他们施加工作压力，而且还根据再制造工艺中的拆解、检测、清洗等具体工艺要求和变化，通过培训等方式扩大工人的知识技能，提高他们的生产能力，使他们学会相关再制造工序作业组的所有工作，不仅是再制造生产、再制造设备保养、简单维修，甚至还包括工时、费用统计预算。工人在这种既受到再制造企业重视又能掌握多种生产技能，成为多面手的情况下工作，不再枯燥无味地地重复一个同样的动作，必然会以主人翁态度积极地、创造性地对待自己所需负责的工作。

工人是企业的主人，在生产中享有充分的自主权。在再制造精益生产过程中，生产线上的每一个工人在生产出现故障时都应有权让一个工区的生产停下来，并立即与小组人员一起查找故障原因，作出决策，解决问题，排除故障。同时，企业应把雇员看做比机器更为重要的固定资产，在采用精益生产方式的企业中，所有工作人员都是企业的终身雇员，不能随意淘汰，这说明精益生产最强调人的作用。再制造生产中以再制造产品的用户为“上帝”，再制造产品开发中要面向用户，按订单组织并根据废旧产品资源及时生产，并与再制造产品用户保持密切联系，快速及时提供再制造产品和提供优质售后服务。

2. 简化流程

简化组织机构是再制造精益生产的先决条件。精益生产在再制造产品设计中采用了并行设计方法，包括再制造的物流设计、生产方式设计、性能设计等方面，都需要对再制造产品进行全面的设计，还要满足当前市场环境对再制造后产品的需求。因此，在再制造产品开发一开始，就由再制造产品设计、工艺和工业工程等方面的人员组成项目组。在再制造产品开发设计过程中，由于集中了各方面的人员，处理大量的信息可在组内完成，因而使信息的传递得到简化，系统反应十分灵活。即使遇到冲突和问题也可以在开始阶段得到解决，使重新设计的再制造产品不但满足工艺生产要求，还能最大程度的符合用户的功能和费用要求。这种并行开发方法简化了产品开发过程，使产品开发所需时间和力量都减少了一半，同时在整个产品制造过程中，工人以生产小组的形式参加全部生产活动，也使组织机构得到简化。

再制造精益生产模式要简化与协作厂的关系。再制造的协作厂包括提供废旧产品的逆向物流企业、提供替换零部件的生产企业、提供再制造产品销售的企业、以及提供技术和信息支撑的相关单位。再制造的生产厂与这些协作厂之间不应再是以价格谈判为基础的委托和被委托关系，而应相互依赖，息息相通。在新的再制造产品开发阶段，再制造生产厂要根据以往的合作关系选定协作厂，并让协作厂参加新的再制造产品开发过程，提供相关信息和技术支持。再制造厂和协作厂采用一个确定成本、价格和利润的合理框架，通过共同的成本分析，研究如何共同获益。当协作厂设法降低成本、提高生产率时，总装厂则积极支持、帮助并分享所获得的利润。在再制造产品生产制造阶段，再制造厂充分放权，它仅把要再制造生产所需的替换或需再制造加工零部件的性能规格要求提供给协作厂，协作厂则负责具体的供应或再制造。再制造厂与协作厂之间的这种相互渗透、形似一体的协作形式，不仅简化了再制造厂的产品再制造设计工作，简化了再制造厂与协作厂的关系，也从组织上保证了再制造物流工作的完成，能够最大限度避免再制造过程中物流不确定性的问题。

简化再制造生产过程，减少非生产性费用。在再制造精益生产过程中，凡是不直接使再制造产品增值的环节和工作岗位都被看成是浪费，因此再制造精益生产采用准时制生产方式，应该提高预测的可靠性，即从废旧产品物流至再制造工厂到生产成再制造产品到销售，基本采用没有中间存储（中间库）的、不停流动的、无阻力的再制造生产流程，与此同时，工厂还需要适当撤销间接工作岗位和中间管理层，从而减少资金积压，减少了非生产性费用。在再制造拆解、清洗、加工等工艺中尽量采用成组技术，实现面向订单的多品种高效再制造生产。

简化再制造产品检验环节，强调一体化的质量保证。再制造产品的质量是再制造企业的生命，相对制造企业来说，由于废旧产品来源及质量的不确定性，再制造产品的质量更应该给予高度重视。再制造精益生产应采用一体化质量保证系统，以再制造工序的流水线生产方式划分相应的工作小组，如拆解组、清洗组、检测组、加工组等，以这些再制造生产小组为质量保证基础。小组成员对产品零部件的质量能够快速和直接处理，拥有一旦发现故障和问题，即能迅速查找到起因的检测系统。同时，由于每一个小组对自己所负责的工序零部件给予高度的质量检测保证，可相应取消专用的零部件检验场所，只保留产品整体的检测区域。这不仅简化了再制造产品的检验程序，保证了再制造产品的高质量，而且可节省费用。

3. 追求完美

再制造的精益生产把追求完美作为再制造生产坚持不懈的目标，不断地改进再制造生产中的拆解、清洗、加工、检测等技术工艺和再制造生产方式，不断降低再制造成本，力争无废品、零库存和再制造产品品种的多样化。

再制造精益生产中的以人为本、简化流程、追求完美，说明再制造的精益生产不仅是一种生产方式，更主要的是一种适于现代再制造企业的组织管理方法。在再制造生产中采用精益生产方式无需大量投资，是迅速提高再制造企业管理和技术水平的一种有效手段。随着它在再制造企业中不断得到重视及应用，实行及时生产、减少库存、看板管理等活动，确保工作效率和再制造产品质量，将能够推动再制造企业创造更加明显的经济和社会效益。

8.4 成组再制造生产管理技术方法

8.4.1 基本概念

成组技术研究如何识别和发掘生产活动中有关事务的相似性，并把相似的问题归类成组，寻求解决这一组问题相对统一的最优方案，以取得所期望的经济效益。它是改变多品种、小批量生产落后面貌的过程中产生的一门生产技术科学，是合理组织中小批量生产的系统方法。成组技术已发展到可以利用计算机自动进行零件分类、分组，不仅应用到产品设计标准化、通用化、系列化及工艺规程的编制过程，而且在生产作业计划和生产组织等方面也有较多的应用。

成组技术应用于机械加工方面，乃是根据零件的结构形状特点、工艺过程和加工方法的相似性，将多种零件按其工艺的相似性分类成组以形成零件族，把同一零件族中零件分散的小生产量汇集成较大的成组生产量，再针对不同零件的特点组织相应的机床形成不同的加工单元，对其进行加工的。经过这样的重新组合可以使不同零件在同一机床上用同一个夹具和同一组刀具，稍加调整就能加工。这样，成组技术就巧妙地把品种多转化为“少”，把生产量小转化为“大”，由于主要矛盾有条件地转化，这就为提高多品种、小批量生产的经济效益提供了一种有效的方法。

成组工艺实施的步骤包括：①零件分类成组；②制订零件的成组加工工艺；③设计成组工艺产品；④组织成组加工生产线。

8.4.2 成组技术在再制造生产中的应用

因再制造与制造的生产工艺存在明显差别，阻碍了成组技术在再制造企业的推广应用，但现代化的再制造企业生产方式及生产工艺要求再制造企业在拆解、清洗、加工等工艺过程中应用成组技术，把中、小批的再制造产品设计、再制造和管理等方面作为一个生产系统整体，创造性地应用成组技术，统一协调生产活动的各个方面，不断提高综合经济效益。

8.4.2.1　成组技术在再制造性设计中的应用

再制造性设计是指在产品设计阶段考虑如何提高产品末端时的再制造能力，主要包括提高产品的标准化程度，提高产品的可拆解性、零部件的可检测性、失效零部件的可恢复性，加强产品的模块化结构等。在设计中大量采用成组技术指导设计，可以赋予各类零件以更大的相似类，提高零部件的易分类性，最大限度地实现零件的拆装、检测、清洗、加工的批量化，提高产品易于再制造的能力。尤其在当前产品生产批量日益变小，产品种类日益增多的情况下，采用成组技术可以提高不同类产品零件间的相似性，实现不同品种产品进行再制造时零件加工的批量化，提高小批量产品的再制造效益。另外还由于再制造产品也具有继承性，使往年累积并经过考验的有关再制造的经验在生产中再次应用，这有利于保证再制造产品质量的稳定。

8.4.2.2　成组技术在再制造生产工艺中的应用

在再制造物流中的应用：进行分类成组运输，提高运输效率。可以根据废旧产品的种类、地点、质量、时间、距离、运送目的地、装卸方式等要素进行运输分类编码，实现不同品质废旧产品的合理科学逆向物流输送，最大效率地满足生产对毛坯的需求。

在再制造拆解和装配中的应用：可根据废旧产品的连接件形式、拆装工具、拆装地点、拆装时间、技术要求、顺序要求、材料特性等要素进行拆装分类编码，有效安排拆装流程，提高拆解的规范化和科学化，另外对拆解后的零件按要求进行分类，也便于进行检测。

在清洗中的应用：清洗是再制造生产中的特有步骤，也占用大量的工作，传统的再制造清洗存在分类不科学、效率低下等缺点，按照成组技术的特点，根据零件形状、清洗要求、清洗方式、清洗地点、清洗阶段等要素进行分类编码，可以对清洗进行全程控制，实现批量化清洗，提高清洗效率，降低环境污染。

在再制造检测中的应用：因再制造需要使用原有的废旧产品的零部件作为毛坯进行生产，所以需要根据生产再制造产品的质量要求，在不同阶段，分批次的对废旧产品、拆解后的零部件、清洗后的零部件、再制造加工后的零部件及装配中的零部件进行检测。可以根据成组技术的原理，按照检测阶段、检测设备、检测特征、对象特点、质量要求等要素进行分类编码，形成不同检测方法下的批量化和规范化检测，提高检测效率和可靠性。

失效零件再制造加工中的应用：采用各类机床或表面工程等技术恢复失效零件的性能达到新品的标准，是再制造产品获得高附加值的主要方式，可大量采用成组技术来提高再制造加工效率。再制造加工中可以按照零件形状、失效形式、加工方法、安装方式、技术要求、生产阶段、生产批量、加工时间等要素进行分类编码。

8.4.2.3　在再制造生产组织管理方面的应用

成组加工要求将零件按一定的相似性分类形成加工族，加工同一加工族有其相应的一组机床设备。因此，成组生产系统要求按模块化原理组织生产，即采取成组生产单元的生产组织形式。在一个再制造生产单元内有一组工人操作一组设备，再制造加工一个或若干个相近的加工族，在此再制造生产单元内可完成失效零件全部或部分的恢复性生产加工。因此，成组生产单元是以加工族为生产对象的产品专业化或工艺专业化（如热处理等）的生产基层单位。成组技术是计算机辅助管理系统技术基础之一。这是因为运用成组技术基本原理是将大量信息分类成组，并使之规格化、标准化，这将有助于建立结构合理的生产系统公用数据库，可大量压缩信息的储存量；由于不再是分别针对一个工程问题和任务设计程序，可使程序设计优化。此外采用编码技术是计算机辅助管理系统得以顺利实施的关键性基础技术工作，成组技术恰好能满足相似类产品及分类的编码。

总之，成组技术是提高多品种、中小批量产品再制造生产效率和水平的有效方法，也将会成为增加再制造生产效益的一种基础管理技术。在多品种、中小批量再制造生产企业中实施成组技术，能够减少工艺过程设计所需的时间和费用，减少设备调整所需的时间和费用，缩短工件在再制造生产过程中的运输路线，提高再制造加工效率，缩短再制造产品生产周期，提高设备利用率，节省再制造生产面积，降低废品率，减少人员需要量，简化生产管理工作，提高对再制造产品改型的适应能力，将会给再制造企业带来显著的技术经济效益。

8.5　清洁再制造生产管理方法

8.5.1　基本概念

清洁生产是指不断采取改进设计、使用少污染甚至无污染能源和原料、采用先进的工艺技术与设备、改善管理、综合利用等措施，从源头削减污染，提高资源利用效率，减少或者避免生产、服务和产品使用过程中污染物的产生和排放，以减轻或者消除对人体健康和环境的危害。因此，清洁生产可以理解为工业发展的一种目标模式，即利用“清洁”的能源、原材料，采用“清洁”的生产的工艺技术，生产出“清洁”的产品。同时，实现清洁生产，不是单纯从技术、经济角度出发来改进生产活动，而是从主态经济的角度出发，根据合理利用资源，保护生态环境的这样一个原则，考察工业产品从研究、设计、生产到消费的全过程，以期协调社会和自然的相互关系。

清洁生产技术也叫无害环境技术、低废无废技术或绿色技术，是指在生产过程中采用的减少污染产生的先进工艺与技术。它主要包括原材料替代、工艺技术改造、强化内部管理和现场循环利用等类型。清洁生产技术应用与推广的有效与否将直接影响我国环境产业发展，并将影响到我国可持续发展战略的成败。清洁生产技术主要包括以煤为主的各种节能降耗技术、各种物料回收与综合利用技术、各种新型清洁生产技术等。

清洁再制造生产管理是指在再制造生产过程中，采用清洁生产方式，使再制造生产过程中的自然资源和能源利用合理化、经济效益最大化、对人类和环境的危害最小化。其目的是通过清洁再制造生产管理，不断地提高再制造生产效益，以最小的原材料和能源消耗，生产尽可能多的再制造产品，提供尽可能多的服务，降低成本，增加产品和服务的附加值，以获取尽可能大的经济效益。

8.5.2　再制造过程的清洁生产应用

再制造与清洁生产两者都体现出了节约资源和保护环境的理念，都是支撑可持续发展战略的有效技术手段，相互之间存在着密切联系。再制造的生产方式是实现废旧产品的重新利用，这一过程实现了资源的高质量回收和环境污染排放最大化的减少，所以再制造本身就是一种清洁生产方式。同时，再制造生产本身也属于制造生产过程，所以在再制造生产过程中采用清洁生产技术，可以进一步减少再制造生产过程的资源消耗和环境污染，实现再制造的资源和环境效益的全过程最大化。

从再制造所使用的毛坯来看，是退役的废旧产品，本身蕴含了大量的附加值，所以其相当于采用了最优的清洁能源完成了大量毛坯成形。而且再制造过程本身相对制造过程来说消耗的材料和能源极少，是非常完美的清洁生产过程。再制造生产的最终产品属于绿色产品的范畴，符合清洁生产的产品要求，所以再制造产品也是清洁生产的产品。

为了进一步减少再制造过程的资源消耗和降低环境污染，参考清洁生产的内容，可在再制造生产过程中应用清洁生产技术。再制造过程的清洁生产主要应做好下述几点。

1. 尽量采用“清洁”的能源

尽量采用各种方法对常规的能源采取清洁利用，如电、煤及各种燃气的供应等；加强对太阳能、风能等可再生能源的利用，例如可以采取太阳能灯实现生产照明等；不断探索清洁能源的利用途径和技术方法。

2. 采用“清洁”的再制造生产过程

优先选择无毒、低毒、少污染的材料和备件。再制造过程中尽量少用和不用有毒有害的原料，以防止原料及产品对人类和环境产生危害；同时替代原废旧产品中毒性较大的材料及零件，对废旧产品中的高污染材料和零件进行合理处理，减少其废弃后的环境危害；在再制造所需新备件使用中，要采用无毒、无害的最新技术备件产品，防止使用过程中对人类的危害。

开发新的工艺技术，采用和更新生产设备，淘汰陈旧设备，提高资源利用率。采用能够使资源和能源利用率高、原材料转化率高、污染物产生量少的新工艺和设备，代替那些资源浪费大、污染严重的落后工艺设备；在生产工艺设备的选择上，不只是将费用作为设备的选择前提，而将设备工作过程中的环境影响作为重要的考核指标。

改革生产工艺，优化生产程序，减少生产过程中资源浪费和污染物的产生。尽量减少再制造生产过程中的各种危险性因素，如高温、高压、低温、低压、易燃、易爆、强噪声、强振动等；采用可靠和简单的再制造生产操作和控制方法，尽最大努力实现少废、无废生产；对企业内部的物料进行内部循环利用；完善再制造生产管理，不断提高科学管理水平，减少无效劳动和消耗。

开展资源综合利用，尽可能多地采用物料循环利用系统，如水的循环利用及重复利用，以达到节约资源，减少排污的目的。通过资源、原材料的节约和合理利用，使原材料中的所有组分通过生产过程尽可能地转化为产品，使废弃物资源化、减量化和无害化，减少污染物排放，实现清洁再制造生产。

强化科学管理，改进再制造生产操作。工业污染有相当一部分是由于生产过程管理不善造成的，只要改进操作，改善管理，不需花费很大的经济代价，便可获得明显的削减废物和减少污染的效果。主要方法包括：落实岗位和目标责任制，杜绝跑冒滴漏，防止生产事故，使人为的资源浪费和污染排放减至最小；加强设备管理，提高设备完好率和运行率；开展物料、能量流程审核；科学安排生产进度，改进操作程序；组织安全文明生产，把绿色文明渗透到企业文化之中等等。推行清洁生产的过程也是加强生产管理的过程，它在很大程度上丰富和完善了工业生产管理的内涵。

3. 生产“清洁”的产品

再制造产品生产前有一个重新设计的过程，尤其对因环境或技术原因而退役的产品，设计时应考虑再制造产品全寿命周期的环境评价，不但减少再制造产品生产过程中的材料和能源消耗，而且少用昂贵和稀缺的原料。再制造产品在使用中要满足国家的环境保护要求，并且尽可能地减少对环境的污染排放量，同时要保证在使用过程中以及使用后不含危害人体健康和破坏生态环境的因素。再制造产品的包装合理，不过度包装，包装材料可以实现无害化回收重新利用。再制造产品使用后退役时要易于回收、再制造和再循环，实现产品的多寿命周期使用。再制造产品的使用寿命和使用功能合理，减少资源和能源的浪费。

再制造企业要在已开展清洁生产活动的基础上，通过完善组织机构和规章制度等措施，不断促使企业连续、长久地推行清洁生产，为社会的可持续发展做出更大的贡献。

8.6　再制造资源计划管理方法

8.6.1　基本概念

制造资源计划是从物料需求计划（MRP）发展而来的。MRP 的基本功能是将主控进度计划转化为零部件的进度计划和原材料的订购计划。其基本依据是产品构成、零部件的加工周期、材料的订货周期以及部件和产品的装配周期。MRP 的系统结构如图 8-3 所示，其输入包括主控进度计划，物料清单，库存记录。其输出有主报告与辅助报告两部分：主报告的内容包括零部件进度计划与订单和原材料、外购件订单等；辅助报告的内容包括例外报告、计划变更报告和运行控制报告等。MRP 实现了生产管理由宏观的以产品为核心的生产计划向微观的以零部件和原材料为核心的生产计划的转变，其效益主要体现在 3 个方面：原材料和在制品库存显著减少；对需求变化的响应速度加快，产品转换时间缩短，产品转换费用降低；设备利用率得到提高。

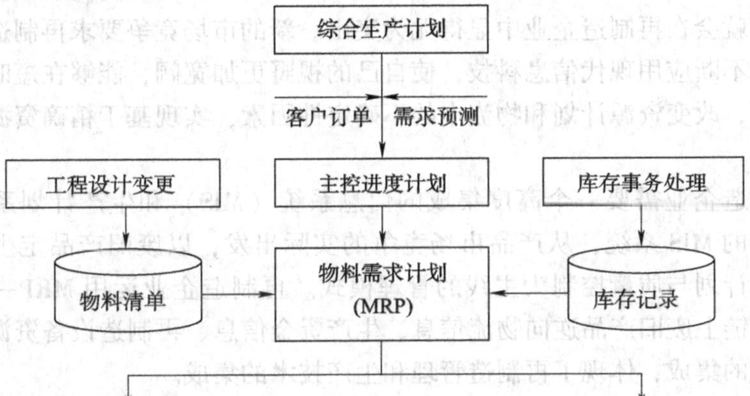

图 8-3　MRP 系统结构

制造资源计划是以物料需求计划 MRP 为核心、覆盖企业生产活动所有领域、有效利用资源的生产管理思想和方法的人-机应用系统，表示为 MRP—Ⅱ。MRP—Ⅱ系统是站在整个企业的高度进行生产、计划及一系列管理活动。它通过对企业的生产经营活动做出有效的计划安排，把分散的工作中心联系起来进行统一管理。因而，MRP—Ⅱ是将企业的生产、财务、销售、采购、技术管理等子系统综合起来的一体化系统，各部分相互联系，相互提供数据。MRP—Ⅱ的核心在于各级计划系统，计划是为实现一定的目标而制定的行动方案；控制是为保证计划的完成而采取的措施。

8.6.2 现代化再制造生产对 MRP—Ⅱ的需求

由于当前产品生产的批量变小、个性化增强、功能寿命缩短，对建立在大批量产品退役基础上的传统再制造生产模式带来了一定的冲击，要求现代化再制造企业能够通过快速的生产资源重组和物流管理，实现从传统的大批量再制造生产，变换成小批量、个性化、柔性化、可重组的生产模式，即可以在一定的资源内，通过重组，实现多型号、多模式、多功能的再制造生产模式。这种生产背景下强烈要求再制造企业重视并运用 MRP—Ⅱ，通过企业内部的资源调整和管理，来适应并解决新形势下再制造的批量与管理、批量与效益之间的矛盾。

同时，为适应毛坯供应市场和产品需求市场的条件和要求，再制造生产中也面临着毛坯的不确定性、再制造产品的多样性、再制造生产过程的变动性、再制造技术条件的不确定性、再制造计划的模糊性以及再制造物料供应中毛坯件和新件库存的复杂性与动态性等多方面的问题，这些问题都不同程度地困扰着再制造企业的生产、管理和销售。而且，多品种型号使再制造生产中毛坯质量、数量及时间等因素更加不确定。再制造企业要想完全满足客户对多变的产品个性和功能的需求，提供最大的再制造产品客户服务，库存投资就会提高，生产效益会降低，如因废旧件物料供应存在的不确定性而导致企业只能间断性地进行再制造生产时，这种矛盾就会在再制造企业中显得尤为突出。新的市场竞争要求再制造企业管理有超越传统的模式，不断应用现代信息科技，使自己的视野更加宽阔，能够在短时间内获得更多的优质准确信息，改变资源计划和物流中的不确定性因素，实现基于精确资源的再制造生产保障。

因此，再制造企业需要一个高度集成的信息系统（MIS）和生产计划系统，即采用以 MRP—Ⅱ为核心的 MIS 系统，从产品市场竞争的实际出发，以废旧产品定生产，以销售定生产，以再制造计划与质量控制为主线的管理模式。再制造企业运用 MRP—Ⅱ将能够体现再制造生产供给链上废旧产品逆向物流信息、生产资金信息、再制造设备资源信息、再制造人才和技术信息的集成，体现了再制造管理和生产技术的集成。

8.6.3 再制造的生产资源管理

再制造生产资源管理的基本内容是对生产活动进行计划与控制。

8.6.3.1 再制造的生产计划

再制造生产是以废旧产品作为生产的主要原料，而废旧产品的供应显著区别于制造企业所需原料的供应，其具有数量、质量、时间的不确定性，对再制造生产计划造成了直接的影响。再制造生产计划也可以分为以下 5 个层次。

1. 综合生产计划

综合生产计划的任务是根据毛坯回收数量与质量、市场需求和企业资源能力，确定企业年度生产再制造产品的品种与产量。通常可以采用数理规划的方法制定综合生产计划。典型的线性规划模型如下。

假设再制造企业有 m 种资源，用于生产 n 种再制造产品，其中第 j 种再制造产品的年产量为 X_j，若 a_{ij} 表示生产一件第 j 种产品所需的第 i 种资源的数量，G_j 表示生产一件第 j 种产品所获得的利润，b_i 表示第 i 种资源可用的数量。试确定最佳产品品种的组合和最佳年产量。

目标函数（以再制造企业的最大利润 z 为优化目标）及约束条件为

$$\max z = \sum_{j=1}^{n} G_j X_j \tag{8-2}$$

$$\text{s.t.} \sum_{j=1}^{n} a_{ij} X_j \leqslant b_i;\ (i=1,\ 2,\ \cdots,\ m)$$

$$X_j \geqslant 0;\ (j=1,\ 2,\ \cdots,\ n)$$

2. 主控进度计划

主控进度计划即最终再制造产品的进度计划，是根据综合生产计划、市场需求和再制造企业资源能力而确定的。也可以采用数理规划的方法制定主控进度计划，只是此时的优化目标是企业生产资源的充分利用。例如，以机床负荷率为优化目标，其线性规划模型如下：

目标函数（以机床负荷率 S 为优化目标）及约束条件为

$$\max S = \frac{\sum_{k=1}^{12} \sum_{i=1}^{p} \sum_{j=1}^{n} d_{ij} X_{jk}}{\sum_{k=1}^{12} \sum_{i=1}^{p} t_{ik}} \tag{8-3}$$

$$\text{s.t.} \sum_{i=1}^{n} d_{ij} X_{jk} \leqslant t_{ik};\ (i=1,\ 2,\ \cdots,\ p)$$

$$0 \leqslant X_{jk} \leqslant X_j;\ (j=1,\ 2,\ \cdots,\ n)$$

附加约束条件为

$$\begin{cases} \sum X_{jk} = X_j;\ (j=1,\ 2) \\ X_{jk} = 0;\ (j=5,\ 6,\ 7;\ k=1,\ 2,\ \cdots,\ 6) \\ X_{45} = X_4 \\ \cdots \end{cases}$$

式中　d_{ij}——生产一件第 j 种产品所需第 i 种设备台时数；

X_{jk}——第 j 种产品第 k 月产量；

t_{ik}——第 i 种设备第 k 月用台时数；

p——设备种数。

上述模型中的附加约束条件通常由订货要求所确定。

3. 物料需求计划

物料需求计划将最终的产品进度计划转化为零部件的进度计划和原材料（外购替换件）

的订货计划。物料需求计划明显受废旧产品供应的数量、质量和时间的影响。

4. 能力计划

确定满足物料需求计划所需要的人力、设备和其他资源。

5. 废旧产品供应预测

通过科学预测和评估，确定一定时期内用于再制造的废旧产品所供应的数量及质量，对综合生产计划、主控进度计划和物料需求计划进行修订。

8.6.3.2 再制造生产控制

再制造生产控制用于确定生产资源和原料是否满足生产计划需要，如不能满足则需通过调整资源或更改计划使资源与计划达到匹配。再制造生产控制主要包括以下内容：

1）原料控制。对废旧产品的数量、质量进行控制，使其既满足生产要求，又不在再制造厂造成大量库存。

2）车间控制。车间控制是指对生产过程和生产状态进行控制，使其符合生产计划要求。

3）库存控制。为保证生产计划的顺利执行而对原材料、生产辅助材料、备件和废旧产品的库存进行控制。

4）制造资源计划。制造资源计划是指将物料需求计划、能力计划、车间控制、库存控制和原料控制等集成在一起，实现生产及资源的优化管理。

5）准时制生产系统。准时制生产系统指完全根据需求进行生产的一种控制方式，可以最大限度地减少库存。

8.6.4 再制造的生产过程管理方法

再制造生产过程是指废旧产品进入再制造生产领域到成为再制造产品的全部活动过程，包括劳动过程和自然过程。前者是劳动者使用劳动手段直接作用于废旧产品及其零部件，使其按预定的目的变成再制造产品的过程；后者是某些情况下，生产借助自然力的作用，使劳动对象发生物理或化学的变化，如冷却、干燥、自然失效等。再制造生产过程是由许多工艺阶段和工步、工序组成的，合理的组织生产就是要使整个生产的各个环节都能相互衔接，协调配合，使人力、设备、生产面积得到充分利用，取得最佳效果。为此，在生产过程的组织中必须注意生产过程的连续性、协调性及均衡性，加强生产的现场管理。

加强生产过程的现场管理，可以消除无效劳动和浪费，排除不适应生产活动的异常现象和不合理现象，不断提高劳动生产率，提高经济效益。再制造生产的现场管理应主要抓好以下几项工作：

1）制定和执行现场作业标准，实行标准作业。标准作业是现场有效地进行生产的依据，是生产力3要素有效组合的反映，它包括生产节拍、工艺流程、操作规程等。

2）建立以生产线操作人员为主体的劳动组织。现场管理的实施要保证生产第一线人员能够连续生产，为生产第一线操作人员创造、准备好一切生产条件。

3）彻底消除无效劳动和浪费。现场管理人员应不定期地配合生产第一线人员分析工时利用、生产动作、作业顺序、操作方法和工艺流程，进行查定，以不断加强与完善现场管理，增强日程管理的有效性。

4）目视管理。要让每一个工作人员和现场管理者一目了然地了解生产进行的情况，为此需要建立一系列的标准，如生产线平面布置标准化，在平面布置图表上应注明设备位置、每个工作地和每个人员的岗位以及各工序管理的布局，并张贴于生产现场；标准作业图及作业指导书应发至每一工作地或每一工作岗位，等等。

5）作业组合的改善。要应用工业工程的理论和方法，经常不断地对生产系统中的物流、人流、工艺流、信息流的合理性、经济性进行分析，寻求生产过程组织、设备布置和作业方法的不断合理化，提出布局的改善意见，使生产现场的作业始终保持良好、经济、高效运行。

6）增强设备的自动检测能力。根据生产线以及设备的特点，可以设法给机床上加上相应的自动检测装置，如定位停车装置、满负荷运转装置、设备异常时的报警装置等，这样可以大大改善现场管理，进行优质、高效率的生产。

7）建立安全、文明生产保证体系。安全、文明生产是现场管理的基础。现场管理应致力于治理生产现场松、散、脏、乱、差的毛病，实施整顿、整理、清扫、清洁、礼貌的文明生产，建立安全、文明生产的保证体系。

8.7 再制造质量管理技术方法

8.7.1 基本概念

再制造产品质量要求不低于新品质量，并由于在再制造过程中大量新技术的采用，往往会使再制造产品在某些技术指标上能优于新品。再制造质量保证不但要有好的再制造技术应用，还应该有好的再制造生产质量管理技术和方法，要有高的再制造管理工作质量和科学的再制造决策。

再制造质量管理是指为确保再制造产品生产质量所进行的管理活动，也就是用现代科学管理的手段，充分发挥组织管理和专业技术的作用，合理地利用再制造资源以实现再制造产品的高质量、低消耗。实际上，质量管理的思想来源于产品质量形成需求，再制造过程同样是产品的生产过程，再制造后产品的质量与制造的新产品相似，是通过再制造活动再次形成的。因此，再制造质量管理具有全员性、全过程性和全面性等特点，在具体的要求和实现措施上更加具有目的性。

再制造生产过程中质量管理的主要目标是全面消除影响再制造质量的消极因素，确保反映产品质量特性的那些指标在再制造生产过程中得以保持，减少因再制造设计决策、选择不同的再制造方案、使用不同的再制造设备、不同的操作人员以及不同的再制造工艺等而产生的质量差异，并尽可能早的发现和消除这些差异，减少差异的数量，提高再制造产品的质量。

8.7.2 再制造质量管理方法

1. 再制造全员质量管理

产品再制造有许多环节，需要由多人、甚至多个单位参加。因为每个成员（单位或个人）的工作质量最终都要反映到再制造质量上来，因此，每个成员都有一定的质量管理职能，都必须提高自己的工作质量，要把产品再制造所有有关人员的积极性和创造性调动起来，人人做好本职工作，个个关心工作质量，实行全员质量管理。

2. 再制造全过程质量管理

因为再制造质量是再制造工作全过程的产物，其影响因素在全过程都起作用，所以要实行全过程质量管理，要强化产品再制造全过程的质量检验工作，针对全过程制订具体质量检测方法。

3. 再制造全面质量管理

再制造质量是多种因素综合作用的结果，忽略哪一个因素都可能带来不利后果。所以，在首先抓住关系到质量的主要因素的同时，必须对再制造各方面的工作实行全面质量管理，即对影响质量的一切因素进行管理。

8.7.3 再制造工序的质量管理

再制造的生产过程包括从废旧产品的回收、拆解、清洗、检测、再制造加工、组装、检验、包装直至再制造产品出厂的全过程，在这一过程中，再制造工序质量管理是保证再制造产品质量的核心。

工序质量管理是根据再制造产品工艺要求，研究再制造产品的波动规律，判断造成异常波动的工艺因素，并采取各种管理措施，使波动保持在技术要求的范围内，其目的是使再制造工序长期处于稳定运行状态。为了进行好工序质量管理，要做好以下几点内容：

1）制定再制造的质量管理标准，如再制造产品的标准、工序作业标准、再制造加工设备保证标准等。

2）收集再制造过程的质量数据并对数据进行处理，得出质量数据的统计特征，并将实际执行结果与质量标准比较得出质量偏差，分析质量问题和找出产生质量问题的原因。

3）进行再制造工序能力分析，判断工序是否处于受控状态和分析工序处于管理状态下的实际再制造加工能力。

4）对影响工序质量的操作者、机器设备、材料、加工方法、环境等因素进行管理，以及对关键工序与测试条件进行管理，使之满足再制造产品的加工质量要求。

通过工序质量管理，能及时发现和预报再制造生产全过程中的质量问题，确定问题范畴，消除可能的原因，并加以处理和管理，包括进行再制造升级、更改再制造工艺、更换组织程序等，从而有效地减少与消除不合格产品的产生，实现再制造质量的不断提高。工序质量管理的主要方法是统计工序管理，采用的主要工具为管理图。

8.7.4 再制造质量控制技术方法

产品再制造质量控制的目的和作用在于监视再制造过程中各环节产生的问题，预防故障的出现，减少废品率，保证再制造产品质量。产品再制造的质量控制技术可直接借鉴产品制造和维修中的常用基本工具来进行质量控制。

在产品全面质量管理中，PDCA（或称 PDCA 循环）方法是一种基本的工作方法，它是由美国著名质量管理学家威廉·爱德华兹·戴明（1900~1993）首先提出并使用的。PDCA 指计划（Plan）、实施（Do）、检查（Check）、处理（Action）。它可概括为 4 个阶段、8 个步骤及常用统计工具（见表 8-2）。

表8-2　PDCA循环

阶　段	步　骤	质量控制方法
计划	1. 找出存在问题，确定工作目标	排列图、直方图、控制图
	2. 分析产生问题的原因	因果图等
	3. 找出主要原因	排列图、相关图等
	4. 制定工作计划	对策表
实施	5. 执行措施计划	严格按计划执行，落实措施
检查	6. 调查效果	排列图、直方图、控制图
处理	7. 找出存在问题	转入一下个PDCA循环
	8. 总结经验与教训	工作结果标准化、规范化

PDCA循环是有效进行任何工作的合乎逻辑的工作程序。在质量管理中，PDCA循环得到了广泛应用，取得了很好的效果。称其为PDCA循环，是因为这4个过程不是运行一次就完，而要周而复始进行。一个循环完了，解决了一部分问题，可能还有其他问题，或又出现新问题，再进行下次循环。

全面质量管理活动的运转离不开管理循环，改进与解决质量问题，赶超先进水平的各项工作，都要运用PDCA循环的科学程序。不论提高产品质量，还是减少不合格品，都要提出目标，编制计划；计划不仅包括目标，也包括实现目标的措施；计划制定后，要按计划检查，了解是否达到预期效果和目标；找出问题和原因并处理，将经验和教训制订成标准、形成制度。在PDCA循环过程中，每一个阶段都有规定的内容及需要确定的问题，同时在每个阶段为解决各类问题或达到工作的目标，将会采取不同的方法。在PDCA循环中，常用的质量控制方法有多种。这里，着重介绍排列图、直方图、控制图和因果图在质量控制上的应用原理。

8.7.4.1　直方图

直方图是将数据按大小顺序分成若干间隔相等的组，以组距为底边，以落入各组的数据频数为高度，按比例构成的若干直方柱排列的图。直方图适于对大量数据进行整理加工，找出其统计规律，即分析数据分布的形态，以便对其总体的分布特征进行推断。直方图主要图形为直角坐标系中若干顺序排列的矩形，各矩形底边长相等，为数据区间，矩形的高为数据落入各相应区间的频数。

直方图是统计大批量产品公差尺寸的常用方法，这种方法可直观地找出符合或不符合规定技术条件的数据信息，适于产品检验时发现超差产品。进行直方图分析时的主要步骤如下：

1）统计数据。将产品检测数据统计汇总，制成数据表。

2）总结数据。把统计数据按标准分类汇总，形成有关数量与尺寸的数据表，就可以根据规定好的判据，形成产品质量分布规律，但这样的分布规律还不是最好的，还不够直观，因此用图形表示出来。

3）绘制直方图。通过直方图，很容易找到零件尺寸最集中的区间，与标准尺寸范围比对会发现，大部分零件尺寸合格，集中在合格尺寸范围内，仅有少数零件超差，这样就可以知道，生产加工过程没有大问题，找到导致少数零件超差的原因即可。

这种方法基于产品阶段的零件检验，起源于传统质量管理理论。

例题：从某再制造厂对轴涂层进行切削加工中的一批零件中抽出 100 件测量其厚度，结果如表 8-3。标准值为 3. 50±0. 15，根据测量数值绘制直方图。

表 8-3　例题数据表

No.	A	B	C	D	E	F	G	H	I	J
1	3. 56	3. 46	3. 48	3. 50	3. 42	3. 43	3. 52	3. 49	3. 44	3. 50
2	3. 48	3. 56	3. 50	3. 52	3. 47	3. 48	3. 46	3. 50	3. 56	3. 38
3	3. 41	3. 37	3. 47	3. 49	3. 45	3. 44	3. 50	3. 49	3. 46	3. 46
4	3. 55	3. 52	3. 44	3. 50	3. 45	3. 44	3. 48	3. 46	3. 52	3. 46
5	3. 48	3. 48	3. 32	3. 40	3. 52	3. 34	3. 46	3. 43	3. 30	3. 46
6	3. 50	3. 63	3. 59	3. 47	3. 38	3. 52	3. 45	3. 48	3. 31	3. 46
7	3. 40	3. 54	3. 46	3. 51	3. 48	3. 50	3. 63	3. 60	3. 46	3. 62
8	3. 48	3. 50	3. 56	3. 50	3. 52	3. 46	3. 48	3. 46	3. 52	3. 56
9	3. 52	3. 48	3. 46	3. 45	3. 46	3. 54	3. 54	3. 48	3. 49	3. 41
10	3. 41	3. 45	3. 34	3. 44	3. 47	3. 47	3. 41	3. 48	3. 54	3. 47

画出直方图，见图 8-4。由图可见，零件的厚度尺寸在 3. 45 ~ 3. 50 范围内最多。若将标准值 3. 50±0. 15 标在图上，即可看出已有一部分超出公差范围。

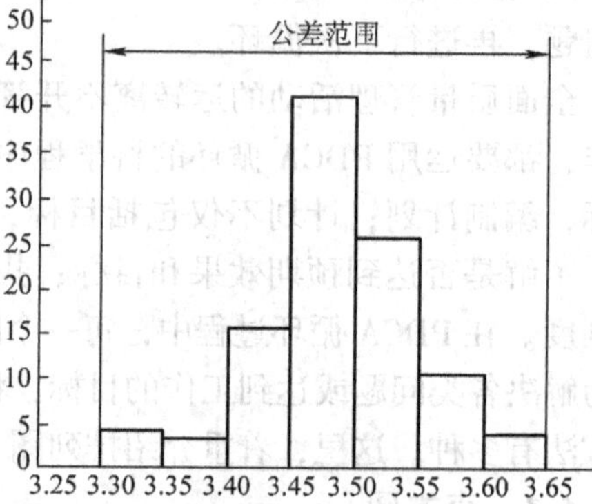

图 8-4　直方图

应用再制造数据绘制直方图，可以判断出再制造质量存在着问题，但存在什么问题，还需要采用排列图、因果图等工具，进一步分析原因，找出问题所在。

8.7.4.2　控制图

控制图是对生产过程中产品质量状况进行实时控制的统计工具，是质量控制中最重要的方法。控制图可用于反映产品再制造过程中的动态情况（能够反映质量特征值随时间的变化），以便对产品再制造质量进行分析和控制。主要图形为直角坐标系中的一条波动曲线，横坐标表示抽取观测值的顺序号（或时间），纵坐标表示观测值的质量特征值。

控制图法有很多种，常见的有 $\overline{X}$-R 图（平均值-极差控制图，如图 8-5 所示）、$\tilde{X}$-R图（中位数-极差控制图）、X-R_s 图（单值-移动极差控制图）、P_n 图（不合格品数控制图）、P 图（不合格品率控制图）、C 图（缺陷数控制图）、U 图（单位缺陷数控制图）等 7 种。这里简要介绍绘制控制图的基本过程。

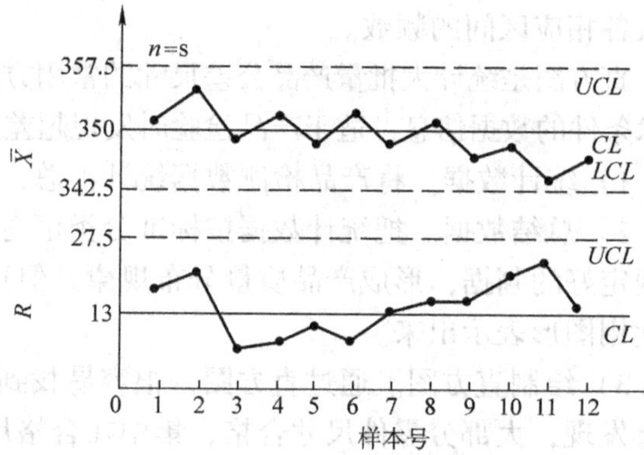

图 8-5　平均值-极差控制图

图 8-5 中，横坐标为样本序号，纵坐标为产品质量特性，三条平行线分别为：实线 CL——中心线，虚线 UCL——上控制

界限线，虚线 LCL——下控制界限线。生产过程中，定时抽取样本，把测得的数据点描在控制图中。如果数据点落在两条控制界限之间，且排列无缺陷，表明生产过程正常，过程处于控制状态；否则表明生产条件异常，需采取措施，加强管理，使生产过程恢复正常。

绘制控制图的主要过程见下文所述。

1. 统计数据

绘制控制图，检查质量波动或稳定性的原始数据必须来源于产品定期定量检验。收集、整理数据时一般采集 20 组数据，每组 5 个样本。这种检验要确保：①在稳定的生产速率下，抽样的时间间隔大致相同；②在稳定的生产速率下，抽样的间隔数量或批次一致；③尽可能提高抽样密度，使抽样的产品样本数量或时序样本数量均能较多。

2. 计算各组平均值 $\overline{X}_i$ 及极差 R_i

平均值指本组检验结果平均值；极差指本组检验结果中最大值与最小值的差。

3. 确定中心线位置，画出中心线

中心线分为平均值图中心线和极差图中心线，通常这两个图绘于同一图中，公式分别如下：

平均值图中心线：$CL = \overline{\overline{X}} = \dfrac{\sum_{i=1}^{k} X_i}{K}$

极差图中心线：$CL = \dfrac{\sum_{i=1}^{k} R_i}{K}$

4. 确定上下控制线位置，画出上下控制线

平均值图控制上限：$UCL=\overline{\overline{X}}+A\times\overline{R}$

平均值图控制下限：$LCL=\overline{\overline{X}}-A\times\overline{R}$

极差图控制上限：$UCL=C\times\overline{R}$

极差图控制下限：$LCL=B\times\overline{R}$

上述公式中 A、B、C 是由每组样本数决定的系数，可从专用系数表中查得，这个系数是必要的，它根据检验样本数确定，由于样本数越少，可能出现的波动越不易确定，其规律性越难得出，因而系数越大；样本数很多时则相反。

5. 根据数据作图

根据计算数据绘制直角坐标系，以横坐标为时序或样本序号，以纵坐标为质量特征值，首先绘制出平均值图或极差图中的中心线和控制上下限，然后按样本顺序或抽样的时序绘制各样本的质量特征实测值，并依次将其连接起来形成图形。

例：某零件规格为 $\phi31^{+0.010}_{+0.002}$，其尺寸控制图（平均值图）如图 8-6 所示。由控制图可以看出其质量特征值的变化趋势，也可看出是否有周期性变化。

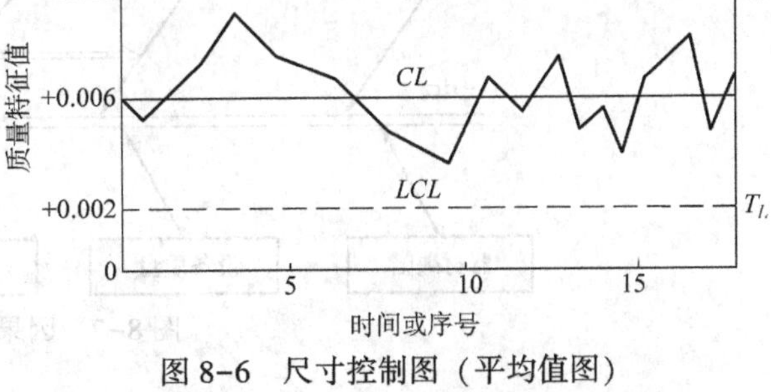

图 8-6　尺寸控制图（平均值图）

8.7.4.3　排列图

排列图又叫帕雷托图，是用来寻找主要矛盾或关键因素的一种工具。排列图可以找出影响产品再制造质量的主要问题，通过寻找关键问题并采取针对性措施，以确保产品再制造的质量。

排列图法基于累加方法绘图，横坐标为数据分类，纵坐标是件数。首先绘制的是数据分布中比例最大的，依次排列比例逐渐下降。这样直观地找到系统中影响最大的部分，各部分间的关系非常清楚。排列图中直方部分单独排列，曲线按各部分关系叠加。通过这种方法可迅速找到关键影响因素。绘制步骤如下：

1）统计数据。取得与所分析问题有关的各类数据。

2）数据分类。根据问题特点、部分结构等因素将统计数据划分为不同区域，并计算各区域数据在总统计中的比例关系及累计比例增长。

3）绘制排列图。通过绘制图形，可将各部分故障情况在全部故障中的比例关系和地位表现出来，还可将故障情况发展趋势通过曲线描述出来。因此，排列图法可以直观地显示很多信息，是质量控制中的一种经常使用的方法。

绘制排列图有一个条件，就是判据，这是这种方法使用的基础，同时也是目的。一般，累计频率达到0%~80%的称为A类因素或关键因素，只要按从比例最高到最低的关系排列各组数据，就会找到0%~80%比例的因素，可能是1个，也可能是2个或3个；处于80%~95%比例的因素称B类因素，其对系统的影响要比关键因素弱；处于95%~100%的称C类因素，也叫次要因素，它对系统的影响更低。无论哪类因素，都可能不是由某一单独部分组成的，这样就很容易地将各影响因素进行分类，从而制订相应的改进和控制措施。这里要说的是，处于80%~95%的部分并不是指其影响因素达到80%~95%，它仅占15%，同样，次要因素仅占5%。

8.7.4.4　因果图

为分析产生质量问题的原因以便确定因果关系的图叫做因果图，如图8-7所示。按其形状又称树状图或鱼刺图。因果图由质量问题和影响因素两部分组成，图中主干箭头所指为质量问题，主干上的大枝表示大原因，中枝、小枝、细枝等表示原因的依次展开。因果图的重要作用在于明确因果关系的传递途径，并通过原因的层次细分，明确原因的影响大小与主次。如果有足够的数据，可以进一步找出影响平均值、标准差以及发生概率方面的原因，从而做出更确切的分析，确保产品质量符合规定要求。

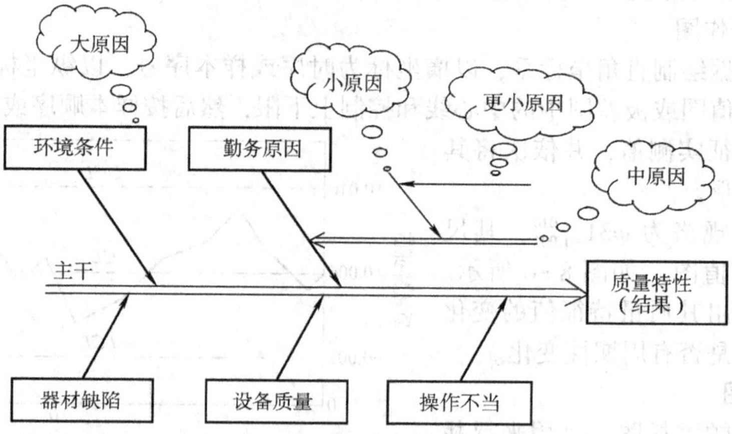

图8-7　因果图

第9章 智能化再制造技术

9.1 虚拟再制造及其关键技术

9.1.1 基本定义及特点

1. 基本定义

虚拟再制造（Virtual Remanufacturing）是实际再制造过程在计算机上的本质实现，采用计算机仿真与虚拟现实技术，在计算机上实现再制造过程中的虚拟检测、虚拟加工、虚拟控制、虚拟实验、虚拟管理等再制造本质过程，以增强对再制造过程各级的决策与控制能力。虚拟再制造是以软件为主，软硬结合的新技术，需要与原产品设计及再制造产品设计、再制造技术、仿真、管理、质检等方面的人员协同并行工作，主要应用计算机仿真来对毛坯虚拟再制造，并得到虚拟再制造产品，进行虚拟质量检测实验，所有流程都在计算机上完成，在真实废旧产品的再制造活动之前，就能预测产品的功能以及制造系统状态，从而可以做出前瞻性的决策和优化实施方案。

2. 虚拟再制造的特点

1）通过虚拟废旧产品的再制造设计，无须实物样机就可以预测产品再制造后的性能，节约生产加工成本，缩短产品生产周期，提高产品质量。

2）产品再制造设计时，根据用户对产品的要求，对虚拟再制造产品原型的结构、功能、性能、加工、装配制造过程以及生产过程在虚拟环境下进行仿真，并根据产品评价体系提供的方法、规范和指标，为再制造设计修改和优化提供指导和依据。同时还可以及早发现问题，实现及时的反馈和更正，为再制造过程提供依据。

3）以软件模拟形式进行新种类再制造产品的开发，可以在再制造前通过虚拟再制造设计来改进原产品设计中的缺陷，升级再制造产品性能，虚拟再制造过程。

4）再制造企业管理模式基于 Intranet 或 Internet，整个制造活动具有高度的并行性。又由于开发进程的加快，能够实现对多个解决方案的比较和选择。

3. 虚拟再制造与虚拟制造的关系

虚拟再制造可以借鉴虚拟制造的相关理论，但前者具有明显不同于后者的特点。前者虚拟的初始对象是废旧产品，是成形的废旧毛坯，其品质具有明显的个体性，对产品的虚拟再制造设计约束比较大，再制造过程较复杂，而且废旧产品数量源具有不确定性，再制造管理难度较大；后者虚拟的初始对象是原材料，来源稳定，可塑性强，虚拟产品设计约束度小，制造工艺较为稳定，质量相对统一。所以，虚拟再制造技术是基于虚拟制造技术之上，相比后者更具有一定复杂程度的高新技术，具有明显的个体性。

9.1.2　虚拟再制造系统的开发环境

虚拟再制造系统在功能上与现实再制造系统具有一致性，在结构上与现实再制造系统具有相似性，软、硬件组织要具有适应生产变化的柔性，系统应实现集成化和智能化。借鉴虚拟制造的系统开发架构，可将虚拟再制造系统的开发环境分为3个层次：模型构造层、虚拟再制造模型层和目标系统层（见图9-1）。

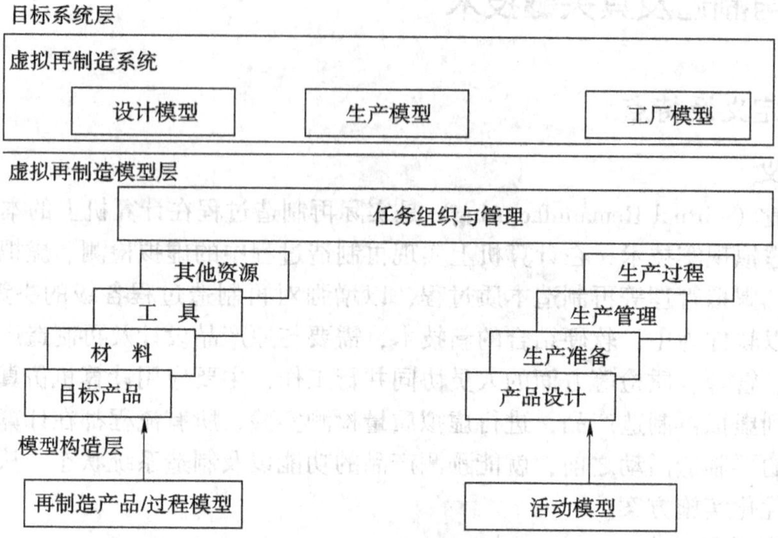

图9-1　虚拟再制造系统开发环境

1）模型构造层。模型构造层提供用于描述再制造活动及其对象的基本建模结构，有两种通用模型：产品-过程模型和活动模型。产品-过程模型按自然规律描述可实现每一物品及其特征，如物体的干涉、重力的影响等；活动模型描述人和系统的各种活动。产品模型描述出现在制造过程中的每一物品，不仅包括目标产品，而且包括制造资源，如机床、材料等。过程模型描述产品属性、功能及每一制造工艺的执行，过程模型包括像牛顿力学这种很有规律的过程，也包括像金属切削、成形这种较复杂的工艺过程。

2）虚拟再制造模型层。通过使用产品-过程模型和活动模型定义有关再制造活动与过程的各种模型，这些模型包括各种工程活动，如产品再设计、生产设备、生产管理、生产过程以及相应的目标产品、材料、半成品、工具和其他再制造资源。这些模型应该根据产品类型、工业和国家的不同而不同，但是通过使用低层的模型构造层容易实现各种模型的建立与扩展。任务组织与管理模型用来实现制造活动的灵活组织与管理，以便构造各种虚拟制造/再制造系统。

3）目标系统层。根据市场变化、用户需求，通过低层的虚拟再制造模型层来组成各种专用的虚拟再制造系统。

9.1.3　虚拟再制造系统的体系结构

借鉴“虚拟总线”的VM体系结构划分，可以将虚拟再制造的体系结构分为5层：数据层、活动层、应用层、控制层、界面层。根据虚拟再制造的技术模块及虚拟再制造的功能特点，可以构建如图9-2所示的虚拟再制造系统体系综合结构。该体系结构最底层为对虚拟再制造形成支撑的集成支撑环境，包括技术和硬件环境；虚拟再制造的应用基础则是各种数据库，包括EDB、产品再制造设计数据库、生产过程数据库、再制造资源数据库等；基于这些数据信息处理基础，并根据管理决策、产品决策及生产决策的具体要求，可以形成相互具有影响作用的虚拟再制造产品设计、工艺设计、过程设计；在这些设计基础上，可以形成数字再制造产品，通过分析成本、市场、效益、风险，进而影响再制造的管理、产品、生产过程决策，并将数字再制造产品的性能评价结果反馈至集成支撑环境，优化集成支撑技术。

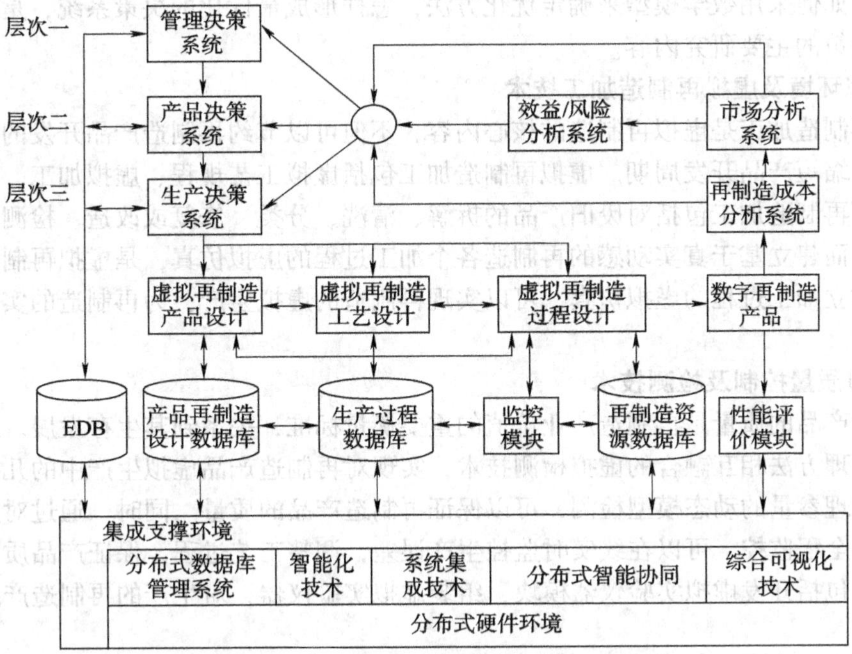

图9-2 虚拟再制造系统的体系综合结构

9.1.4 虚拟再制造的关键技术

1. 虚拟再制造系统信息挖掘技术

虚拟再制造是对再制造过程（指从废旧产品到达再制造企业后至生成再制造产品出厂前的阶段）的本质实现，牵涉的单位多（涉及原制造企业、销售企业、环保部门等），要完成的任务多，而且企业内部所面临的技术、人员、设备等各种信息多，所以如何在繁杂的信息中利用先进技术，挖掘有用信息，进行合理的虚拟再制造设计及实现，将是虚拟再制造技术的研究基础。

2. 虚拟环境下再制造加工建模技术

再制造所面对的毛坯不是原材料，而是废旧的产品，不同的废旧产品因工况、地域、时间等条件的不同，其报废的原因不同，具有的质量也不同，显现出明显的个体性，而在再制造加工中对损坏零件恢复或者原产品的改造，均需要建立原产品正常工况下模型、废旧产品模型、再制造加工恢复或改造的操作成形模型、再制造后的再制造产品模型，而且这些模型之间需要具有统一的数据结构和分布式数据管理系统，各模型具有紧密的联系。所要求建立的模型不仅代表了产品的形状信息，而且代表了产品的性能、特征，具有可视性，能够进行处理、分析、加工、生产组织等虚拟再制造各个环节所面临的问题。这些模型的建立，是虚拟再制造进行的技术基础。

3. 虚拟环境下系统最优决策控制技术

虚拟环境是对真实环境在计算机上的体现，废旧产品的再制造可能面临多种方案的选择，不同的方案所产生的经济、社会、环境效益不同，而在虚拟再制造过程中对再制造方案进行设计分析和评估，可以有效地优化设计决策，使再制造产品满足高质量、低成本、周期短的要求。如何采用数学模型来确定优化方法，怎样形成最优化的决策系统，是实现虚拟再制造最优决策的主要研究内容。

4. 虚拟环境及虚拟再制造加工技术

虚拟再制造加工是虚拟再制造的核心内容，不但可以节约再制造产品开发的投资，而且还可以大大缩短产品开发周期。虚拟再制造加工包括虚拟工艺规程、虚拟加工、产品性能估计等内容。再制造加工包括对废旧产品的拆解、清洗、分类、修复或改造、检测、装配等过程的仿真，而建立基于真实动感的再制造各个加工过程的虚拟仿真，是虚拟再制造的主要内容。通过建立加工过程的虚拟仿真，可以实现再制造的虚拟生产，为再制造的实际决策提供科学依据。

5. 虚拟质量控制及检测技术

再制造产品的质量是再制造产业价值的重要衡量标准，关系到其生存发展。通过研究数学方法和物理方法相互融合的虚拟检测技术，实现对再制造产品虚拟生产中的几何参量、机械参量和物理参量的动态模型检测，可以保证再制造产品的质量。同时，通过对虚拟再制造加工过程的全程监控，可以在线实时监控生产误差，调整工艺过程，保证产品质量。虚拟再制造检测还包括开发虚拟实验仪器模块，组装虚拟实验仪器，对生产的再制造产品进行虚拟实验测试。

6. 基于虚拟实现与多媒体的可视化技术

虚拟再制造的可视化技术是指将虚拟再制造的数据结果转换为图形和动画，使仿真结果可视化并具有直观性。采用文本、图形、动画、影像、声音等多媒体手段，实现虚拟再制造在计算机上的实景仿真，获得再制造的虚拟现实，将可视化、临场感、交互、激发想象结合到一起产生沉浸感，是虚拟再制造实现人机协同交互的重要方面。该部分的研究内容包括可视化映射技术、人机界面技术、数据管理与操纵技术等。

7. 虚拟再制造企业的管理技术

虚拟再制造是建立于虚拟企业的基础之上，对其全部生产及管理过程的仿真，虚拟再制造企业的管理策略是虚拟再制造的重要组成部分，其研究内容包括决策系统的仿真建模、决策行为的仿真建模、管理系统的仿真建模以及由模型生成虚拟场景的技术研究。

9.1.5 虚拟再制造的应用

1. 虚拟再制造企业

在面对多变的毛坯供应及再制造产品市场需求下，虚拟再制造企业具有加快新种类再制造产品开发速度，提高再制造产品质量，降低再制造生产成本，快速响应用户的需求，缩短产品生产周期等优点。因此虚拟再制造企业可以快速响应市场需求的变化，能在商战中为企业把握机遇和带来优势。虚拟再制造企业的特征包括企业地域分散化、企业组织临时化、企业功能不完整化、企业信息共享化。

2. 虚拟再制造产品设计

现在的产品退役往往是因为技术的落后，而传统的以性能恢复为基础的再制造方式已经无法满足这种产品再制造的要求，因此需要对废旧产品进行性能或功能的升级，即在产品再制造前对废旧产品进行升级设计。这种设计是在原有废旧产品框架的基础上进行的，但又要考虑经过结构改进及模块嵌入等方式实现性能升级，满足新用户需求，因此对需性能升级废旧产品的再制造设计具有更大的约束度和难度。这也为虚拟再制造产品设计提供了广阔的应用前景。因此，开展对废旧产品的再制造虚拟设计将会极大地促进以产品性能升级为目标的再制造模式的发展。

3. 虚拟再制造生产过程

再制造生产往往具有对象复杂、工艺复杂、生产不确定性高等特点，因此，利用设计中建立的各种生产和产品模型，将仿真能力加入到生产计划模型中，可以方便和快捷地评价多种生产计划，检验再制造拆解、加工、装配等工艺流程的可信度，预测产品的生产工艺步骤、性能、成本和报价。其主要目的是通过再制造仿真，来优化产品的生产工艺过程。通过虚拟再制造生产过程，可以优化人力资源、制造资源、物料库存、生产调度、生产系统的规划等，从而合理配置人力资源、制造资源，对缩短产品制造/再制造生产周期，降低成本意义重大。

4. 虚拟再制造控制过程

以控制为中心的虚拟再制造过程是将仿真技术引入控制模型，提供模拟实际生产过程的虚拟环境，使企业在考虑车间控制行为的基础上，对再制造过程进行优化控制。虚拟再制造控制是以计算机建模和仿真技术为重要的实现手段，通过对再制造过程进行统一建模，用仿真支持设计过程和模拟制造过程，来进行成本估算和生产调度。

9.2 柔性再制造及其关键技术

9.2.1 基本概念及特点

再制造加工的“毛坯”是由制造业生产、经过使用后到达寿命末端的废旧产品。当前制造业生产的产品趋势是品种增加，批量减少，个性化加强，这造成了产品退役情况的多样性，这都对传统的再制造业发展提出了严峻考验，要求再制造业发展对废旧产品种类及失效形式适应性强、生产周期短、加工成本低、产品质量高的柔性再制造系统，以应对再制造业的巨大变化。

柔性再制造是以先进的信息技术、再制造技术和管理技术为基础，通过再制造系统的柔性、可预测性和优化控制，最大限度地减少再制造产品的生产时间，优化物流，提高对市场响应能力，保证产品的质量，实现对多品种、小批量、不同退役形式的末端产品进行个性化再制造。

制造业的加工对象是性质相同的材料及零部件，而再制造的加工对象则是废旧产品。由于产品在服役期间的工况不同、退役原因不同、失效形式不同、来源数量不确定等原因，使得再制造的对象具有个体性及动态性等特点。因此，柔性再制造系统相对传统的再制造系统来说，具有明显的特点和特定的难度。参照制造体系中柔性装配系统的特点，可知柔性再制造系统应具有以下特点：同时对多种产品进行再制造；通过快速重组现有硬件及软件资源，实现新类型产品的再制造；动态响应不同失效形式的再制造加工；根据市场需求，快速改变再制造方案；具有高度的可扩充性、可重构性、可重新利用性及可兼容性，实现模块化、标准化的生产线。以上特点，可以显著地提高再制造适应废旧产品种类、失效形式等产品的个性化因素，使再制造产品具有适应消费者个性化需求的能力，从而加强再制造产业的生命力。

9.2.2 柔性再制造系统的组成

借鉴柔性制造系统结构组成，典型的柔性再制造系统一般也由3个子系统组成，分别是再制造加工系统、物流系统和控制与管理系统，各子系统的组成框图及功能特征见图9-3。3个子系统的有机结合构成了一个再制造系统的能量流（通过再制造工艺改变工件的形状和尺寸）、物料流（主要指工件流、刀具流、材料流）和信息流（再制造过程的信息和数据处理）。

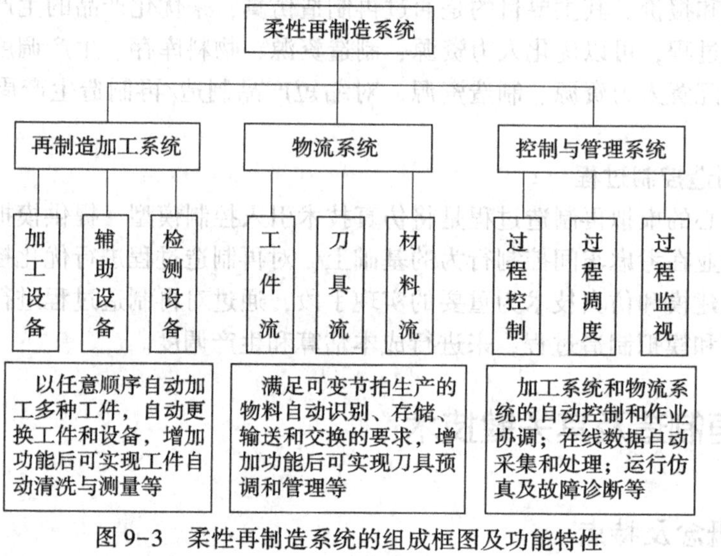

图9-3 柔性再制造系统的组成框图及功能特性

1）再制造加工系统。实际执行废旧件性能及尺寸恢复等加工工作，把工件从废旧毛坯转变为再制造产品零件的执行系统，主要由数控机床、表面加工等加工设备组成，系统中的加工设备在工件、刀具和控制三个方面都具有可与其他子系统相连接的标准接口。从柔性再制造系统的含义中可知，加工系统的性能直接影响着柔性再制造系统的性能，且加工系统在柔性再制造系统中又是耗资最多的部分，因此恰当地选用加工系统是柔性再制造系统成功与否的关键。

2）物流系统。用以实现毛坯件及加工设备的自动供给和装卸，以及完成工序间的自动传送、调运和储存工作，包括各种传送带、自动导引小车、工业机器人及专用起吊运送机等。

3）控制与管理系统。包括计算机控制系统和系统软件。前者用以处理柔性再制造系统的各种信息，输出控制 CNC 机床和物料系统等自动操作所需的信息，通常采用 3 级（设备级、工作站级、单元级）分布式计算机控制系统，其中单元级控制系统（单元控制器）是 FMS 的核心。后者是用以确保 FMS 有效地适应中小批量多品种生产的管理、控制及优化工作，包括根据使用要求和用户经验所发展的专门应用软件，大体上包括控制软件（控制机床、物料储运系统、检验装置和监视系统）、计划管理软件（调度管理、质量管理、库存管理、工装管理等）和数据管理软件（仿真、检索和各种数据库）等。

9.2.3 柔性再制造系统的技术模块

根据再制造生产工艺步骤，可知柔性再制造系统主要包括下述 5 种技术模块。

1. 柔性再制造加工中心

再制造加工主要包括对缺损零件的再制造恢复及升级，所采用的表面工程技术是再制造中的主要技术和关键技术。再制造加工中心的柔性主要体现在加工设备可以通过操作指令的变化而变化，以对不同种类零部件的不同失效模式，都能进行自动化故障检测，并通过逆向建模，实现对失效件的科学自动化再制造加工恢复。

2. 柔性预处理中心

再制造毛坯到达再制造工厂后，首先要进行拆解、清洗和分类，这 3 步是再制造加工和装配的重要准备过程。对不同类型产品的拆解、不同污染情况零件的清洗以及零件的分类储存，都具有非常强的个体性，也是再制造过程中劳动密集的步骤，对其采用柔性化设计，主要是增强设备的适应性及自动化程度，减少预处理时间，提高预处理质量，降低预处理费用。

3. 柔性物流系统

废旧产品由消费者运送到再制造工厂的过程称为逆向物流，其直接为再制造提供毛坯，是再制造的重要组成部分。但柔性再制造系统中的物流主要考虑废旧产品及零部件在再制造工厂内部各单元间的流动，包括零部件再制造前后的储存、物料在各单元间的传输时间及方式、新零部件的需求及调用、零部件及产品的包装等，其中重要的是实现不同单元间及单元内部物流传输的柔性化，使相同的设备能够适应多类零部件的传输，以及经过重组后能够适应新类型产品再制造的物流需求。理想的柔性再制造物流系统具有传输多类物品、可调的传输速度、离线或实时控制能力、可快速重构、空间占用小等特点。

4. 柔性管理决策中心

柔性管理决策中心是柔性再制造系统的神经中枢，具有对各单元的控制能力，可通过数据传输动态、实时地收集各单元数据，形成决策，发布命令，实现对各单元操作的自动化控制。通过柔性管理决策中心，可以实现再制造企业的各要素如人员、技术、管理、设备、过程等的实时协调，对生产过程中的个性化特点迅速响应，形成最优化决策。其主要是利用各单元与决策中心之间的数据线、监视设备来完成数据交换。

5. 柔性装配及检测中心

对再制造后所有零部件的组装及对再制造产品性能的检测，是保证再制造产品质量和市场竞争力的最后步骤。采用模块化设备，可以增加对不同类型产品装配及性能检测的适应性。

9.2.4 柔性再制造的关键技术

1. 人工智能及智能传感器技术

柔性制造和再制造技术中所采用的人工智能大多指基于规则的专家系统。专家系统利用专家知识和推理规则进行推理，求解各类问题（如解释、预测、诊断、查找故障、设计、计划、监视、修复、命令及控制等）。展望未来，以知识密集为特征，以知识处理为手段的人工智能（包括专家系统）技术必将在柔性制造业（尤其智能型）中起着日趋重要的关键性作用。智能制造技术（IMT）旨在将人工智能融入制造过程的各个环节，借助模拟专家的智能活动，取代或延伸制造环境中人的部分脑力劳动。智能传感器技术是未来智能化柔性制造技术中一个正在急速发展的领域，是伴随计算机应用技术和人工智能而产生的，它使传感器具备内在的“决策”功能。

2. 计算机辅助设计技术

计算机辅助设计（CAD）技术是基于计算机环境下的完整设计过程，是一项产品建模技术（将产品的物理模型转换为产品的数据模型）。无论是制造产品的设计，还是再制造前修正原产品功能的再设计，都需要采用 CAD 技术。

3. 模糊控制技术

目前模糊控制技术正处于稳定发展阶段，其实际应用是模糊控制器。最近开发出的高性能模糊控制器具有自学习功能，可在控制过程中不断获取新的信息并自动地对控制量作调整，使系统性能大为改善，其中尤其以基于人工神经网络的自学方法更引起广泛的研究，在柔性制造和再制造的控制系统中有良好的应用。

4. 人工神经网络技术

人工神经网络（ANN）是由许多神经元按照拓扑结构相互连接而成的，模拟人的神经网络对信息进行并行处理的一种网络系统，故人工神经网络也就是一种人工智能工具。在自动控制领域，人工神经网络技术的发展趋势是其与专家系统和模糊控制技术的结合，成为现代自动化系统中的一个组成部分。

5. 机电一体化技术

机电一体化技术是机械、电子、信息、计算机等多学科的相互融合和交叉，特别是机械、信息学科的融合交叉。从这个意义上说，其内涵是机械产品的信息化，它由机械、信息处理、传感器 3 大部分组成。近年来，微电子机械系统（MEMS）作为机电一体化的一个发展方向得到了特别重视和研究。

6. 虚拟现实与多媒体技术

虚拟现实（VR）是人造的计算机环境，使处在这种环境中的人有身临其境的感觉，并强调人的操作与介入。虚拟现实技术在 21 世纪制造业中将有广泛的应用，它可以用于培训、制造系统仿真、实现基于制造仿真的设计与制造和集成设计与制造、实现集成人的设计等。多媒体介质采用多种介质来储存、处理多种信息，融文字、语音、图像、动画于一体，给人一种真实感。

9.2.5 柔性再制造系统的应用

在开发用于再制造的柔性生产系统时，不仅要考虑各单元操作功能的完善，而且要考虑到该单元或模块是否有助于提高整个生产系统的柔性；不仅要改善各单元设备的硬件功能，还要为这些设备配备相应的传感器、监控设备及驱动器，以便能通过决策中心对它们进行有效控制。同时，系统单元间还应具有较好的信息交换能力，实现系统的科学决策。通常柔性再制造系统的建立需要考虑两个因素：人力与自动化，而人是生产中最具有柔性的因素。如果在系统建立中单纯强调系统的自动化程度，而忽略了人的因素，在条件不成熟的情况下实现自动化的柔性再制造系统，则可能所需设备非常复杂，并减少产品质量的可靠性。所以，在一定的条件下，采用自动化操作与人工相结合的方法建立该系统，可以保证再制造工厂的最大利润。

图 9-4 所示是再制造工厂内部应用柔性再制造生产系统的框架示意图。由图可知，当废旧产品进入到再制造工厂后，首先进入物流系统，并由物流系统向柔性管理决策中心进行报告，并根据柔性管理中心的命令，进行仓储或者直接进入预处理中心。预处理中心根据决策中心的指令选定预处理方法，对物流系统运输进的废旧产品进行处理，并将处理结果上报决策中心，同时将处理后的产品由物流系统运输到仓库或者进入再制造加工中心。再制造加工中心根据决策中心的指令选定相应的再制造方法，并经过对缺损件的具体测量形成具体生产程序并上报决策中心，由决策中心确定零部件的自动化再制造恢复或改造方案，然后将恢复后的零部件根据决策中心的指令由物流系统运输到仓库或者装配检测中心。装配检测中心在接收到决策中心的指令后，将物流系统运输进的零部件进行装配和产品检测，并将检测结果报告给决策中心，并由物流系统将合格成品运出并包装后进行仓储，不合格产品根据决策中心指令重新进入再制造相应环节。最后是物流系统根据决策中心指令及时从仓库中提取再制造产品投放到市场。柔性管理决策中心在整个柔性系统中的作用是中央处理器，不断地接受各单元的信息，并经过分析后向各单元发布决策指令。

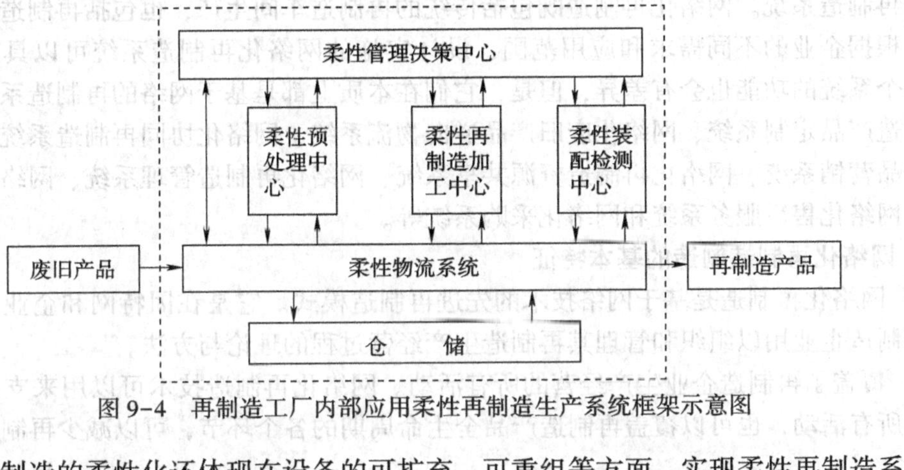

图 9-4　再制造工厂内部应用柔性再制造生产系统框架示意图

柔性再制造的柔性化还体现在设备的可扩充、可重组等方面。实现柔性再制造系统的设备柔性化、技术柔性化、产品柔性化是一个复杂的系统工程，需要众多的先进信息技术及设备的支持和先进管理方法的运用。

9.3　网络化再制造及其关键技术

9.3.1　基本概念

网络化制造是在网络经济条件下产生并得到广泛应用的先进制造模式，是需求与技术双轮驱动的结果。信息技术与网络技术，特别是因特网技术的迅速发展和广泛应用，促进了网络化制造的研究和应用。

随着产品生产特点和销售市场的多变，再制造企业也在不断地进行着变化和调整，以适应快速发展的技术和生产要求，借助于网络化制造的理念，大力发展网络化再制造，也将也成为今后再制造发展的重要方向。

1. 网络化再制造

网络化再制造是指：在一定的地域（如国家、省、市、地、县）范围内，采用政府调控、产学研相结合的组织模式，在计算机网络（包括因特网和区域网）和数据库的支撑下，动态集成区域内的再制造企业、高校、研究院所及其再制造资源和科技资源，形成一个包括网络化的再制造制造信息系统、网络化的再制造资源系统、虚拟仓库、网络化的再制造产品销售系统、网络化的废旧产品逆向物流系统等分系统和网络化的分级技术支持中心及服务中心的、开放性的现代集成再制造系统。

实施网络化再制造是为了适应当前全球化经济发展、行业经济发展和快速响应市场需求、提高再制造企业竞争力的需求，而采用的一种先进管理与生产模式。其也是实施敏捷再制造和动态联盟的需要，以及企业为了自身发展而采取的加强合作、参与竞争、开拓市场、降低成本和实现定制化再制造生产的需要。

2. 网络化再制造系统

网络化再制造系统是企业在网络化再制造模式的指导思想、相关理论和方法的指导下，在网络化再制造集成平台和软件工具的支持下，结合企业具体的业务需求，设计实施的基于网络的再制造系统。网络化再制造既包括传统的再制造车间生产，也包括再制造企业的其他业务。根据企业的不同需求和应用范围，设计实施的网络化再制造系统可以具有不同的形态，每个系统的功能也会有差异，但是，它们在本质上都是基于网络的再制造系统，如网络化再制造产品定制系统、网络化废旧产品逆向物流系统、网络化协同再制造系统、网络化再制造产品营销系统、网络化再制造资源共享系统、网络化再制造管理系统、网络化设备监控系统、网络化售后服务系统和网络化采购系统等。

3. 网络化再制造制造的基本特征

1）网络化再制造是基于网络技术的先进再制造模式。它是在因特网和企业内外网环境下，再制造企业用以组织和管理其再制造生产经营过程的理论与方法。

2）覆盖了再制造企业生产经营的所有活动。网络化再制造技术可以用来支持企业生产经营的所有活动，也可以覆盖再制造产品全生命周期的各个环节，可以减少再制造生产的不确定性。

3）以快速响应市场为实施的主要目标之一。通过网络化制造，可以提高再制造企业的市场响应速度，从而提高企业的竞争能力。

4）突破地域限制。通过网络突破地理空间上的差距给再制造企业生产经营和企业间协同造成的障碍。

5）强调企业间的协作与全社会范围内的资源共享。通过再制造企业间的协作和资源共享，提高企业（企业群体）的再制造能力，实现再制造的低成本和高速度。

6）具有多种形态和功能系统。结合不同企业的具体情况和应用需求，网络化再制造系统具有许多种不同的形态和应用模式。在不同形态和模式下，可以构建出多种具有不同功能的网络化再制造应用系统。

9.3.2 网络化再制造的重要特性

1）协同性。网络化再制造系统通过协同工作，来提高再制造企业间合作的效率，缩短再制造产品开发周期，提高再制造生产中的智力资源、再制造设计资源、再制造生产资源的利用率，降低再制造成本。按照网络化协同范围和层次，可以将协同分为再制造企业间协同、零部件供应链协同、产品再制造设计与制造协同、产品再制造资源协同、再制造产品客户与供应商协同、人类需求与自然环境的协同。不同的协同有不同的技术内涵和目标，也有各自的实施技术和支持环境。

2）敏捷性。通过实施网络化再制造，提高再制造企业的再制造产品生产能力、缩短新型再制造产品开发周期，以最快的速度，最绿色的再制造产品，响应市场和客户对个性化产品的需求，从而提高企业对市场的敏捷性。同时，应用再制造企业设计实施的网络化系统本身，也应该根据市场应用需求的变化，灵活、快捷地对系统的功能和运行方式进行快速重构。

3）数字化。由于网络化再制造是一种基于网络的再制造系统，通过网络传递废旧产品信息、再制造设计、再制造加工、管理、商务、设备和控制等各种信息，因此，数字化是网络化再制造的重要特征，也是实施网络化再制造的重要基础。

4）远程化。网络化再制造可以无限地延伸再制造企业的业务和运作空间，企业通过利用网络化再制造系统，可以对远程的废旧产品、新零件、加工设备等资源和过程进行控制和管理，也可以像面对本地用户一样，方便地与远在千里之外的客户、合作伙伴、供应商进行协同工作。

5）多样性。网络化制造系统具有多样性的特点。虽然网络化制造具有相对通用的理论基础和方法，但是在结合具体企业实践的基础上设计实施的网络化制造系统，却具有多种多样的形式。如针对具体企业的需求，可以实施网络化产品定制系统、网络化产品协同设计系统、网络化协同制造系统、网络化营销系统、网络化管理系统、网络化设备监控系统、网络化售后服务系统和网络化采购系统等。

9.3.3 网络化再制造的系统模型

网络化再制造系统是一个运行在异构分布环境下的制造系统。在网络化再制造集成平台的支持下，帮助再制造企业在网络环境下开展再制造业务活动和实现不同企业之间的协作，包括协同再制造设计及生产、协同商务、网上采购与销售、资源共享和供应链管理等。借鉴网络化制造系统有关知识，图9-5给出了区域性网络化再制造系统的功能模型结构。

区域性网络化再制造系统的构成和层次关系如下：

1）面向市场。整个系统以市场为中心，提高本区域再制造业及相关企业的市场竞争能力，包括对市场快速的响应能力、产品销售的市场开拓能力、再制造资源的优化利用及再制造生产能力、现代化的管理水平以及战略决策能力、逆向物流的精确保障能力。

2）企业主体。系统的主体是以企业为主，包括政府、高校、研究单位和文化单位，是政、产、学、研、文五位一体的新概念。

3）信息支撑。实现网络化再制造的基本条件是由网络、数据库系统构成现代信息化支

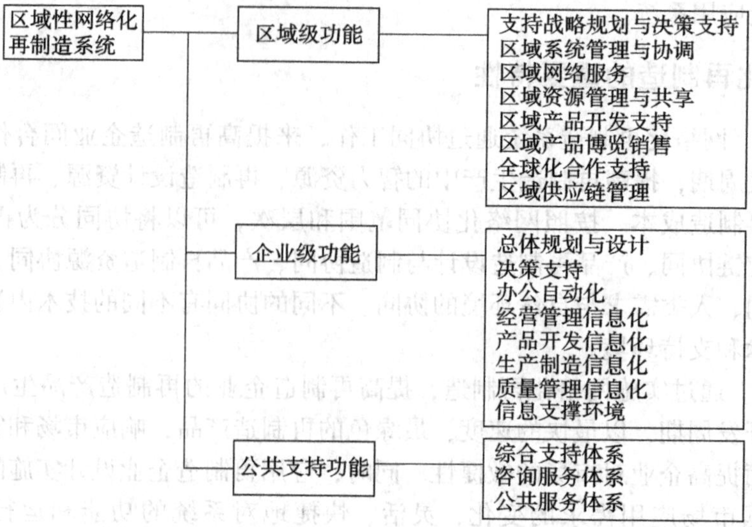

图 9-5　区域性网络化再制造系统的功能模型结构

撑环境。

4）区域控制。整个系统运行由相对稳定的区域战略研究与决策支持中心、系统管理与协调中心、技术支持与网络服务中心这三大中心支持，其中战略研究与中心负责全市再制造业发展战略与规划，对战略级重大问题进行决策；系统管理与协调中心负责对系统运行负责、控制与协调；技术支持与网络服务中心负责对系统运行中各种技术性问题的支持和服务。

5）应用系统。主要有废旧产品资源、市场、开发、供应等各个领域的应用系统。这些系统是动态的、可重构的，以本区域为主体，也可作全球运作。

9.3.4 网络化再制造的关键技术

在网络化再制造的研究与应用实施中，涉及大量的组织、控制、平台、工具、系统实施和运行管理技术，对这些技术的研究和应用，可以深化网络化再制造系统的应用。网络化再制造涉及的技术，大致可以分为总体技术、基础技术、集成技术与应用实施技术。

1）总体技术。总体技术主要是指从系统的角度，研究网络化再制造系统的结构、组织与运行等方面的技术，包括网络化再制造的模式、网络化再制造系统的体系结构、网络化再制造系统的构建与组织实施方法、网络化再制造系统的运行管理、产品全生命周期管理和协同产品商务技术等。

2）基础技术。基础技术是指网络化再制造中应用的共性与基础性技术，这些技术不完全是网络化再制造所特有的技术，包括网络化再制造的基础理论与方法、网络化再制造系统的协议与规范技术、网络化再制造系统的标准化技术、业务流和工作流技术、多代理系统技术、虚拟企业与动态联盟技术和知识管理与知识集成技术等。

3）集成技术。集成技术主要是指网络化再制造系统设计、开发与实施中需要的系统集成与控制技术，包括设计再制造资源库与知识库开发技术、企业应用集成技术、ASP 服务平台技术、集成平台与集成框架技术、电子商务与 EDI 技术、WebService 技术，以及 COM+、CORBA、J2EE 技术、XML、PDML 技术、信息智能搜索技术等。

4）应用实施技术。应用实施技术是支持网络化制造系统应用的技术，包括网络化制造实施途径、资源共享与优化配置技术、区域动态联盟与企业协同技术、资源（设备）封装与接口技术、数据中心与数据管理（安全）技术和网络安全技术等。

网络化再制造是适应网络经济和知识经济的先进再制造生产模式，其研究和应用，对促进再制造产业的发展，特别是中小再制造企业的发展具有非常重要的意义。但是，网络化再制造的理论、方法和系统都还处于初步发展阶段。迫切需要加大网络化再制造体系及技术研究力度，并选择实施基础好的企业开展网络化再制造的示范应用，在取得经验的基础上推广和普及网络化再制造这一先进生产模式。

9.4　快速响应再制造及其关键技术

9.4.1　基本概念

工业发达国家制造业企业竞争战略在20世纪60年代强调规模效益，70年代强调价格，80年代强调质量，90年代则强调对市场需求的响应速度。由于市场需求的多变，产品的生命周期越来越短，这种趋势在21世纪将日趋强劲。因此，快速响应再制造技术也必将成为再制造生产的重要模式。

快速响应再制造技术是指对市场现有需求和潜在需求作出快速响应的再制造技术集成。它将信息技术、快速再制造成形技术、虚拟再制造技术、管理科学等集成，充分利用因特网和再制造业的资源，采用新的再制造设计理论和方法、再制造工艺、新的管理思想和企业组织结构，将再制造产品市场、废旧产品的再制造设计和再制造生产有机地结合起来，以便快速、经济地响应市场对产品个性化的需求。再制造业的价值如制造业一样，也取决于两个方向：面向产品和面向顾客，后者也称客户化生产，而快速响应再制造技术和快速再制造系统就是针对客户化生产而提出的。21世纪，消费者的行为将更加具有选择性，“客户化，小批量，快速交货”的要求不断增加，产品的个性化和多样化将在市场竞争中发挥越来越大的作用，而传统的以恢复产品性能为基础的再制造方式生产出的再制造产品，必将无法满足快速发展的市场需求。因此，开展快速响应再制造技术的研究与应用具有十分重要的意义。

9.4.2　快速响应再制造的作用

通过对部分产品的快速响应再制造，可以充分利用产品的附加值，在短期内批量提高服役产品的功能水平，使产品能够迅速适应不同环境要求，延长产品的服役寿命。另外快速响应再制造还可以对特殊条件下的产品进行快速的评价和再制造，也实现恢复产品的全部或部分功能，保持产品的服役性能。例如我国从国外购置的一些国防尖端设备在使用中，往往在关键零部件要受制于人，而通过发展再制造技术，可以逆向反求出原零部件的信息特征，生产一定的备用件或者修复原件，从而解决无法采购到备件的问题。

以信息技术为特点的高科技在产品中的应用，也使得产品的发展具有了明显的特点，如小型化、多样化、高效化等，这也对产品的再制造提出了严峻的挑战，需要建立柔性化的快速响应再制造生产线，来提高生产线对不同种类产品进行快速再制造的能力，从而节约时间，提高效率，减少成本，快速响应再制造可以快速提高产品的性能和适应环境需求的变化，短期内实现再制造产品的功能或性能与当前需求保持一致，可以使产品保持本身的可持续利用，即由静态降阶使用发展到动态进阶使用，实现产品的“与时俱进”，使其具有适应各种工作条件要求的“柔性”。

总体来讲，快速响应再制造可以对不同的产品进行快速再制造，一可以实现正常服役时期产品保持性能的不断更新，延长产品的服役寿命；二在特殊环境应用前，通过批量的快速响应再制造，使产品可以在短期内提高适应特殊环境的要求，如提高军事产品在即将发生的战场中的生命力和战斗力，三可以通过对损伤产品应用快速响应再制造系统，进行快速的诊断和应急再制造，恢复产品的全部或部分功能，保持产品的性能。

9.4.3 快速响应再制造的关键技术

9.4.3.1 快速再制造设计技术

快速再制造设计技术是指针对用户或市场需求，以信息化为基础，通过并行设计、协同设计、虚拟设计等手段，来科学地进行再制造方案、再制造资源、再制造工艺及再制造产品质量的总体设计，以便满足客户或使用环境对再制造产品先进性、个体性的需求。

并行设计主要是重视再制造产品设计开发过程重组和优化，强调多学科团队协同工作，通过在再制造产品设计早期阶段充分考虑再制造的各种因素，提高再制造设计的一次成功率，达到提高质量、降低成本、缩短产品开发周期和产品上市时间及最大限度满足用户需求的目的。

协同设计是随着计算机网络的发展而形成的设计方式，它促使不同的设计人员之间、不同的设计组织之间、不同部门的工作人员之间均可实现资源共享，实施交互协同参与，合作设计。

虚拟设计是以虚拟现实技术为基础，由从事产品设计、分析、仿真、制造和支持等方面的人员组成“虚拟”产品设计小组，通过网络合作并行工作，在计算机上“虚拟”地建立产品数字模型，并在计算机上对这一模型产生的形式、配合和功能进行评审、修改，最终确定实物原形，实现一次性加工成形的设计技术。虚拟再制造设计不仅可以节省再制造费用和时间，还可以使设计师在再制造之前就对再制造中的可加工性、可装配性、可拆解性等有所了解，及时对设计中存在的问题进行修改，提高工作效率。

9.4.3.2 快速再制造成形技术

快速再制造成形是基于离散-堆积成形原理，利用快速反求、高速电弧喷涂、微弧等离子、MIG-MAG 堆焊或激光快速成形等技术，针对损毁零件的材料性能要求，采用实现材料单元的定点堆积，自下而上组成全新零件或对零件缺损部位进行堆积修复，快速恢复缺损零部件的表面尺寸及性能的一种再制造生产方法。该部分内容将在 9.5 节中详细介绍。

9.4.3.3 快速再制造升级技术

再制造升级主要指在对废旧机电产品进行再制造过程中利用以信息化技术为特点的高新技术，通过模块替换、结构改造、性能优化等综合手段，实现产品在性能或功能上信息化程度的提升，满足用户的更高需求。该部分内容将在 9.6 节中详细介绍。

9.4.3.4 可重组制造系统（RMS）

可重组制造系统指能适应市场需求的产品变化，按系统规划的要求，以重排、重复利用、革新组元或子系统的方式，快速调整再制造过程、再制造功能和再制造生产能力的一类新型可变再制造系统。它是基于可利用的现有的或可获得的新再制造设备和其他组元，可动态组态（重组）的新一代再制造系统。该系统具有可变性、可集成性、订货化、模块化、可诊断性、经济性和敏捷性等特点。

9.4.3.5 客户化生产

客户化生产方式包括模块化再制造设计、再制造拆解与清洗、再制造工艺编程、再制造、装配，以及客户生产的组织管理方式和资源的重组、变型零部件的设计与再制造技术、再制造商与客户的信息交流等。

快速响应再制造还包括虚拟再制造技术、柔性再制造技术、网络化再制造技术等，主要内容可参考前面章节的介绍。

9.5 快速再制造成形系统及其技术

9.5.1 发展背景及概念

9.5.1.1 快速成形技术发展背景

快速成形技术（RP，Rapid Prototying）是近20年来制造技术领域的一次重大突破，可以自动、直接、快速、精确地将CAD设计的数字模型物化为具有一定功能的原型或直接制造零件，可有效地支持包括军用装备零部件应急数字化再制造。目前RP方法制造的原型主要以非金属为主（纸、ABS、蜡、尼龙、树脂等），在大多数情况下非金属原型无法直接作为装备零部件使用，这就要求以制造金属材料零件为主要目标的直接金属成形技术必须取得快速发展。

直接金属成形技术是直接以金属材料作为处理对象的新的RP工艺，它是以生成最终金属零部件为目标。如何从已有的RP工艺直接得到金属零件，以及如何开发出新的适于直接金属成形的工艺，使RP技术真正具有最终产品的制造功能是当前RP技术研究的热点问题。采用RP的原理直接制造金属零件在工业上有着重要的应用，因而受到广泛的关注。据国际权威的RP行业协会预测未来金属零件的快速直接制造将越来越广泛，也就是说快速制造技术（RM，Rapid Manufacturing）将很可能逐渐占据主导地位，并且直接金属成形将成为应急金属零部件制造与再制造的一种重要手段。

9.5.1.2 快速成形技术在美军装备零件制造中的应用

为提高战时装备维修保障能力，发达国家都正在加强开发研究各种先进维修技术，并应用于装备保障。美国在《2010年及其以后的国防制造工业》规划中明确提出要发展先进再制造技术：“开发能迅速获得机械零件几何图形的非接触测量方法、用于快速再制造的数字化成形工艺”。并已研制出高柔性的现场零件制造系统，称之为“移动零件医院”（MPH，Mobile Parts Hospital）。该系统有两个方舱，第一个方舱包含了激光沉积近净成形设备（用于零件成形，成形速度可达3.5in^3/h⊖），第二个为5轴数控化机床设备（5轴车铣床，用于成形后零件机械），能够在靠近战场需要的位置快速制造战损装备所需零件，并可以灵活地

⊖ 1in=0.254m。

采用 C-130 运输机进行远程空运，或采用拖车进行陆地运输。MPH 系统可以采用钢铁、合金、钛等 57 种金属粉末制作 500 多类零件，第一台于 2003 年 11 月布置应用，至 2005 年制造了将近 15000 个零件。

采用 MPH 后，维修人员只需携带罐装的金属粉末，一旦出现紧急的备件需求，可在非常短的时间内完成备件的制造，大大减少备件采购、储存和运输费用，以及购买、储存和跟踪备件所消耗的物力、人力及时间。虽然目前的快速成形制造技术和制造工艺还不能完全满足美军对“快速成形制造系统”的最终要求，但许多关键技术将在近年内取得突破。

9.5.1.3 快速再制造成形相关定义

快速再制造成形是基于离散-堆积成形原理，利用高速电弧喷涂、微弧等离子、MIG-MAG 堆焊或激光快速成形等技术，针对损毁零件的材料性能要求，采用实现材料单元的定点堆积，自下而上组成全新零件或对零件缺损部位进行堆积修复，快速恢复缺损零部件的表面尺寸及性能的一种再制造加工方法。

快速再制造成形技术是最近在制造领域的快速成形技术的基础上发展起来的，但又与之有所不同。再制造成形技术是以废旧的零部件作为毛坯，通过修复成形达到原有产品的形状尺寸和性能，而直接快速成形则是从无到有，全部零件都是堆积成形而成。因此，快速再制造成形需要首先采用反求技术对磨损的金属零部件进行反求，获得零件的缺损模型，通过与金属零件的标准模型进行对比，得到零件的再制造模型，然后结合 MIG 堆焊等表面成形工艺方法，进行缺损表面的快速成形。快速再制造成形是产品零部件再制造一种重要的方法，是集信息技术、新材料、金属快速成形、先进加工、产品维修等为一体的先进再制造技术。

9.5.2 快速再制造成形技术思路

快速再制造成形主要功能是实现损毁零件的快速生成，基本工作步骤如下：当平台接收到损毁产品零件时，首先对损毁零件进行快速损伤评估，判断可否进行再制造。如果可以进行再制造，则选用图 9-6 所示步骤，即用快速高精度三维数据扫描系统对损伤零件进行扫描，建立缺损零件模型，并通过与数据库中零件的原始模型进行对比，反求再制造加工模型并生成自动成形程序，根据零件性能质量要求，选用合适的快速成形技术方案，迅速恢复零件尺寸，并通过高速数控加工设备的后处理保证零件的几何精度，然后检测零件质量，达到要求的则可以迅速安装应用。

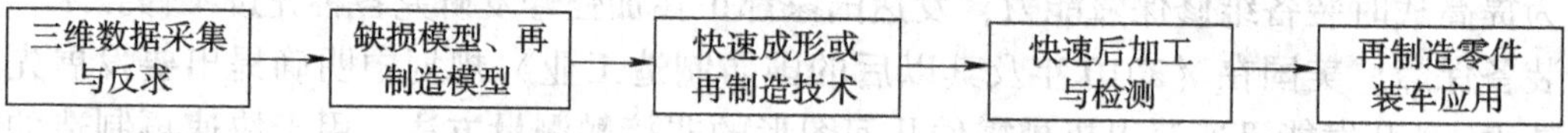

图 9-6 缺损零件的快速再制造成形步骤

快速再制造成形平台采用综合集成建设模式，主要包括四个子系统：零部件再制造数据库、快速三维扫描及再制造建模系统、再制造快速成形系统、成形零件的后处理数控加工系统等四部分（见图 9-7）。这四部分通过信息技术及机器人技术的应用而融合为一体，并且形成一个开放式结构，具有持续扩展能力，将逐步在成形技术类型、成形零件种类上予以完善拓展。

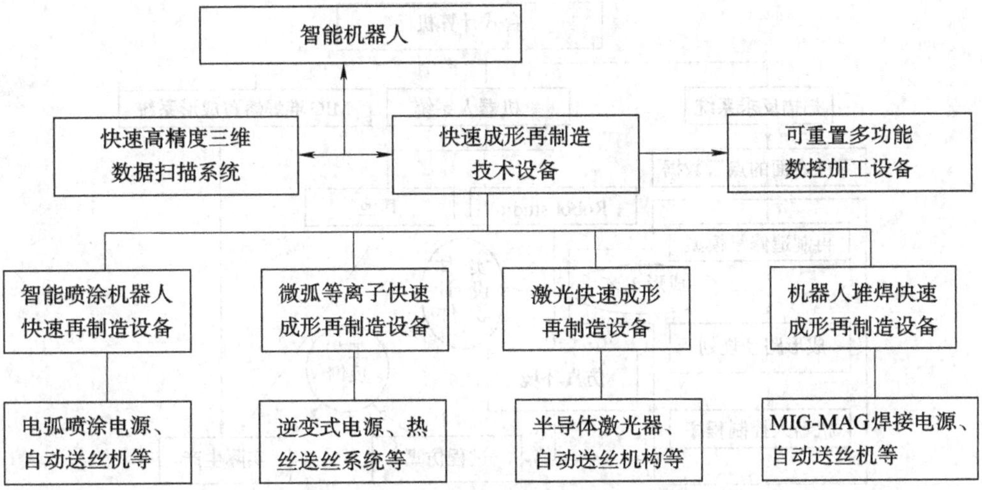

图 9-7 快速再制造成形平台的系统组成

9.5.3 系统工作原理及程序

再制造技术国家重点实验室利用表面工程技术领域的优势，结合 MIG 堆焊的特点，研制和开发了基于机器人 MIG 堆焊熔覆的快速再制造成形系统。该系统在同一机器人上将机器人技术、反求测量技术、快速成形技术综合在一起，实现高扫描精度，快速成形，高智能化程度，广泛的适应范围，良好的开放性，能对磨损金属零件进行再制造成形，使得再制造成形件性能达到或超过原始件性能要求水平。图9-8为该系统的工作原理图。待再制造的零部件，首先进行预处理，再通过反求技术获得零件的缺损模型，通过与金属零件的 CAD 模型进行对比，结合 MIG 堆焊工艺，进行成形路径规划，从而进行 MIG 堆焊熔覆再制造成形。

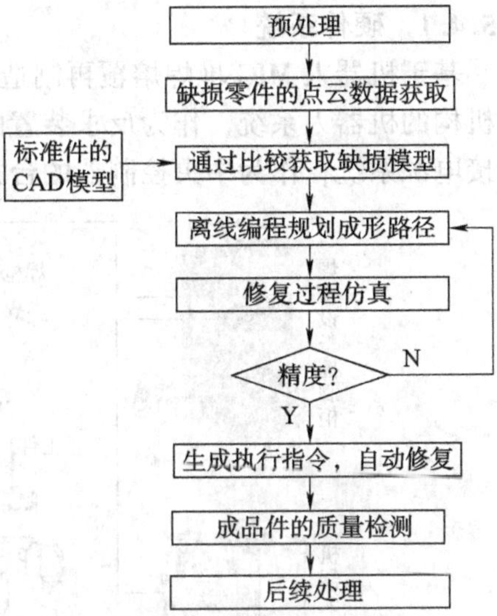

图 9-8 系统工作原理图

图 9-9 为基于机器人 MIG 堆焊熔覆的快速再制造成形系统框架图，由图可以看出，系统的功能包括零件缺损模型的获取和处理、缺损模型重构、再制造成形路径的规划、成形的仿真等。系统的工作程序如下：

1）机器人抓取三维激光扫描仪对零件表面进行点云数据的采集，获取零件的三维模型。

2）使用点云数据处理软件，以三维逆向工程的原理构建出再制造的修复模型。

3）离线编程来实现修复路径的规划并生成机器人焊接的控制程序。

4）结合焊接工艺参数，进行再制造成形路径规划和成形过程的仿真。

5）仿真成功后，机器人执行程序，抓取焊枪进行一系列的动作，完成实际生产。

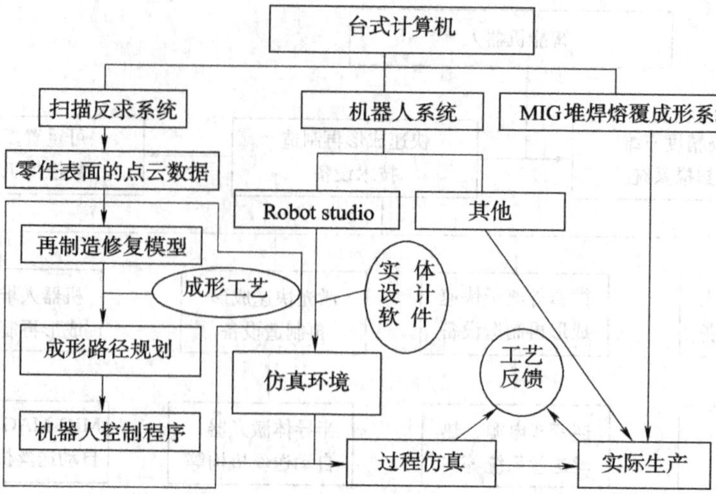

图 9-9　再制造成形系统框架图

9.5.4　机器人 MIG 堆焊再制造成形系统设计

9.5.4.1　硬件系统

基于机器人 MIG 堆焊熔覆再制造成形系统的硬件部分主要由四个子系统构成：作为执行机构的机器人系统，作为反求装置的三维激光扫描仪反求系统，作为熔覆成形机构的 MIG 焊接电源系统，作为中央控制器的台式计算机（见图 9-10）。

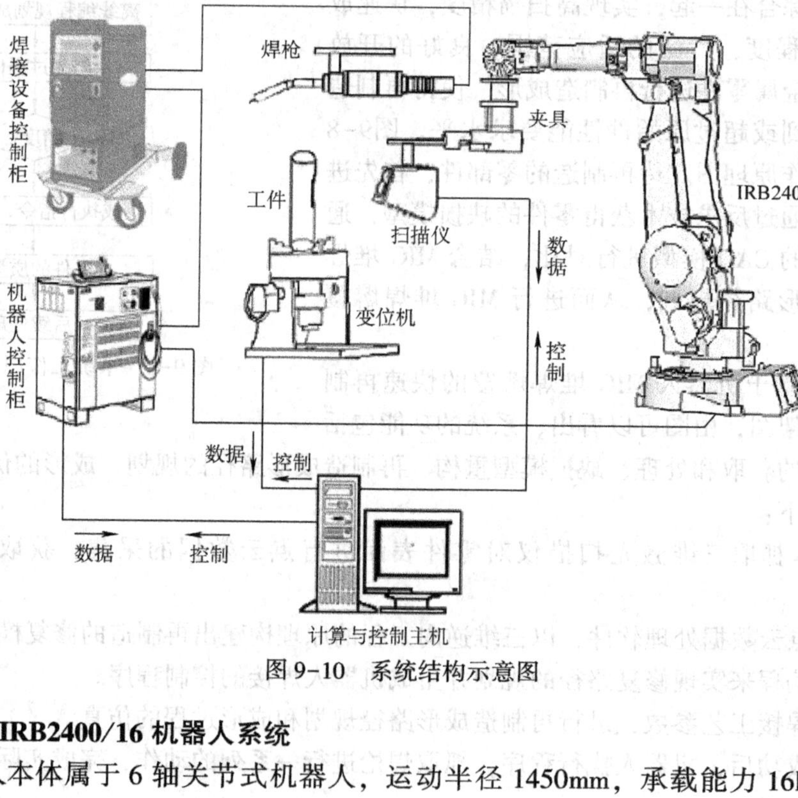

图 9-10　系统结构示意图

1. ABB IRB2400/16 机器人系统

该机器人本体属于 6 轴关节式机器人，运动半径 1450mm，承载能力 16kg，最大速度

5000mm/s。在额定载荷下以1000mm/s速度运动，机器人的六个轴同时动作时，其单向姿态可重复度0.06mm，线性路径精确度0.45~1.0mm，线性路径可重复度0.14~0.25mm。

控制器为S4Cplus，它是整个机器人系统的神经中枢，负责处理焊接机器人工作过程中的全部信息和控制其全部动作。

2. MIG 焊熔覆成形设备

焊接设备由Fronius全数字Trans Puls Synergic 4000型脉冲MIG焊机、焊枪、送丝机构、供气装置组成。Fronius全数字Trans Puls Synergic 4000型脉冲MIG焊机采用脉冲电流，可用较小的平均电流进行焊接，可以精确控制到一个脉冲过渡一个熔滴，实现近似无飞溅焊接，母材的热输入量低，焊接变形小，适于全位置焊接。Fronius全数字焊机采用数字信号处理器（DSP），只需改变电脑软件就可以控制焊机的输出特性，实现对焊接过程的精确控制，适于对焊接质量和精度要求较高的焊接。供气装置为工业氩气瓶，气体为80%Ar+20%CO_2（体积分数）。

3. 三维激光扫描仪反求系统

三维激光扫描仪反求系统由线激光器、Lu050（加拿大渥太华Lμmenera公司生产）摄像机和相关控制卡组成。激光类型为CDRH CLASS Ⅱ；摄像机图像传感器的尺寸为1/3′，5.8mm×4.9mm阵列，有效像素数为640×480，拍摄图像的灰度级别为0~255级；扫描仪通过USB2.0接口规范与计算机相联，由驱动程序接口实现数据和控制信号的传输，采样频率为20fps，扫描固定时，扫描精度为0.048mm。

4. 中心计算机

该系统采用一台586Pentium工业控制计算机作为整个系统的过程控制中心，通过相应的接口电路控制各个子系统进行数据处理和再制造零部件的反求及成形。

5. 周边装置

周边装置是指与机器人本体、焊接设备、扫描设备共同完成某种特定工作的辅助设备，包括各种支座、工件夹具、工件（包括夹具）变位装置、安全防护装置，以及焊枪喷嘴清理装置，焊丝剪切装置等，可以保证该系统顺利、安全、环保地完成再制造成形作业。

9.5.4.2 软件系统

系统软件环境除各硬件系统的驱动程序及辅助设计类软件外，还包括自行开发的Trv文件。Trv文件主要包括反求系统的标定、零件反求扫描测量和数据处理、缺损模型重构，焊接熔覆成形路径的规划等功能模块。

1）反求系统的标定模块。该模块的主要任务是确定扫描仪坐标系与机器人末端坐标系之间的变换矩阵，工作界面如图9-11所示。

2）零件反求扫描测量模块。模块的主要任务包括测量参数与方式的设定、数据采集及数据存储等，工作界面如图9-12所示。

3）数据处理模块。主要用来进行数据平滑、数据精简、数据去噪、数据拼接与分割等关键的数据处理操作。

4）缺损模型重构模块。基于点云数据的模型重构主要包括生成损伤零件的三角化模型与拟合标准零件模型两部分。该模块的操作界面如图9-13所示。

5）再制造成形路径的规划模块。图9-14为再制造成形路径规划模块的操作界面；该模块主要是根据零件缺损情况和焊道的尺寸进行熔覆成形路径规划，自动生成熔覆成形程序。

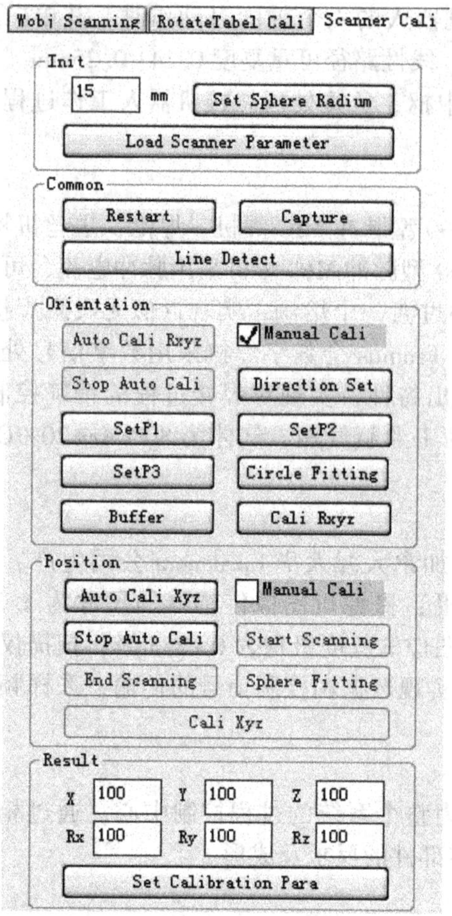

图 9-11 扫描仪标定界面

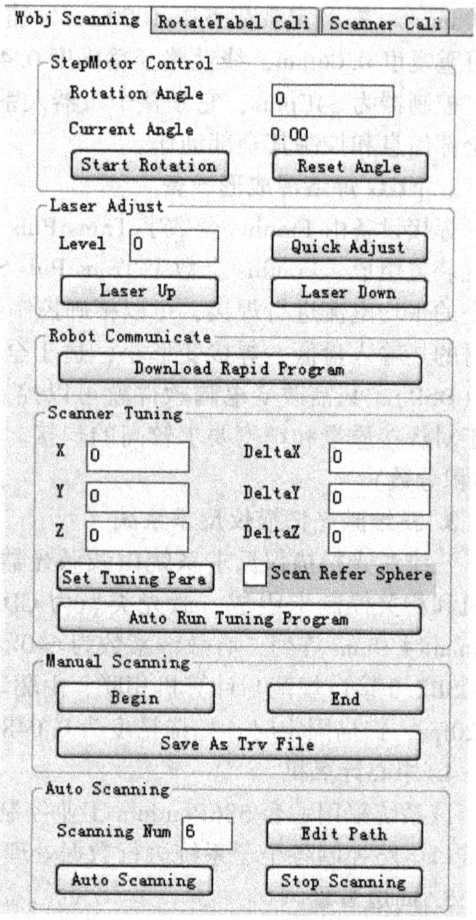

图 9-12 零件扫描测量模块操作界面

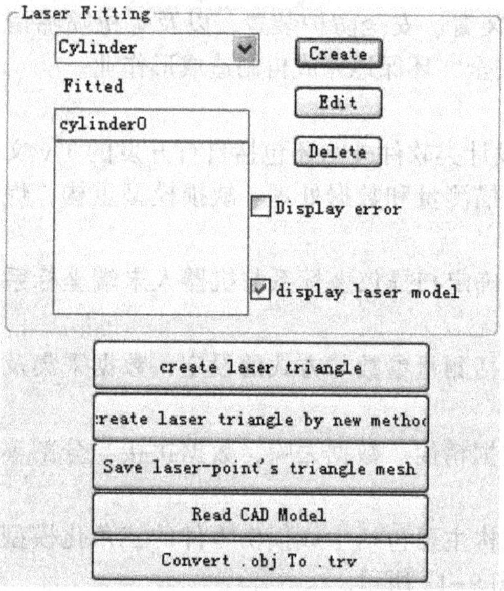

图 9-13 缺损模型重构模块操作界面

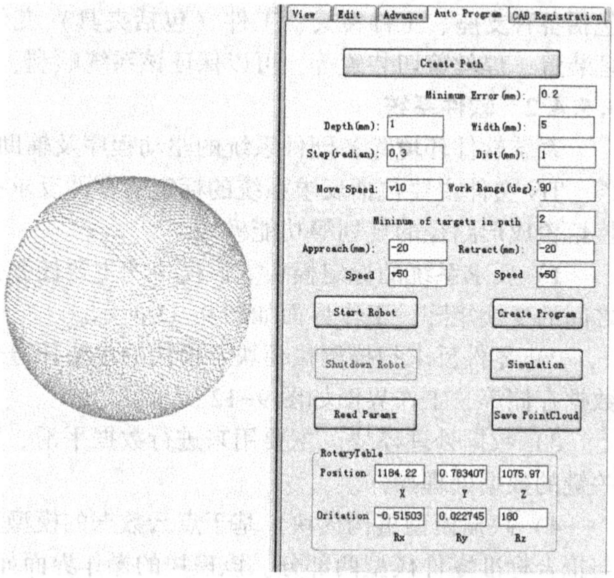

图 9-14 再制造成形路径的规划模块操作界面

机器人MIG堆焊熔覆再制造成形系统是基于金属缺损零件再制造的要求而开发的，它在同一机器人上将机器人技术、反求测量技术、快速成形技术综合在一起，能满足扫描精度高，成形快速，智能化程度高，适应范围广，开放性好等功能要求，适于金属零件的制造与再制造，为金属缺损零件提供了一种可行的再制造成形方法。

9.6 信息化再制造升级及其方法

9.6.1 概述

信息化再制造升级主要指在对废旧机电产品进行再制造过程中利用以信息化技术为特点的高新技术，通过模块替换、结构改造、性能优化等综合手段，实现产品在性能或功能上信息化程度的提升，满足用户的更高需求。信息化再制造升级是产品再制造过程中最有生命力的组成部分，其显著地区别于传统的恢复性再制造。恢复性再制造只是将废旧产品恢复到原产品的性能，并没有实现产品的性能随时代的增长，而信息化再制造升级可以使原产品的性能得到巨大提升，达到甚至超过当前产品的技术水平，对实现产品的机械化向信息化转变具有重要意义。

产品信息化再制造升级与普通信息化升级的区别在于其操作的规模性、规范性及技术的综合性、先进性。通过信息化再制造升级，不但能恢复、升级或改造原产品的技术性能，保存原产品在制造过程中注入的附加值，而且注入的信息化新技术可以高质量地增加产品功能，延长产品使用寿命，建立科学的产品多寿命使用周期，最大限度发挥产品的资源效益。

9.6.2 信息化再制造升级的类型

设备的信息化再制造升级可分为以下3种形式：

1）利用新技术升级现役设备，提升其技术性能，扩展使用功能或延长使用寿命。

这种形式在设备发展中最为普遍和常见。主要是由于在使用的实践中，设备会逐步显现出原始不足；或服役一定时期后，出现技术过时或性能下降；或新出现的使用需求要求改变设备的功能。为此，信息化再制造升级成为设备全寿期内的一种必然选择。

2）分批次设计制造的同型号设备，可采用新技术不断完善和改进其性能。

这种形式在现代设备发展中日益增多，它是现代设备生产制度发展的结果。特别是某一型号的设备由于设计周期长，使用寿命长，可以长期在市场上保持应用，则其制造必然分为多个批次进行，这种制造时间的不同，使得后续设备可以根据技术的发展、需求的变化以及以前批次反馈回来的使用经验，对后续批次进行技术改进和完善，在不断提升其服役性能的同时，也有效地避免了同时大批量生产所带来的技术风险和使用时的滞后。

3）根据使用需求的不同，对现有设备的设计方案进行改进，派生出新的型号，使其具备新的服役性能或使用功能发生变化。

这种形式的优势在于不仅可以降低设备的研发风险，缩短设备的研制周期，加快设备使用性能的快速形成，也可使设备保持一定的延续性，减少全新型号设备给使用单位的训练、使用、技术与保障带来的不便，降低设备的全寿期费用。

9.6.3 装备信息化再制造升级改造的特点

1. 提高信息化程度是装备再制造升级改造的一项核心内容

1991年海湾战争之后，信息技术对武器装备作战能力的“倍增”效果不断增强。提高武器装备的信息化程度成为联合作战的必然要求。信息化联合作战不仅要求装备具备强大的态势感知、通信能力，还要求装备之间具备互联互通能力，实现装备实时信息交流和共享。而现役武器装备还大多为机械化时代的产物，信息化程度普遍不高。为此，提高装备的信息化程度就成为外军装备升级改造的一项核心内容。外军很多装备的升级改造都主要围绕信息化再制造展开。

2. 实现以网络为中心的一体化作战是装备再制造升级改造的重要方向

装备正在从以平台为中心向以网络为中心发展。网络中心战不仅要求装备作为一个独立的作战单元，还要求装备作为网络中的一个节点，实现与网络中其他装备或系统的协同，发挥装备体系的整体作战效能。为此需要自上而下、自下而上对装备体系进行一体化的考虑，既要考虑装备自身的作战能力，也需考虑装备的协同能力。提高装备在网络中心战环境中的一体化作战能力，成为升级改造的重要方向。

3. 采用开放式体系结构是保障持续再制造升级改造的主要技术途径

开放式体系结构主要体现在电子信息系统方面。由于电子信息系统更新换代速度快，成为装备升级改造的重点内容。开放式体系结构可以只需修改或者变换某个系统模块，在不需要对系统的整体构架进行重新设计时情况下，迅速植入标准或通用的设备和技术，具备良好的可扩展性，升级改造更加容易，费用更低，从而使装备具备了几乎可以与技术发展节奏同步的螺旋式发展的潜力。基于此，美、欧已经将开放式体系结构视为解决装备特别是电子信息系统持续发展问题的主要技术途径。一方面，在新一代电子信息系统上大力推行开放式体系结构，以便于武器装备具备持续升级能力。另一方面，不惜耗费巨资对现役电子信息系统进行大刀阔斧的改造，将以前封闭式的体系结构改造为开放式体系结构，节省装备全寿命周期再制造升级改造费用。

4. 模块化、通用化是促进装备再制造升级改造的基本要求

模块化、通用化是指按照统一的规格和接口，将装备系统的构成部分设计为标准化的模块，使它们适于不同平台和系统。以此为前提，一方面促进了装备分系统、设备、软件等得以不依赖特定的装备独立发展，加速了新技术、新概念向装备转化的进程，有利于缩短特定的装备研制周期，降低研制费用；另一方面便于升级改造，使得升级改造时，只需对特定的模块进行更新、替换，从而使升级改造具有最大限度的灵活性，有利于新技术的植入。

9.6.4 信息化再制造升级方法

1. 信息化再制造升级的主要方式

因为信息化再制造升级所加工的对象是具有固定结构的过时产品，对其加工有更大的约束度，是一个对技术要求更高的过程。通常信息化再制造升级技术是采用新的信息化技术和新的产品设计思想，来提高产品的信息化性能或功能，主要再制造方式有以下几类：

1）以采用最新信息化功能模块替换旧模块为特点的替换法。主要是直接用最新产品上安装的信息化功能新模块替换废旧产品中的旧模块，用于提高再制造后产品的信息化功能，满足当前对产品的信息化功能要求。

2）以局部结构改造或增加新模块为特点的改造法。主要用于增加产品新的信息化功能以满足功能要求。

3）以信息化功能重新设计为特点的重构法。主要是以最新产品的信息化功能及人们的最新需求为出发点，重新设计出再制造后的产品结构及性能标准，综合优化信息化再制造升级方案，使得再制造后产品性能超过当前新品性能。

因为制造商是原产品信息和最新产品性能等信息的拥有者，所以对废旧产品的信息化再制造升级主要应由原产品制造商来完成再制造方案的设计，并亲自或者授权具有能力的再制造单位进行废旧产品的信息化再制造升级。

2. 信息化再制造升级的工艺路线

废旧产品被送达再制造工厂后，首次进行信息化再制造升级，包括以下主要步骤（见图 9-15）：

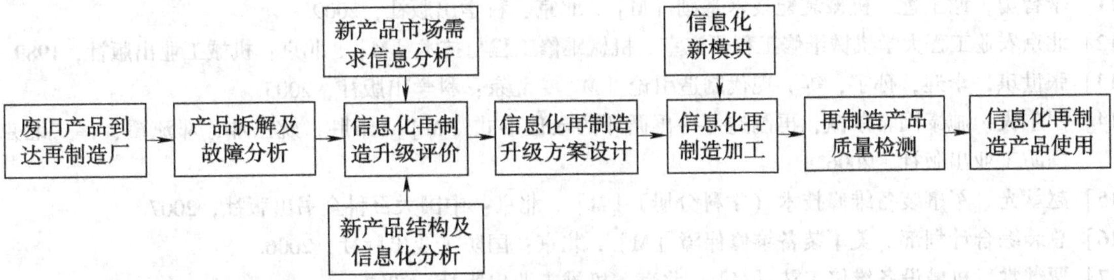

图 9-15　产品信息化再制造升级工艺路线

1）首先需要进行产品的完全分解并对零部件工况进行分析。

2）综合新产品市场需求信息和新产品结构及信息化情况等信息，明确再制造后产品的性能要求，对本产品的信息化再制造升级可行性进行评估。

3）对适合信息化再制造升级的产品进行工艺方案设计，确定具体升级方案，明确需要增加的信息化功能模块。

4）依据方案，采用相关高新技术进行产品的信息化再制造升级加工，并对加工后的产品进行装配。

5）对信息化升级后的再制造产品进行性能和功能的综合检测，保证产品质量。

6）信息化再制造升级后的产品投入市场进行更高层次的使用。

3. 影响因素

废旧机电产品信息化再制造升级活动作为产品全生命周期的一个重要组成部分，也与产品生命周期中其他各个阶段具有重要的相互作用，尤其在产品设计阶段，如果能够考虑产品的信息化再制造升级性，则能够明显地提高产品在末端的再制造升级能力。目前可以从定性角度考虑利于信息化再制造升级的设计，例如在产品设计阶段考虑产品的结构，预测产品性能生长趋势，采用模块化、标准化、开放式、易拆解式的结构设计等都可以促进信息化再制造升级。

参考文献

[1] 徐滨士，等．再制造工程基础及其应用［M］．黑龙江：哈尔滨工业大学出版社，2005.

[2] 朱胜，姚巨坤．再制造设计理论及应用［M］．北京：机械工业出版社，2009.

[3] 徐滨士，等．装备再制造工程的理论与技术［M］．北京：国防工业出版社，2007.

[4] 徐滨士，朱绍化，等．表面工程的理论与技术［M］．北京：国防工业出版社，1999.

[5] 张耀辉．装备维修技术［M］．北京：国防工业出版社，2008.

[6] 吴先文．机械设备维修技术［M］．北京：人民邮电出版社，2008.

[7] 陈冠国．机械设备维修［M］．2 版．北京：机械工业出版社，2005.

[8] 刘晓山，郑立胜．飞机修理新技术［M］．北京：国防工业出版社，2006.

[9] 张琦．现代机电设备维修质量管理概论［M］．北京：清华大学出版社，2004.

[10] 张世昌．先进制造技术［M］．天津：天津大学出版社，2003.

[11] 李智勇，谢玉莲．机械装配技术基础［M］．北京：科学出版社，2009.

[12] 北京农业工程大学机械维修工程研究室．机械维修工程与技术［M］．北京：机械工业出版社，1989.

[13] 张世琪，李迎，孙宇，等．现代制造引论［M］．北京：科学出版社，2003.

[14] 罗尔夫·施泰因希尔佩，再制造——再循环的最佳形式［M］．朱胜，姚巨坤，邓流溪，译．北京：国防工业出版社，2006.

[15] 赵承光．军事装备维修技术（学科分册）［M］．北京：中国大百科全书出版社，2007.

[16] 总装综合计划部．美军装备维修保障［M］．北京：国防工业出版社，2006.

[17] 贾继赏．机械设备维修工艺［M］．北京：机械工业出版社，2007.

[18] 高来阳．机械设备修理学［M］．北京：中国铁道出版社，2000.

[19] 吕钊钦．柴油机快速维修技术［M］．山东：山东科学技术出版社，2001.

[20] 姜秀华．机械设备修理工艺［M］．北京：机械工业出版社，2002.

[21] 赵文轸，刘琦云．机械零件修复新技术［M］．北京：中国轻工业出版社，2000.

[22] 刘庶民．实用机械维修技术［M］．北京：机械工业出版社，2000.

[23] 田欣利，黄燕滨．装备零件制造与再制造加工技术［M］．北京：国防工业出版社，2010.

[24] 朱胜，徐滨士，姚巨坤．再制造设计基础与方法［J］．中国表面工程，2003，16（3）：27-31.

[25] 朱胜，郭迎春．新型高效超音速等离子喷涂技术研究与开发［J］．机械工人，2005.10：56-59.

[26] 朱胜，姚巨坤．装备再制造性工程的内涵研究［J］．中国表面工程，2006，19（5+）：61-63.

[27] 朱胜，姚巨坤．热喷涂再制造工艺技术［J］．新技术新工艺，2009（7）：1-3.

[28] 朱胜，姚巨坤．基于再制造的装备多寿命周期工程［J］．装甲兵工程学院学报，2009，23（4）：1-5.

[29] 朱胜，姚巨坤．再制造工程的巨大效益［J］．新技术新工艺，2004（1）：15-16.

[30] 朱胜，姚巨坤，时小军．装备再制造性工程及其发展［J］．装甲兵工程学院学报，2008，22（3）：67-69.

[31] 朱胜，梁媛媛，沈灿铎．基于焊接机器人的快速再制造成形系统［J］．装甲兵工程学院学报，2007，21（5）：66-69.

[32] 朱胜，姚巨坤．电刷镀再制造工艺技术［J］．新技术新工艺，2009（6）：1-3.

[33] 朱胜，姚巨坤．激光再制造工艺技术［J］．新技术新工艺，2009（8）：1-3.

[34] 姚巨坤，朱胜，崔培枝．再制造管理——产品多寿命周期管理的重要环节［J］．科学技术与工程，2003，3（4）：374-378.

[35] 姚巨坤，向永华，朱胜．再制造工程的内涵及哲学意义［J］．中国资源综合利用，2003（8）：7-9.

[36] 姚巨坤，向永华，朱胜．基于资源最优化回收的再制造工程［J］．再生资源研究，2003（6）：31-33.
[37] 姚巨坤，朱胜，崔培枝．面向再制造全过程的再制造设计［J］．机械工程师，2004（1）：27-29.
[38] 姚巨坤，梁志杰，崔培枝．再制造升级研究［J］．新技术新工艺，2004（3）：17-19.
[39] 姚巨坤，朱胜，崔培枝．面向再制造的产品设计体系研究［J］．新技术新工艺，2004（5）：22-24.
[40] 姚巨坤，朱胜，向永华．末端产品资源化的逆向物流体系研究［J］．中国资源综合利用，2004（7）：5-7.
[41] 姚巨坤，杨俊娥，朱胜．废旧产品再制造质量控制研究［J］．中国表面工程，2006，19（5+）：115-117.
[42] 姚巨坤，崔培枝，向永华．废旧机电产品资源化途径选择分析［J］．中国资源综合利用，2007，25（3）：8-11.
[43] 姚巨坤，时小军．废旧机电装备信息化再制造升级研究［J］．机械制造，2007（4）：1-4.
[44] 姚巨坤，时小军．再制造工程——末端产品最佳资源化方式［J］．再生资源研究，2007（2）：30-33.
[45] 姚巨坤，时小军，崔培枝．装备再制造工作分析研究［J］．设备管理与维修，2007（3）：8-10.
[46] 姚巨坤，朱胜，时小军．再制造毛坯质量检测方法与技术［J］．新技术新工艺，2007（7）：72-74.
[47] 姚巨坤，崔培枝，时小军．再制造工业发展综述［J］．再生资源研究，2007（5）：26-30.
[48] 姚巨坤，朱胜，何嘉武．装备再制造性分配研究［J］．装甲兵工程学院学报，2008，22（3）：70-73.
[49] 姚巨坤，时小军，朱胜．基于循环经济的产品可持续发展研究［J］．再生资源与循环经济，2008，1（8）：11-13.
[50] 姚巨坤，时小军，崔培枝．废旧产品再制造工艺中的装配方法［J］．新技术新工艺，2008（11）：45-48.
[51] 姚巨坤，时小军．废旧产品再制造工艺与技术综述［J］．新技术新工艺，2009（1）：4-6.
[52] 姚巨坤，崔培枝．再制造检测工艺与技术［J］．新技术新工艺，2009（4）：1-4.
[53] 姚巨坤，崔培枝．再制造加工及其机械加工方法［J］．新技术新工艺，2009（5）：1-3.
[54] 姚巨坤，朱胜，时小军．装备设计中的再制造性预计方法研究［J］．装甲兵工程学院学报，2009，23（3）：69-72.
[55] 姚巨坤，崔培枝，向永华．废旧机电产品资源化途径选择分析［J］．再生资源研究，2009.08：16-17.
[56] 姚巨坤，朱胜，时小军．机械磨损失效件的再制造方法及应用［C］．2009年全国青年摩擦学学术会议论文集．长沙：2009.
[57] 姚巨坤，何嘉武．再制造产品磨合及试验方法与技术［J］．新技术新工艺，2009（10）：1-3.
[58] 姚巨坤，崔培枝．再制造产品涂装工艺与技术［J］．新技术新工艺，2009（11）：1-3.
[59] 崔培枝，姚巨坤，朱胜．虚拟再制造研究的体系框架［J］．装甲兵工程学院学报，2003，17（2）：85-87.
[60] 崔培枝，姚巨坤，向永华．柔性再制造体系及工程应用［J］．工程机械，2004，35（2）：30-32.
[61] 崔培枝，姚巨坤．再制造生产的工艺步骤及费用分析［J］．新技术新工艺，2004（2）：18-20.
[62] 崔培枝，朱胜，姚巨坤．柔性再制造系统研究［J］．机械制造，2003，41（471）：7-9.
[63] 崔培枝，姚巨坤．再制造清洗工艺与技术［J］．新技术新工艺，2009（3）：25-28.
[64] 崔培枝，姚巨坤．面向再制造全过程的管理［J］．新技术新工艺，2004（7）：17-19.
[65] 崔培枝，姚巨坤．快速再制造成形工艺与技术［J］．新技术新工艺，2009（9）：1-3.
[66] 崔培枝，姚巨坤．先进信息化再制造思想与技术［J］．新技术新工艺，2009（12）：1-3.
[67] 李超，朱胜，沈灿铎，等．焊接快速成形技术的研究现状与发展趋势［J］．中国表面工程，2009.
[68] 梁媛媛，朱胜．再制造成形系统中的焊接路径规划［J］．中国表面工程，2006，19（5）：274-276.
[69] 董丽虹，朱胜，徐滨士，等．耐磨损耐腐蚀粉末等离子弧堆焊技术的研究进展［J］．焊接，2007，（7）：6-9.

[70] 孟凡军，朱胜，巴德玛. 45CrNiMoVA 钢堆焊修复层组织及摩擦学性能［J］. 机械工程学报，2008，44（4）：150-153.
[71] 孟凡军，朱胜，曹勇，等. 脉冲 MAG 堆焊成形焊道表面质量模糊综合评价研究［J］. 焊接学报，2008（7）：18-20（EI，ISTP）.
[72] 赵江涛，朱胜. 再制造工程中的反求技术［J］. 装甲兵工程学院学报，2003，17（1）：15-17.
[73] 梁志杰，姚巨坤. 发动机再制造综述［J］. 新技术新工艺，2004（10）：35-37.
[74] 时小军，姚巨坤. 再制造拆装工艺与技术［J］. 新技术新工艺，2009（2）：33-35.
[75] 赖建康，何文瀚. 快速响应制造技术集成与应用［J］. 机电工程技术，2001（2）：15-17.
[76] 范玉顺. 网络化制造的内涵与关键技术问题［J］. 计算机集成制造系统——CIMS，2003，9（7）：576-582.
[77] 杜学铭，施雨湘，李爱农，等. 绞吸挖泥船绞刀片再制造技术及应用研究［J］. 武汉理工大学学报（交通科学与工程版），2002，26（1）：4-7.
[78] 罗震，单平，易小林，等. 油田储罐再制造技术的研究与应用［J］. 中国表面工程，2001（2）：40-42.
[79] 罗明超，胡仲翔，林允森. 普通机床的数控化再制造［J］. 电加工与模具，2005（增刊）：71-72.
[80] Zhu Sheng，Xu Binshi. Remanufacturing-a new green technology of advanced production engineerings［C］. Proc. 2nd Int. Conf. on Advances in Production Eng.，Warsaw，2001.
[81] Yao Jukun，Zhu Sheng. Remanufacturing upgrade technology for advanced repairing process［C］. Proc. Int. Conf. on Intelligent Maintenance System，2003.
[82] Zhu Sheng，Cui Peizhi，Shen Canduo，et al. Scanner External Calibration Algorithm Based on Fixed Point in Robot Remanufacturing Systems［J］. Journal of Central South University of Technology，2005（12）：133-137.
[83] Zhu Sheng，Liang Yuanyuan. Path planning for MIG surfacing of robot-based remanufacturing system［J］. China Welding，2006，15（4）：55-59.
[84] Zhu Sheng，Guo Yingchun，Yang Pei. Remanufacturing System Based on totally Automatic MIG Surfacing via Robots［J］. Journal of Central South University of Technology，Shanghai：2005，Vol. G：129-132.
[85] Zhu Sheng，Liang Yuanyuan. Welding Torch Calibration in the Rapid Robot Remanufacturing System［J］. Key Engineering Materials，2007.
[86] Zhu Sheng. Sustainable Manufacture and Green Remanufacturings［C］. Proc. Advanced Production Engineering，2007.
[87] Zhu Sheng，Yao Jukun. Remanufacture upgrading for green maintenances［C］. The Fourth World Congress on Maintenance（WCM2008），Haikou：2008.
[88] Zhu Sheng，Cui Peizhi，Yao Jukun. Remanufacturability and Assessment Method［J］. Transactions of Materials and Heat Treatment. 2004，25（5）：1309-1312.
[89] Zhu Sheng，Cui Peizhi，Yao Jukun. Study of Design for Remanufacturings［C］. Proceedings of the World Engineers' Convention，November 2-6，Shanghai：2004.
[90] Zhu Sheng，Meng Fanjun，Ba Dema. The Remanufacturing System based on Robot MAG Surfacing［J］. Key Engineering Materials Vol. 373-374，2008，400-403.
[91] Sheng Zhu，Canduo Shen，Chao Li. Robot Surfacing System for Flexible Remanufacturing Based on Off-line Programming［J］. Applied Mechanics and Materials，2009（9）：718-722.
[92] Cui Peizhi，Yao Jukun，Zhu Sheng. Information-based Remanufacturing Upgrade Studys［C］. Proceedings of the 5th International Conference on Responsive Manufacturing-Green Manufacturing（ICRM2010-Green Manufacturing）Ningbo：11-13 January，2010.

[93] Li Chao, Zhu Sheng, Shen Canduo, et al. Prediction of weld bead geometry using quadratic general rotary unitized designs [C] . 2009 International Institute of Applied Statistics Studies, 2009.

[94] Cao Yong, Zhu Sheng. Modeling of welded crossing for rapid prototyping by robotic MIG welding [J] . China Welding. 2009 (1): 13-17.

[95] C D Shen, S Zhu, C Li, et al. Coordinates calibration method in robotic remanufacturing measurement system based on linear laser scanners [C] . Proc. 3th ISPDI, 2009.

[96] Robot T Lund. The Remanufacturing Industry——Hidden Giant [R] . Research Report, 1996.

[97] Ron Giuntini, Kevin Gaudette. Remanufacturing: The Next Great Opportunity for Improving U. S. Productivity [J] . Business Horizon, November-December, 2003, 41-48.

[98] Wendy Kerr, Chris Ryan. Eco-efficiency Gains from Remanufacturing: A Case Study of Photocopier Remanufacturing at Fuji Xerox Australia [J] . Journal of Cleaner Production, 2001 (9): 75-81.

[99] V Daniel, R Guide. Production Planning and Control for Remanufacturing Industry: Practice and Research Needs [J] . Journal of Operations Management, 2000 (18): 467-483.